载人航天出版工程
总 主 编： 周建平
总 策 划： 邓宁丰

“十三五”国家重点出版物出版规划项目

航天器回收着陆技术

荣 伟 王海涛 著

中国宇航出版社
·北 京·

图书在版编目（CIP）数据

航天器回收着陆技术 / 荣伟，王海涛著. -- 北京：中国宇航出版社，2019.9

ISBN 978-7-5159-1701-6

Ⅰ. ①航… Ⅱ. ①荣… ②王… Ⅲ. ①航天器回收②航天器着陆 Ⅳ. ①V525

中国版本图书馆 CIP 数据核字(2019)第 203825 号

责任编辑 舒承东　　封面设计 宇星文化

出 版
发 行 中国宇航出版社

社 址 北京市阜成路 8 号　　邮 编 100830
(010)60286808　　(010)68768548

网 址 www.caphbook.com

经 销 新华书店

发行部 (010)60286888　　(010)68371900
(010)60286887　　(010)60286804(传真)

零售店 读者服务部
(010)68371105

承 印 河北画中画印刷科技有限公司

版 次 2019 年 9 月第 1 版　　2019 年 9 月第 1 次印刷

规 格 880×1230　　开 本 1/32

印 张 15　　字 数 432 千字

书 号 ISBN 978-7-5159-1701-6

定 价 128.00 元

《载人航天出版工程》总序

中国载人航天工程自1992年立项以来，已经走过了20多年的发展历程。经过载人航天工程全体研制人员的锐意创新、刻苦攻关、顽强拼搏，共发射了10艘神舟飞船和1个目标飞行器，完成了从无人飞行到载人飞行、从一人一天到多人多天、从舱内实验到出舱活动、从自动交会对接到人控交会对接、从单船飞行到组合体飞行等一系列技术跨越，拥有了可靠的载人天地往返运输的能力，实现了中华民族的千年飞天梦想，使中国成为世界上第三个独立掌握载人航天技术的国家。我国载人航天工程作为高科技领域最具代表性的科技实践活动之一，承载了中国人民期盼国家富强、民族复兴的伟大梦想，彰显了中华民族探索未知世界、发现科学真理的不懈追求，体现了不畏艰辛、大力协同的精神风貌。航天梦是中国梦的重要组成部分，载人航天事业的成就，充分展示了伟大的中国道路、中国精神、中国力量，坚定了全国各族人民实现中华民族伟大复兴中国梦的决心和信心。

载人航天工程是十分复杂的大系统工程，既有赖于国家的整体科学技术发展水平，也起到了影响、促进和推动着科学技术进步的重要作用。载人航天技术的发展，涉及系统工程管理，自动控制技术，计算机技术，动力技术，材料和结构技术，环控生保技术，通信、遥感及测控技术，以及天文学、物理学、化学、生命科学、力学、地球科学和空间科学等诸多科学技术领域。在我国综合国力不断增强的今天，载人航天工程对促进中国科学技术的发展起到了积极的推动作用，是中国建设创新型国家的标志性工程之一。

我国航天事业已经进入了承前启后、继往开来、加速发展的关键时期。我国载人航天工程已经完成了三步走战略的第一步和第二步第一阶段的研制和飞行任务，突破了载人天地往返、空间出舱和空间交会对接技术，建立了比较完善的载人航天研发技术体系，形成了完整配套的研制、生产、试验能力。现在，我们正在进行空间站工程的研制工作。2020 年前后，我国将建造由 20 吨级舱段为基本模块构成的空间站，这将使我国载人航天工程进入一个新的发展阶段。建造具有中国特色和时代特征的中国空间站，和平开发和利用太空，为人类文明发展和进步做出新的贡献，是我们航天人肩负的责任和历史使命。要实现这一宏伟目标，无论是在科学技术方面，还是在工程组织方面，都对我们提出了新的挑战。

以图书为代表的文献资料既是载人航天工程的经验总结，也是后续任务研发的重要支撑。为了顺利实施这项国家重大科技工程，实现我国载人航天三步走的战略目标，我们必须充分总结实践成果，并充分借鉴国际同行的经验，形成具有系统性、前瞻性和实用性的，具有中国特色的理论与实践相结合的载人航天工程知识文献体系。

《载人航天出版工程》的编辑和出版就是要致力于建设这样的知识文献体系。书目的选择是在广泛听取参与我国载人航天工程的各专业领域的专家意见和建议的基础上确定的，其中专著内容涉及我国载人航天科研生产的最新技术成果，译著源于世界著名的出版机构，力图反映载人航天工程相关技术领域的当前水平和发展方向。

《载人航天出版工程》凝结了国内外载人航天专家学者的智慧和成果，具有较强的工程实用性和技术前瞻性，既可作为从事载人航天工程科研、生产、试验工作的参考用书，亦可供相关专业领域人员学习借鉴。期望这套丛书有助于载人航天工程的顺利实施，有利于中国航天事业的进一步发展，有益于航天科技领域的人才培养，为促进航天科技发展、建设创新型国家做出贡献。

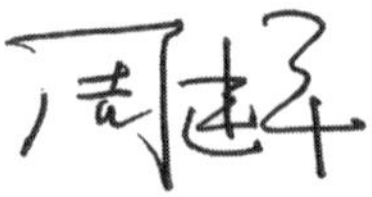

2013 年 10 月

序

航天器回收着陆技术是指利用气动减速装置或着陆缓冲装置，通过特定的控制手段，使需要返回或着陆的航天器或有效载荷稳定其姿态、降低其运动速度，直至按预定的程序和目的安全着陆或收回的技术。它是随着火箭、导弹、航天技术的发展而逐渐发展壮大起来的，是我国航天事业发展中不可替代的关键技术之一，为我国“两弹一星”的研制、战略战术武器的发展、返回式卫星的成功返回、载人飞船的安全着陆以及探月工程的圆满完成作出了巨大贡献。利用探空火箭回收技术成功地解决了我国原子弹和氢弹核爆炸试验的取样问题；利用航天器回收着陆技术的特点，衍生应用到我国第一颗人造地球卫星东方红一号观测系统的研制，圆满地解决了卫星“看得见”的问题；我国战略导弹数据舱的研制和成功回收解决了再入弹头飞行性能及烧蚀数据的获取问题；返回式卫星的完美回收和神舟号载人飞船的安全着陆，使我国成为世界上继美俄之后第三个独立完成卫星和飞船回收着陆的国家，为我国的航天技术跨进世界先进行列起着举足轻重的作用。

航天科技工业作为国家的战略安全基石和科技进步、经济发展、社会和谐的重要推进力量，党和国家一直高度重视航天科技工业的发展，提出了建设航天强国的宏伟目标，当前国家部署了包括“载人航天工程”“探月工程”“深空探测工程”和“空间在轨维护与服务”等在内的一系列国家重大工程和重大科技专项任务。这些工程和任务对航天器回收着陆技术提出了更新和更高的要求，同时也为航天器回收着陆技术提供了重大的战略发展机遇和广阔的发展前景。

航天器回收着陆技术作为人类探索浩瀚宇宙、自由空天往返的关键，必将成为实现航天强国建设的重要支撑，必将为发展航天事业、建设航天强国的宏伟目标作出新的、更大的贡献。

该书是我国第一部系统论述航天器回收着陆技术的学术专著，全面阐述了航天器回收着陆技术的基本原理、工程设计方法、性能和仿真分析的基本理论。作者长期从事航天器回收着陆技术的研究和工程设计工作，该书既是作者对基础理论的阐述和综合应用，也是多年对相关理论研究和工程实践的经验总结与技术提升，凝炼了作者多年来在神舟号飞船回收着陆系统、探月工程三期回收系统研制过程中的工程实践经验以及所取得的一些创新性成果。该书内容新颖、系统、全面，理论与实践结合密切，是一部具有较高学术价值和工程实用性的参考书。该书的出版必将对我国航天器回收着陆技术的应用和发展提供强有力的技术支持，为我国进入式（含返回式）航天器的进一步发展奠定坚实的技术基础。

中国工程院院士
神舟号飞船首任总设计师

2019 年 8 月

前　言

航天器回收着陆技术是指利用气动减速装置或着陆缓冲装置，通过特定的控制手段，使需要返回或着陆的航天器或有效载荷稳定其姿态、降低其运动速度，直至按预定的程序和目的安全着陆或收回的技术。其主要任务是确保航天飞行器（包括火箭、导弹、卫星、飞船及深空探测器等）的全部或局部减速到规定的速度，并安全着陆于地球或其他星球表面。

航天器回收着陆技术是进入式航天器的关键技术，也是空间技术重要的发展方向。航天器回收着陆技术是一门综合性多学科交叉技术，涉及的相关专业较多，包括总体设计、结构机构设计、气动力减速技术、着陆缓冲装置技术、火工装置技术、控制及供配电技术等，同时航天器回收着陆系统所采用的减速装置和着陆缓冲装置通常为降落伞和缓冲气囊等柔性体结构，其工作过程中涉及多物理场耦合动力学、高速/大位移/大变形/高度非线性动力学、复杂约束条件下多学科优化等，其问题复杂，理论分析和数值仿真的难度大。目前，在我国的高校中没有专门的专业课程，而且到目前为止也没有一本全面系统地介绍航天器回收着陆技术的参考书，因此，初涉该领域的一些工程技术人员或者理论分析和研究人员通常需要很长的一段时期之后才能进入状态，作者和很多从事航天器回收着陆技术的工程技术人员和研究人员对此深有感触和体会。我国作为世界上第三个独立完成卫星和飞船回收着陆的国家，特别是随着我国载人航天和深空探测的快速发展，航天器回收着陆技术在近二十年来得到了巨大的发展，同时也对航天器回收着陆技术提出了更多、更新和更高的要求。作者根据多年来的工作经历、教训、经验和体会，特别是刚入该领域时在工作过程中所碰到的困难和疑惑等，一直希望有一本全面阐述航天器回收着陆技术的著作，供从事航天器回收着陆技术的工程技术人员和研究人员参考，使其能够尽快掌握航天器回收着陆技术的相关原理、理论和方法。

本书是一部系统论述航天器回收着陆技术的学术专著，凝炼了作者多年来在神舟号飞船回收着陆系统、探月工程三期回收系统研制过程中的工程实践经验以及所取得的一些创新性成果。全书共分 11 章。第 1 章概论，第 2 章航天器回收着陆系统设计，第 3 章降落伞气动减速装置技术，第 4 章火工装置技术，第 5 章着陆缓冲装置技术，第 6 章开伞控制技术，第 7 章物伞系统动力学，第 8 章舱盖弹射分离动力学，第 9 章降落伞拉直过程动力学，第 10 章可控翼伞系统动力学，第 11 章航天器回收着陆系统可靠性评估方法。本书以进入式航天器回收着陆系统有关技术问题为主，全面论述了其技术原理、工程设计和技术应用等。全书力求内容系统、完整和新颖，注重原理与设计的结合、理论与应用的结合，以增强工程实用性，同时又具有一定的理论基础，使一般读者能够了解航天器回收着陆系统的工作原理、组成和基本内容，使工程设计人员能够尽快掌握航天器回收着陆系统的设计内容、原理和方法，使理论分析和研究人员能够尽快掌握航天器回收着陆系统性能分析的基本理论和方法。

本书的出版获得了中国航天科技集团有限公司航天科技图书出版基金的资助。在本书撰写过程中，得到了北京空间机电研究所领导的关心和鼎力支持，以及陈国良研究员、李惠康研究员、林斌研究员、刘世毅研究员、郭奎博士、蒋万松博士、包进进高级工程师的大力帮助，同时，得到了国防科技大学秦子增教授和程文科副教授的指导和帮助。此外，北京空间机电研究所科技委秘书长陈晓丽和王盟女士亦给予了大力协助。在此，作者一并表示诚挚的谢意。

由于作者水平有限，书中难免存在一些疏漏和不足之处，恳请读者批评指正。

作 者

2019 年 9 月

目　录

第1章　概　论

1.1　航天器回收着陆技术概述

航天器是指在地球大气层以外的宇宙空间，基本上按照天体力学的规律运行的各类飞行器。人造地球卫星、载人飞船、航天飞机和空间探测器都是航天器。执行完任务后要进入行星大气层并在行星表面着陆的航天器，或者要进入行星大气层并在行星表面着陆去执行任务的航天器称为进入式航天器。

航天器沿其运行轨道直接到达，或者离开它原来的运行轨道沿转变后的轨道到达它要着陆的天体的大气层，安全通过大气层并利用大气减速，最终安全着陆在天体上的过程，称为航天器的进入（Entry）、下降（Descent）与着陆（Landing）过程，简称EDL过程[1]。

一般航天器均是从地球表面发射到太空轨道的。当它们完成其太空任务后，再次进入地球大气层，通过大气层并利用大气减速，安全降落到地球上时，在地球上的人看来就是再次返回到地球上。因此，通常把进入地球大气层的过程称为返回过程，有时也称为再入过程。其实返回过程就是进入地球大气层的过程，也属于进入过程，是进入过程的一种特殊情况，是特指相对于地球来说的[2]。在本书中，讨论进入地球大气层的过程时“进入”“返回”和“再入”三词通用，而讨论进入其他天体大气层的过程时只用“进入”一词。

本书把具有进入某一天体大气层功能的航天器称为进入式航天器，进入部分称为进入器，而进入器中安全着陆在行星表面的部分称为着陆器。把具有进入地球大气层功能的整个航天器又称为返回式航天器，航天器中进入地球大气层的部分称为返回器或返回舱

（如返回式卫星或载人飞船的返回舱、航天飞机的轨道器）。大多数返回式航天器的设计采取由返回器直接着陆，即返回器就是着陆器。

沿轨道飞行的航天器拥有巨大的能量——动能和位能，而航天器在星球表面着陆时的能量几乎为零，因此解决航天器着陆问题的本质就是对航天器所拥有的巨大能量的处置。航天器在有大气层的星球（如地球、火星）上着陆，都是利用大气层这一天然资源，应用气动力减速原理实现减速下降（即将航天器的动能以“热”的形式转移给周围大气），从而为航天器在星球表面安全着陆创造首要条件。

当航天器以大于或等于第一宇宙速度进入地球或其他星球的大气层后，依靠其自身的外形在气动阻力的作用下急剧减速。对于返回地球的航天器来说，一般在 15 km 左右的高度其速度可减小到声速。再继续下降，返回器的速度将逐渐趋于一个稳定下降速度，保持在 100～200 m/s。此时，如果不进一步采取减速措施，则返回器将以每秒 100 多米的速度冲向地面而坠毁。所以在着陆之前还需要一套减速装置，通常是采用降落伞装置来进行减速，将返回器进一步减速到安全着陆速度或规定的下降速度。

航天器在着陆时一般都会产生一定的着陆冲击过载。如果着陆冲击过载过大，则着陆器的结构及其内部的仪器设备、人体（载人情况下）将难以承受。而着陆冲击过载又与着陆速度有关。利用降落伞减速时，由于降落伞的面积是与其稳定下降速度的平方成反比的，所以，一般在工程设计中，利用降落伞减速后的速度不能规定得太低，否则降落伞系统的质量将大到不合理的程度。为此，在某些返回器或着陆器上，须设置着陆缓冲装置，以部分地吸收返回器或着陆器在着陆时的能量，确保返回器或着陆器安全着陆。

因此，一般将使航天器减速至规定的下降速度或着陆速度的降落伞减速装置及其相关的附属机构，包括控制装置、执行机构等，称为降落伞减速系统，相关的研究技术称为降落伞减速技术；将负责着陆器安全着陆的着陆缓冲装置及其相关附属装置称为着陆缓冲系统，相关的研究技术称为着陆缓冲技术；同时，由于降落伞减速系统和着陆缓冲系统之间在技术指标和系统方案的确定等方面是相互关联的，所以一般将降落伞减速系统和着陆缓冲系统统称为航天器减速着陆系统，相关的研究技术也统称为航天器减速着陆技术。为此，航天器向地球或其他星球下降、经气动减速装置和着陆缓冲装置的作用、最后安全地停留在地面或其他星球表面的过程称为减速着陆过程或下降着陆过程。通常，人们又将无人航天器减速着陆在地球表面的过程叫做回收过程或回收着陆过程。

航天器“回收”一词实际上来自探空火箭回收系统。早在20世纪30年代初，现代火箭技术的先驱者在进行早期的小型试验火箭飞行试验时，曾利用降落伞系统对火箭箭体或有效载荷加以回收，以分析火箭各部分的工作情况或获取数据。这样的降落伞减速系统也称为回收系统（recovery system）。20世纪50年代后期，美国开始研制其第一个返回式卫星系列发现者号卫星，以降落伞回收系统作为其最终减速手段。所以，一开始在西方的文献上，经常把返回式卫星称为可回收卫星（recoverable satellite）。在当时，不管是探空火箭，还是返回式卫星，相对于地球上的人来说，都是将火箭箭体或有效载荷或卫星返回舱收回，因此，将降落伞减速系统称为回收系统是合适的。

然而随着载人飞船的开始研制，飞船的降落伞减速系统的主要任务是降低返回舱的速度，稳定其姿态，确保航天员的安全着陆，如果此时仍然称为将航天员“回收”就不合适了。因此，美国开始研制水星号载人飞船时，就将飞船降落伞减速系统称为着陆系统（landing system）。在实施阿波罗号登月计划时，将负责着陆月球表面的减速着陆部分称为月球着陆系统（lunar landing system），将负责着陆地球表面的减速着陆部分称为地球着陆系统（earth landing system）。

自20世纪70年代开始，人类相继实现了探测器在金星和火星表面上的软着陆，以及对木星等其他行星大气层的探测。这些探测器进入这些行星大气层之后，在下降过程中也都是利用降落伞作为减速装置。着陆在行星表面的，一般还配置了着陆缓冲装置，以确保其安全着陆。如美国探测火星的火星探路者号探测器，就采用了降落伞和反推发动机进行减速，以及气囊装置缓冲着陆，如图1－1所示。这些减速装置和着陆缓冲装置的工作原理虽然与返回式航天器回收系统相同，但如果仍将它称为回收系统就更不合适了。因此，对于这些行星探测器的降落伞系统称之为探测器降落伞减速系统，着陆缓冲装置称之为着陆缓冲系统，或者两者合起来称为探测器减速着陆系统。

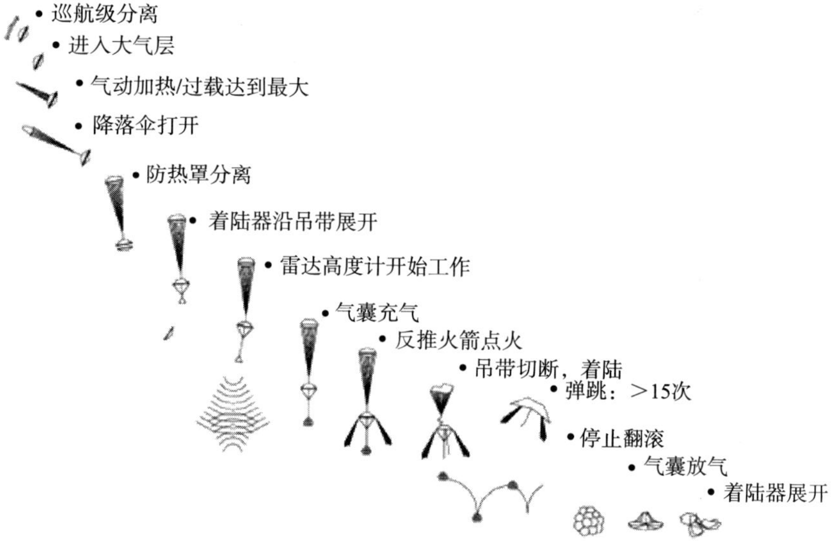

图1－1　火星探路者号EDL过程[3]

可见，不论是探空火箭、返回式卫星，还是载人飞船，亦或是行星探测器，从功能上来说，负责其在行星大气层内利用降落伞进行减速的部分均可称为降落伞减速系统，利用着陆缓冲装置进行缓冲着陆的部分均可称为着陆缓冲系统，或两者统称为减速着陆系统。考虑到习惯的原因，对于返回式卫星、探空火箭、运载火箭等航天器，其中为了回收、负责减速的部分也可称为降落伞回收系统，相关的研究技术也可称为降落伞回收技术或航天器回收技术；如果该着陆器还有着陆缓冲系统的话，降落伞回收系统和着陆缓冲系统又可统称为回收着陆系统，相关的研究技术也可称为航天器回收着陆技术。而对于载人飞船来说，负责飞船返回舱减速着陆的系统则仍可称为回收着陆系统，相关的研究技术也可称为航天器回收着陆技术。而对于在地球以外的星球表面着陆或在其大气层内利用减速装置进行减速的，再称为“回收着陆系统”显然是不合适的，应改称为减速系统或减速着陆系统，相关研究技术也理应称为航天器减速技术或航天器减速着陆技术。

此外，在进行深空探测之前，大多数进入式航天器最终都是返回着陆在地球表面。一般返回器着陆后，为了帮助回收区地面回收（或营救）工作人员尽早发现返回器的落点位置，及时开展回收（或营救）作业，在返回器上需要设置标位装置（或称助寻装置），向地面人员提供返回器在下降过程和着陆后的方位或位置信息，而这些负责回收的标位装置称为标位系统。

而对于某些着水的返回器，为了给返回器提供附加的浮力，以确保返回器漂浮在水面上，返回器上还需设置漂浮装置；有时为了确保返回器在水面上的漂浮姿态，如载人飞船为了防止出现头朝下的姿态，还需要设置扶正装置，将返回器扶正成稳定姿态或设计的姿态。

这样，人们又将回收着陆过程的内容扩大到搜寻和取回（包括直接从空中抓取）航天器的活动。于是，一般又将降落伞减速系统、着陆缓冲系统、标位系统以及漂浮装置、扶正装置统称为航天器回收着陆系统，相关的研究技术也统称为航天器回收着陆技术。

综上所述，考虑到技术上的普适性、涵盖的内容以及历史和习惯等因素，同时考虑到本书大部分内容仍是以返回地球表面的航天器为主来阐述的，而且是根据我国多年来在神舟号飞船回收着陆系统、返回式卫星回收系统和探月工程三期回收系统研制过程中的工程实践经验以及所取得的成果提炼而成的，因此，本书书名仍取名为“航天器回收着陆技术”，且在叙述中，只有当特指航天器着陆于地球以外的星球表面的过程时，才只用“减速着陆”一词，相关的技术也只用“减速着陆技术”一词；而在一般的叙述中，则均采用“回收着陆”“回收着陆系统”或“回收着陆技术”。

因此，航天器回收着陆技术是指利用气动减速装置或着陆缓冲装置，通过特定的控制手段，使需要返回或着陆的航天器或有效载荷稳定其姿态、降低其运动速度，直至按预定的程序和目的安全着陆或收回的技术。

航天器回收着陆技术是一门综合性技术学科，涉及到多个技术领域。以工作过程划分，主要有返回或进入技术、减速技术、着陆缓冲技术；以专业组成划分，主要有总体设计、结构机构设计、气动力减速装置技术、着陆缓冲装置技术、火工装置技术、控制及供配电技术等。

当航天器要从空间轨道上安全降落到没有大气层的天体（比如月球）上时，由于该天体上没有大气层，也就没有进入大气层、通过大气层和利用大气阻力减速等情况发生。因此，航天器要安全着陆，只有依靠它自身动力装置产生的反推力，将其速度从轨道速度逐步减到安全着陆速度。这种过程称为动力减速着陆过程，或称为动力下降着陆过程，它与进入、下降和着陆过程有很大的不同。本书对这种动力减速着陆过程不作专门的讨论。

由于航天器回收着陆技术基本是以火箭箭头和导弹弹头等回收技术为基础逐步发展起来的，因此，本书除航天器外，也涉及到了导弹武器等其他相关飞行器的回收着陆技术。同时，为了表述方便，书中暂且将航天器、导弹武器等航天飞行器均用“航天器”来表述。

航天器回收着陆技术是航天器进入、下降与着陆技术的一个重要组成部分，实际上航天器回收着陆段就是航天器进入、下降与着陆过程中的下降与着陆阶段，航天器回收着陆系统的一些技术指标和方案也均与航天器的进入方式密切相关。因此，本章对航天器的进入过程和进入方式也进行了阐述。

1.2　航天器的进入、下降与着陆过程

航天器要进入某一天体大气层并安全降落在其表面，可以采用直接进入该天体的大气层的进入方式，也可采用先沿环绕该天体的运行轨道运行，然后再离开其运行轨道进入它要着陆的天体大气层的进入方式。对于具有返回地球表面功能的航天器来说，航天器可以从地球之外的其他天体直接返回地面，如我国的探月工程三期高速再入返回飞行试验器即从月地转移轨道直接返回进入地球大气层，最终利用大气减速安全着陆在我国的四子王旗；也可以从绕地球的运行轨道返回地面，如我国的神舟号飞船和返回式卫星。

不管采用哪种进入方式，航天器的这一过程一般分为进入、下降和着陆三个阶段。当然，对于环绕某天体运行的航天器来说，在离开它原来的运行轨道进入该天体大气层前，还需要脱离原来的运行轨道，称为离轨飞行段或制动段，以及转入进入轨道过渡段两个准备阶段。

1.2.1　制动段

航天器是一个人造天体，它在某个天体作用范围内的运行轨道上按中心引力场作用下的天体力学规律运动。在绕天体运动时，航天器的轨道是不与天体稠密大气层相交的椭圆轨道或圆轨道。航天器要离开原运行轨道进入一条飞向天体大气层和天体表面的轨道，必须要用制动发动机产生的推力减小其飞行速度，或者改变其速度方向，或者同时改变速度大小和方向。如果速度的改变使得航天器转入一条飞向天体大气层和天体表面的轨道，就有可能实现进入，实现进入的轨道称为进入轨道。因此，制动段是从制动发动机工作开始点（即制动点）到其工作结束点止。在这一阶段飞行过程中，航天器除受天体的引力作用外，还受到制动发动机推力的作用。

在运行轨道上，航天器的姿态是根据它的功能需要决定的。一

般航天器的运行姿态不是其离轨时的姿态，因此，在离轨前需要进行姿态调整，使航天器的姿态调整为离轨制动时的姿态，以满足制动发动机工作时的姿态要求。

通常情况下，航天器离轨通过制动发动机来实现。装在航天器上的制动发动机，在一定的轨道位置上和一定的方向上，产生一个大小为 ΔV 的附加速度（如图 1－2 所示），ΔV 使得航天器的速度由原来的 V_1 改变为 V_2。由于 ΔV 和 V_1 相比很小，V_1 与 V_2 在量值上变化不大。但是精确控制 ΔV 的方向、大小和在轨道上的位置，可以使航天器以 V_2 的速度脱离原来的运行轨道转入进入轨道。这里 V_2 称为离轨速度，V_2 的起始点 A 则称为离轨点。

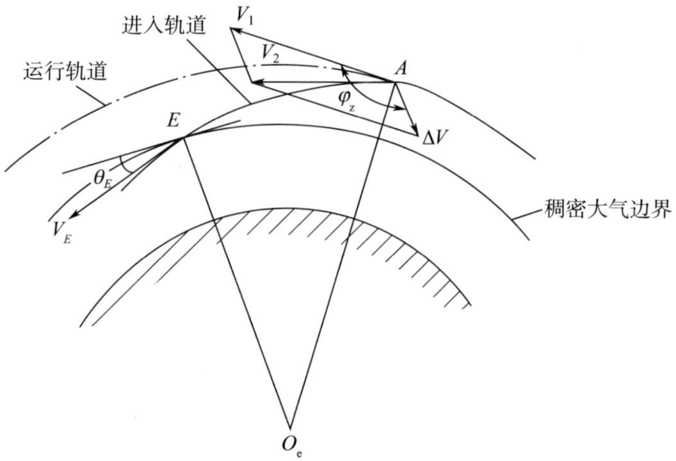

图 1－2　离轨段制动速度示意图

离轨时的控制，对进入轨道的影响有如下几个方面：

1）进入轨道平面的建立；

2）离轨点的建立；

3）离轨速度 V_2 的获得；

4）进入轨道过渡段的修正与否；

5）进入点的位置、进入角和进入速度的大小；

6）理论着陆点的位置。

因此，对离轨的控制（姿态控制、程序控制、指令控制和速度控制）务求精确和可靠，不容许超出规定的偏差范围，否则会出现进入器不能进入大气层，或进入后过热烧毁，或破坏减速着陆系统的正常工作条件，或大大偏离预定着陆点等不正常情况，从而导致进入任务的失败。

航天器从绕天体运行的轨道上离轨进入时，它的离轨速度 V_2 一般小于轨道速度 V_1，所以，附加速度 ΔV 又称为制动速度。制动速度与当地水平线所成的角度 φ_z 称为制动角。产生制动速度的发动机称为制动发动机。制动发动机产生的推力矢量一般与航天器的进入部分（进入器）的纵轴重合。因此，可以通过调整进入器的姿态获得制动角（如图 1－3 所示）。

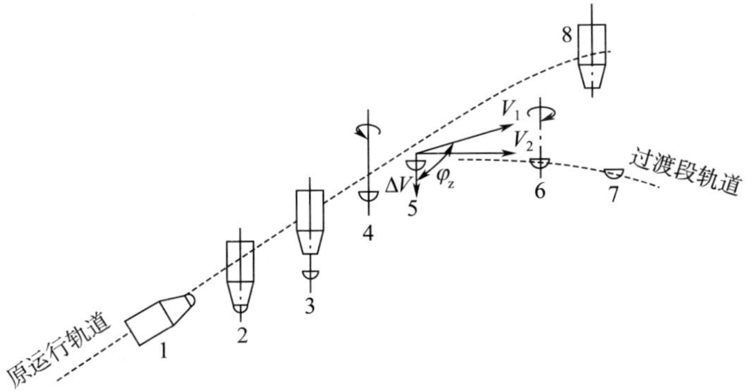

图 1－3 进入器脱离原运行轨道示意图

1—航天器在原轨道上运行；2—航天器调整到制动姿态；3—进入器与不进入部分分离；4—进入器自旋保持制动姿态；5—制动发动机点火；6—进入器消旋；7—进入器沿过渡段轨道下降；8—航天器的不进入部分仍留在原轨道上

航天器在制动离轨时，实际上由于推力大小的限制，制动不可能瞬时完成，制动速度 ΔV 的获得需要一定的工作时间，只是制动发动机的工作时间相对较短。在有限推力作用下，制动发动机对航天器轨道的作用通常由推力的大小、推力的方向和工作时间这三个因素来描述。在制动发动机工作期间，用姿态控制系统或自旋稳定方法，使推力矢量保持在制动的方向上。用自旋方法维持制动姿态的进入器，在脱离运行轨道之后，还要消旋，其目的在于使进入器进入大气层后能利用气动力的作用，按设计要求把防热结构稳定在朝前迎气流的姿态上。用姿态控制系统维持制动姿态的进入器，在进入大气层之前也要把姿态调整到设计的进入姿态，也就是防热结构迎气流的姿态。

制动段为进入轨道中的动力飞行段，对轨道设计和控制的任务有以下三方面的内容：

1）制动点位置的建立，即制动点的地心纬度或大地纬度、经度；

2）制动参数的选择，包括制动发动机推力矢量的大小、推力方向和工作时间；

3）制定发动机的工作方案，确定制动发动机的关机时刻。

进入式航天器必须具有进入功能。进入功能是由装设在航天器，特别是它的进入器上相应的系统、设备和部件给予保证的。进入是从轨道上进入大气层到达天体上，所有的进入物都是事先由运载器运送到轨道上，并且完成轨道任务。为进入物所付出的代价比不进入的要大得多，所以进入式航天器除了在技术上和经济上确实值得做成全部进入者外，一般都设计成部分进入。也就是只有航天器的进入器部分进入，其余部分则弃留于轨道成为太空垃圾。显然，航天器的进入器部分必须具有使进入物安全进入的功能。由于进入器装载物的不同，进入器还有不同的名称，比如进入舱（对进入地球大气者又称为返回舱）、回收舱和航天员座舱等。

进入式航天器，如果不是全部进入的，则在脱离运行轨道的过程中，还有一个进入部分与不进入部分分离的动作。这个动作因航天器的情况不同，或是在脱离运行轨道之前分离，或是在脱离运行轨道之后分离。在脱离之前分离，不进入的部分仍留在运行轨道上（如图 1－3 所示），如神舟号飞船的轨道舱。在脱离运行轨道之后分离的，不进入的部分沿与进入轨道相似，但又不会与进入轨道相遇的一条轨道进入大气层烧毁，如神舟号飞船的推进舱。

1.2.2　进入轨道过渡段

由于航天器在绕天体运动时，其轨道是不与天体稠密大气层相交的椭圆轨道或圆轨道，因此，进入式航天器脱离原运行轨道转入进入轨道后，在进入大气层之前仍有一段运行轨道处于真空环境中，在此阶段航天器仍然是按天体力学规律自由飞行。于是，将从制动发动机工作结束点至进入大气层上边界点间的自由飞行段称为进入轨道过渡段。其实大气层的上边界是不存在的，是人为划分的，例如一般将地球大气层上边界高度取为 80～120 km。在进入轨道过渡段，一般不对航天器的质心轨道进行控制，只对姿态进行控制，航天器仅在天体引力的作用下作自由下降飞行。

进入轨道过渡段可由航天器在制动发动机工作结束点的速度、位置以及在天体引力作用下自由飞行段的运动规律求得。

如图 1－4 所示，当进入式航天器在运行轨道上完成任务后，脱离其运行轨道 ε_1，转入进入轨道 ε_2，ε_2 在 E 点与稠密大气层的上界相交，E 点称为进入点，进入器在 E 点之前的轨道称为过渡段，进入器在 E 点的速度 V_E 称为进入速度，与当地水平线所形成的夹角 θ_E 称为进入角。进入点 E 处以天体质心为原点 O_p 的矢径的模 r_E 再减去天体的半径，就是稠密大气层的厚度，也就是进入点 E 的高度。从 E 点起进入器就进入大气层，此时进入器的运动不仅受天体引力的作用，还明显地受到大气气动力的作用。

实际上从 ε_1 到 ε_2 不是在一个点 A 上完成的，制动发动机获得制动速度 ΔV 需要一定的工作时间。不过制动发动机的工作时间相对来说很短，因此在分析 ε_1 及 ε_2 时，把离轨看作在一个离轨点 A 上实现的过程可使问题简化。

在轨道平面上，航天器的运行轨道 ε_1 上任一点 A 的矢径的模 r_A 计算公式如下

$$r_A = \frac{a_1(1 - e_1^2)}{1 + e_1\cos\delta_A} \tag{1-1}$$

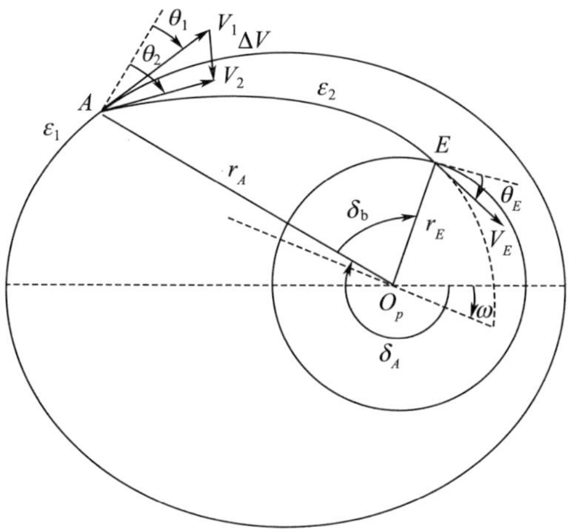

图 1-4　进入轨道过渡段

式中　a_1——ε_1 的椭圆半长轴；

e_1——ε_1 的椭圆偏心率；

δ_A ——点 A 处矢径的真近点角。

为了节省制动能量和便于实施指令控制和跟踪，一般离轨点 A 总是选在 ε_1 的上半部（r_A 随时间增大而减小的部分)，使 A 点矢径的辐角 $\delta_A \geqslant \pi$ 。由图 1-4 可以看出，由于制动速度的作用，轨道各点的矢径的模 r_A，从 A 点到 E 点为止，一直在减小。进入器沿轨道 ε_2 越来越接近天体。

在给定 δ_A 和已知 V_1 及 θ_1，也就是给定进入器的离轨点 A 的位置时，离轨点 A 到进入点 E 之间的航程角 δ_b 的大小，由过渡段轨道 ε_2 的轨道要素决定，过渡段轨道 ε_2 可由 A 点的位置、离轨速度 V_2，按中心力场的定律求得，进入点 E 就是 ε_2 与天体大气层上界相交之点。

进入器的进入状态，即进入点 E 的位置、进入速度 V_E 和进入角 θ_E ，对进入器能否安全进入大气层有决定性的影响。安全进入大气层就是确保在假定降落伞减速系统工作正常的条件下，进入器能够在进入走廊内进入大气层，通过大气层时的最大减速过载及其持续时间在规定范围之内，产生的热量不会损坏进入器，以及进入器能够在指定的区域或地点着陆。

当给定一个适当的进入速度 V_E ，或给定一个进入角 θ_E ，或给定一定航程角 δ_b（即给定进入点 E ）时，都可以从离轨点算出一族满足安全进入条件的制动段和过渡段轨道。θ_E 的大小与最大过载、最大热流和总吸热量有直接关系，需要通过对制动段参数的选择来满足对 θ_E 的要求。

1.2.3　进入段

进入点 E（图 1－4）为进入轨道进入段的起点。E 点也是气动力起明显作用的稠密大气层的最高点，从这点开始气动力对进入器的运动影响就不能够忽略。对于采用降落伞减速系统垂直着陆的进入器，它的进入段是从 E 点减速下降到降落伞系统开始工作的这一段轨道。对于能够产生足够升力机动下滑下降、在跑道上水平着陆的进入器，进入段是 E 点到进入器开始导航操纵位置的一段。

进入器在进入大气层的过程中，由于受到空气动力的作用，使得整个进入过程中的气动加热、减速过载以及落点精度控制等成为进入器设计中需要研究和解决的几个重要问题。这些问题对进入轨道设计，进入器的结构、气动外形、控制和防热的设计都有重大的影响，同时也使进入段成为进入过程中环境最恶劣和最复杂的一个阶段，也是最具有特征的一个飞行段。

首先，进入段的最重要的特征，就是利用天体大气层这一天然资源，使航天器在进入过程中减速下降并耗散它所具有的巨大能量。进入器进入大气层后，受到与其速度方向相反的气动阻力的作用。气动阻力的大小与进入器的速度平方、大气密度、进入器的参考面积和它的阻力系数成正比，即

$$D=\frac{1}{2}\rho V^2 C_D S \tag{1-2}$$

式中 D ——进入器的气动阻力；

ρ ——大气密度；

V ——进入器速度；

C_D ——阻力系数；

S ——进入器的参考面积；

$\frac{1}{2}\rho V^2$ ——动压。

气动阻力使进入器减速，减速时进入器及其内部的航天员或有效载荷受到减速过载。如何设计航天器，使它的进入器在进入段的最大过载保持在航天员或有效载荷允许的限度以内，这是进入、下降与着陆技术要解决的重要问题之一。

其次，当进入器以很高的速度进入并通过大气层时，它对迎面对流大气猛烈压缩和与之摩擦，使它的能量的一部分转换为周围空气的热能。这部分热能又以对流和激波辐射传热的方式部分地传给进入器，使它表面的温度急剧升高。如何减小和缓和气动加热，如何防止进入器的结构强度因升温过高而减弱导致结构损坏，如何防止高温气体流入进入器内烧坏结构和设备，以及如何将进入器内部的温度保持在允许值之内，这些都是进入、下降与着陆技术要研究的重要课题。

减小最大过载、最大热流的途径主要有减小进入角 $|\theta_E|$ 和增加升阻比 L/D 。但由于总的飞行时间增加，会使总吸热量增加。选择适当的进入角和升阻比，是进入器总体设计、气动外形设计需要解决的关键问题。

在进入段进入器受到严重的气动加热，因此应当尽可能地减小进入器周围炽热气体传递给它的热量。传热的机制与进入器的形状和它周围气体的流体特性有关。进入器驻点热流密度 q 与驻点区的直径 d 的平方根成反比，即

$$q \propto \frac{1}{\sqrt{d}} \tag{1-3}$$

如果驻点区的直径加大，则热流密度将减小。因此，对于 q 的峰值很大的进入器一般都做成大钝头形和轴对称的旋成体，它的迎气流面是一个直径相当大的球面的一部分。

再次，在进入过程中，由于大气密度的不确定性、进入器质量特性的不确定性及其气动系数的偏差（包括升力系数、阻力系数等）、风场的不确定性等都将对进入器的落点精度产生直接的影响。同时，制动发动机的性能和安装位置的偏差以及点火时刻的偏差、进入点初始条件的偏差等也都会累积影响到进入器的落点精度。如何确保进入器的落点精度是进入器制导、导航与控制系统需要解决的一个重要问题。

对于弹道式进入航天器，由于零攻角进入（即升阻比为零的进入），在标准情况下，仅受阻力作用。在非标准情况下，由进入器的静稳定性和动稳定性保证其稳定飞行，因无制导，落点位置是不能进行控制的，其落点有较大的散布。

对于半弹道式进入航天器，由于具有一定的升阻比，其最大过载和最大热流可以减小，同时在进入段可以通过滚动控制改变升力的方向，从而能在一定程度上调整进入轨道，使半弹道式进入器具有一定的机动能力，这样就可以大大减小进入器的落点散布，可以将进入器的着陆点控制在一定的区域之内。

1.2.4 下降段

根据美国国家航空航天局（NASA）在空间技术路线图进入、下降与着陆技术领域中对下降段的界定，下降段主要是指从超声速减速到亚声速这一飞行下降阶段，对于采用降落伞减速的航天器来说，通常指降落伞减速阶段，从降落伞开始工作起至着陆系统或终端制动发动机开始工作止。因此，EDL 过程中的下降段也可称为降落伞减速段。一般进入器依靠其自身的外形在气动阻力的作用下减速后会逐渐接近平衡速度，即当进入器所受到气动阻力 D 与其所受重力 W 平衡时的稳定下降速度。根据式（1-2），则平衡速度为

$$V=\sqrt{\frac{2W}{\rho SC_D}} \tag{1-4}$$

式中 ρ ——大气的密度；

S ——进入器的参考面积。

一般对于返回式航天器来说，当返回器下降到海拔 15 km 左右的高度，其速度可减小到声速。再继续下降，返回舱的速度将逐渐趋于稳定下降速度，保持在 100～200 m/s 左右。此时，如果不进一步采取减速措施，则返回器将以每秒 100 多米的速度冲向地面而坠毁。在此稳态情况下，继续应用气动力减速原理，通过增大返回舱的阻力面积进一步降低其 β 值（$\beta=m/C_DS$ 为综合表示返回舱质量和阻力特征的弹道系数），是使返回舱速度继续减小的最优途径。所以在着陆之前还需要一套气动减速装置，将返回器进一步减速到安全着陆速度，通常是采用降落伞系统来实现减速。论证和实践证明，逐级展开降落伞、逐步增大阻力面积（即逐次减小“返回舱降落伞”组合体的 β 值）是使返回舱进一步减速下降的最现实、最有效、最可靠的方法。但是，在工程设计中不能无限增大降落伞面积以期达到极小的 β 值（通常情况 β 值不宜小于 2～4 kg/m^2），因此，乘降落伞下降的返回舱必然是带有一定垂直速度进入着陆阶段的。

降落伞减速段也是进入器降落伞减速系统的工作段。降落伞减速系统是根据这一段轨道起始点的条件（主要是速度、高度和大气参数）和着陆条件（主要是着陆速度、当地风速和着陆区的地理情况）而设计的。

将进入器的速度由超声速或高亚声速降低到安全着陆速度，一般是由两具（或两组）降落伞来完成。首先打开一具（或一组）面积较小的降落伞，称之为减速伞，将返回舱速度由每秒 200 多米减小到每秒数十米；而后减速伞分离，再打开一具（或一组）面积较大的主伞，将返回舱速度进一步减低到安全着陆速度。如我国的返回式卫星和神舟飞船均是采用了减速伞和主伞两级减速装置。

1.2.5　着陆段

如前所述，由于工程设计中不能通过无限增大降落伞面积来减小其稳降速度，对于某些航天器来说，为了确保着陆安全，往往还需要采用着陆缓冲措施对航天器进行最终的缓冲着陆，即由着陆缓冲装置在有限的空间和短暂的时间内来个“急刹车”，使进入器本体以接近零速度触地的理想状态圆满完成着陆任务。比如，神舟号飞船返回舱经降落伞减速后仍有 8 m/s 左右的垂直速度，若不采取缓冲措施以此速度着陆，产生的着陆冲击过载仍能使航天员受伤。对于火星探测着陆器来说，由于火星大气非常稀薄，一般经降落伞减速后其稳降速度仍达到几十米每秒，必须采取进一步的减速缓冲措施才能确保着陆器安全着陆。因此，对于这一类航天器来说，最后的减速缓冲着陆阶段称为着陆段。

1.3　航天器进入方式

进入器在进入某一天体大气层的过程中，其运动将受到空气动力的作用，空气动力可分解为气动阻力 D 和升力 L 。气动阻力沿着飞行速度相反的方向作用在进入器上，直接起到减速作用；升力沿着与速度垂直方向作用在进入器上，起到改变减速路径（轨迹）的作用。因此，升力和阻力的比值（称为升阻比，L/D ）成为进入器在大气里运动的一个重要特征参数。根据作用在航天器上气动力的升阻比大小以及对升力是否加以控制，航天器的进入方式可以分为弹道式进入、半弹道式进入和升力式进入三种方式。

1.3.1　弹道式进入方式

航天器在进入大气层的过程中只产生阻力不产生升力，或者产生不大的升力，但对升力的大小和方向均不加以控制和利用，这种进入方式称为弹道式进入方式。由于没有升力，或升力很小，进入器只能垂直着陆，因此在着陆前还需一套降落伞系统，以保证进入器安全着陆。对于弹道式进入方式而言，一旦离轨状态确定以后，整个进入轨道就确定了，是不能再进行调整的。因此，航天器运行轨道的偏差、离轨点位置的偏差、离轨制动姿态的偏差、制动速度的偏差和大气参数的偏差等都会累积到下降段和着陆段，使得降落伞的开伞点参数以及着陆点散布等均很大。

弹道式进入航天器由于进入大气层过程中不产生升力或不控制升力，进入段比较陡峭，所经历的航程和时间较短，因而气动加热的总量也较小，防热问题较容易处理，其气动力外形很简单，一般采用钝头的轴对称旋转体外形。弹道式进入器在进入过程中减速快，出现的最大过载值高，理论上讲，适当地控制进入角和进入速度的大小，可以使最大过载不超过允许值。实际上，用减小进入速度的办法来减小最大过载值是不可取的。因为进入速度的减小有赖于制动速度的增大，这将使制动发动机的总冲增加，使航天器和运载器的质量增大。所以控制弹道式进入器最大过载的主要办法就是控制进入角。

弹道式进入航天器是进入式航天器中最简单的一种，防热结构简单，技术上易于实现，因此中国、美国、俄罗斯的返回式卫星都是采用这种返回方式。

1.3.2 半弹道式进入方式

在弹道式进入器的基础上，通过配置质心的办法，使进入器进入大气层的过程中产生一定的升力，并加以利用，以克服弹道式进入方式所产生的落点偏差太大、进入过程中过载值过高的问题，这种进入方式称为半弹道式进入方式（或称为弹道—升力式进入方式）。半弹道式进入器的质心不配置在进入器的中心轴线上，而配置在偏离中心轴线一小段距离的地方。这样配置质心，使进入器进入大气时产生一个不大的攻角，同时也就产生了一个不大的升力，如图 1-5 所示。由这样偏离中心轴线配置质心所产生的攻角 η_{tr} 称为配平攻角，所产生的升力一般也不大，一般其升阻比小于0.5，也还不足以使进入轨道最后平缓到可以使进入器水平着陆的程度。因此，和弹道式进入器一样，半弹道式进入器也只能垂直着陆，同样在着陆前也需要一套降落伞系统，以保证进入器安全着陆。

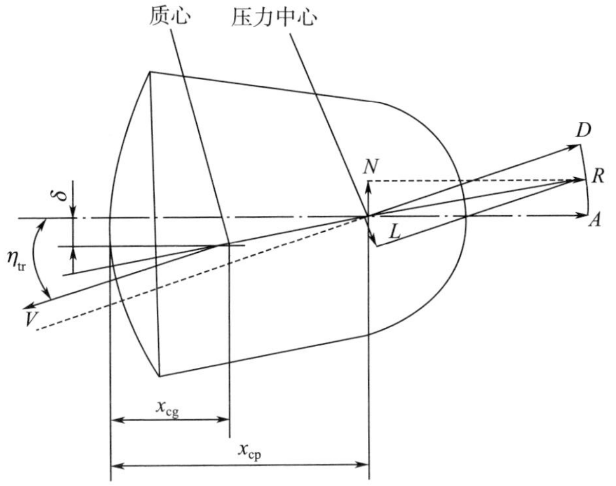

图1-5 进入器以配平攻角飞行时的气动力

V—飞行速度；R—气动力合力；L—升力；D—阻力；N—法向力；A—轴向力；η_{tr}—配平攻角；δ—质心偏置距离；x_{cg}—质心的坐标；x_{cp}—压力中心的坐标

对于半弹道式进入器而言，通过控制它的滚动角可以改变升力的方向，从而能在一定程度上调整进入器在大气中运动的轨道，使进入器具有一定的机动飞行能力。即将进入器绕本身纵轴（或速度轴）转动一个角度，改变升力在当地铅垂平面和水平平面的分量，改变进入器在大气中的运动轨道，从而可以在一定范围内控制进入器的着陆点位置和进入过程中的最大过载。采用这种方法可以将进入器的着陆点控制在几千米到十几千米范围内。

半弹道式进入器通过大气层的时间和路程均较弹道式进入器的要长，因此接受到的总热量也较大，但再入减速过载也明显减小。半弹道式进入器是一种既保持弹道式进入航天器结构简单和防热易于处理的特点，又能适当地利用升力，在一定程度上克服弹道式进入器缺点的进入器。因此，在需要降低最大减速过载和减小落点散布的场合下，以及进入速度很大的直接进入任务中，半弹道式进入方式被广泛采用，如我国的神舟号飞船和探月工程三期的返回器，其中探月工程三期的返回器还采用了半弹道跳跃式返回方式。

1.3.3 升力式进入方式

一般当航天器的升阻比大于 1 时，如航天飞机的轨道器采用带翼升力体的结构外形，形状似飞机，升阻比达 1.3～3.0，就可以采用升力式进入方式。在进入大气层过程中轨道器受强大的气动升力作用，沿着比较平缓的轨道滑翔下降，同时通过姿态控制系统控制俯仰和滚动以改变升力的大小和方向，使轨道器能在几千千米航程内机动飞行，选择最佳的再入路线飞向预定目标地。在下降到 20 km 左右高度时，气动力作用已增大到操纵活动翼面即可控制轨道器的飞行，并在导航系统引导下一面减速下滑一面机动飞行。最后轨道器从 3 km 高度开始沿准定常直线轨道下滑，降到 500 m 左右的高度时开始作拉平机动，降到 150 m 左右的高度时放下着陆架，接着在跑道上触地滑行，完成无动力的着陆动作。航天飞机水平着陆所采用的着陆装置（着陆架类同于飞机的起落架），属于航天飞机的重要结构件，不形成独立的着陆系统。本书不涉及以航天飞机为代表的升力式航天器的水平着陆装置。

1.4 航天器回收着陆技术的发展

航天器回收着陆技术是随着火箭、导弹、航天（空间）技术的发展而发展起来的，并得到广泛应用的一门综合性应用技术。

1.4.1　国外航天器回收着陆技术的发展

20 世纪 30 年代至 50 年代前半期是国外回收着陆技术的初期发展阶段。这期间的重点是发展多种小型火箭的回收系统。1937 年美国火箭之父戈达德就开始在小型试验火箭上采用了降落伞系统。40 年代至 50 年代前半期，回收着陆技术开始逐渐用于回收高空地球物理火箭和探空火箭的仪器舱及生物火箭的生物舱，以获得大气结构参数、地球物理参数和生物试验品等。

50 年代后半期至 60 年代初期，回收着陆技术进一步发展，直接用于军事目的，服务于导弹技术的发展。这期间美国发展了回收中远程数据舱和低弹道系数弹头的回收技术，以取得各系统的工作参数，了解弹头烧蚀情况，以弥补在再入黑障区遥测中断的不足。

60 年代是美苏回收技术竞相大发展时期。这期间，回收着陆技术重点应用于空间技术的发展。美苏首先发展了返回式卫星回收技术。1960 年 8 月 10 日，美国成功地回收了发现者 13 号侦察卫星，回收舱质量为 54～136 kg。接着，成功回收了生物卫星，质量为 127～143 kg。1960 年 8 月 19 日，苏联成功回收了斯普特尼克 5 号试验飞船，该试验飞船动物舱中有两只狗及其他生命。动物舱从试验飞船中弹出，单独着陆，试验飞船本身利用另外的降落伞系统着陆。在此基础上，美苏都各自为载人飞船研制了返回着陆系统。苏联在 1961 年 4 月 12 日成功实现了东方号载人飞船的安全着陆，其返回舱直径为 2.3 m，质量为 2.4 t，返回舱内安装了弹射座椅应急救生系统。苏联接着又相继成功实现了上升号和联盟号飞船的安全着陆，为两者研制了着陆反推火箭系统，为联盟号研制了“救生塔”应急救生系统。苏联的三代飞船都是陆上回收着陆的。在此期间，美国也相继研制成功了水星号、双子星座号、阿波罗号三代飞船，它们全部是水上回收着陆的，其中阿波罗号飞船完成了登月飞行。由于水上溅落方式比陆地着陆的冲击小得多，所以美国飞船都没有采用反推火箭系统。

70 年代美苏先后为火星和金星探测器研制了降落伞着陆系统，并且成功地完成了预定任务，美国还对高弹道系数弹头的回收作了许多试验，回收质量在 18～53 kg 范围。

80 年代美苏开始研究大型火箭的回收问题。美国为航天飞机固体火箭助推器设计了回收系统，并于 1981 年在海上回收成功，回收质量为 79.4 t。苏联于 1987 年 5 月 15 日发射了大型火箭能源号，火箭设计规定所有重要部件都要回收。

进入 20 世纪 90 年代，美国提出了“更快、更好、更省”的太空政策，世界各国掀起了一股深空探测的热潮，航天器回收着陆技术也随着深空探测特别是火星探测着陆器的研制而得到了较大的发展。美国于 1996 年发射了火星探路者号，1997 年成功软着陆于火星表面。火星探路者号进入器总质量为 584 kg。其中着陆器质量为 360 kg。进入器主要包括防热罩、降落伞、反推发动机、缓冲气囊和着陆器，如图 1－6 所示。火星探路者号所用降落伞是在海盗号降落伞的基础上改进而成的，降落伞的名义直径为 13 m。降落伞的开伞采用了以动压为控制目标的自适应开伞控制方法。着陆采用了反推发动机制动减速加气囊缓冲着陆的方式。火星探路者号着陆器使用的着陆缓冲系统是一种全向缓冲气囊，着陆器被完全包裹在缓冲气囊中，在气囊的保护下直接坠向火星表面。着陆后气囊放气，着陆器展开，同时扶正其姿态，露出各种探测装置和火星车，然后开始工作。其后又相继发射了火星极地着陆者号、勇气号、机遇号和凤凰号，且除火星极地着陆者号之外，勇气号、机遇号和凤凰号均成功着陆于火星表面。2011 年 11 月 26 日美国成功发射了火星探测器——火星科学实验室（Mars Science Laboratory，MSL），经历 8 个半月的飞行，其携带的好奇号巡视器于 2012 年 8 月 6 日成功着陆火星。与以往的火星探测任务相比，MSL 的质量和体积、防热罩直径、升阻比 L/D 、降落伞直径、着陆点高度、着陆精度要求等参数在目前火星探测着陆任务中都是最高的。通过采用基于马赫数的开伞控制技术、“空中吊车”动力下降和着陆缓冲技术、“空中吊车”

飞离控制技术以及安全避障和精确着陆等技术，成功地将质量达900 kg的好奇号火星巡视器着陆在高度为火星海平面高度＋2.0 km的着陆点，且着陆点圆概率半径小于20 km。火星科学实验室的进入减速着陆过程如图1-7所示。

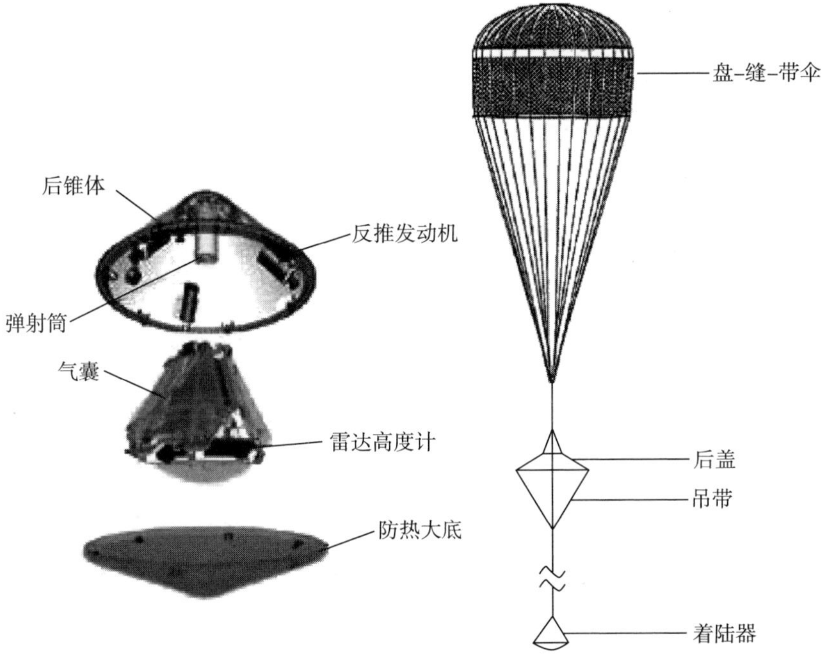

图1-6 火星探路者号进入器示意图[3]

目前，NASA正在开展低密度超声速减速（Low Density Supersonic Decelerator，LDSD）项目，该项目是NASA主导的新一代减速技术，将实现探测器在火星高海拔地区携带更大质量着陆，主要应用于未来潜在的无人深空探测及有人探测。该项目将研发三种在超声速条件下展开的气动减速装置。其中两种是充气展开装置（图1-8），分别用于未来的无人探测和有人探测，其功能是在$Ma=4$时充气展开，增大探测器的阻力；另一种气动减速装置是一种新型的环帆伞，其功能是将进入器速度从$Ma=2$减至亚声速。

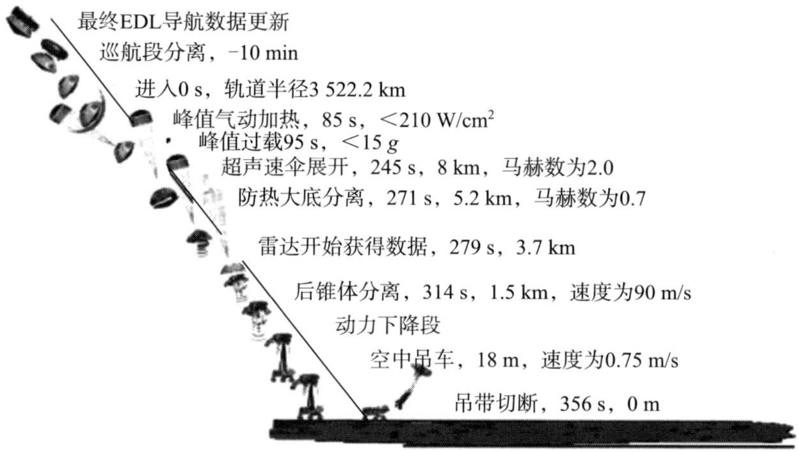

图 1-7　火星科学实验室着陆火星表面的过程[4]

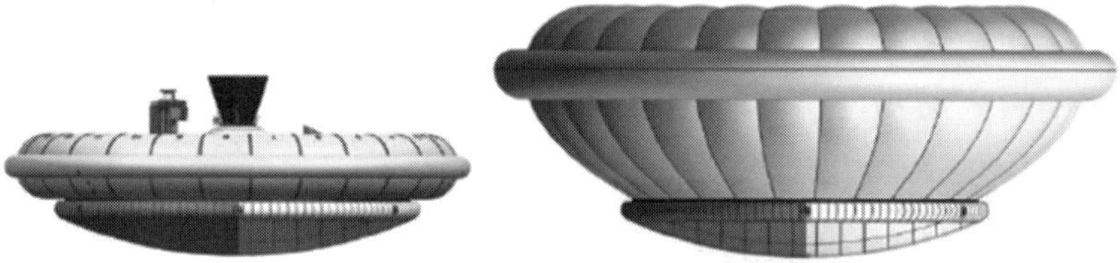

图 1-8　充气展开装置[5]

充气展开装置实际上是随着柔性防热材料的发展而发展的。图 1-9 是 1996 年俄罗斯与欧洲空间局（ESA）和德国戴姆勒·克莱斯勒宇航公司（DASA）协作，针对火星—96 号任务所研发的一种适应火星着陆的充气式进入与下降技术（IRDT）装置[6-8]，其展开外形如图 1-10 所示。充气式进入与下降系统的进入舱主要由耐高温的柔性编织物折叠后包裹在返回舱外围，形成防热罩。防热罩在进入大气前充气，形成倒锥外形，包裹着返回舱以免被剧烈的气动加热烧毁，并有效地进行气动减速。进入舱在下降过程中根据需要可数次充气以增加迎风阻力面积，最终以安全着陆速度撞击陆地或溅落海洋中。实际上，从 20 世纪 60 年代以来，国外就开展了充气式减速装置的研究工作。但由于受防热材料技术的限制，直到近二十年来随着材料技术的发展，才看到实现这些构想的可能。这种充气式进入与下降系统的发展，为航天器进入、下降与着陆技术又提供了一个新的发展方向。

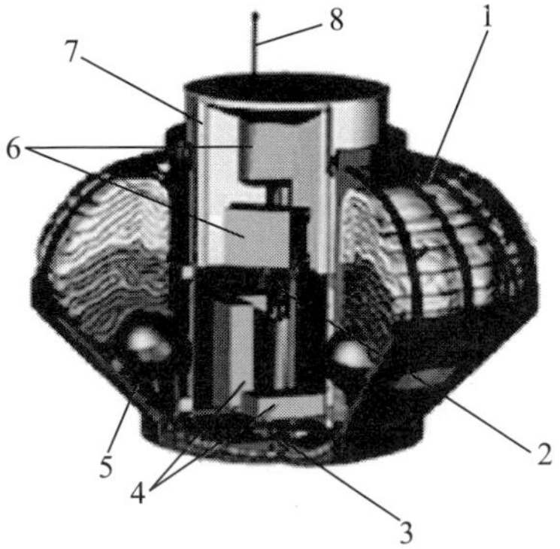

图 1-9 IRDT 演示舱组装折叠状态

1—充气式结构包装折叠状态；2—仪器舱减振器；3—刚性防热外壳；4—控制机构；5—高压气体储罐；6—仪器设备；7—载荷舱；8—信标机天线

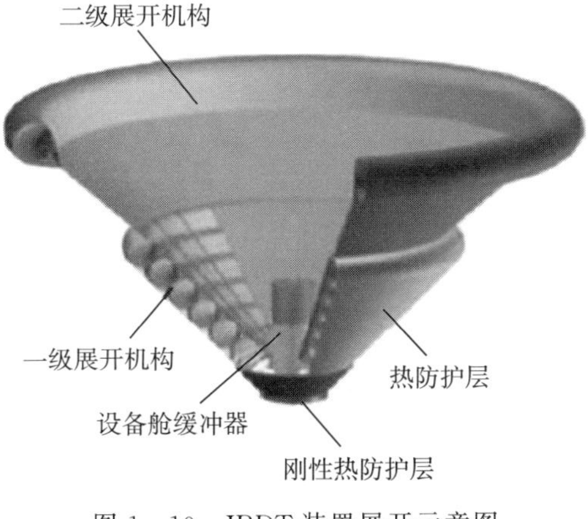

图 1-10 IRDT 装置展开示意图

为了降低航天任务成本，提高工程效益，发展多次重复使用的运载器和航天器是未来人类对空间深度开发和利用的必然发展趋势。

进入 21 世纪，特别是在美国的航天飞机退役之后，美国和俄罗斯等国没有放弃对可重复使用载人航天器的研究，均在积极开展新型可重复使用飞船的研制或研究论证，并都取得了一定的进展。如：美国国家航空航天局的多用途乘员飞行器（Multi - Purpose Crew Vehicle，MPCV）、美国太空探索技术（SpaceX）公司的天龙号（Dragon）飞船和波音公司的乘员航天运输- 100（Commercial Space Transportation - 100，CST - 100）飞船，以及俄罗斯正在执行的新型载人航天运输系统（PPTS，也称为 PTK - NP）计划，均是新一代可重复使用的载人飞船[9-10]。这些新型可重复使用载人飞船的论证或研制，对航天器回收着陆技术提出了新的要求，必将推动其发展。多次重复使用的运载器和航天器，除了它所有的结构和设备都能多次使用外，还必须能够多次无损定点着陆，因此发展无损定点着陆技术也是航天器回收着陆技术发展的一个主要方向。

1.4.2 国内航天器回收着陆技术的发展

我国的航天器回收着陆技术也是从探空火箭的研制需要开始的，经历了战略、战术武器的回收应用，返回式卫星回收系统的研制，以及载人飞船回收着陆系统的发展壮大。据不完全统计，从 1958 年开始至今，60 年来先后完成了 13 种型号 23 种状态探空火箭有效载荷以及部分箭体的回收着陆；完成了 7 种型号 18 种状态火箭箭头数据舱回收装置研制；完成了 12 种型号空防和海防武器整体的回收着陆；完成了 6 种返回式卫星回收着陆系统的研制；完成了 11 艘载人飞船的回收着陆系统的研制。在这百余次的飞行试验中，回收成功率达到 90%左右[11]，我国的回收着陆技术至今已跻身世界先进水平。我国航天器回收着陆技术发展主要历程如图 1 - 11 所示。

1960 年 4 月，T7M - 003 火箭在南汇火箭发射场升空，在弹道顶点附近火箭头、体分离，降落伞张开，箭体乘降落伞徐徐降落在东海之滨，这是我国探空火箭历史上首次成功回收，也是我国航天器回收着陆技术首次取得成功。尽管回收质量只有 22 kg，技术上也

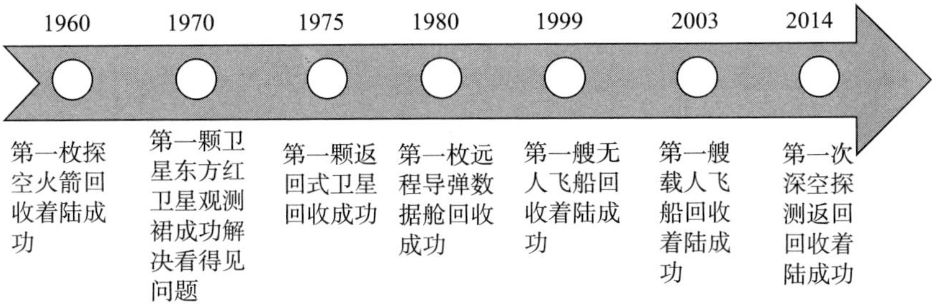

图 1－11　中国航天器回收着陆技术里程碑

很原始，但它的成功为进一步探索其他领域的应用增添了信心。通过对试验火箭、气象火箭、生物火箭、核取样火箭回收着陆系统的研制，回收着陆技术逐步走向了专业配套。20 世纪 60 年代中期，随着我国第一代火箭箭头数据舱回收装置研制的开始，我国回收着陆技术在战略武器数据舱的回收、战术武器的局部或整体回收中又进一步得到了应用和发展，其中数据舱回收弹射时的最大再入速度达到了 $Ma \approx 22$；海上着陆时，质量可达到 8 500 kg，最低开伞高度约 40 m。1980 年 5 月 18 日，在我国首次远程火箭全程飞行试验中，在南太平洋成功回收到的数据舱就是回收着陆技术全面应用的一个范例。

1968 年开始了返回式卫星的回收着陆系统研制工作，至 70 年代第一颗返回式卫星成功回收，标志着我国成为世界上第三个实现卫星回收的国家。其后又先后完成了 6 个型号的回收系统研制，参加了 24 次发射飞行试验，除了 3 次非回收着陆系统本身原因，卫星没有正常返回，回收着陆系统没有得到考验外，其余 21 次都实现了圆满的回收，成功率达到了 100%。

1992 年神舟号飞船正式立项开始研制，在回收着陆方面，经过多年的研制攻关，先后攻克了特大型降落伞、着陆缓冲、静压开伞高度控制、多模式回收着陆程序控制、非电传爆弹盖开伞等关键技术，研制成功了国内回收质量最大、着陆速度最低、可靠性安全性最高、系统最复杂的一套航天器回收着陆系统。在国内航天器回收领域首次采用了降落伞减速和反推发动机制动相结合的技术，使返回舱接近零速度着陆，确保了返回舱的完好回收和航天员的生命安全；研制成功了国内面积最大、相对质量最小，开伞程序控制、加工和包装工艺最复杂、最难，开伞动压包络范围最大的降落伞；具备自动判别返回舱所处状态（包括正常返回、应急返回、零高度逃逸救生、低空救生、中空救生和高空救生多种回收初始状态）和自行选择相应的着陆程序的功能；具有自行检测故障并自动进行主、备切换的功能；采用了高度控制方法控制开伞，避免了对返回弹道的依赖，系统适应性强，控制精度也大为提高。同时，在研制过程中，开创性地建立了航天器回收着陆辅助设计及仿真验证系统，实现了回收着陆系统设计预示和分析验证，解决了极限工况下空投试验难以模拟的难题。其中运用多体动力学理论和分层建模方法，综合分析伞衣伞绳材料弹塑性特征，建立了完整的回收着陆过程动力学理论模型，解决了柔性体的非线性和大变形的建模难题；系统研究了伞舱盖分离及拉伞包过程的动力学特性，建立了完整的伞舱盖分离及拉伞包过程动力学模型，提出了自适应平衡弹盖拉伞方案，提高了伞舱盖拉伞过程中的稳定性和可靠性；在考虑材料非线性特性的条件下，建立了大型伞拉直开伞过程三维、多阶段、多节点的“抽鞭”现象理论模型，深入研究了抽打现象的形成机理，提出了牵顶伞与剥离带结合等抑制大型降落伞顶部抽打现象的技术措施，达到了避免伞衣抽打，提高特大型降落伞拉直过程可靠性的目的；基于信息折合，提出了一种融合降落伞强度试验和系统级空投试验信息的可靠性分析与评估方法，解决了降落伞可靠性量化评估的问题，同时解决了回收着陆系统空投试验和可靠性专项试验方案设计的优化问题。总之，回收着陆技术得到了极大的提升。1999 年第一艘无人飞船回收着陆成功，2003 年第一艘载人飞船回收着陆成功，实现了中华民族的千年飞天梦。

近年来，我国航天器回收着陆技术又得到了长足发展。在载人航天领域，在神舟号飞船的基础上，正在开展新一代多用途飞船的论证，已经完成了回收着陆系统的方案设计，将采用群伞加缓冲气囊的回收着陆方式。在深空探测方面，嫦娥工程进展顺利，嫦娥三号圆满完成落月任务。2014 年嫦娥五号飞行试验器首次实现地月返回，并突破了以第二宇宙速度返回的回收着陆技术。我国首次火星着陆探测已经启动，开展了火星降落伞技术相关的预先研究，目前已经转入型号研制阶段。在运载火箭领域，正在开展运载火箭助推器和一子级回收着陆系统的预先研究。

目前我国航天器回收着陆专业达到的主要技术水平如下：

1）回收质量：8 500 kg；

2）回收高度：40～35 000 m；

3）回收速度：35 m/s～22Ma；

4）回收降落伞面积：0.1～1 200 m^2（单伞）；

5）回收控制：过载、时间、高度等多种控制方式；

6）回收标位：水面标位、闪光标位、无线电标位，标位距离达到 20 km；

7）具有气囊着陆、发动机反推着陆、机械支架着陆等多种着陆手段，具有定点无损着陆能力。

1.5　航天器回收着陆技术的扩展应用

除了宇航技术与产品以及导弹武器系统之外，在航天技术应用产业、航天服务业方面，航天器回收着陆技术也有广阔的发展空间和广泛的应用需求，特别是针对回收着陆技术中涉及到的一些柔性结构及其可折叠展开的特点，产生了一系列衍生应用。例如：利用降落伞折叠和展开的技术，解决了我国第一颗人造地球卫星看得见的问题；利用降落伞减速和稳定的特性，解决鱼雷入水姿态和水雷布撒问题；利用旋转伞旋转特点，解决子母弹抛撒中的子弹寻的问题；利用降落伞实现地雷和燃烧弹的地毯式布撒，防止堆积问题；利用定点着陆技术可实现物资的精确空投；利用降落伞技术可实现人员的高楼救生；利用充气式柔性结构及其控制技术可实现平流层飞艇等近空间飞行器的制造与运行等。航天器回收着陆技术的各类衍生应用在抢险救灾、人员防护和广告展示等方面也发挥了积极的作用。

近年来，随着航天事业的发展，空间柔性结构的应用需求越来越广泛。

（1）空间充气结构

随着人类空间探索活动的发展，越来越需要大型的航天器或部件进入地球轨道、进入深空，但在尺寸、质量大小上往往受到运载火箭的限制。空间充气展开结构利用气体充入轻薄材料制成的闭合体内，依靠表面张力，将折叠的轻薄部件按设定的形状展开，能够获得比折叠状态大几倍甚至几十倍的展开体积。因此空间柔性结构技术在空间环境中受到了越来越多的关注。

（2）柔性遮光罩

随着光学探测需求的不断增加，空间光学系统的尺寸也在不断增大，相应地对遮光罩的尺寸要求也在日益增大，同时对遮光罩的形状要求也不断变化，采用传统的刚性结构要满足不断增加的需求变得越来越困难，代价越来越高昂。基于空间柔性结构的特点和优势，各航天大国不约而同地将目光投到柔性展开式遮光罩的研究上。

（3）空间飞网系统

空间飞网系统是近年来提出的一个概念，可应用于捕获空间目标、清理空间碎片或构建巨型空间结构等任务中，目前欧美和日本等正在积极开展相应的探索性研究。飞网捕获是一种新型的非合作目标捕获方式，也可以用于合作目标的捕获。在飞网捕获中，飞网捕获器平台向被捕获目标方向展开一张由细绳编织成的网，通过绳网包裹住目标航天器，利用飞网收口机构收紧网口，防止目标脱离。利用飞网来完成空间捕获任务是未来在轨服务技术发展的方向之一。

（4）太阳帆系统

太阳帆系统是一种利用太阳对大型薄膜产生的光压获得推进力的新型航天器，其关键技术之一就是如何展开大型柔性薄膜结构。

可见，基于回收着陆技术中涉及到的一些柔性结构可折叠展开的独特特点及其相关的动力学研究，发展空间柔性结构技术将是未来航天回收着陆技术扩展应用的一个重要方向。

参 考 文 献

［1］ 荣伟，等．航天器进入下降与着陆技术［M］．北京：北京理工大学出版社，2018.

［2］ 王希季．航天器进入与返回技术（上）［M］．北京：中国宇航出版社，1991.

［3］ S W Thurman. Return to the Red Planet：An Overview of the Mars Pathfinder Mission［R］．AIAA－95－1534－CP：24－31.

［4］ Way D W，Powell R W，Allen Chen，et al. Mars Science Laboratory：Entry，Descent，and Landing System Performance［C］．2006 IEEE Aerospace Conference. New York：IEEE，2006：758－776.

［5］ Brant T Cook，Guillermo Blando，Andrew Kennett，et al. High Altitude Supersonic Decelerator Test Vehicle［R］．AIAA 2013－1353.

［6］ Detlef W，Stephan W，Astrium GmbH. Flight test and ISS Application of the Inflatable reentry and Descent technology（IRDT）. Acta Astronautica Vot. 51，No. 1－9. p83－88. 2002.

［7］ Marraffa L，Kassing D，Baglioni P，et al. Inflatable re－entry technologies：flight demonstration and future prospects. ESA Bulletin，103：78－85. 2000.

［8］ Ivankov A A. IRDT—Inflatable re－entry and descent technology for Mars missions. IAC－03－IAA. 13. 1. 06.

［9］ 李志杰，果琳丽，张柏楠，等．国外可重复使用载人飞船发展现状与关键技术研究［J］．航天器工程，2016，25（2）：106－112.

［10］ 张蕊．国外新型可重复使用飞船特点分析和未来发展［J］．国际太空，2012（12）：31－38.

［11］ 陈国良，高树义．中国航天器回收着陆技术50年成就与展望［J］．航天返回与遥感，2008，29（3）．

第 2 章　航天器回收着陆系统设计

进入式航天器进入、下降与着陆过程的最终阶段是安全着陆，一般也是这类航天器整个飞行任务的最终阶段。如果在这最后的下降与着陆阶段保证安全着陆的回收着陆系统发生了故障，不能保证着陆器安全着陆，则将导致前功尽弃。因此，回收着陆系统工作的成败是直接关系到任务能否成功的一个关键环节，也是任务成败的最终标志。

为实现安全着陆而设置在航天器上的减速、着陆缓冲、控制、作动以及回收用的标位等装置的集成称为回收着陆系统。其主要任务是通过减速装置和缓冲装置的作用实现航天器的安全着陆，同时为航天器向地面人员提供其在下降过程和着陆后方位或位置信息等辅助标位功能，以便帮助回收区地面人员及时确定着陆器的方位。

航天器回收着陆系统设计是进入式航天器研制过程中的一个重要环节，也是有关回收着陆技术研究的基础和主要内容之一，因为系统方案的优劣直接关系到系统的复杂性、可靠性、经济性和合理性。本章将主要对航天器回收着陆系统的特点、组成和工作程序，以及方案设计等内容进行论述。

2.1　航天器回收着陆系统的特点

由于航天器回收着陆系统工作在其飞行过程的最后一个阶段，在非常有限的工作行程内，需要将拥有巨大的动能和势能的航天器安全着陆停留在星球表面，其位置、速度和姿态均要发生很大的变化，它的工作好坏涉及整个飞行任务最后的成败，因此航天器回收着陆系统具有自己独特的特点，主要表现在如下几个方面[1,2]。

（1）必须具有高可靠性

航天器回收着陆系统的主要任务是将完成飞行任务的航天器（包括卫星、飞船及深空探测器）的全部或局部减速到规定的速度并安全着陆于地球或其他星球表面，其工作的成败直接关系到整个飞行任务的成败，特别是对于载人飞船来说，更是保证航天员以安全速度着陆的一个关键系统，而且除了正常返回状态之外，在各种应急返回状态以及发射段各种应急救生状态下均要保证航天员以安全速度返回着陆。也就是说，在载人航天活动的整个任务过程中，回收着陆系统的工作成败均直接关系到航天员的生命安全。因此必须要求航天器回收着陆系统具有很高的可靠性，其每个组成部分都应该具有很高的可靠性，应尽量采用冗余技术等提高可靠性的措施。

（2）工作必须具有自主性

一般正常情况下，航天器是在预定的着陆区着陆。然而在出现异常情况时，进入器有可能提前进入，或者在备用着陆区或着陆区以外的地方着陆，特别是载人飞船在发生紧急情况时，随时都有可能应急返回。另一方面，由于航天器在进入的过程中处于高速运动状态，而且回收着陆系统工作时进入器离地面高度较低，这就使得回收着陆系统在工作的过程中发现故障征兆的实时性差，其工作时序必须非常紧凑，如果在中途出现故障，外界也无法采取营救措施，因此，必须要求回收着陆系统的工作是自主的。回收着陆系统一旦启动，就能自主判别工作状态和选择相应的工作程序，并自动完成全部或主要的程序动作（如清除开伞通道、开伞等动作），而无须依靠地面台站的控制或修正。

（3）工作过程不可逆性

航天器回收着陆系统的工作过程是由一系列按一定程序执行的动作所组成的。回收着陆程序一旦开始，就要按照预定的程序进行下去，直至进入器着陆。如果在中途出现故障，不可能将程序暂停或恢复到原位重新开始，在整个回收着陆过程中，如果有某一个程序动作失效，就有可能导致回收着陆失败，因此，航天器回收着陆系统的工作过程具有不可逆性，这也是要求回收着陆系统具有高可靠性的原因之一。

（4）与航天器总体关系密切

航天器的进入、下降与着陆过程是进入器连续地与星球大气和地面介质相互作用过程中紧密关联的 3 个阶段，成为航天器进入器总体设计的核心内容。航天器总体通过进入器自身的构型设计，完成进入器从高超声速到超声速或亚（跨）声速的减速任务；进入器总体与回收着陆系统通过“进入器-降落伞”组合体的构型设计完成超声速或亚（跨）声速的减速任务后，又通过“着陆器-着陆装置”组合体的构型设计实现着陆器安全着陆。因此，航天器回收着陆系统是航天器进入器的一个重要组成部分，它的工作条件、安装位置与进入器的总体设计有着十分密切的关系。例如进入器的着陆质量（降落伞系统的有效载荷）、着陆速度等，本身就是航天器主要技术指标的一部分。降落伞开伞时的工作条件，完全是根据进入轨道而定的。而降落伞装置和着陆缓冲装置在安装和展开方面的特殊要求，又在很大程度上影响了进入器内部的总体布局，因此，回收着陆系统的基本方案是与进入器总体方案紧密关联、同时形成的，离开具体的进入器和进入器总体不可能形成有实质意义的航天器回收着陆系统。比如在神舟号飞船总体确定采用类同于联盟号飞船返回舱构型和布局的情况下，神舟号飞船回收着陆系统也只能采用类同于联盟号飞船的着陆系统方案，即由“单伞加冷备份”模式的降落伞装置和以“着陆反推发动机”为特征的着陆缓冲装置所组成的着陆缓冲系统方案。

（5）要经受整个飞行环境的考验

航天器回收着陆系统的工作大都发生在飞行的最后阶段，因此回收着陆系统要经受全面的飞行环境的考验，特别要承受进入段的环境条件考验。进入阶段的环境条件比其他阶段条件都要恶劣、复杂。高速运动的物体进入到大气层，与大气摩擦产生的气动力引起的制动过载，以及气动热产生的高温都是非常严重的，这些环境都是回收着陆系统必须要经历的，而不像其他系统，进入之前已经工作完毕，不需要经受这段考验。所以这就要求回收着陆系统具有更高的抗过载和防热的能力。

（6）受其他系统影响大

回收着陆系统工作以后，其飞行任务就基本结束，它的成败直接关系到整个飞行试验成败。所以它是试验的最后一个工作环节。不管前面各系统工作如何好，若回收着陆失败了，整个飞行试验就没有达到目的，前面的所有工作可以说是前功尽弃。另外它是最后一个工作系统，受别的系统的制约也比较多，进入器飞行弹道及其姿态的好坏，都直接影响回收着陆系统能否正常开伞和脱伞，因为开伞和脱伞的程序是按时间要求预先装订的。如果弹道高了，就可能出现早开伞和空中脱伞的情况，反之就可能没有等到开伞就落地，这些都是回收着陆系统不允许出现的问题。所以回收着陆系统在制定方案时，除了要有较大的适应范围外，其产品性能要求相对要更可靠、更稳定。

（7）一次性工序产品比较多

所谓一次性工序产品是指产品一旦交货装到航天器上以后就无法进行检查的产品，一般情况下，航天器的产品都是属于一次性使用产品。航天器上的大多数产品一般从总装到发射要经过多次综合测试、模拟测试，以此检验产品的工作性能和系统间的匹配情况，但回收着陆系统中的大部分产品是没有办法检查的。如降落伞系的产品就是这样，在总装过程中有没有损坏，引导伞、减速伞、主伞有没有按规定的细则包装好，包装中有没有压断，伞绳有没有缠绕，这些在总装后是没法检查的，只有到飞行试验以后，回收着陆系统工作结束才能得到验证。火工装置几乎也是这样，装器以后除了进行电阻值、绝缘值的测量外，对火工装置能不能正常点火，点火后性能能不能达到规定的要求，都没法进行模拟，更没法进行测量。这就需要回收着陆系统有一套严格的操作规程和监督机制，保证一次装配合格，并经过大量地面或空投试验验证，否则就会造成开伞的失败。

2.2　航天器回收着陆系统的组成

航天器回收着陆系统主要由气动减速装置、着陆缓冲装置、执行机构、控制装置以及结构装置等组成，有时还包括标位装置、漂浮装置和扶正装置等。

2.2.1　降落伞气动减速装置

气动减速装置是回收着陆系统的核心，通常是采用降落伞系统来实现着陆减速。一般对于返回式航天器来说，当返回舱下降到 20 km 以下的高度，其速度由超声速逐渐过渡到亚声速，已经适于降落伞系统工作。将返回舱的速度由高亚声速降低到安全着陆速度，通常需要由两具（或两组）降落伞来完成。首先打开一具（或一组）面积较小的降落伞，称之为减速伞，将返回舱速度由每秒 200 多米减小到每秒数十米；而后减速伞分离，打开一具（或一组）面积较大的主伞，将返回舱速度进一步减低到安全着陆速度。如我国的返回式卫星和神舟飞船，均是采用了减速伞和主伞两级减速装置。

而对于气动外形呈大头朝前的返回器来说，由于在亚（跨）声速气流中，其运动一般是不稳定的，会出现大幅度的摆动、旋转，甚至翻滚。在此情况下打开减速伞还能起到稳定返回舱的作用，减速伞又称为稳定伞。在某些情况下，在超声速情况下就要打开一具降落伞以稳定返回舱的姿态，为主伞创造良好的开伞姿态条件，确保主伞的开伞可靠性。如星尘号返回器减速着陆系统设计为两级降落伞减速，减速伞为盘缝带伞，主伞为三锥形伞。其中减速伞就是在高度约 32 km 高度处，速度为 $Ma=1.37$ 条件下弹射开伞的。

对于火星探测器减速着陆系统来说，由于火星大气非常稀薄，只有地球表面大气密度的 1%左右，为了提高进入器的气动减速特性，一般需要采用大钝头体外形，如图 2-1 所示的美国凤凰号火星探测器。对于这种气动外形的进入器，一方面其在亚（跨）声速阶段的稳定性较差，另一方面因火星大气稀薄，完全依靠进入器的气动外形也很难将进入器减速到亚声速，因此，一般需在超声速阶段就要打开降落伞对进入器进行减速和稳定姿态。所以对于火星探测器来说，降落伞既具有减速功能又具有稳定姿态的功能。

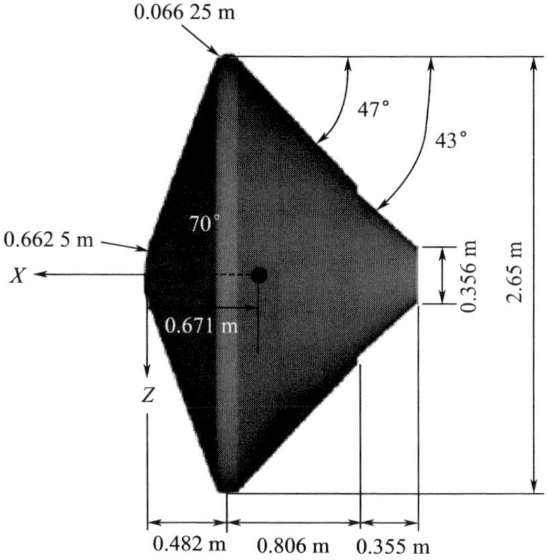

图 2-1　凤凰号的气动外形[3]

2.2.2　着陆缓冲装置

一般在工程设计中，利用降落伞减速后的速度不能规定得太低，否则降落伞系统的质量将大到不合理的程度。对于返回地球的返回器来说，通过降落伞减速后，返回器的着陆速度一般是在 6～13 m/s，着陆时仍会产生比较大的着陆冲击过载，其量级可达数百个 g 。这样大的过载对于生物、人体以及某些精密仪器可能难以承受。而对于火星探测器来说，由于其大气非常稀薄，进入器经降落伞减速后的稳降速度一般仍有每秒六七十米，若进入器以如此大的速度着陆，则将直接损毁。因此在某些返回器或着陆器上，须设置着陆缓冲装置，以部分地吸收返回器或着陆器在着陆时的能量。

着陆缓冲装置可以是着陆反推发动机、缓冲气囊、液压缓冲器或吸收冲击能的易损结构等。

着陆缓冲方案一般基本有 3 种类型[2]。

（1）入地缓冲

在着陆器前面安装一根刚性连接的减振锥，利用减振锥入地过程中地面介质的变形吸收一些能量，使其着陆冲击载荷减小。这种方案的优点是结构简单，对一些容纳不了大型降落伞或缓冲气囊的小型弹头可以采用此方法。但减振锥的有效性在很大程度上取决于着陆区的地形状态和地面介质的硬度，这种缓冲要求着陆器的下降速度比较大，这样减振锥入地有一定深度，并可以防止着陆器翻倒。但在采用这种方案时，着陆器的结构设计应考虑到减振锥在减小冲击载荷中所产生的反作用力影响。

（2）触地缓冲

在着陆器底面（与地面接触处）装有充气袋、纸蜂窝或泡沫塑料等，在其着地时，靠它们的变形吸收一部分能量，从而减小着陆器的冲击载荷。其优点是不受地形条件的限制，性能主要取决于缓冲物的方位和吸能的能力；缺点是体积比较大，安装比较麻烦，给着陆器的结构设计带来了不便。

（3）触地前的制动

在着陆器着陆前、沿着运动的相反方向产生一个制动力，使其产生冲量抵消着陆器的部分动量，进一步减小着陆速度。因为着陆冲击过载与速度平方成正比，虽然与其着陆姿态、地面介质都有一定关系，但着陆时的速度是起主导作用的。现在一般采用反推发动机的方法，在临近地面一定高度，给反推发动机一个点火信号，使发动机点火产生一个反推力，在着陆器着地时反推发动机工作结束。这种方法的优点是质量小、体积小、效能高、能实现零速着陆，但技术复杂，成本高。特别是发动机推力与着陆器重力之间的匹配，点火高度的控制与工作时间的匹配是关键。

2.2.3 执行机构

为保证降落伞系统能正常开伞工作，需要完成一系列程序动作，而这些程序动作是由执行机构（通常是火工装置）通过做一定的机械功来实现。例如在降落伞开伞之前，首先要清除开伞通道，这个程序是由弹伞筒或弹射器，将伞舱盖或进入器底盖以一定的初始分离速度弹射出去，减速伞的开伞或是由弹射器（或弹伞筒）以一定的初速将一具面积很小的引导伞，从伞舱内弹到进入器后端一定的距离，引导伞开伞后将减速伞拉出；或是由弹伞筒直接把减速伞弹出去。减速伞的分离是靠脱伞螺栓或释放器完成的。在着陆反推发动机工作前，或在着陆缓冲气囊展开前，一般均需将进入器的防热大底释放或抛弃。这些所谓的弹射器、弹伞筒、脱伞螺栓和释放器等，都是火工装置。

2.2.4 控制装置

执行机构的动作是由控制装置控制的。当进入器下降到某设计高度时，控制装置发出指令，通过进入器上的供配电系统传递给相应的执行机构，完成开伞、脱伞、反推发动机点火、气囊充气等一系列预定的减速着陆程序动作。控制装置可以是加速度开关、电子或机械式时间控制器、程序控制器、压力高度控制器、γ 射线高度控制器等。

2.2.5 结构装置

对于卫星和飞船来说，结构装置一般是指伞舱、降落伞连接分离机构、垂挂吊索等结构组件。

伞舱主要是用于容纳并固定降落伞装置的容器，安装在进入器的后端或侧壁。如果伞舱的出口直接紧贴在进入器的壳体表面，则伞舱盖是壳体表面的一部分，其表面应敷有防热层。在开伞前要用弹射器先将伞舱盖弹射分离掉。如果伞舱与进入器后端壳体间还有其他设备，且后端壳体是可分离的防热罩，则自伞舱到后端防热罩之间的空间称为开伞通道。在开伞前要用弹射器将后部的所有设备连同防热罩弹射分离掉，使开伞通道畅通无阻。弹射分离时应考虑到尾流对被弹射物的影响。伞舱结构设计要考虑到整个飞行过程中的密封性要求和弹射、开伞时的动载荷等。

降落伞连接分离机构用于降落伞与进入器的连接，以及在火工装置的配合下实现两者的分离，它是承受与传递降落伞开伞力的受力部件。该机构不仅要承受各级开伞过载，并将载荷传递到进入器上，同时还要在火工装置的配合下完成脱伞的功能，在有些情况下还要完成脱减速伞拉出主伞包，进入器单、双点吊挂转换以及脱主伞等多项功能，神舟号飞船的降落伞连接分离机构如图 2-2 所示。

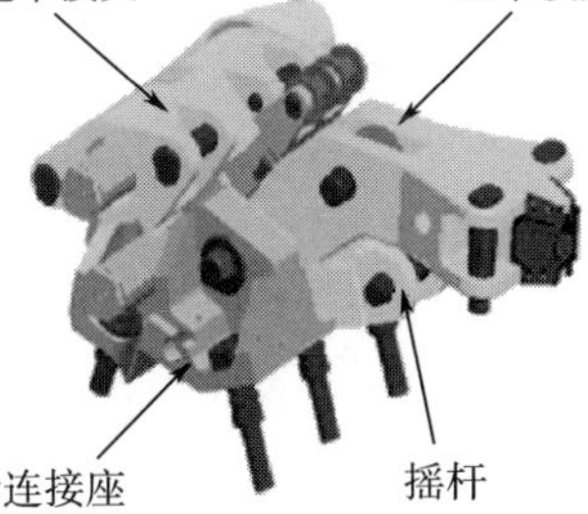

图 2-2　神舟号飞船降落伞连接分离机构示意图

垂挂吊索一般主要用于进入器由单点吊挂转变为双点垂直吊挂，为着陆缓冲装置的工作创造有利条件。

2.2.6　标位装置

标位装置又称助寻装置，它在进入器下降过程和着陆后，向回收区的地面搜索人员提供着陆器的位置或方位信息，以期尽早发现目标、开展回收作业。标位系统以无线电标位为主，辅以其他标位手段。无线电标位一般用安装在着陆器上的信标机和地面无线电罗盘相配合的方式，以确定着陆器的方位。其他的辅助标位手段有海水染色剂、闪光灯、发烟罐等。

2.2.7 漂浮装置

在某些海上溅水着陆的返回器上，装有漂浮装置，为返回器在水上漂浮提供附加浮力。漂浮装置是一种充气气囊，在溅水前或溅水后，充气展开。不过在相当多的情况下，漂浮气囊是在返回器溅水后，由地面打捞人员随身带去，套在返回器外面，以防止打开返回器舱门后下沉。在这种情况下，气囊不属于航天器上的部件，而是地面设备的一部分。

2.2.8 扶正装置

在某些海上溅水着陆的返回器上，装有扶正装置。它是一种充气气囊，安装在返回器顶部的一侧。当返回器在溅水后呈倒立的姿态时，扶正气囊充气，产生一个偏离质心的浮力，将飞船的姿态扶正。阿波罗号飞船返回舱上装有这种扶正装置，其扶正过程如图 2－3 所示。

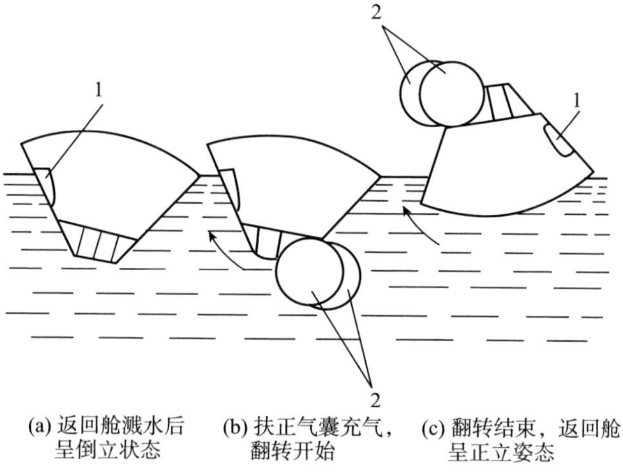

图 2－3　阿波罗号飞船的扶正装置

1—返回舱；2—扶正气囊

联盟号飞船的返回舱在海上溅水着陆后，自身能保持正常的漂浮姿态。但由于开伞后伞舱成为开口的容器，如果伞舱进水，返回舱就会因重心位置的偏移而倾倒，致使航天员出舱口浸没在水中，带来危险。为此，联盟号返回舱内装有防水气囊。主伞开伞后气囊即行充气，气囊将伞舱的容积占满，以防止溅水着陆后进水，实际上防水气囊的作用与扶正气囊类似。

对于某些采用气囊缓冲着陆的行星着陆器，如美国的火星探路者号、勇气号和机遇号火星着陆器，由于着陆器着陆后还需工作，必须具有一个合适的姿态。在此情况下，因气囊着陆后的姿态是随机的，就需要一套扶正展开装置对着陆器的姿态进行调整。

着陆器采用一个四面体结构，它包含一个三角形基座和与其连在一起的三个类似的三角形侧壁。这种扶正装置主要是利用四面体结构的特点，采用扶正展开执行器来完成。在扶正展开的整个过程中都要采用加速度计对重力场方向进行数据采集。

当基座在下时，此时不需要扶正，可以直接展开，电机以低转矩就可以实现着陆器的展开。而当侧面在下时，此时需要进行扶正，首先使处于底面的侧壁打开一定角度，这样就能保证经过转动后使基座触地，随后打开 3 个侧壁，完成整个扶正展开的过程。如图 2-4 所示，图中深色的面为基座。

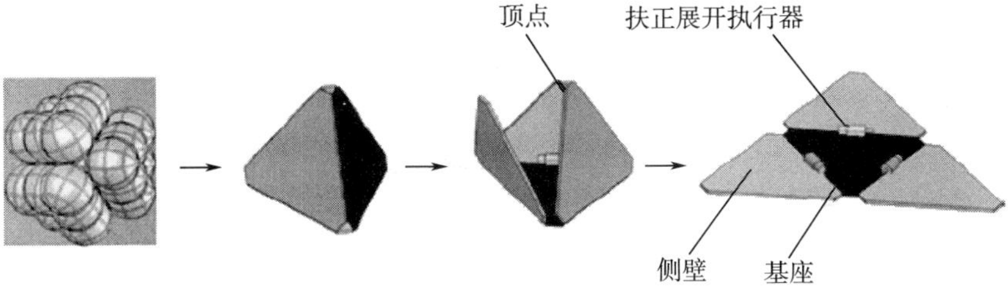

图 2-4　扶正展开过程示意图

2.3 航天器典型回收着陆工作过程

航天器的回收着陆工作过程会因一些任务的需求不同而不同，一些典型的航天器或飞行器回收着陆工作过程如下。

（1）探空火箭的回收着陆过程

一般对于用于环境参数测量，如大气参数测量的探空火箭，大多采用接近垂直于地面的发射，在探空火箭到达飞行弹道的最高点附近开伞，在箭头分离时拉出引导伞，然后由引导伞拉出主伞，箭头乘主伞缓慢下降，进行环境参数测量。这种火箭回收着陆系统的降落伞开伞动压不高，开伞后火箭随风飘移的水平位移很大。而对于用作失重试验的探空火箭，由于火箭需要进行一段时间自由落体运动后再开伞，降落伞开伞时的动压较大，需要使用两级降落伞减速。到达预定的高度或时间后，先是弹射减速伞，减速伞根据需要可以进行收口，减速伞工作一定时间后，再将减速伞分离拉出主伞，主伞也可以根据需要进行收口，最后火箭乘主伞降落到地面。其工作过程示意如图 2－5 所示。

（2）飞航式导弹的回收着陆过程

一般飞航式导弹的飞行状态为水平飞行，且飞行速度较快、飞行高度低，同时其回收系统一般布置在弹体前端，因此只能采用迎风开伞或垂直于气流方向开伞，这不仅增加了工作的环节，还增加了弹射分离力，对开伞的可靠性也不利。为了确保其具有一定的工作高度，在回收系统启动后，使飞行器进行一定爬升，当飞行器爬升到预定高度后，首先打开减速伞，减速伞工作一定时间后分离并拉出主伞，利用主伞实现第二级减速，使其达到最终要求的安全着陆速度，如图 2－6 所示。

（3）数据舱回收着陆过程

数据舱一般是导弹在高速飞行中弹射出的可回收的特殊数据容器。在战略武器的研制中，为了摸清弹头再入大气层的烧蚀情况，

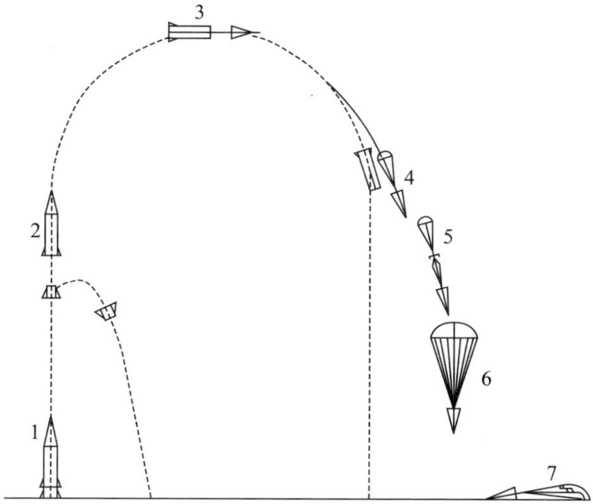

图 2－5　探空火箭的回收着陆程序示意图

1—起飞；2—助推器分离；3—头体分离；4—头部开减速伞；5—减速伞分离开主伞；6—主伞全开；7—弹头着地

需要对再入过程中的弹头温度以及防热层烧蚀的厚度等参数进行测量。由于弹头高速进入大气层后，与周围空气摩擦所产生的气动热可以使温度达到几千摄氏度，致使空气分子发生电离，从而在弹头周围形成一个离子壳，将其屏蔽，使无线电通信中断，形成黑障。黑障区是弹头烧蚀最严重的区间，也是弹头设计者关注的环节，搞清楚该区域内烧蚀的温度和烧蚀厚度不仅是设计需要，也是分析弹头落点精度、提高战斗力的需要。为了获取弹头在黑障区的温度和烧蚀等情况，将弹头飞行中的相关测量数据先存入可以回收的数据舱内，当弹头飞行到接近地面时，将其弹出，然后开降落伞使其安全着陆并回收，飞行数据资料通过数据回放而获取。由于一般数据舱分离时，弹头的飞行速度高达 22 *Ma* 到 2.5 *Ma* 不等，所以数据舱被弹出后，先要利用其自身的气动外形进行减速。

其基本的回收着陆过程为：当导弹弹头与弹体分离后，安装在弹头上的外电路开始接通，使其处于待命工作状态。当弹头再入制

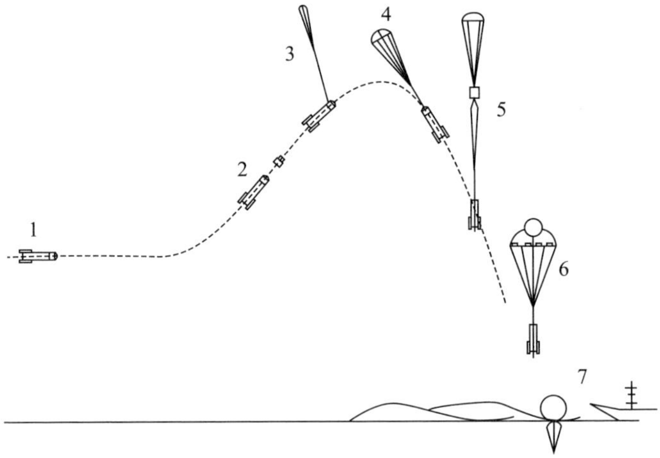

图 2-6 飞航式导弹回收着陆程序示意图

1—启动回收程序；2—抛罩；3—弹减速伞；4—减速伞开；
5—减速伞分离拉主伞；6—主伞开伞，气囊充气；7—着水

动过载达到预定值时，其过载开关闭合，接通点火电路，数据舱从弹头弹出，同时内电路行程开关接通，内电路控制器开始工作，延时一定时间后，数据舱靠自身的外形减速到一定高度，控制器发弹盖指令，减速伞拉出并展开，使数据舱进一步减速到预定的安全速度着地，同时信标机也开机工作，发出载频信号，以供地面设备跟踪，如图 2-7 所示。

（4）固体火箭回收着陆过程

由于固体火箭的飞行高度一般比较高，回收质量也比较大，如美国航天飞机固体助推器的回收，其回收质量达到 70 t，直径 3.5 m，长度 35 m，其目的就是考虑助推器的重复使用，为航天飞机的发射降低成本、缩短发射周期。其回收着陆过程为：当助推器工作完毕后，大约在 42 km 高度与航天飞机分离，以惯性飞行到弹道的顶点。然后以大攻角再入到稠密大气层，依靠其自身的阻力面积使其减速；大约在 6 km 高度达到稳定速度后，为了改变弹体的大攻角降落的姿态，并为主伞开伞创造条件，在 5 km 左右弹头罩并拉

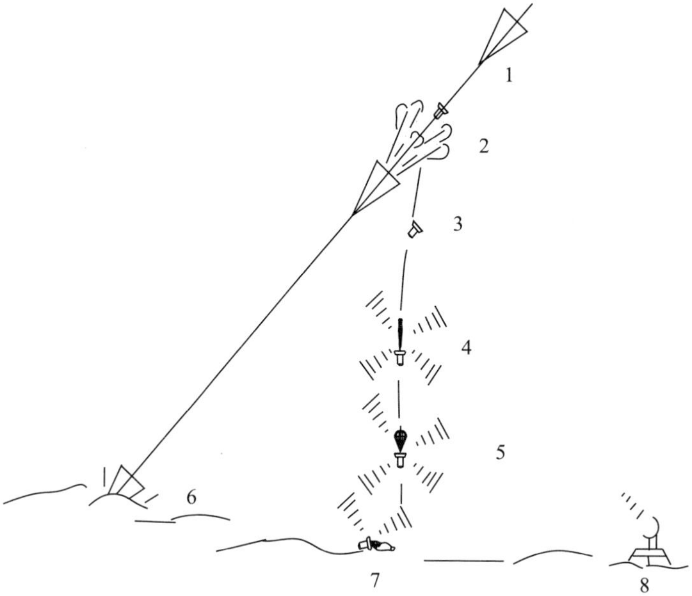

图 2-7　数据舱回收工作程序示意图

1—再入弹头发回收预令；2—数据舱从弹头弹出；3—数据舱自身减速再入；
4—数据舱开伞、信标机开机开始工作；5—降落伞带着数据舱减速下降；
6—弹头落地；7——数据舱安全落地；8—信标机地面接收装置

出引导伞，然后依靠引导伞的阻力拉出一顶直径为 18.5 m 的锥形带条型稳定伞，将弹体扶正，当弹体降到 3 km 左右时，稳定伞与弹体分离并拉出 3 顶直径为 35 m 的锥形带条型主伞，直到最后以 30 m/s 速度溅水，如图 2-8 所示。

(5) 卫星及飞船的回收着陆过程

卫星与飞船的回收着陆过程有些相似，但飞船的可靠性、安全性要求更高，着陆速度要求更小，工作环节更加复杂，所以本节主要以飞船的回收着陆过程为例进行介绍。

神舟号飞船回收着陆过程如图 2-9 所示。返回舱进入大气层下降到约 20 km 高度后，升力控制结束、倾侧角归零，保持以配平姿态继续下降。当返回舱下降到约 10 km 高度时回收着陆系统开始动

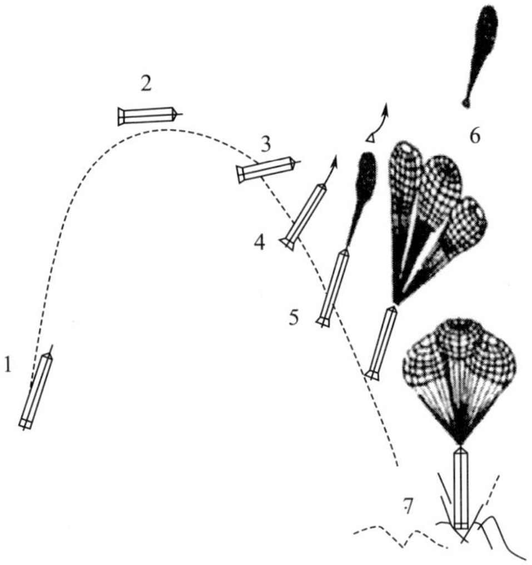

图 2-8　航天飞机助推器回收程序示意图[4]

1—助推器分离；2—飞行到弹道顶点；3—大攻角降落；4—弹头罩开引导伞；5—引导伞分离拉稳定伞；6—稳定伞分离开主伞；7—助推器溅水

作，首先将伞舱盖以一定的分离速度弹射出去，同时将两具串联的引导伞从伞舱拉出并打开。引导伞的牵引力又将减速伞从伞舱中拉出，减速伞先呈收口状充满，经 8 s 后解除收口完全张满。减速伞工作过程持续一定时间后，返回舱将下降到约 8 km 高度。此时，减速伞与返回舱分离同时拉出主伞。同样，主伞先呈收口状充满，经 8 s 后解除收口完全张满。返回舱乘主伞稳定下降至约 5 km 高度时抛掉防热大底，接着又转换吊挂方式，由单点倾斜吊挂转换到双点垂直吊挂，为着陆反推装置创造必要工作条件。当返回舱下降到距地面 1 m 的高度时，着陆反推发动机点火工作，使返回舱再次制动减速后安全着陆，着陆后航天员根据需要通过手控使主伞与返回舱脱离。

(6) 火星探测器减速着陆过程

由于火星大气非常稀薄，火星探测器要在火星表面实现软着陆，必须通过自身的气动外形、降落伞和着陆制动等综合减速和缓冲手

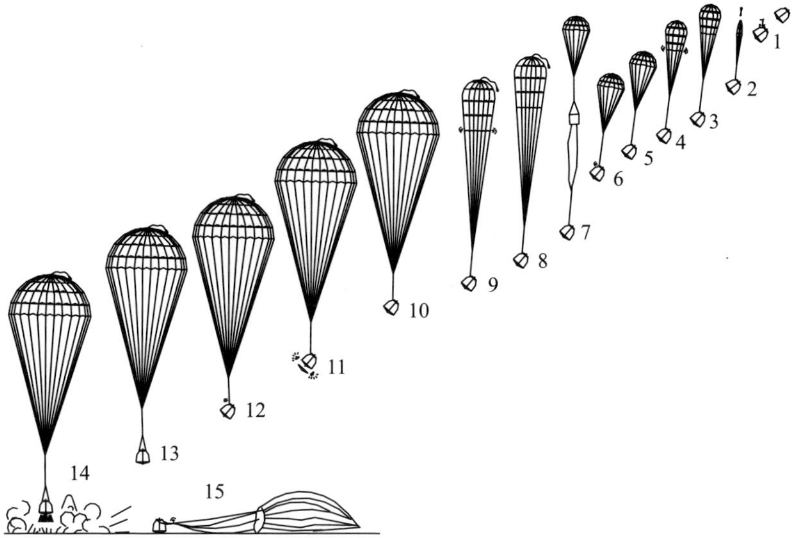

图 2-9　神舟号飞船回收着陆过程示意图[5]

1—弹伞舱盖，拉出引导伞；2—拉出减速伞，引导伞分离；3—减速伞呈收口状充满；
4—减速伞解除收口；5—减速伞完全充满；6—减速伞脱伞器工作；
7—减速伞分离，拉出主伞；8—主伞呈收口状充满；9—主伞解除收口；
10—主伞完全充满；11—抛防热大底；12—垂挂释放器工作；
13—转换成垂直吊挂；14—着陆反推发动机工作；15—着陆，脱主伞

段来完成，像地球卫星那样，单靠气动力减速方法来实现软着陆是不现实的，也是不经济的。不同的缓冲方案，其减速着陆过程略有不同。

图 1-1 是火星探路者号的减速着陆过程，进入器是以弹道式进入火星大气层的。进入器在进入火星大气层前 30 min 与巡航级分离，进入器进入火星大气层 82 s 后其气动加热和过载达到最大，172 s 后降落伞展开，192 s 后防热罩分离，然后着陆器沿长为 20 m 的吊带展开。当着陆器下降到离火星表面 1.5 km 高度时雷达高度计开始工作，然后气囊充气，在离火星表面约 90 m 高时反推发动机工作，约 21 m 高时吊带被切断，着陆器在气囊的保护下直接坠向火星表面。着陆后气囊放气，着陆器展开，同时扶正其姿态，露出各种

探测装置和火星车，然后开始工作。

图 2-10 是火星科学实验室的减速着陆过程。进入器是以半弹道式进入火星大气层的。在进入火星大气层前首先完成最后一次 EDL 导航数据的更新；在进入前 10 min，探测器的进入器与巡航级分离；然后，进入器进入火星大气层；进入后 85 s，进入器达到气动加热的峰值（<210 W/cm²）；进入后 95 s，进入器达到过载的峰值（< 15 g）；在进入后 245 s 时，降落伞展开，此时速度为 2.0 Ma，高度约为 8 km；进入后 271 s 抛掉防热大底，此时的速度为 0.7 Ma，高度约为 5.2 km；进入后 279 s，雷达高度计开始获得高度信息，此时高度约为 3.7 km；进入后 314 s，后体与下降段分离，此时速度为 90 m/s，高度为 1.5 km；然后动力下降段开始工作；“空中吊车”在高度 18 m 处，保持 0.75 m/s 的速度，选择合适的着陆点；最后在进入后 356 s，吊带切断，动力下降段飞离摆脱，着陆器着陆，漫游车开始工作。

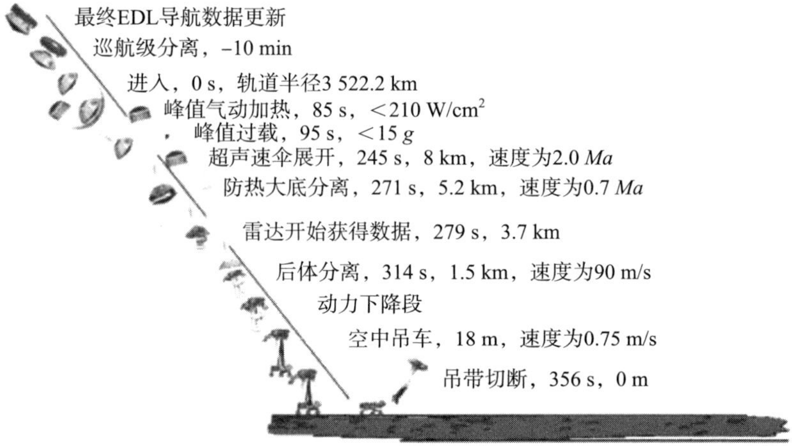

图 2-10　火星科学实验室 EDL 过程[6]

2.4　航天器回收着陆系统方案设计

2.4.1　系统设计需求分析

航天器回收着陆系统设计的需求分析应是根据航天器总体的需求的目标和约束条件，在航天器总体的层次上进行分析，提出满足目标和约束的回收着陆系统的基本方案（或称初步设想方案），使用要求、功能和性能指标，作为回收着陆系统的初步总体要求。

（1）初始条件和要求分析

由于航天器回收着陆系统是在进入器自身气动外形减速的基础上进行的进一步减速和着陆工作，因此，回收着陆系统设计的初始条件必须根据航天器进入飞行过程中的状态参数来确定。这些状态参数包括：

1）各进入状态下对应的回收着陆系统工作前进入器的重量；

2）各进入状态下对应的进入器飞行轨道参数（高度、速度、速压、弹道倾角等）；

3）各进入状态下对应的进入器飞行姿态和运动稳定性。

一般回收着陆系统的主要初始条件与要求主要有：

1）弹盖开伞时进入器的重量；

2）开伞高度；

3）开伞速压；

4）开伞时的姿态；

5）对于载人飞船来说，还有发射台救生状态下最低开伞高度、开伞速压和姿态等；以及中空和高空救生状态下的开伞高度、开伞速压和姿态等。

（2）终端条件和要求分析

航天器在着陆时都要产生一定的着陆冲击过载。如果着陆冲击过载过大，则对于着陆器的结构及其内部的仪器设备、人体（载人情况下）将难以承受。着陆冲击过载不仅与着陆速度有关，而且与回收着陆方式、着陆区表面地质条件、着陆器结构，以及所采取的缓冲措施等因素均有关。因此，航天器回收着陆系统设计的终端条件和要求一般是根据着陆场区的有关条件和着陆器着陆时的状态参数确定的。这些条件和参数包括：

1）着陆区地面海拔高度；

2）着陆区地貌和地质条件（着陆地区地面的坡度和土质特性等）；

3）着陆区地面及上空（至 20 km）的大气密度、温度及风剖面；

4）着陆时着陆器的重量；

5）着陆姿态，如果航天器对着陆时的姿态有要求，则应明确航天器着陆时的姿态要求，比如对于某些气囊缓冲着陆的着陆器，有时也需要具有着陆姿态要求，如美国的勇气号和机遇号火星着陆器，虽然着陆器的系统设计中有着陆后的扶正展开装置，可以适应不同的着陆姿态，但由于缓冲气囊的强度设计需要，对气囊缓冲着地的触地角度还是有一定的要求，此时也同样有着陆姿态要求；

6）着陆速度，大多数航天器都是以“着陆的垂直着陆速度”作为回收着陆系统设计的一个终端要求，则在此情况下，回收着陆系统只需实测着陆器的垂直着陆速度，即可响应航天器总体的终端要求；对于火星探测器减速着陆系统来说，由于火星大气稀薄的原因，降落伞减速后还必须采用着陆制动或缓冲相结合的方式，才能确保着陆器的安全着陆，因此，对于火星降落伞减速系统，一般采用离火星表面一定高度处应达到的稳定下降速度作为减速伞减速系统设计的一个终端条件。

7）着陆过载，当某些着陆器不便采用着陆速度作为终端要求时，有时还需提出着陆过载要求，比如采用气囊缓冲着陆时，一般都是以着陆过载和着陆姿态配合作为回收着陆系统设计的终端条件之一。

（3）系统基本配置分析

航天器的回收着陆方案是进入式航天器总体方案的重要组成部分，这也就决定了回收着陆系统的总体方案必将与进入器总体方案紧密关联、共同定案，回收着陆系统的基本配置也是进入器总体方案设计的基本内容。反过来，根据总体方案设计的结果应明确回收着陆系统的基本配置。回收着陆系统的基本配置一般与航天器的任务目标、着陆区情况以及航天器的总体方案等相关，主要应包括：

1）着陆缓冲装置及缓冲方式，根据航天器的任务目标和着陆区情况，需确定是否需要着陆缓冲装置。因为着陆缓冲装置的有无以及不同的着陆缓冲装置和缓冲方式，对于回收着陆系统的设计具有很大的影响。对于载人飞船来说，若着陆在陆地上，由于降落伞不可能设计得很大，回收着陆系统一般都要配置着陆缓冲装置，如神舟号飞船采用着陆反推发动机进行着陆前的制动缓冲，并配以相应的高精度点火控制装置；美国的猎户座号飞船早期陆上着陆论证时，就曾提出了采用气囊缓冲着陆的方案，采用此种方案时无须配置高精度的高度计和速度计，但系统重量会较大。猎户座号飞船正是因为采用气囊缓冲方案导致重量严重超标而取消陆上着陆方案的。据初步统计，为实现猎户座号乘员舱的陆地着陆竟要增加 750 kg 的重量（包括增加气囊着陆系统、增加抛防热大底机构和相应的结构加强，为确保防热大底的成功抛弃和着陆系统的顺利展开需增添大量传感器、起动器、阀门等部件，为能飞抵陆地主着陆场区和多个备用着陆场区需增加再入航程、再入机动能力以及携带更多的推进剂等），如此沉重的重量代价迫使 NASA 放弃重复使用猎户座号乘员舱的想法，将其着陆基线移回海上，利用乘员舱呈 $-27.5°$ 俯仰角姿态入水，达到着陆缓冲的目的。

2）漂浮装置，根据航天器是否降落在水上或着陆器是否具有漂浮能力，确定是否需要配置专门的漂浮装置。

3）扶正装置，根据着陆器着陆的任务需求确定是否需要配置专门的扶正装置。

4）标位装置，根据着陆器着陆的任务需求确定是否需要配置专门的标位装置，以及何种类型的标位装置。

5）降落伞装置的备份方式，载人飞船因可靠性要求高，降落伞装置一般须采取备份冗余设计方案。降落伞装置的备份方案，一方面与返回舱的重量密切相关，另一方面也与返回舱的结构布局紧密关联，同时对回收着陆系统的方案设计也具有非常大的影响。目前对于载人飞船所采用的降落伞冗余措施主要有两种配置模式：一种是以联盟号飞船为代表的“单伞加冷备份”模式，即在返回舱上设有主、备两套独立的降落伞装置，并以冷备份方式配置（即在主降落伞装置失效的情况下，才启用备份降落伞装置），而每套装置中的各级降落伞均为单伞。另一种是以阿波罗号飞船为代表的“多伞热备份”模式，在返回舱上仅设有一套降落伞装置，但装置中的各级降落伞均由 2 具或多具完全相同的降落伞并联而成，呈热备份方式配置（即任何一级的各具降落伞同时展开、共同工作、互为备份）。对于冷备份模式，由于需要考虑主降落伞系统工作时的不同失效模式，如出现主伞舱盖不能打开或主降落伞装置中的减速伞、主伞出现异常时，启动备份降落伞装置，回收着陆系统需要设置多种监测装置判断主降落伞系统工作情况，并设计不同的工作程序，因此回收着陆系统的控制方案和工作程序将比较复杂，神舟号飞船回收着陆系统为了适应正常返回的飞行状态、各种非正常状态的应急救生以及系统自身故障等情况就设计了十多种工作程序。而对于多伞热备份模式，回收着陆系统的控制方案和工作程序就比较简单。

（4）系统布局约束分析

由于航天器回收着陆系统与进入器总体密切相关，因此，进入器的构型及其布局对回收着陆系统的设计具有很大的影响，同样降落伞装置和着陆装置在安装和展开方面的特殊要求，又在很大程度上影响了进入器或着陆器的总体布局，也由此决定了回收着陆系统的基本方案必须经过与进入器总体反复协商、设计后共同确定。正如神舟号飞船总体在确定采用类同于联盟号飞船返回舱构型和布局的情况下，神舟号飞船回收着陆系统也只能采用类同于联盟号飞船的回收着陆系统方案，即由“单伞加冷备份”模式的降落伞装置和以“着陆反推发动机”为特征的着陆缓冲装置所组成的回收着陆系统方案。阿波罗号飞船构型的返回舱是将伞舱设置于返回舱顶部的隔舱内，而天龙号飞船则是将伞舱布置于返回舱中下部的侧壁。不同的系统布局，回收着陆系统设计的复杂程度是不一样的。

（5）其他约束条件与要求分析

对于在降落伞开伞过程中的过载要求、产品的寿命或是否需要重复使用等要求，对回收着陆系统的设计也存在着较大的影响，需要进入器总体根据进入器的结构及其内部的仪器设备、人体（载人情况下）的承受能力进行设计。

2.4.2　降落伞减速方案设计

降落伞减速方案的设计是回收着陆系统设计的核心内容，也是回收着陆系统设计的首要工作，主要是根据已知降落伞减速的初始条件（飞行器重量、开伞高度和开伞速度）、终端条件（着陆区地面海拔高度和伞降着陆速度）和约束条件（开伞过载的限制、高度损失的限制、工作时间的限制等）等进行设计的。其主要设计内容一般包括以下几个方面：

1）降落伞级数的设计；

2）各级降落伞阻力面积的设计；

3）各级降落伞收口级数和阻力面积的设计；

4）收口时间的设计；

5）各级开伞载荷的分析。

2.4.2.1　主伞阻力面积的设计

主伞的主要任务是保证进入器以预定的安全速度着陆或稳定下降，因此，主伞的阻力面积主要是由进入器的质量和着陆速度的要求所确定的。降落伞的阻力面积定义为降落伞名义面积和阻力系数的乘积（$C_D A_0$）。根据物伞系统稳定下降时的平衡关系即可确定主

伞的阻力面积

$$mg = \frac{1}{2}\rho v^2 C_D A_0 \tag{2-1}$$

式中 m ——着陆时进入器的质量；

ρ ——着陆场地面大气密度；

g ——重力加速度；

v ——进入器的垂直着陆速度；

C_D ——降落伞阻力系数；

A_0——降落伞名义面积。

大多数情况下的主伞采用单伞系统即可。但随着进入器质量的增加，根据式（2－1）主伞伞衣的设计面积也相应增加。当伞衣面积很大时，例如超过 1 200 m^2 时，降落伞的加工和包装都存在一定的困难，加工精度也较难保证，开伞可靠性也将降低。此外，在进入器内要腾出比较大的空间来容纳体积比较庞大的伞包，有时也是相当困难的，甚至是不可能的。此时，一般考虑采用群伞系统比较合适。群伞系统又称多伞系统，是由若干具具有相同伞衣的降落伞组成。例如，阿波罗号飞船的主伞系统由三具直径为 22.5 m 的环帆伞组成，伞包体积 90 L，在飞船返回舱的顶部难于集中容纳体积这么大的伞包，平均分解为三个较小的伞包，布置起来就比较容易。

2.4.2.2 降落伞级数的设计

降落伞级数的设计一般主要是根据已知的或者初步拟定的开伞条件（主要包括开伞高度和开伞动压）、主伞的阻力面积、开伞过载的约束条件以及降落伞的承受水平等因素进行设计的。

对于开伞动压不大的减速着陆系统一般采用一级降落伞，直接开主伞即可。但对于一般的返回式航天器来说，如返回式卫星、飞船等，当其返回下降到离地球表面 10 km 高度左右时，其下降速度仍然保持在 200 m/s 左右，要从这样大的速度减速到预定的安全着陆速度，如果只用一级降落伞来承担，则这具降落伞的强度和质量都会大到不合理的地步，所以，一般都采用减速伞和主伞两级降落伞来实施分步减速。即先开减速伞，减速伞工作一段时间后再开主伞。采用两级降落伞减速不仅有利于减小降落伞的开伞载荷，而且也有利于提高降落伞减速系统的适用范围。

降落伞的级数设计除了主要考虑伞降着陆速度、开伞条件、开伞过载外，有时还需要综合考虑物伞系统的稳定性等因素。

比如我国探月工程三期返回器降落伞减速方案的设计，若从伞降着陆速度、开伞条件、开伞过载几个方面来考虑，降落伞系统的减速方案直接采用主伞一级减速和采用减速伞＋主伞两级减速方案均可以实现，但考虑到探月工程三期返回器布局构型的约束，降落伞与返回器间的连接吊挂方式以及返回器的质量特性等因素均对舱伞系统的稳定性不利，因此，舱伞系统的稳定性就成了探月工程三期降落伞系统减速方案设计时优先考虑的一个重要因素。

由于探月工程三期回收用降落伞系统安装在返回器的侧面，考虑到布局的约束，若采用主伞一级方案，也需采用一个引导伞来拉出主伞。因此，在对比分析一级减速方案和两级减速方案对舱伞系统稳定性的影响时，一级减速方案中的引导伞和两级减速方案中的减速伞均取同样的阻力面积的情况下，通过对返回器舱伞系统的动力学特性分析，特别是对一级减速方案与两级减速方案两种减速方案中返回器摆角变化、合角速度变化以及舱伞间夹角变化进行对比分析后，结果表明一级减速方案中返回器的摆动明显比两级减速方案的大。由于返回器摆动过大一方面对舱内的仪器设备的受力不利，另一方面存在着降落伞吊带与返回器间相互磨损的隐患，给返回器的安全返回带来风险，因此，从舱伞系统的稳定性来看，为了确保降落伞系统工作的可靠性，同时也为提高降落伞系统工作的适用能力，最终采用了两级减速方案。即由减速伞组件（含舱盖伞，主要用于对分离后的伞舱盖进行减速，以免伞舱盖在分离后的下落过程中追撞降落伞-返回器组合体）和主伞组件组成。降落伞系统的组成如图 2－11 所示[7]。

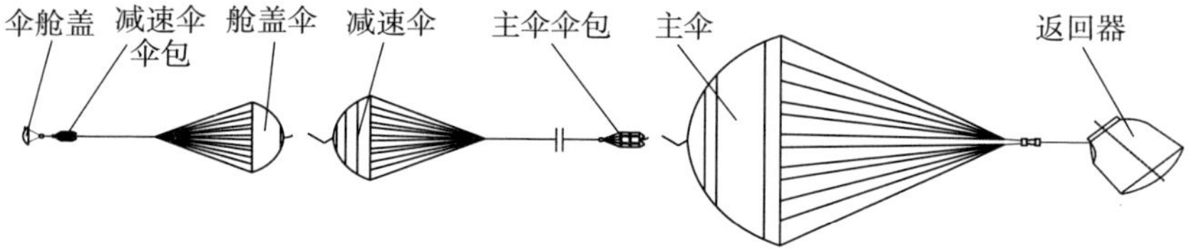

图 2-11 探月工程三期降落伞系统组成

2.4.2.3 减速伞阻力面积的设计

减速伞的主要功能是给进入器以初步的减速，为主伞的开伞创造良好的条件。减速伞阻力面积的设计可以采用物伞系统的动力学模型进行分析，也可以采用简化的经验计算分析法。

（1）弹道分析法

根据物伞系统的动力学模型，通过对进入器降落伞减速下降段的弹道分析，综合考虑降落伞工作的开伞过载、留空时间、高度以及各种故障模式等相关要求后，同时结合各级开伞载荷互相接近、且前一级开伞载荷略小于后一级开伞载荷的设计原则，经反复分析，综合确定进入器减速着陆系统降落伞的分级减速设计方案，包括减速伞的阻力面积大小、减速伞和主伞的收口级数、各级收口面积大小、收口时间以及全张满状态下的工作时间等，使整个降落伞减速的方案既满足开伞过载的要求，又确保结构重量和包装容积合理。弹道分析需要根据初始开伞条件和经验，采用不同的减速伞阻力面积、减速伞和主伞的收口级数、各级收口面积、收口时间以及全张满状态下的工作时间等参数进行试算，最终确定一个合理的减速伞阻力面积、减速伞和主伞的收口级数、各级收口面积、收口时间以及全张满状态下的工作时间等。

在方案设计之初，由于进入器和降落伞的相关参数甚至一些开伞条件等均不是很准确和完整，因此，物伞系统的弹道分析宜采用二自由度质点平面运动动力学模型。

为简化弹道计算，可作如下基本假设：

1）把物伞系统视为集中在物伞系统质心处的一个质点，并假设质点作平面运动；

2）不考虑物伞系统的升力；

3）不考虑风场的影响；

4）平面大地假设；

5）重力加速度作为常数。

为建立质点运动方程，取 xoy 为固定坐标系（如图 2-12 所示），坐标原点 o 为开伞时刻物伞系统质心在星球表面上的投影点，ox 轴指向开伞时刻物伞系统的运动方向，oy 轴垂直向上。于是物伞系统的质点运动方程为

$$\frac{\mathrm{d}x}{\mathrm{d}t}=v_x \tag{2-2}$$

$$\frac{\mathrm{d}y}{\mathrm{d}t}=v_y \tag{2-3}$$

$$m\frac{\mathrm{d}v_x}{\mathrm{d}t}=-D\cos\theta \tag{2-4}$$

$$m\frac{\mathrm{d}v_y}{\mathrm{d}t}=D\sin\theta-mg \tag{2-5}$$

$$D=\frac{1}{2}\rho v^2(C_D A_0) \tag{2-6}$$

$$v^2=v_x^2+v_y^2 \tag{2-7}$$

式中　m ——物伞系统的质量；

D ——物伞系统的阻力；

θ ——弹道倾角；

v ——物伞系统的速度。

（2）主伞开伞速度约束法

主伞开伞速度约束法主要就是根据主伞的开伞条件来确定减速伞的阻力面积。首先根据主伞开伞后所执行的动作所需的高度，初步拟定一个主伞开伞高度，然后根据初步确定的主伞阻力面积和经验，确定一个主伞开伞的最大速度，于是就可以假定减速伞在该高

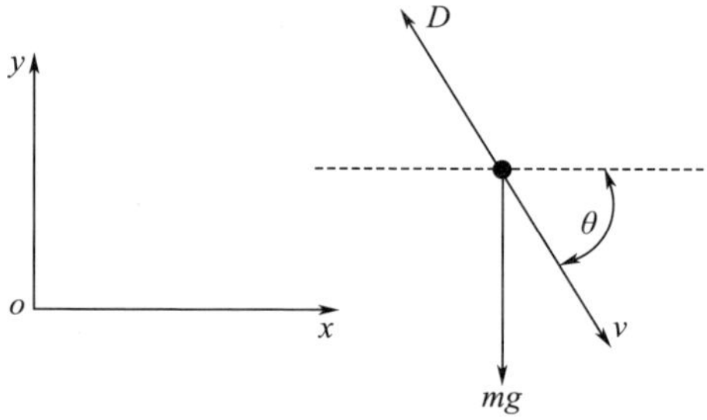

图 2-12 二自由度物伞系统模型

度应达到的伞降速度即为主伞的开伞速度，则减速伞伞衣阻力面积 $(C_DA)_{0D}$ 可按式（2-8）计算确定

$$(C_DA)_{0D}=\frac{2m_{CD}g}{\rho_{hM}v_{hD}^2}-(C_DA)_C \tag{2-8}$$

式中 m_{CD} ——乘减速伞稳降的进入器质量；

g ——重力加速度；

ρ_{hM} ——与主伞开伞高度对应的大气密度；

v_{hD} ——与主伞开伞高度对应的减速伞伞降速度；

$(C_DA)_C$ ——进入器的阻力面积。

以神舟号飞船减速伞的阻力面积估算为例说明如下。在神舟号飞船回收着陆系统初步设计中，考虑到为处理主伞失效转备份伞系统以及程序控制器失效转其备份装置等所需的高度，拟定在正常返回情况下主伞开伞高度为 8 km。根据经验，特大型主伞（1 200 m^2）的开伞速度不宜大于 90 m/s；这就是说，在 8 km 高度上返回舱乘减速伞的伞降速度应不大于 90 m/s，则根据式（2-8）以及神舟号飞船的相关数据可得减速伞伞衣阻力面积为 12.18 m^2，与最终确定的减速伞阻力面积非常接近。

（3）主伞开伞过载约束法

主伞开伞过载约束法主要就是根据主伞的开伞过载要求来确定减速伞的阻力面积。在已知主伞阻力面积 $(C_DA)_{0M}$ 的情况下，为了求得减速伞的阻力面积 $(C_DA)_{0D}$，可假设进入器乘减速伞稳定下降至预定的主伞开伞高度处，减速伞脱伞并立即转移至打开主伞（收口状态），因此可以认为主伞的开伞速压与减速伞的稳态下降速压相等（实际上在拉直过程中，主伞的开伞速压比减速伞的稳态下降速压略有增大）。由于主伞的最大开伞速压 $q_{M\max}$ 受制于任务对最大开伞过载的限制，即

$$q_{M\max} \leqslant \frac{nm_{CM}g}{\varepsilon_{M\min} C_{XR} (C_D A)_{0M}} \tag{2-9}$$

式中　n ——许用开伞过载；

m_{CM} ——开主伞时进入器质量，$m_{CM} \approx m_{CD}$ ；

$\varepsilon_{M\min}$ ——主伞的最小收口阻力面积比；

C_{XR} ——主伞收口状开伞冲击系数；

$(C_D A)_{0M}$ ——主伞阻力面积。

因此，减速伞伞衣阻力面积 $(C_D A)_{0D}$ 可按式（2－10）计算确定

$$(C_D A)_{0D} = \frac{m_{CD}g}{q_{M\max}} = \frac{\varepsilon_{M\min} C_{XR}}{n} (C_D A)_{0M} \tag{2-10}$$

同样以神舟号飞船减速伞的阻力面积估算为例说明如下：根据神舟号飞船环帆型主伞名义面积为 1 200 m^2，按参考文献［8］，环帆伞的最小收口阻力面积比为 5%，环帆伞收口状开伞冲击系数为 1.1，若取主伞的许用开伞过载 $n=5$，则神舟号飞船减速伞阻力面积 $(C_D A)_{0D}$ 应大于 10.43 m^2，若取 $n=4$，则减速伞阻力面积 $(C_D A)_{0D}$ 应大于 13.04 m^2。与最终确定的减速伞阻力面积也非常接近。

2.4.2.4　降落伞开伞力的估算及收口特征的确定

（1）降落伞开伞力的估算方法

进行降落伞开伞力估算的目的在于确定各级降落伞的收口特征、确认分级减速的可行性和合理性，其次是为降落伞构件的应力分析提供载荷数据，进而为选择构件材料、估算降落伞重量奠定基础。在初步设计阶段，可用两种方法对降落伞开伞力（包括收口开伞力和解除收口开伞力）进行估算[9]。

①重阻比法

按此方法，降落伞最大开伞力 $F_{P\max}$ 的计算式为

$$F_{P\max}=(C_DA)_0qC_XX_1 \tag{2-11}$$

式中 $F_{P\max}$——降落伞最大开伞力；

$(C_DA)_0$——降落伞（全开或收口）阻力面积；

q——伞绳、伞衣全长拉直时的动压；

C_X——无限质量状态下的开伞力系数（可从降落伞或回收系统设计手册中查得，如参考文献［9］表 5-1～表 5-5，或参考文献［10］表 2.1～表 2.4）；

X_1——开伞力折减系数（可从参考文献［9］图 5-48 查得）。

重阻比法的特点是开伞力折减系数 X_1 取决于系统重阻比 $W/(C_DA)_0$［即系统重力 W 与降落伞阻力面积 $(C_DA)_0$ 之比］，$X_1\sim W/(C_DA)_0$ 关系曲线如参考文献［9］图 5-48 所示。试验证明，重阻比法适用于系统重阻比较高的降落伞（如减速伞）或主伞第一级收口开伞力的计算；若用此法计算未收口（直接全开）主伞的开伞力，或大型主伞解除收口的开伞力，其准确度则较低。

②Pflanz 法

按此方法，降落伞最大开伞力 $F_{P\max}$ 的计算式为

$$F_{P\max}=(C_DA)_0qC_XX_2 \tag{2-12}$$

式中 $(C_DA)_0$——降落伞（全开或收口）阻力面积；

q——开始充气或解除收口时的速压；

C_X——收口或未收口降落伞的开伞力系数，只用于单位伞衣载荷较高的降落伞（可从降落伞或回收系统设计手册中查得，如参考文献［9］表 5-1～表 5-5 或参考文献［10］表 2.1～表 2.4）；

X_2——开伞力折减系数（可从参考文献［9］图 5-51 查得）。

Pflanz 法的特点是开伞力折减系数 X_2 取决于系统无量纲弹道参数 A

$$A=\frac{2m_S}{(C_DA)_0\rho_hv_1t_f} \tag{2-13}$$

式中　A ——弹道参数，无量纲；

m_S ——系统质量；

$(C_DA)_0$——降落伞（全开或收口）阻力面积；

v_1——伞绳拉直或开始解除收口时的速度；

ρ_h ——开伞高度处的大气密度；

t_f ——伞衣充气时间。

收口伞衣的充气时间 t_{f1} 和解除收口伞衣的充气时间 t_{f2} 可按以下公式计算

$$t_{f1}=\frac{\eta D_0}{v_S}\left[\frac{(C_DA)_R}{(C_DA)_0}\right]^{\frac{1}{2}} \tag{2-14}$$

$$t_{f2}=\frac{\eta D_0}{v_r}\left[\frac{(C_DA)_0-(C_DA)_R}{(C_DA)_0}\right]^{\frac{1}{2}} \tag{2-15}$$

式中　t_{f1}，t_{f2} ——分别是收口伞衣和解除收口伞衣的充气时间；

v_S，v_r ——分别是伞绳拉直时和解除收口时的速度；

$(C_DA)_R$，$(C_DA)_0$——分别是收口和全开降落伞的阻力面积；

η ——伞衣充气常数，取决于降落伞的类型，可从参考文献［9］表 5－6 查得。

计算求得无量纲弹道参数 A 后，即可从参考文献［9］图 5－51 查得开伞力折减系数 X_2，从而计算出降落伞最大开伞力。在各种情况下，Pflanz 法均能得到相当准确的结果，只因为该方法的推导是基于水平飞行，忽略了重力的影响，因此在垂直下降状态下开伞时，其开伞力要比计算所得的开伞力大 1 个系统重力。

(2) 降落伞收口阻力面积的确定

按重阻比法的公式（2－11），可导出确定降落伞收口阻力面积 $(C_DA)_R$ 的算式

$$(C_DA)_R=\frac{nm_Cg}{qC_XX_1} \tag{2-16}$$

式中　$(C_DA)_R$ ——降落伞收口阻力面积；

n ——许用开伞过载；

m_C ——开伞时进入器质量；

g ——重力加速度。

（3）由开伞力核实收口阻力面积的合理性

根据初步确定的各级降落伞阻力面积以及各级降落伞工作时的动压，通过相应的开伞力估算方法估算各级降落伞的开伞力，然后根据降落伞开伞载荷的一般设计原则，再适当调整各级降落伞的收口阻力面积或减速伞的阻力面积，经不断迭代后即可确定一个合适的、满足要求的降落伞减速方案。

2.4.3　着陆缓冲方案设计

降落伞是一种很有效的气动力减速装置。进入器一般都是采用降落伞作为其末级着陆减速装置。但是，在工程设计中，着陆速度不能规定得过低，一般不得低于6～13 m/s，否则降落伞系统的质量将大到不合理的程度。

在着陆器上设置着陆缓冲装置，一方面可以在一定程度上提高主伞的着陆速度，以减少主伞面积；另一方面可以明显地降低着陆冲击过载的峰值。图 2－13 表示水星号飞船座舱以 9.1 m/s 垂直下降速度，在陆地和在水上，带有缓冲气囊和不带有缓冲气囊情况，着陆冲击过载随时间的变化[11]。可以明显看出，不论是在陆地或是在水上着陆，带有缓冲气囊情况的着陆冲击过载大致上只有不带缓冲气囊情况的一半。

着陆缓冲可以是局部缓冲，也就是对某些特别精密易损的仪器以及航天员座椅采取减振缓冲措施。也可以是全舱缓冲，使整个舱体内的着陆冲击过载水平，不超过某预定值。

按终端减速所需制动力的来源，可将航天器着陆缓冲的方式分为主动式和被动式两类。

（1）主动式缓冲方法

主动式缓冲方法是指着陆器减速所需的制动力，源自缓冲装置产生的推力（或拉力），并由缓冲装置调控推力（或拉力）的大小和提供

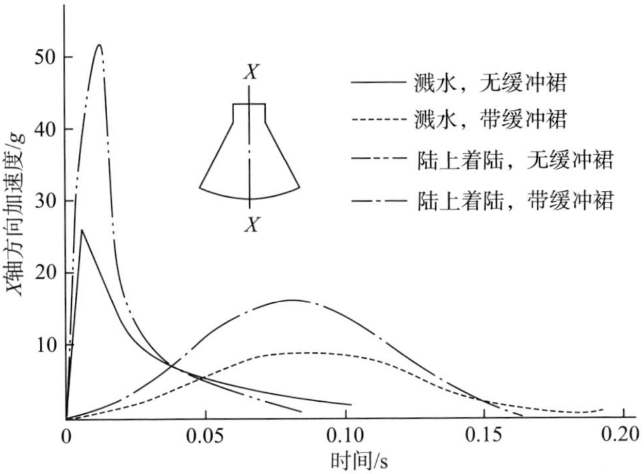

图 2-13　水星号飞船以 9.1 m/s 速度垂直着陆时的着陆冲击过载随时间变化

一定行程，使以伞降速度下降的着陆器进一步减速。可供选用的主动式着陆缓冲装置，主要有着陆反推发动机和气动收缩缓冲装置。

着陆反推发动机又称着陆缓冲发动机，是一种小型固体火箭发动机。当着陆器乘主伞下降到距地面一定高度时，装在着陆器底部的反推发动机点火工作，向下喷射燃气，从而给着陆器一个向上的冲量，产生一个向上的速度增量，可以使着陆器的下降速度减低到很小的量值。由于小型固体火箭发动机构造简单、体积小、重量小，常被用做着陆反推发动机。

气动收缩缓冲装置是一种产生拉力的缓冲装置[12]，实质上它是一种以高压气体为动力的纵向收缩器，将这种收缩器置于降落伞伞绳汇聚点与着陆器之间，当其工作时能将两者的连接距离迅猛缩短，即给着陆器施一个向上拉力并提供一定行程，从而使着陆器的下降速度迅猛减小。这种缓冲装置虽已进入空投试验阶段，但在航天器上基本还未投入使用。

（2）被动式缓冲方法

被动式缓冲方法是指减速所需制动力来自经缓冲装置传递的地

面反作用力，也就是说缓冲装置本身不产生制动力，只是利用着陆时缓冲装置首先触地、并通过它将地面的反作用力传递给着陆器本体，从而使其减速。由于缓冲装置能调控所传递的反作用力的大小，又能提供一定行程将着陆器的主要着陆能量吸收或耗散掉，从而达到缓冲着陆的目的。可供着陆器选用的被动式着陆缓冲装置，主要有缓冲支架和缓冲气囊。

着陆缓冲支架一般由均布在着陆器底面边缘的 3 腿或 4 腿组成，呈悬臂式构型。在垂直速度不大于 5 m/s、水平速度不大于 1 m/s 的着陆条件下，经支架的缓冲，着陆器的着陆冲击过载可控制在不大于 5 *g* 的水平。支架能够收拢以适应发射要求，并可以在着陆前可靠展开以增大足垫包络直径、提高着陆器的着陆稳定性。支架的腿组件由主支柱、辅助支柱、足垫、展开架和展开锁定机构组成，如图2－14 所示。

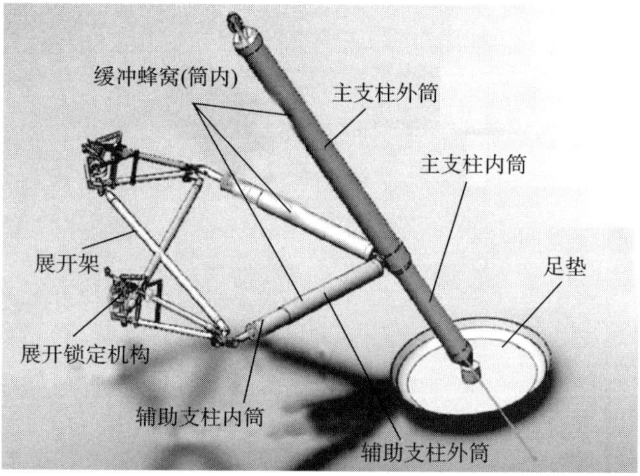

图 2－14　着陆缓冲支架的腿组件

缓冲气囊可折叠成较小体积，安置在着陆器的密封大底与防热大底之间。在着陆器乘主伞下降过程中抛弃防热大底后，缓冲气囊展开并充气。着陆时气囊的底面首先触地，气囊在地面与着陆器底面之间受到压缩，并将地面的反作用力传递给着陆器，从而使其减速。从能量的角度说，在气囊压缩过程中即将着陆器的动能转换为囊内受压气体的位能。如果气体被保留在囊内不能外泄，则当着陆器的下沉速度被减至零后，因囊内受压气体开始膨胀，着陆器反而被加速而获得向上速度，即以回弹的方式使气体的位能转换为着陆器的动能，这种弹跳过程一直进行到能量被消耗尽。由于在能量转换过程中必然会耗散一部分能量，而且可采取措施增加能量的耗散(如气囊分成多个隔室、隔室间开孔连通)，但无法消除弹跳现象的发生。特别是由于地面坡度、局部凸起物或地面水平风的影响，回弹后着陆器发生转动，再次触地时着陆器的姿态无法预知，为此必须将整个着陆器用气囊包裹起来，构成全方位缓冲气囊。显然这种密闭的缓冲气囊不适合用做重量较重的着陆器的缓冲装置，但对于质量仅为几百千克的火星着陆器来说，在人们对火星表面状况和水平风知之甚少的情况下，采用密闭的全方位缓冲气囊取得了很好的着陆缓冲效果。一种改进的方法就是在气囊上开排气孔，当囊内气体在地面与着陆器底面之间受到压缩而达到一定压力时，冲破排气孔、排出受压气体，即将能量散失在大气中。理论上说，通过对气囊形状、排气孔面积、气囊初始压力和气囊初始高度的精心设计，气囊缓冲能使着陆器以零速度着地，且无回弹的可能。与密闭式缓冲气囊相比较，由于排气式气囊的定向缓冲特性，使用较小的气囊即可达到理想的缓冲效果，现已成为飞行器回收的首选缓冲装置。

工程上采用何种缓冲着陆方式要考虑工程目标、探测方式、着陆点条件、研制成本以及可靠性安全性等因素，可以采用其中一种方式，也可以两种方式相结合。一般当着陆器的着陆速度较大，体积较小，对着陆后的姿态没有严格要求，或着陆后的姿态可以通过其他装置进行调整，且着陆后不再返回的情况下，可以采用缓冲气囊装置。当着陆器的着陆速度较小，体积较大，对着陆后的姿态有严格要求的情况，特别是需要再次返回地球的情况下，可以采用缓冲机构。另外，缓冲机构还可以作为发射支架，对于软着陆后需要再次返回地球的探测任务而言，一般只能采用缓冲机构实现软着陆。

下面介绍几种航天器所采用的着陆缓冲方式，供设计参考。

1）神舟号飞船同时采用了主动式和被动式两种着陆缓冲方式，以热备份方式配置着陆反推发动机和座椅缓冲装置，共同承担返回舱的着陆缓冲功能：在正常情况下，将按主动式缓冲方法，由着陆反推发动机将乘降落伞下降的返回舱进行制动，进一步将返回舱的下降速度减小，确保着陆冲击过载满足航天员的安全要求；在着陆反推发动机失效情况下，将按被动式缓冲方法，由返回舱底部结构和座椅缓冲装置吸收着陆冲击能量，保证航天员所受着陆冲击过载满足其安全要求。

2）波音公司研制的低轨道载人飞船乘员航天运输－100（CST－100），为了满足乘员舱设计重复使用次数为 10 次的要求，采用群伞减速和气囊缓冲着陆的方案。缓冲气囊由 6 个布置在大底外沿周向的组合式气囊和一个中心气囊组成，布局及展开状态示意见图 2－15、图 2－16 所示。沿大底周向布置的组合式气囊分为外囊和内囊两部分，呈圆柱状外形，外囊直径为 1 320 mm，设有 2 个排气孔；内囊为密封型气囊，用于对外囊缓冲后的剩余垂直速度进行进一步的缓冲，并使返回舱底部与地面隔离，且返回舱可以通过内囊在地

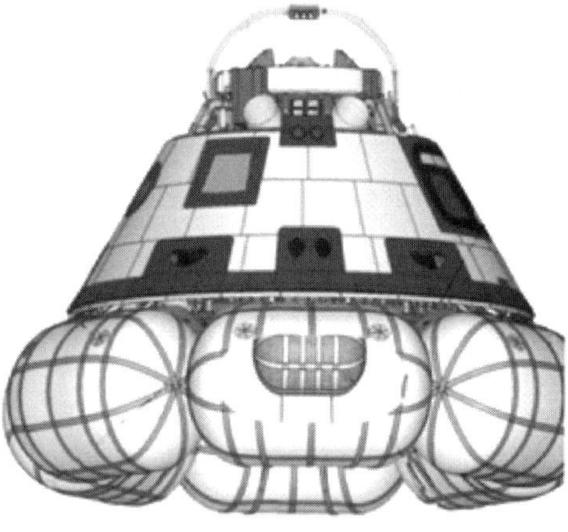

图 2－15　CST－100 着陆系统布局示意图

面上滑行，中心气囊用于降低水面着陆时返回舱大底受到的冲击载荷[13]。

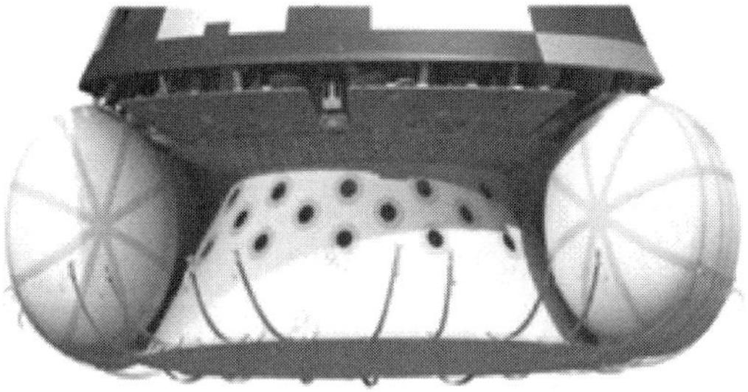

图 2-16　CST-100 中心气囊布局示意图

3）勘测者号月球探测器、海盗号火星探测器和凤凰号火星探测器采用了三支腿着陆支架的方案，如图 2-17 所示，而阿波罗号载人登月舱和月球系列都是采用四条支腿进行着陆支撑。着陆支架方案的优点是容易与着陆器结构集成，能够承受很大的质量；缺点是受支架高度和稳定性的限制，对着陆点的地形要求高，如不能有大的坡度和岩石等。采用支架后离地面有一定的高度，过高的着陆器重心会导致着陆时可能发生危险。为了保证着陆安全，需要配备大推力的制动发动机进行减速，将垂直着陆速度减小到 2 m/s 左右，水平着陆速度小于 1 m/s。同时为避免对着陆姿态产生干扰，发动机要在触地前关机，导致着陆器自由落下，会使着陆速度增大。

图 2-17　凤凰号着陆支架构型

4）火星探路者号、火星探测漫游者采用了着陆反推发动机和缓冲气囊相结合的方式来实现缓冲着陆，并全部取得了成功。缓冲气囊系统由四个气囊和气体发生器组成，气囊包裹着四面体结构的着陆器。当降落伞展开工作一定时间，在距离地面一定高度后，利用反推发动机最后减速，然后释放包裹探测器的缓冲气囊，着陆后整个着陆器在火星表面弹跳，待平稳后，气囊放气，着陆器舱壁板展开，释放出火星漫游车。这种全包裹式气囊的优点是简化了着陆系统的设计，可以较大的速度进行着陆，对着陆姿态没有太多的要求，更能够适应相对复杂的着陆地形。缺点是气囊结构相对有效载荷质量较大，适合着陆质量小于 1 000 kg 的着陆器。另外，全向气囊方案不适合将来的取样返回和载人火星计划。

5）火星科学实验室采用了“空中吊车”（Sky Crane）的着陆缓冲方式，如图 2－18 所示，“空中吊车”和巡视器在动力下降段是一体的，巡视器安装在“空中吊车”下方。当进入器达到标准弹道（高度 17.75 m，垂直速度为 0.75 m/s，水平速度为 0）时，巡视器与“空中吊车”分离，下降推进系统中的 4 台发动机关闭，3 根受力的机械式吊索和 1 根不受力的通信电缆保证“空中吊车”与巡视器的安全连接和通信。吊索完全拉直后长 7.5 m，空中吊车保持 0.75 m/s 的恒定垂直速度继续下降，直到巡视器完成着陆缓冲。巡视器与“空中吊车”分离是由高度进行控制的，为了产生合适的下降弹道，对高度测量的精确性要求非常高[14]。

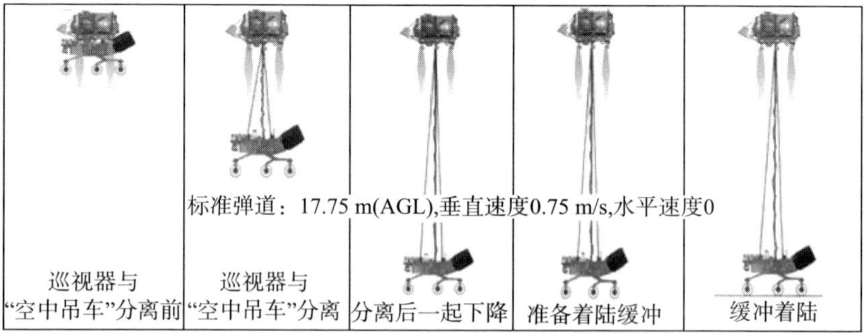

图 2－18 “空中吊车”着陆缓冲方式示意图

2.4.4 开伞方案设计

在回收着陆系统工作过程中，需要以某种方式将降落伞拉出或弹出，即需要选择合适的开伞方式，为后续降落伞的拉直、充气等环节创造有利的工作条件。开伞方案的设计主要包括开伞方式的选择和分离安全的设计。

（1）开伞方式

开伞方式的选择需要结合气动减速方案与回收着陆系统布局约束等情况综合考虑。降落伞常用的开伞方式有弹射开伞方式和牵引开伞方式两种，但与其对应的开伞装置则有多种。一般对于质量较小的降落伞常采用弹射开伞方式，而对于质量较大的降落伞则采用牵引开伞方式。

①弹伞筒弹射开伞

弹伞筒（或称射伞炮）弹射开伞主要是采用弹伞筒将整个伞包以一定初速度弹射出舱，依靠其活塞或伞包自身的惯性力完成转身，并实施依次拉出连接带—伞绳—伞衣的倒拉开伞。弹伞筒弹射开伞可以直接弹射出减速伞或主伞（质量不大的情况下），也可先弹射出引导伞，再由引导伞拉出减速伞或主伞。由于弹伞筒是整体将伞包弹射出舱，无同步性要求，可靠性高，电流需求也小；但由于它是一个独立的容腔，需要提供单独的安装空间，而对于多级降落伞系统来说，需要多个伞舱安装位置，所以，一般对于只有一级降落伞的减速着陆系统采用弹伞筒直接开伞的较多，如美国的火星探测降落伞减速着陆系统，到目前为止全部都是采用弹伞筒直接弹射开伞，如图 2-19 所示。

②弹伞器弹射开伞

弹伞器（即单个弹射器）弹射开伞主要是利用弹伞器射出的活塞杆的动能将引导伞或减速伞弹射出舱，然后依靠其活塞或伞包自身的惯性依次拉出连接带—伞绳—伞衣。弹伞器一般也是单个工作，无同步性要求，可靠性也高，电流需求也小，但由于弹伞器一般需

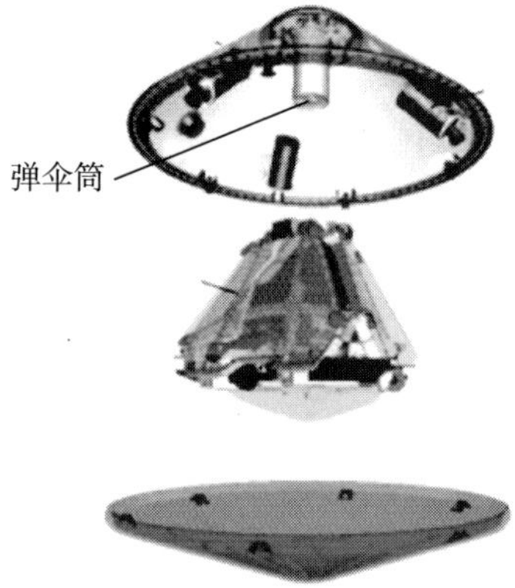

图 2-19　火星探路者号弹伞筒及其布局示意图

安装在伞舱的中间位置，伞包通常需要做成环形伞包，其包装密度也较低，伞舱的利用率也不高。我国的返回式卫星即采用弹伞器打开减速伞的方式。

③弹伞舱盖牵引开伞

弹伞舱盖牵引开伞就是利用弹射分离装置赋予伞舱盖的动能从伞舱内拉出并打开引导伞，再由引导伞将减速伞伞包牵引出舱，直到减速伞连接带、伞绳和伞衣全长拉直，引导伞与减速伞分离。这种开伞方式，由于弹射器安装在伞舱法兰上，不占用伞舱容积，伞舱的利用率高，但弹射伞舱盖一般需要多个弹射器，对弹射器的工作同步性有一定的要求，同时如果用电点火器直接控制弹射器的启动，则需要的电流较大，且同步性较差，所以为保证同步性、减小点火电流，还需要一套非电传爆装置，致使整个弹盖分离装置较复杂。我国的神舟号飞船和探月工程三期的减速着陆系统均采用了弹伞舱盖牵引开伞的方式，只不过神舟号飞船是利用伞舱盖先拉出引导伞，再由引导伞拉出减速伞，而探月工程三期则是利用伞舱盖直接拉出减速伞。图 2-20 是探月工程三期利用伞舱盖拉减速伞包的示意图。

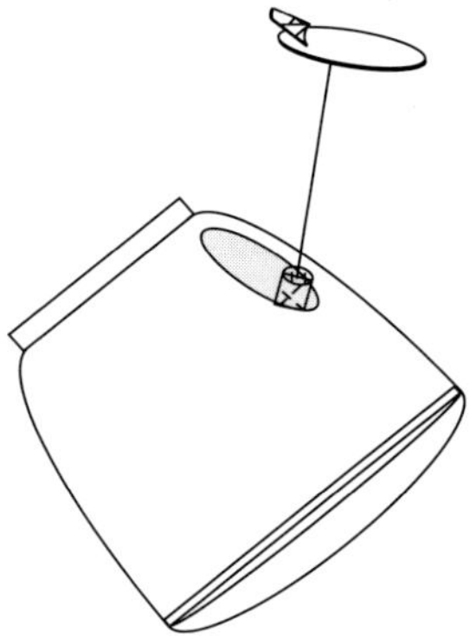

图 2 - 20　探月工程三期利用伞舱盖拉减速伞包的示意图

④由前一级降落伞牵引开伞

这种开伞方式主要是利用前一级降落伞与进入器脱离，将其阻力转移到下一级伞包上，使前一级降落伞发挥引导伞的作用将下一级伞包从伞舱拉出并实施倒拉开伞。一般多级降落伞系统中主伞均是采用由前一级降落伞牵引开伞。

阿波罗号飞船上的主伞开伞方式，是在两具稳定伞分离后，另外由三只弹伞筒分别弹出三具主伞引导伞，再由这三具引导伞分别牵引出三具主伞的。

(2) 伞舱盖分离安全性设计

为了开通降落伞装置的出舱通道，必须先将放置降落伞的伞舱（如联盟号和神舟号飞船）或隔舱（如阿波罗号飞船）的舱盖打开。通常采用分离的方式打开舱盖，即在彻底解脱舱盖与舱体连接的基础上，使舱盖离开进入器舱体，并且不再与舱体相触碰。由于舱盖是沿着进入器纵轴的正后方或斜后方分离的，舱盖离开进入器后即进入进入器尾流区中，其运动规律主要取决于舱盖在尾流场中所受到的气动力。尾流场中回流的作用和低能流区的存在，有可能将舱盖压向进入器以致发生两者相碰的事故，这是舱盖分离设计要解决的所谓“回碰”问题。当舱盖冲出进入器的尾流场到达自由流区后，由于舱盖的弹道系数小于进入器的弹道系数，两者的距离将逐步拉远。但是随着主伞的展开，进入器-主伞组合体的弹道系数小于舱盖的弹道系数，两者的距离会逐步拉近，有可能舱盖追赶上进入器-主伞组合体以致发生两者相碰的事故，这也是舱盖分离设计要解决的所谓“追碰”问题。因此，伞舱盖分离的安全性设计既要解决舱盖分离的“回碰”问题，又要关注舱盖分离后发生“追碰”的可能。

①“回碰”问题

要解决“回碰”问题，必须以使舱盖冲出进入器的尾流场到达自由流区为设计目标。具体的方法是，在解脱舱盖与舱体连接后，立即由火工装置赋予舱盖一定的初始分离速度，使舱盖具有足够的能量克服进入器尾流的不利影响冲出尾流场，并到达远离尾流场的自由流区。同时，还要考虑到伞舱盖的分离还需将引导伞或减速伞拉出，因此弹射分离设计的首要任务是确定能保证可靠分离的最小分离初速度。

一般可以通过下述途径综合分析伞舱盖的最小分离初速度。

1）工程计算：建立分离准则，拟定计算工况；通过工程计算与风洞试验相结合的方法，确定伞舱盖的气动特性；设置不同初始分离条件，求解伞舱盖与进入器相对运动方程，确定满足分离准则所需的最小分离初速度。

2）流固耦合仿真分析：采用 CFD 数值计算和飞行动力学耦合的方法，建立舱盖分离过程动力学模型，对伞舱盖弹射分离过程的动态特性进行分析，并确定所需的最小分离初速度。

3）试验研究：在风洞中进行可控轨迹测量试验（CTS），直观地研究返回舱速度、姿态和伞舱盖分离初速度等因素对伞舱盖分离过程的影响。

4）综合分析：综合分析风洞试验和工程计算结果，结合类似伞舱盖分离参数的选取和地面弹射试验的结果，确定伞舱盖的最小分离初速度。

②“追碰”问题

为了解决伞舱盖的“追碰”问题，一般采用进一步减小伞舱盖弹道系数的办法。我国探月工程三期返回器回收系统为了避免伞舱盖在分离后的下落过程中追撞降落伞-返回器组合体，在减速伞包内增设了一个舱盖伞，用于伞舱盖的减速，如图 2 - 21 所示。

图 2 - 21　探月工程三期返回器的弹盖拉伞试验

猎户座号飞船在总结阿波罗号飞船采用弹射分离的方式打开其乘员舱前防热罩的经验教训后，采用了牵引分离的方式打开其乘员舱的前防热罩，以期提高前防热罩分离的可靠性和减小重量[15]。开始由弹伞筒冲开前防热罩上的小防热盖，向两侧弹出两具减速伞，两具减速伞的连接带汇集于一点后再分成三条吊带与前防热罩呈三点连接，使乘员舱稳定地悬挂在减速伞下，以此为前防热罩的分离、也为在前防热罩分离后主伞的展开创造良好条件。当程序到达开主伞时，解脱前防热罩与舱体的连接，前防热罩在减速伞的牵引力作用下与乘员舱分离，如图 2 - 22 所示。

由于前防热罩在穿越乘员舱尾流场的过程中始终有减速伞牵引力的作用，不存在前防热罩与乘员舱的“回碰”问题。但经分析，前防热罩-减速伞组合体与乘员舱-主伞组合体仍存在“追碰”可能，为此在前防热罩分离后再打开 2 具增阻伞，结果前防热罩乘 4 具伞下降，如图 2 - 23 所示。

图 2-22　前防热罩牵引分离

图 2-23　前防热罩乘 4 具伞下降

2.4.5　降落伞连接与分离方案设计

对于多级伞系统，由于一般是采用前一级降落伞牵引开伞的方式，前一级降落伞既要在其分离之前可靠地与进入器相连，将降落伞产生的气动阻力传递给进入器，实现减速的目的，同时在其完成减速任务后，又要能够可靠地分离，并将下一级降落伞拉出；或者是主伞完成减速着陆任务后与着陆器分离。降落伞连接与分离方案的设计就是为确保可靠地完成这一降落伞连接与分离功能任务。

降落伞的连接和分离方案的设计与降落伞的安置和出舱密切相关，一般由降落伞连接分离机构与火工装置配合来实现。从分离的方式来划分，目前常用的降落伞连接与分离方式有推销式连接与分离方案、拔销式连接与分离方案、解锁器连接与分离方案、切割式连接与分离方案。

（1）推销式连接与分离方案

推销式连接与分离方案主要是通过一套降落伞连接分离机构与火工装置相结合来实现的方案。神舟号飞船的减速伞与返回舱的连接与分离、单点吊挂转换为垂直吊挂采用的均是推销式连接与分离方案。图 2-24 为返回舱乘主伞呈单点吊挂的状态。单点吊挂时，主伞通过主伞接头和分离销实现返回舱与主伞的连接，当返回舱下降到一定高度需要由单点吊挂转换成垂直吊挂时，启动火工装置，利用其产生的燃气压力将分离销推出，主伞接头与返回舱分离，同时拉起长、短吊带，实现返回舱的垂直吊挂，如图 2-25 所示。推销式连接与分离方案适合于开伞载荷较大的情况，但要采用冗余设计措施，实现起来较复杂。

（2）拔销式连接与分离方案

拔销式连接与分离方案也是通过连接分离机构与拔销器配合完成的。我国探月工程三期回收系统的减速伞分离就采用了这种方案。在连接分离机构座上安装两个拔销器作为减速伞脱伞器，通过减速伞脱伞器的活塞伸出与套筒配合实现减速伞与返回器的连接；通过

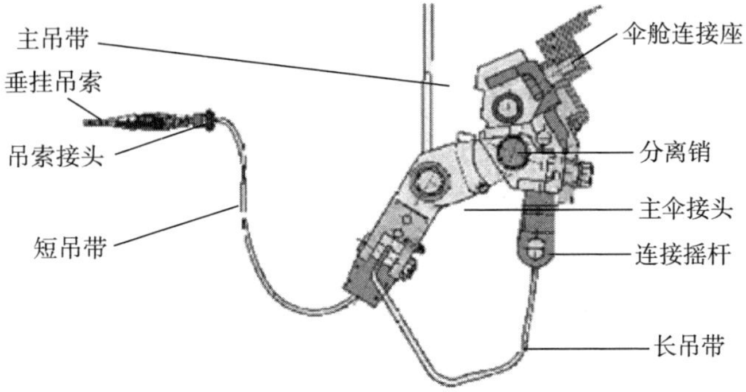

图 2-24　返回舱呈单点吊挂状态[16]

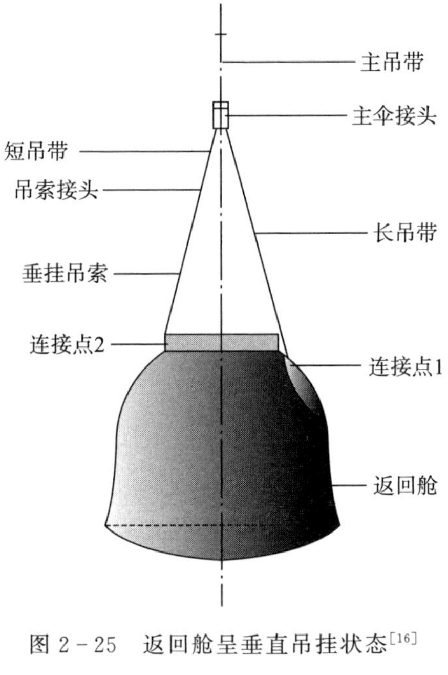

图 2-25　返回舱呈垂直吊挂状态[16]

减速伞脱伞器活塞的回缩，解除对套筒的约束，实现减速伞的分离。套筒与脱伞器活塞配合设计，只要有一只活塞回缩，减速伞即能够将套筒拉走，从而实现脱减速伞的冗余，如图 2-26 所示。拔销式连接与分离方案适于开伞载荷不是很大的情况，冗余设计易于实现。

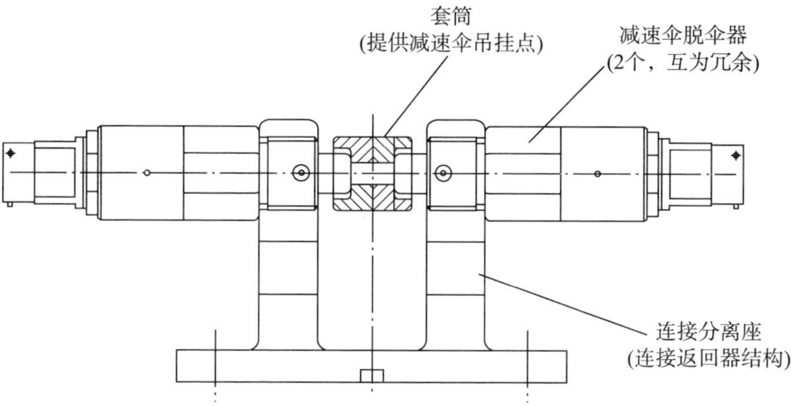

图 2－26　减速伞脱伞方案示意图

(3) 解锁器连接与分离方案

解锁器连接与分离方案主要是采用解锁螺栓与降落伞连接接头配合使用的方案。一般降落伞通过吊带与降落伞连接接头和解锁螺栓实现与进入器的连接，当降落伞完成减速任务需要分离时，解锁螺栓工作，降落伞带着降落伞连接接头与进入器分离。图 2－27 是某型号解锁器连接与分离方案示意图。

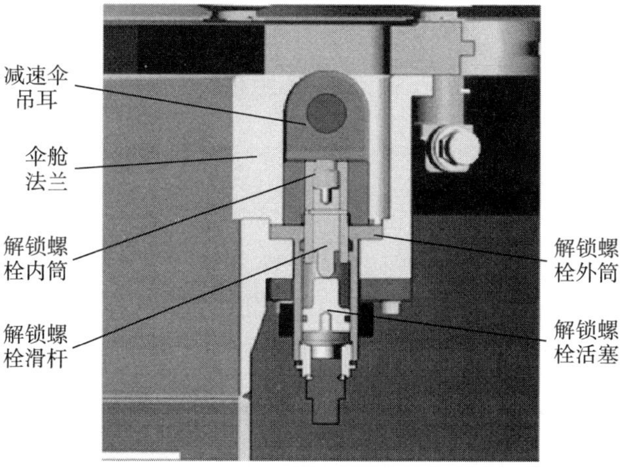

图 2－27　某型号解锁器连接与分离方案示意图

(4) 切割式连接与分离方案

切割式连接与分离方案一般是通过火工装置工作产生的高压燃气推动切刀，切断降落伞的吊带，从而实现降落伞与进入器间的分离。神舟号飞船着陆后的脱主伞即是采用了切割式分离方案。图 2-28 是某型号采用的切割式分离方案。

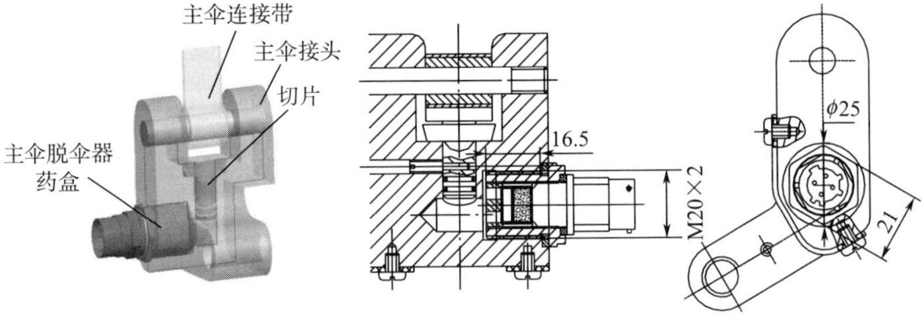

图 2-28　某型号采用的切割式分离方案

2.4.6　控制方案设计

回收着陆系统在工作过程中需要执行一系列程序动作，如弹伞舱盖、开减速伞、减速伞分离和开主伞、垂挂转换、着陆反推发动机点火、气囊充气、主伞分离等。回收着陆系统控制方案的设计就是制订合适的工作程序，选择合适的控制方法和装置，制定好控制方案，确保回收着陆系统在下降过程中，在各个预定的高度或时间上，按预定的工作程序，向各个执行机构依次发送各个程序动作指令。不同任务或型号的回收着陆系统控制方案不尽相同，由于神舟号飞船采用了降落伞冷备份方案，而且工作状态也较多，可靠性和安全性均要求很高，所以神舟号飞船回收着陆系统的控制方案基本是目前航天器回收着陆系统中最复杂的一个，因此在下面阐述回收着陆系统的控制方案设计时基本均是以神舟号飞船为例进行。

（1）工作程序的设计

回收着陆系统的工作程序设计是回收着陆系统设计的核心工作之一。工作程序的设计主要是根据进入器的进入轨道以及开伞后弹道分析进行的。在设计过程中需要考虑各种可能的进入轨道，包括标称进入轨道和各种偏差轨道。同时，也要考虑自身故障下的各种情况。特别是对于载人飞船来说，回收着陆系统除了在正常返回状态下要满足其要求外，还要在各种应急救生状态下保证航天员以安全速度着陆，因此它应具有适合于在多种状态下的工作程序。此外，由于飞船返回舱在返回的过程中处于高速运动状态，而且回收着陆系统工作时高度较低，这就使得回收着陆系统在工作的过程中出现故障征兆的实时性差，外界无法采取营救措施，因此，为了提高回收着陆系统工作的可靠性和安全性，对于回收着陆系统本身所有可以预见的故障均要有相应的补救措施。神舟号飞船回收着陆系统即设计了正常返回、中空救生、低空救生三种基本工作程序以及系统自身故障情况下的八种工作程序。其中中空救生和低空救生工作程序是为飞船在发射上升段，应急救生状态下而设置的工作程序。系统自身故障情况下的工作程序则是为了提高系统的可靠性和安全性所设置的。在设计所有的工作程序时都必须保证相互协调，且都能满足相应的约束条件。

（2）开伞控制方案的设计

开伞控制方案的设计也是减速着陆方案设计的一个关键环节。如何选择一个合适的开伞时机、采用何种开伞控制方法、怎样控制到所确定的开伞时机开伞均是航天器回收着陆系统开伞控制技术中的关键问题。如果开伞点太高，则有可能开伞动压太大，降落伞开伞后被冲破；若开伞点太低，则有可能回收着陆系统的工作程序还没完全完成，返回器或着陆器就已着陆。

开伞控制方案的设计，主要是根据进入器进入轨道相关参数的初步分析，确定开伞时机和开伞条件，制订开伞控制方案，研究开伞控制方案的实现方法，以确保进入器的开伞条件达到预期的目标。

一般降落伞的开伞点设计及其控制技术需要综合考虑任务的需求、降落伞的强度、着陆过程中完成各种工作所需的高度、各种初始进入条件、大气环境等因素的影响。相应的设计方法将在第 6 章中进行阐述。

（3）系统加电方案的设计

一般回收着陆系统的供电基本上均是由进入器上电源统一供电。接通系统电源主开关是回收着陆系统启动工作的首要条件，如果不能及时、可靠地接通系统电源主开关，则回收着陆系统将无法工作，其后果是不可想象的。因此，这一步对回收着陆系统来讲至关重要。为此，一般在回收着陆系统加电方案设计时需要考虑如下可靠性、安全性设计措施：

1）为了能够可靠、及时地给回收着陆系统加电，需采用多条渠道发指令，互为备份，确保主开关的打开。

2）为了确保在轨道器和进入器分离前不致启动回收着陆系统（特别是飞船在发射段逃逸救生情况下），需要采取加锁措施，如神舟号飞船回收着陆系统采用轨-返压点开关来给回收着陆系统加电加锁，将轨-返压点开关和数管（遥控、GNC、应急、手控）串联给回收着陆系统加电，以确保轨道舱和返回舱分离后，才能给回收着陆系统加电。

3）选择适当的时机发指令，使回收着陆系统启动后处于良好的工作环境。由于回收着陆系统工作时一般离地面高度不高，因此为了防止回收着陆系统的误动作，应尽可能地晚接通回收着陆系统电源，即应在进入过程的一定高度上才给回收着陆系统加电，为开伞高度控制装置避开一段复杂的动态环境，减小误发开伞信号的概率。

（4）控制装置的配置

减速着陆控制装置要体现系统的自动控制功能，即自行判别减速着陆工作状态，自动执行相应的减速着陆工作程序，发出相关指令，并驱动各火工装置动作；在系统发生一次故障的情况下，能自动判别故障并执行相应的故障工作程序。因此神舟号飞船回收着陆系统的控制装置由回收配电器、程序控制器、静压高度控制器、时间控制器、回收火工控制器、行程开关等组成。

回收配电器的主要功能是给回收着陆系统供配电，接收或转发各种状态和程序指令，同时将各指令执行情况的遥测信号转发给数管和遥测，提供回收着陆系统的必要检测点。

程序控制器根据各种状态指示信号、静压高度控制器的输出信号以及行程开关的通断，来确定飞船返回时所处状态；根据不同的状态执行相应的回收着陆程序，发出相应的回收着陆指令。

静压高度控制器主要是提供回收着陆系统开伞启动信号。

时间控制器用作程序控制器的冷备份，在程序控制器出现不发指令的故障时，能发出一组时序指令。

回收火工控制器的主要功用是：回收着陆系统加电后，将火工电源接入电路。接收回收配电器、程序控制器、时间控制器发出的指令，驱动火工装置，同时将各指令执行情况的遥测信号转发给数管和遥测，提供回收着陆系统火工装置的必要检测点。

行程开关主要用于提供一些设备的工作状态。

参 考 文 献

[1] 荣伟，等．航天器进入下降与着陆技术［M］．北京：北京理工大学出版社，2018.

[2] 陈国良．航天器回收着陆技术［J］．航天返回与遥感，2000（1）：9-15.

[3] Grover M R，Cichy B D，Desai P N. Overview of the Phoenix Entry，Descent，and Landing System Architecture. AIAA 2008-7218.

[4] 陈国良．飞行器回收技术在新型号研制中的应用［J］．航天返回与遥感，2002（2）：1-4.

[5] 荣伟，高树义，李健，等．神舟飞船降落伞系统减速策略及其可靠性验证［J］．中国科学：技术科学，2014（3）.

[6] Way D W，Powell R W ，Allen Chen，et al. Mars Science Laboratory：Entry，Descent，and Landing System Performance. 2006 IEEE Aerospace Conference. New York：IEEE，2006：758-776.

[7] 贾贺，荣伟，江长虹，等．探月三期月地高速再入返回器降落伞减速系统设计与实现［J］．中国科学：技术科学，2015，45：185 - 192.

[8] Ewing Edgar G. Ringsail Parachute Design. AFFDL-TR-72-3.

[9] T W Knacke. Parachute Recovery Systems Design Manual. AD-A247666，1991.

[10] E G 尤因，T W 纳克．回收系统设计指南［M］．北京：航空工业出版社，1988.

[11] Kiker J W，Lee J B，Hinson J K. Earth Landing Systems for Manned Spacecraft. NATO AGARD Report No. 446，1963.

[12] Brown G，Haggard R. A New Pneumatic Actuator and Its Use in Airdrop Applications. AIAA 99-1719.

[13] John R McCann，Todd DePauw，John McKinney，Preston Ferguson，Melanie Weber. Boeing CST - 100 Landing and Recovery System Design and Development an Integrated Approach to Landing. AIAA2013-5306.

[14] Udomkesmalee S G，Hayati S A. Mars Science Laboratory focused technology program overview [C] . 2005 IEEE Aerospace Conference. New York：IEEE，2005：961 - 970.

[15] David Lichodziejewski，Michael Melgares. Development and Testing of the Orion CEV Parachute Assembly System（CPAS）. AIAA 2009 - 2938.

[16] 戚发韧，李颐黎．巡天神舟——揭秘载人航天器 [M]．北京：中国宇航出版社，2011.

第 3 章　降落伞气动减速装置技术

航天器回收着陆系统最主要的一个功能就是利用气动减速装置来减小进入器的下降速度，从而为着陆器在星球表面安全着陆创造条件，因此气动减速装置是航天器回收着陆系统最重要的一个部件。

气动减速装置的效能通常是以单位面积的重量或包装体积来衡量。由于降落伞装置主要是由织物材料缝制而成，质地柔软，包装体积小，展开后可获得比原包装状态数以百倍的阻力面积。它具有结构简单、减速高效、工作可靠、成本低廉的特点，所以降落伞装置被广泛应用于各种飞行器的气动减速和稳定。

本章将主要论述降落伞的组成及主要设计参数、常用降落伞的伞型及结构、常用降落伞伞包设计、降落伞的开伞过程、降落伞的充气性能分析方法、降落伞收口控制技术。

3.1　降落伞的组成及主要设计参数

3.1.1　降落伞的组成

降落伞一般由伞衣、伞绳、连接带、旋转接头和吊带等组成，如图 3-1 所示。其中，伞衣是可充气至一定形状并产生气动力的织物面，它是在空气中下落或被运动物体拖曳时产生气动阻力的主要部件；伞绳、连接带和吊带则主要是将伞衣产生的气动阻力传递给回收载荷；旋转接头则主要是起承力和消旋的作用，一方面是通过伞绳、连接带和吊带将伞衣产生的气动阻力传递给回收载荷，另一方面则是当伞衣部分或回收载荷存在旋转运动时起隔离作用，以消除它们之间的相互干扰。一般当伞衣面积较大时，伞绳的数量也较多，此时一般需要将伞绳分成几组，分别集合到几根连接带上，然后再由连接带汇交到旋转接头，最后通过吊带连接到回收载荷上。

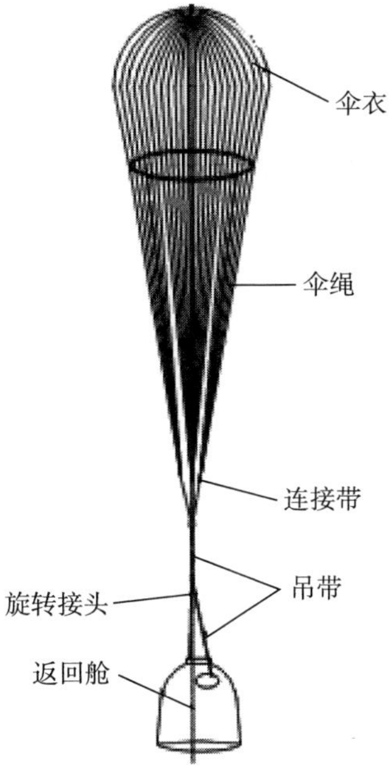

图 3-1　降落伞主要部件示意图（收口状）

一般降落伞伞衣是由一定数量（偶数）的相同伞衣幅缝合而成的。典型降落伞伞衣结构如图 3-2 所示。伞衣上部中间所开的圆孔称为顶孔，顶孔通常小于伞衣面积的 1%，它的作用是便于制造和在开始充气时减轻伞衣顶部的气流冲击。顶孔绳是固定在顶孔边缘对应点上的短绳或伞绳的延伸部分，它们保证了每根伞绳通过伞衣的结构延续性。伞顶是指充满伞衣的最高点，通常指顶孔绳的交点。伞衣幅是锥形或三角形的伞衣织物面，伞衣幅是指顶孔边缘（上边）到伞衣底边（下边）那部分，也就是说，伞衣幅高度 h_g 是伞衣顶端到底边边缘的中心线距离 h_s 减去顶孔高度 h_v。

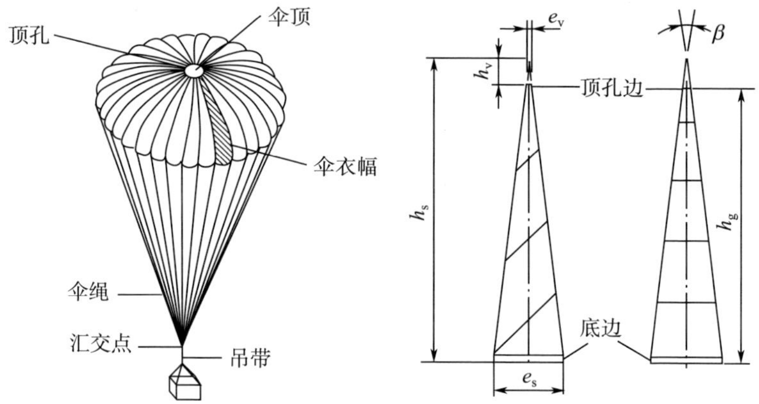

图 3-2　典型降落伞伞衣结构示意图

3.1.2　降落伞的主要设计参数

（1）阻力面积和阻力系数

降落伞的阻力面积 $(CA)_0$ 是降落伞设计中的一个最基本的、也是最重要的一个参数。降落伞的阻力面积是其阻力系数与其特征面积的乘积。它是根据将进入器减速至稳降速度的要求，按式（3-1）计算的

$$(CA)_0 = 2m_0 g/(\rho_H v_{zz}^2) - (CA)_H \tag{3-1}$$

式中　m_0——进入器质量；

g——重力加速度；

ρ_H——减速终端海拔高度的大气密度；

v_{zz}——减速终端垂直着陆速度；

$(CA)_H$——进入器阻力面积。

由于降落伞的阻力面积是阻力系数与其特征面积的乘积，因此，降落伞特征面积的选取方法不同，其阻力系数也会有相应的变化。降落伞的某一阻力系数必须针对某一特征面积而言，否则便无实际意义。在目前的应用中，选取降落伞特征面积的方法有两种：一是选取降落伞的名义面积 A_0 作为特征面积，其相应的阻力系数以 C_D

表示。这是最常用的一种方法。另一种方法是以降落伞充满后的最大投影面积 A_t 为特征面积，其相应的阻力系数以 C_t 表示。

降落伞的阻力面积也常称为降落伞的阻力特征，这是因为在某些特殊情况下（如收口伞衣的“灯泡”状态）不易选用特征面积，因此在降落伞的计算中采用此专门术语[1]。

（2）名义面积 A_0

降落伞的名义面积为伞衣幅面积的总和，其中包括顶孔面积、开缝面积和另外一些在伞衣幅轮廓内的面积，还包括肋片、围幅，或者为改善伞衣充满性能而增设的附件表面积等。降落伞的名义面积通常用来衡量一具降落伞的大小。

（3）名义直径 D_0

名义直径 D_0 是以伞衣名义面积 A_0 计算的圆的直径

$$D_0 = 2\sqrt{\frac{A_0}{\pi}} \tag{3-2}$$

（4）结构直径 D_C

通常降落伞的结构直径不同于降落伞的名义直径 D_0。对于圆形降落伞伞衣的结构直径，等于两相对伞衣幅的最大宽度两点间（贯穿辐射缝合部）的距离。因此，结构直径是沿辐射缝合部测得的，而不是沿伞衣幅的中心线测量的。平面圆形伞衣的结构直径 D_C 和顶孔直径 D_V 如图 3－3 所示。虚线表示伞绳的有效长度 L_e。图 3－4 是一具锥形伞衣的结构示意图，锥角 μ 是伞衣幅辐射缝合部的中心线和相应的平面投影之间的夹角。

（5）伞顶孔直径 D_V

伞顶孔直径就是伞衣顶孔的直径。顶孔直径 D_V 示于图 3－3 结构示意图中。

（6）投影面积 A_t

降落伞的投影面积 A_t 是指降落伞充满后的最大投影面积。

（7）投影直径 D_t

投影直径 D_t 是由投影面积 A_t 换算来的，它等于面积为 A_t 的圆

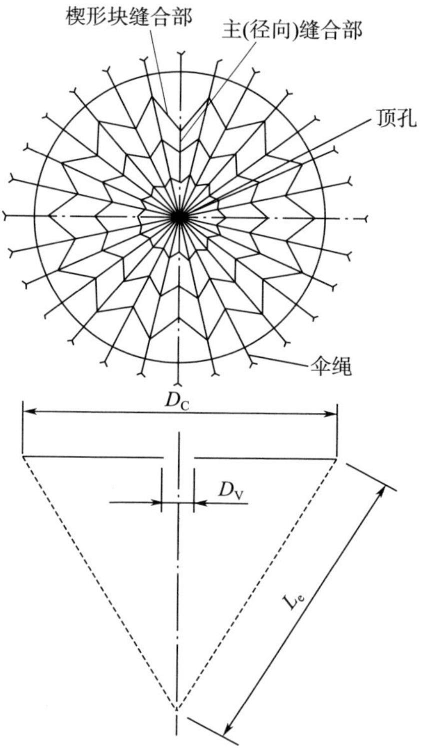

图 3-3 平面圆形伞的平面图和结构示意图

的直径，通常用伞衣最大的投影宽度，即伞衣幅中心线的投影距离来表示

$$D_t = 2\sqrt{\frac{A_t}{\pi}} \tag{3-3}$$

(8) 伞衣幅数

伞衣幅是指两相邻主缝合部中心线之间所包容的部分。伞衣幅数就是指伞衣幅的数量。

(9) 伞绳有效长度

伞绳有效长度是指从伞衣底边至伞绳汇交点的长度。冲压式翼伞为下翼面至伞绳汇交点的距离。

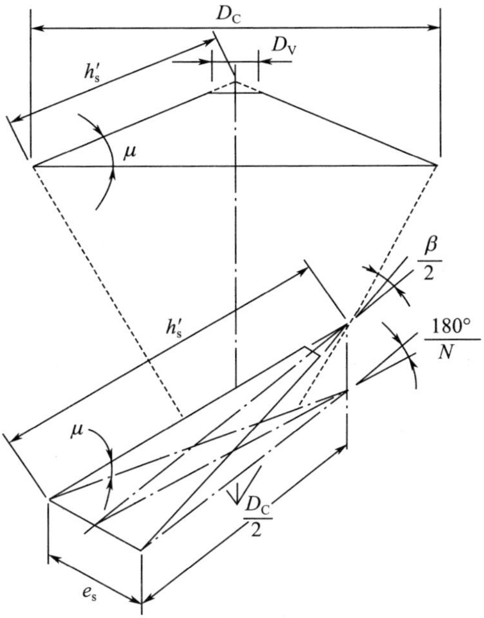

图 3-4　锥形伞衣结构示意图

3.2　常用降落伞的伞型及结构

降落伞通常按伞衣的剖面形状、平面形状或其他特性来分类。不同形式的降落伞可分为两大类：密实伞和开缝伞。这两大类降落伞大部分是从平面圆形伞发展而来的，另一些则通过其独特的结构特性获得了较好的稳定性、经济性或滑翔性能。

降落伞品种繁多，常用的有 10 多种类型。按伞衣不同的结构形式，可以分为平面圆形伞、截锥形伞、带条伞、环缝伞、无肋导向面伞、环帆伞、盘缝带伞、方形伞、十字形伞和冲压式翼伞等。表 3-1～表 3-4 列出了一些降落伞结构形式和基本性能，其中开伞动载系数 K_d ，是在恒定气流速度和“无限质量”条件下开伞时，最大开伞力和稳态阻力之比。以下列出几种常用的降落伞，并作简要介绍。

表 3-1　密实织物降落伞

序号	类型	结构形状			充满形状 D_t/D_j	阻力系数 C_D 范围	开伞动载系数 K_d（无限质量）	平均摆动角	一般应用
		俯视图	侧面图	D_t/D_0					
1	平面圆形	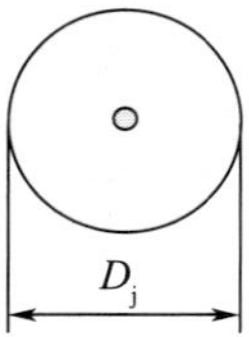		1.00	0.67～0.70	0.75～0.80	～1.8	±(10°～40°)	下降
2	圆锥形	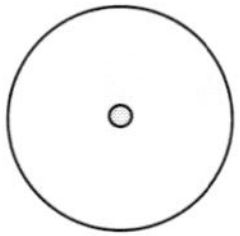	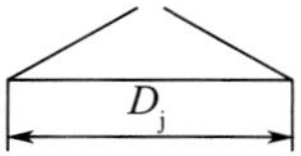	0.93～0.95	0.70	0.75～0.90	～1.8	±(10°～30°)	下降
3	双锥形	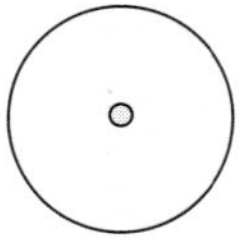	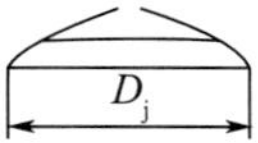	0.90～0.95	0.70	0.75～0.92	～1.8	±(10°～30°)	下降
4	三锥形	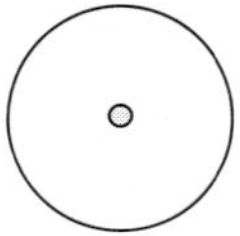	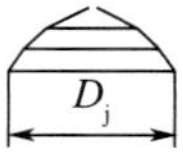	0.90～0.95	0.70	0.80～0.96	～1.8	±(10°～20°)	下降

续表

序号	类型	结构形状			充满形状 D_t/D_j	阻力系数 C_D 范围	开伞动载系数 K_d（无限质量）	平均摆动角	一般应用
		俯视图	侧面图	D_t/D_0					
5	10%平面底边延伸	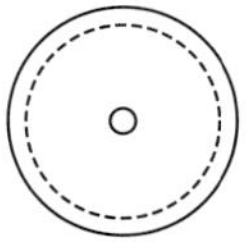	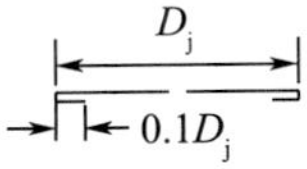	0.86	0.66～0.70	0.78～0.80	～1.4	±(10°～15°)	下降
6	14.3%充满底边延伸	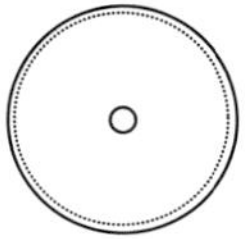	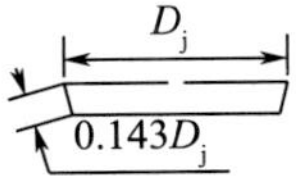	0.81	0.66～0.70	0.75～0.90	～1.4	±(10°～15°)	下降
7	半球形	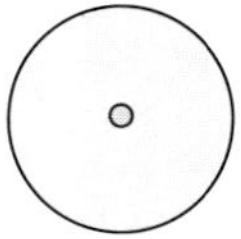	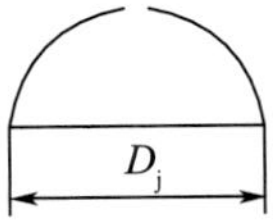	0.71	0.66	0.62～0.77	～1.6	±(10°～15°)	下降
8	导向面（有肋）	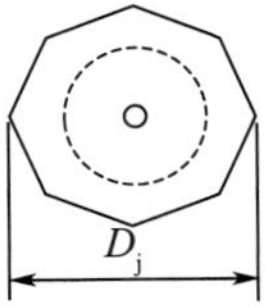	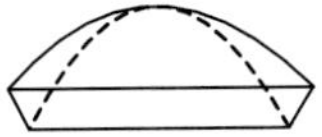	0.63	0.62	0.28～0.42	～1.1	±(0°～2°)	稳定减速

续表

序号	类型	结构形状			充满形状 D_t/D_j	阻力系数 C_D 范围	开伞动载系数 K_d（无限质量）	平均摆动角	一般应用
		俯视图	侧面图	D_t/D_0					
9	导向面（无肋）	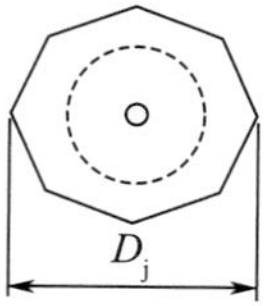	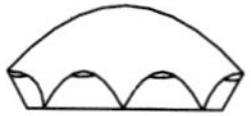	0.66	0.63	0.30～0.34	～1.4	±(0°～3°)	引导，减速
10	环形	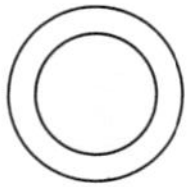	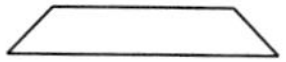	1.04	0.94	0.95～1.00	～1.4	<～±6°	下降
11	方形	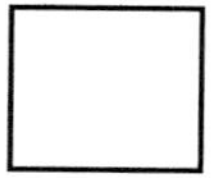		1.00	—	0.80～1.00	～1.8	<～±20°	下降
12	十字形			1.15～1.19	0.66～0.72	0.60～0.78	～1.2	±(0°～3°)	下降，减速

表 3-2　开缝织物降落伞

序号	类型	结构形状			充满形状 D_t/D_j	阻力系数 C_D 范围	开伞动载系数 K_d（无限质量）	平均摆动角	一般应用
		俯视图	侧面图	D_j/D_0					
1	平面带条	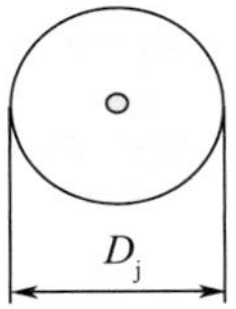		1.00	0.67	0.45～0.50	～1.05	±(0°～3°)	下降，减速
2	锥形带条	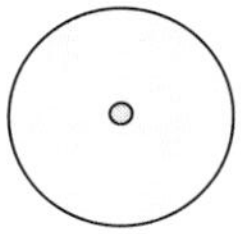	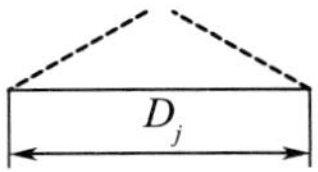	0.95～0.97	0.70	0.50～0.55	～1.05	±(0°～3°)	下降，减速
3	锥形带条（变透气量）	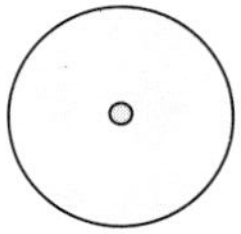	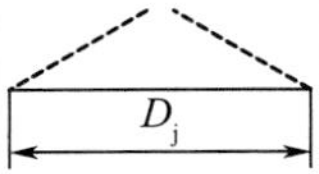	0.97	0.70	0.55～0.65	1.05～1.30	±(0°～3°)	下降，减速
4	带条（半流型）	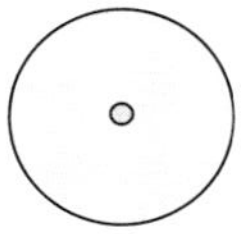	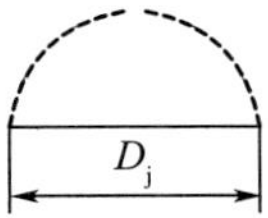	0.62	0.62	0.30*～0.46	1.00～1.30	±2°	超声速减速

续表

序号	类型	结构形状			充满形状 D_t/D_j	阻力系数 C_D 范围	开伞动载系数 K_d（无限质量）	平均摆动角	一般应用
		俯视图	侧面图	D_j/D_0					
5	环缝	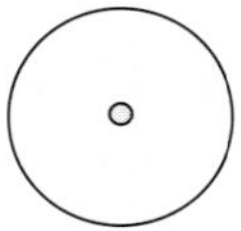	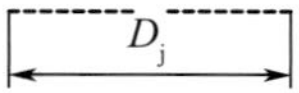	1.00	0.67～0.70	0.56～0.65	～1.05	±(0°～5°)	牵引,减速
6	环帆	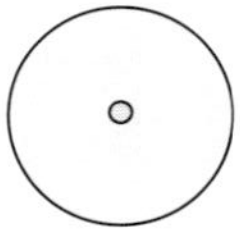	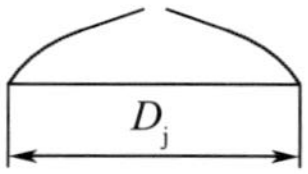	1.16	0.69	0.75～0.90	～1.10	±(5°～10°)	下降
7	盘缝带	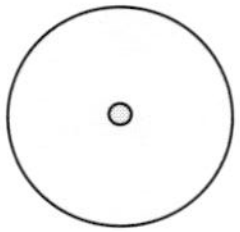	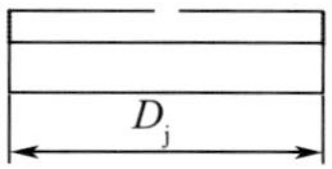	0.73	0.65	0.52～0.58	～1.30	±(10°～15°)	下降

注：* ——超声速情况。

表 3－3　旋转伞

序号	类型	结构形状			充满形状 D_t/D_j	阻力系数 C_D 范围	开伞动载系数 K_d（无限质量）	平均摆动角	一般应用
		俯视图	侧面图	D_j/D_0					
1	旋片伞	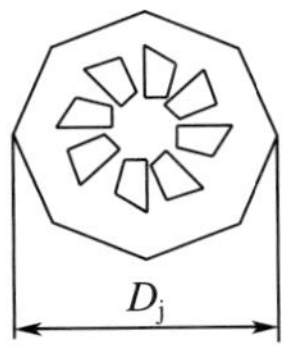	—	1.05	0.90	0.85～0.99	1.05	±(0°～2°)	减速
2	涡环形		— —	1.90	—	1.50～1.80	1.10～1.20	±(0°～2°)	下降

表 3-4 滑翔伞

序号	类型	结构形状		面积比 S_W/S_0	气动力系数 C_R 范围	滑翔比 $(L/D)\max$	一般应用
		俯视图	侧面图				
1	Tojo,TU 缝	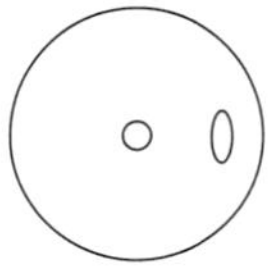		1.00	0.85～0.90	0.5～0.7	下降
2	勒穆瓦涅伞(Le Moigne)	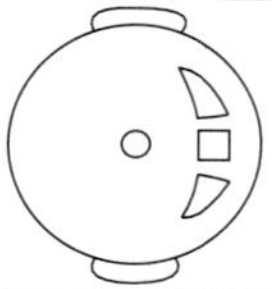		1.00	0.90～1.00	1.1	下降
3	单龙骨翼伞	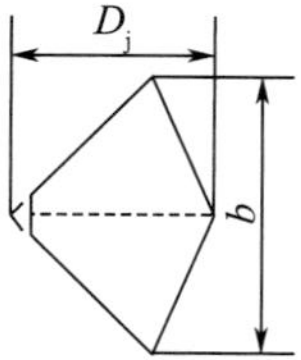		1.00	0.90～1.10	2.0～2.5	下降
4	双龙骨翼伞	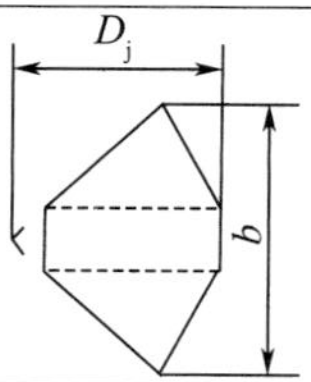		1.00	1.00～1.10	* 2.8～3.2	下降

续表

序号	类型	结构形状		面积比 S_W/S_0	气动力系数 C_R 范围	滑翔比 $(L/D)max$	一般应用
		俯视图	侧面图				
5	冲压式翼伞	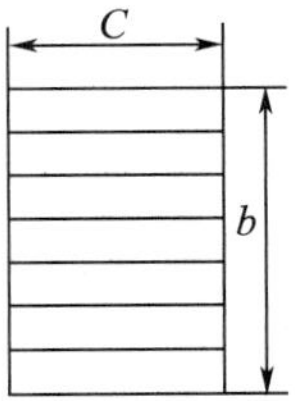	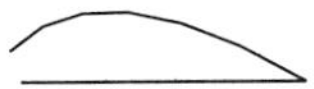	0.27	0.75～0.85	* 2.3～3.5	下降
6	帆式翼伞			0.80～0.90	—	* 2.5～3.5	下降
7	半冲压式翼伞	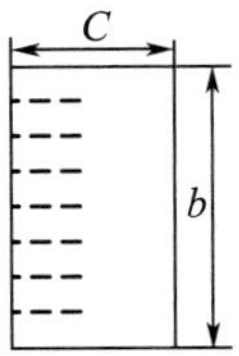		0.60	—	* 2.0～3.0	下降

注：* ——滑翔比受纵横比和伞衣载荷的影响。

3.2.1 平面圆形伞

平面圆形伞是最简单的一种伞型，是由伞衣幅顶角之和为 360° 等腰梯形组成的多边形。其结构示意图如图 3－5 所示。相邻伞衣幅的两侧相互缝合，形成沿径向的辐射状缝合部。径向缝合部通常采用加强带加强，有时也采用伞绳沿径向穿过缝合部间隙一直延伸到伞顶。在伞衣顶孔边和伞衣底边处均用加强带加强。伞衣幅的楔形块分为直裁和 45°斜裁两种。直裁工艺简单，斜裁能耐受更大的冲击载荷。伞顶孔直径通常为伞衣直径的 5％～15％。

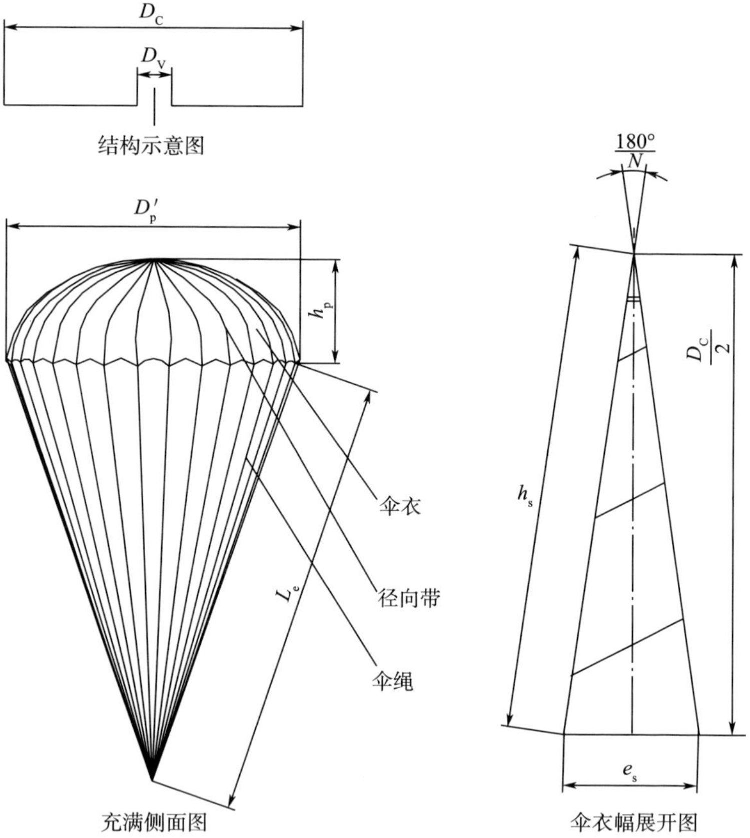

图 3－5　平面圆形伞

平面圆形伞的伞衣阻力系数大约在 0.75～0.80 范围。初始设计可选取 0.78。该种伞形稳定性差，摆动角约在±（10°～40°）范围。在无限大质量条件下，开伞动载系数 K_d 接近于 2.0。

平面圆形伞结构简单，形状对称，受力均匀，工作可靠，使用方便，造价低廉。但开伞动载大，稳定性差。在降落伞研制、发展过程中，大多数是以平面圆形伞为基础，通过不断改进和革新，逐渐演变成结构形式比较复杂的伞型。该降落伞在人用、空投及无特殊要求的飞行器回收方面获得广泛应用。

3.2.2　截锥形伞

截锥形伞又称充满底边延伸型伞，其结构形式是在平面圆形伞的底边圆周上附加一圈倒截锥形延伸部，如图 3-6 所示。延伸部长度按顶部平面圆直径的百分比计算，称为延伸率。延伸率一般取10%～15%。

截锥形伞的伞衣阻力系数大约在 0.75～0.9 范围。初始设计可选取 0.8。截锥形伞稳定性比平面圆形伞好，伞衣摆动角一般为±（10°～20°），它取决于结构、尺寸和下降速度。由于底边的延伸，使伞衣进气口面积减小，充气时间增加，使开伞动载系数减小，开伞动载系数大约为 1.4。

截锥形伞结构简单，形状对称，受力均匀，工作可靠，使用方便，造价低廉。但与平面圆形伞比较，其设计和样板制作稍为复杂，材料利用率稍低。该降落伞通常用作投物伞、减速伞和飞行器回收降落伞。

3.2.3　锥形带条伞

锥形带条伞的伞衣侧剖面为等腰三角形，底边夹角 20°～30°。伞衣幅由平行于底边的水平带和垂直于底边的垂直带组成，水平带之间有一定缝隙，其结构如图 3-7 所示。为制作方便，通常采用等宽度水平带条和等缝隙的结构，在伞衣顶孔边和伞衣底边处均用加强带加强。

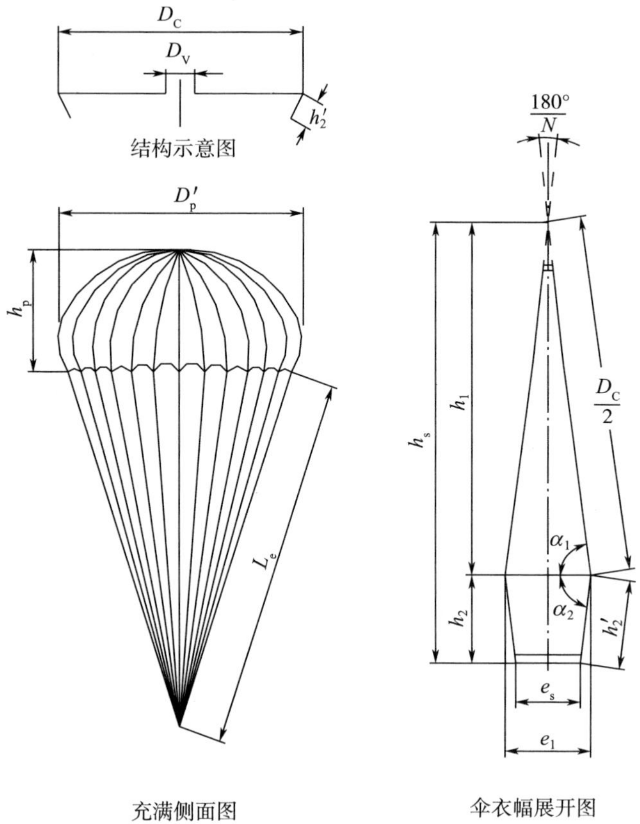

图 3-6　截锥形伞

锥形带条伞的伞衣阻力系数取决于结构透气量、几何尺寸和使用要求。大约在 0.45～0.55 范围。初始设计可选取 0.50。伞衣的缝隙面积及顶孔面积之和与伞衣表面积之比，称之为结构透气量。一般锥形带条伞的结构透气量为 15%～30%。该种伞形稳定性很好，最大摆动角为±3°。在无限大质量条件下，开伞动载系数为 1.05。

锥形带条伞稳定性好、承载能力大、开伞动载小；但工艺复杂、造价高。该降落伞通常用作飞行器稳定减速伞和飞机阻力伞。它能承受高开伞动压，适用于 3 *Ma* 以下的开伞速度范围。

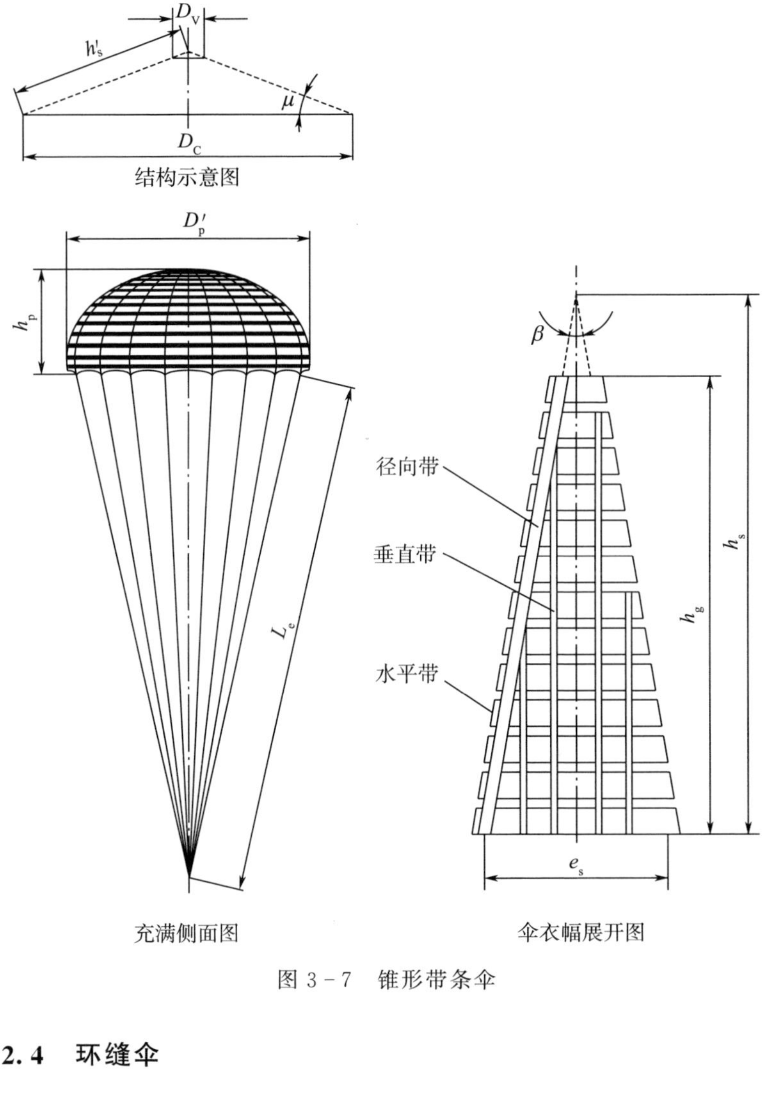

图 3-7　锥形带条伞

3.2.4　环缝伞

环缝伞即宽带条伞，水平带条宽度一般在 100 mm 以上称之为“环缝伞”。环缝伞结构形式与带条伞基本相似，其典型的结构如图 3-8 所示。为制作方便，与带条伞一样，通常采用等宽度水平带条和等缝隙的结构。在伞衣顶孔边和伞衣底边处均用加强带加强。

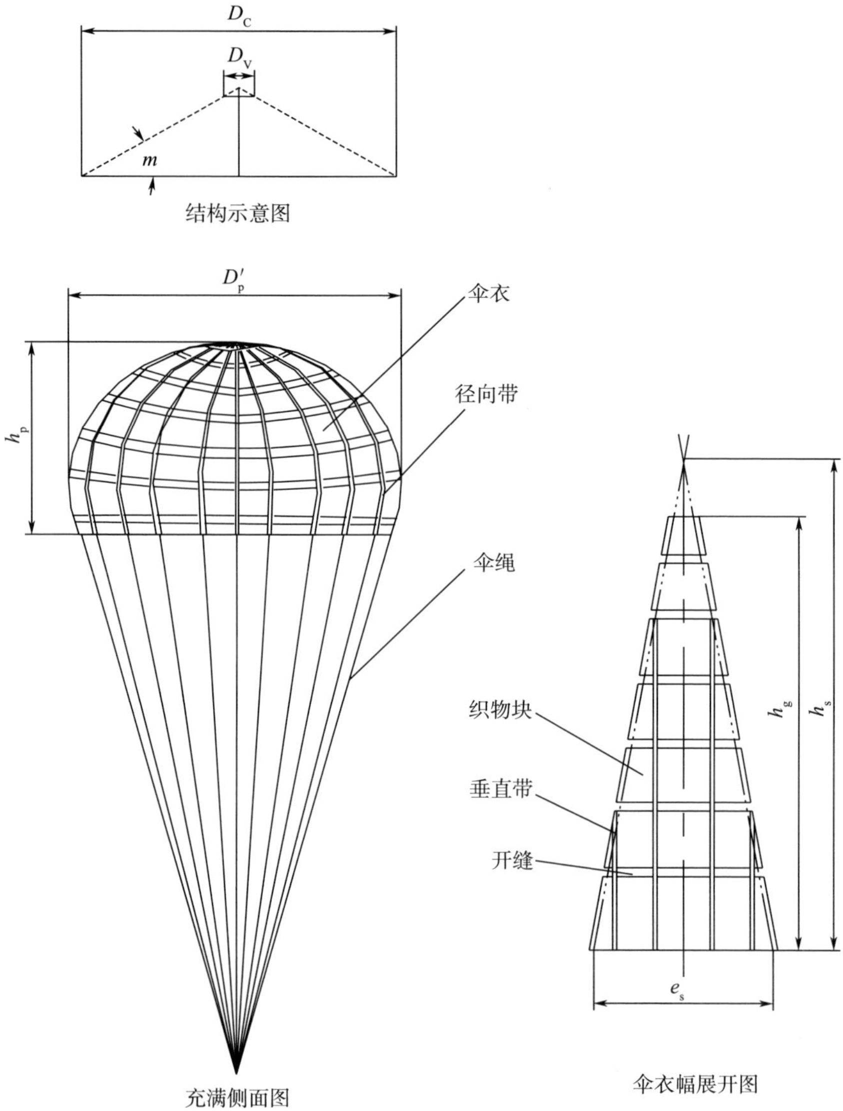

图 3-8　环缝伞

由于环缝伞结构透气量大而阻力系数较小，大约在 0.45～0.65 范围。初始设计时，伞衣阻力系数可选取 0.55。环缝伞的结构透气量一般为 10%～20%。该种伞型稳定性较好，最大摆动角小于±10°。在无限大质量条件下，开伞动载系数为 1.05。

环缝伞工艺性比带条伞好，故成本低，但承载能力和稳定性方面不如带条伞。环缝伞通常用作返回器的减速伞和回收降落伞，以及空投货物的牵引伞，适用于亚声速条件下开伞。

3.2.5　无肋导向面伞

无肋导向面伞由钟形顶幅和导向面幅组成。在顶幅和导向面幅的缝接处留有小缝，以便在下降时产生向外喷射的气流。其结构如图 3－9 所示。无肋导向面伞顶幅和导向面幅的尺寸取决于伞衣直径和伞衣幅数，相关的设计系数在降落伞设计册中均可查到。

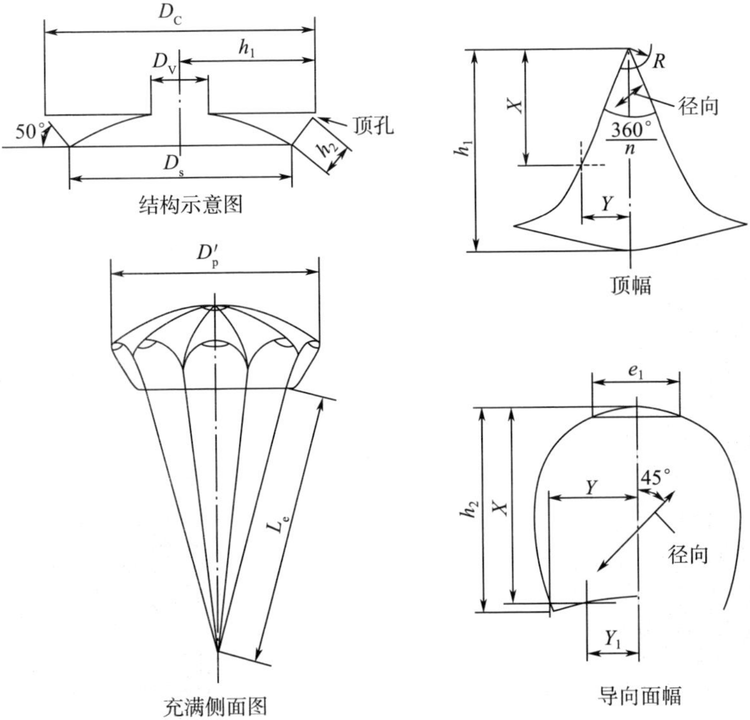

图 3－9　无肋导向面伞

无肋导向面伞伞衣阻力系数在 0.75～0.85 之间。初始设计可选取 0.78。该伞的稳定性非常好，摆动角小于±3°。在无限大质量条件下，开伞动载系数为 1.1～1.4。

无肋导向面伞衣具有成形幅伞衣的优点，使织物应力减小，因而在同样条件下，可用较轻的材料制成。该伞型开伞性能优越、稳定性好，其缺点是比较费料、费时、成本高。无肋导向面伞通常作为飞行器稳定、减速或牵引用，还用于要求极其稳定、快速开伞和高可靠性的场合。

3.2.6 环帆伞

环帆伞伞衣的典型结构形式是以球台加圆锥顶。顶角为 140°～150°。底边夹角为 50°～60°。伞衣上部采用环缝形结构，与环缝伞结构相似。下部采用环帆形结构，即上、下环片接合处采用非等长设计，上环片的底边比下环片上边缘长，形成月牙状。在伞衣充气初期，气流可以从月牙缝进入，有助于快速开伞。伞衣充气后，则气流从月牙缝向下排出，可增加伞衣阻力。其结构如图 3－10 所示。

环帆伞伞衣幅设有中间垂直带的伞衣上部开缝结构透气量，一般为 2.0％～3.5％。环帆伞的伞衣阻力系数取决于伞衣结构透气量、几何尺寸和使用要求，大约在 0.70～0.95 范围。初始设计可选取 0.78。环帆伞稳定性比较好，平均摆动角小于±10°。在无限大质量条件下，开伞动载系数为 1.05。

该降落伞具有开伞性能优越、抗破坏能力强、工作可靠、阻力系数大和稳定性好的特点。但大面积的环帆伞，包装工艺十分复杂，使用不太方便。环帆伞通常用做稳定性和可靠性要求比较高的飞行器减速伞与主伞。

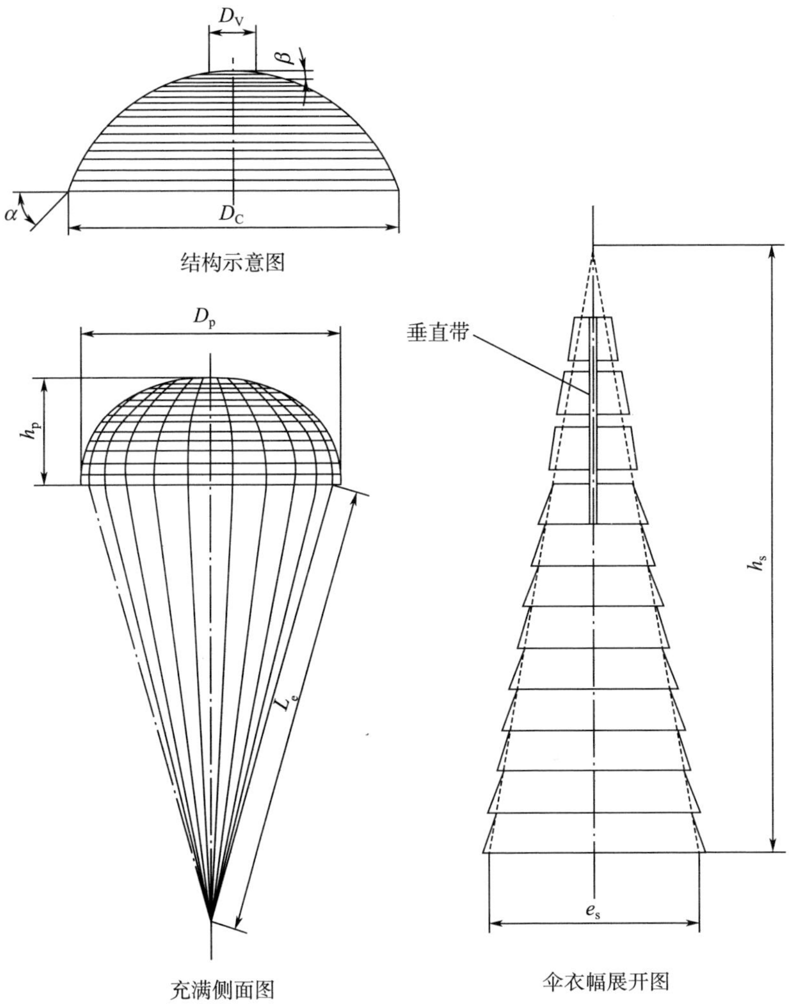

图 3-10　环帆伞

3.2.7　盘缝带伞

盘缝带伞的顶幅如同平面圆形伞，中间开有顶孔，侧边是一个圆柱形围幅，在顶幅与侧幅之间留有较宽的缝隙。其结构如图 3-11 所示。盘、缝、带的面积分别为总面积的 53%、12%和 35%。

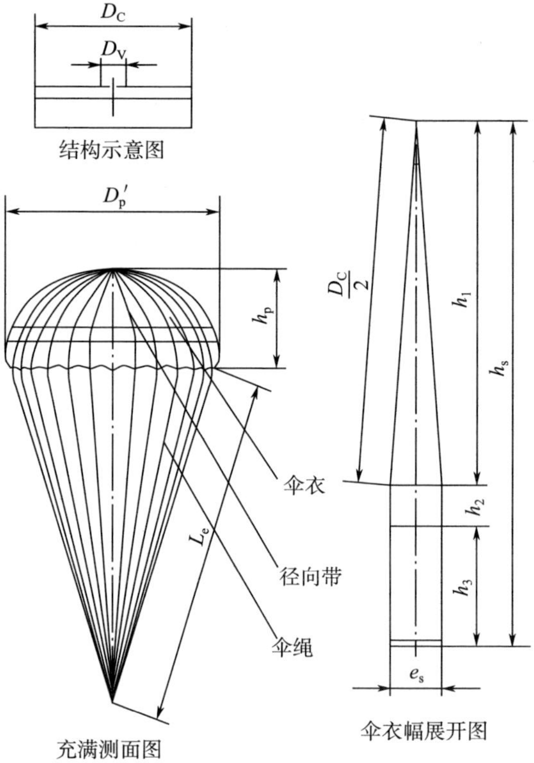

图 3-11　盘缝带伞

盘缝带伞的伞衣阻力系数与结构透气量和下降速度等参数有关，大约在 0.53～0.70 范围，初始设计可选取 0.62。盘缝带伞稳定性比较好，摆动角在±（5°～10°）之间。盘缝带伞的结构透气量一般在 12.5％～15.0％之间。

该降落伞结构简单，形状对称，受力均匀，稳定性好，造价低廉，但伞衣阻力系数偏低。该伞主要用于高空或星际飞行器的减速伞，适用于空气稀薄的环境条件。

3.2.8　方形伞

方形伞伞衣结构为切去四角的平面方形，如图 3-12 所示。伞衣一般由数幅织物锁缝而成，伞衣上缝有平行和垂直于锁缝的加强带，以加强伞衣的强度及限制织物可能撕破的范围。为提高危险截面的强度，在伞衣顶部缝合部有加密的加强带，有时还采用斜向加强带加强。伞衣底边由加强带及几层织物卷叠而成，在底边上缝有由加强带延伸而成的绳扣带，用以连接伞绳。

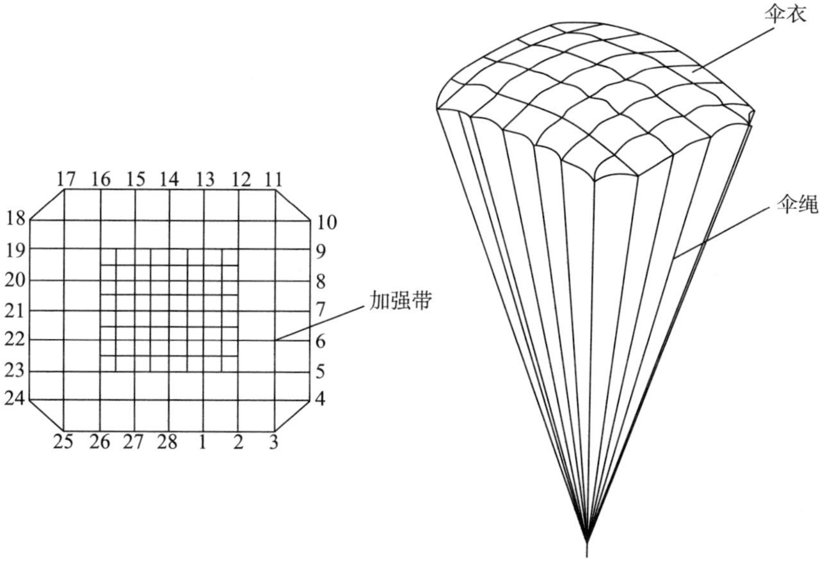

图 3-12　方形伞

方形伞的伞衣阻力系数大约在 0.8～1.0 范围，初始设计可选取 0.9。该种伞型稳定性较差，摆动角变化范围约±20°。在无限大质量条件下，开伞动载系数小于 1.8。

该降落伞结构简单，加工和使用方便，造价低廉，阻力系数比较大，稳定性比平面圆形伞稍好；但伞衣和伞绳受力不均匀，结构布置不太合理，伞衣四角底边向内收缩，容易造成伞衣被伞绳抽打灼伤。该降落伞在人用、空投及无特殊要求的飞行器回收方面获得广泛应用。

3.2.9　十字形伞

十字形伞由两个相同矩形织物面组成，这两个矩形织物面彼此成直角相交连接，形成一个有四个相同侧幅的平表面，如图 3－13 所示。伞绳连接在四个侧幅的外边缘，有些伞在相邻侧幅的角幅之间用扎绳连接。

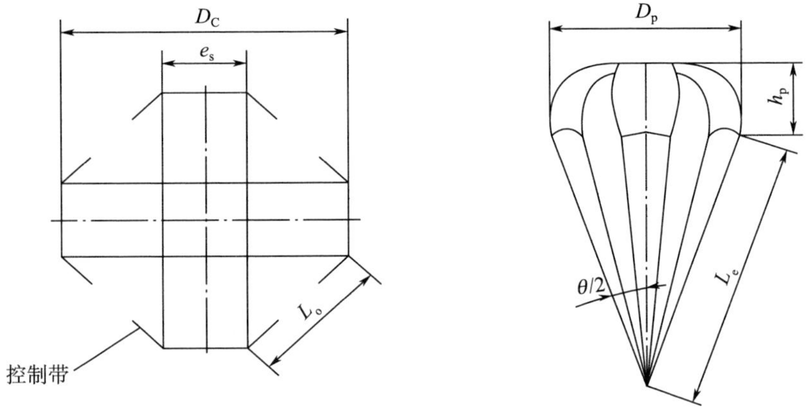

图 3－13　十字形伞

十字形伞伞衣阻力系数大约在 0.60～0.78 范围。该伞具有很好的稳定性，摆动角变化范围约在±（0°～3°）范围。影响十字伞的敏感参数是它的臂长比，即组成十字形伞的矩形幅长宽比。十字形伞用于大质量比的回收系统，臂长比应大于 3，小质量比的可以小于 3。该伞开伞动载系数约为 1.2。

该降落伞稳定性好，结构简单，加工方便，材料利用率高，造价低廉。但该伞容易旋转，制造过程应特别注意控制其对称性。十字形伞用途广泛，通常用于飞机阻力伞、投物伞、航弹伞和各种飞行器的回收伞等。

3.2.10　滑翔式可控翼伞

滑翔式可控翼伞分为冲压式翼伞和龙骨式翼伞两大类。目前常用的是冲压式翼伞，所以只针对该伞做简要介绍。

冲压式翼伞伞衣是由不透气的涂层织物制成，呈矩形翼。翼的上、下表面用内肋隔开固定，形成盒式翼形气室。开伞时，这些气室由通过前缘开口的冲压空气充满，伞绳通过三角形垂幅与下翼面相连，将伞衣气动力传递到吊带上。冲压式翼伞结构如图 3－14 所示。

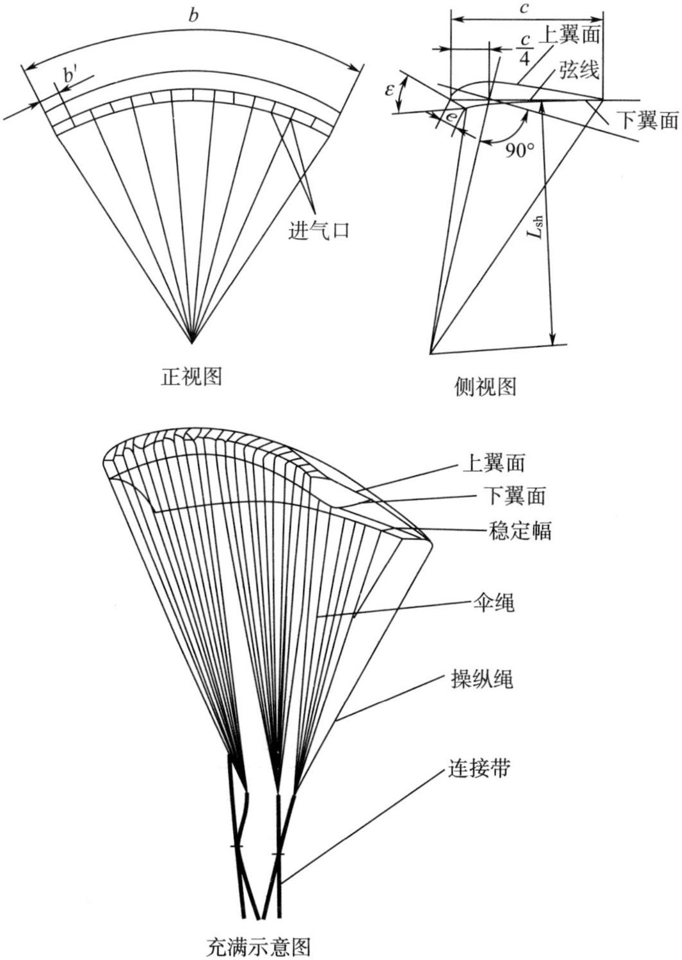

图 3－14　冲压式翼伞结构

冲压式翼伞滑翔比一般为0.8～3.0。目前，高性能冲压式翼伞滑翔比可达7以上。目前非人用的冲压式翼伞落点精度，能自动降落到离中心目标大约100 m的范围内。

冲压式翼伞具有滑翔能力，通过控制，可缩小落区散布范围。而且，它具有“雀降”性能，通过控制，可以使着陆速度降低到最小限度。但伞衣结构复杂，开伞冲击力大，受力不均匀，大部分材料不能直接起升力面作用。如果用作回收伞，则控制系统相当复杂，造价较高。冲压式翼伞主要用作运动伞、伞兵伞以及投物伞。

3.3 常用降落伞伞包设计

降落伞伞包（亦称伞袋）是降落伞系统的主要组成部分，主要用于包装降落伞及其金属连接件和连接带等部件，使其保持给定的几何外形，并保证伞衣、伞绳等部件在工作前不受气流吹袭以及不与其他物体钩挂。在开伞过程中，能控制降落伞组件的拉直程序，确保降落伞正常开伞。降落伞伞包是降落伞系统设计的关键技术之一。降落伞系统研制和使用过程中，由于伞包设计存在的缺陷而出现故障所占比例是相当大的。航天器用降落伞伞包与人用和投物伞伞包的设计有所不同，主要区别在于人用和投物伞的伞包是依附在人或回收物的外面，而航天器用降落伞伞包是安装在进入器的里面，因此开伞方式也存在很大差异。

3.3.1 分类

伞包的结构形式多种多样，且与开伞程序密切相关。按结构形式划分，伞包可分为三类。

（1）柱状形伞包

这种伞包的结构形式最为简单，一般用作顺拉伞、弹伞筒弹伞的伞包，亦可用作外伞包。

（2）隔腔式伞包

伞包的内腔分隔成两部分，即伞衣与伞绳分别包装。它兼有拉直袋的功能，因此常用于倒拉式开伞的伞包。

（3）空心圆柱形伞包

这种伞包适用于单个弹伞器中轴弹伞，弹盖和开伞动作联动，程序非常简单，但伞包构造比较复杂。

如果空心圆柱形伞包用于倒拉式开伞，其内腔也应分隔成两部分。

3.3.2　典型伞包结构设计

（1）柱状形伞包

柱状形伞包主要由封包盖片、伞包柱体、横向加强带、纵向带及扣襻、伞包底部等组成，如图 3 - 15 所示。

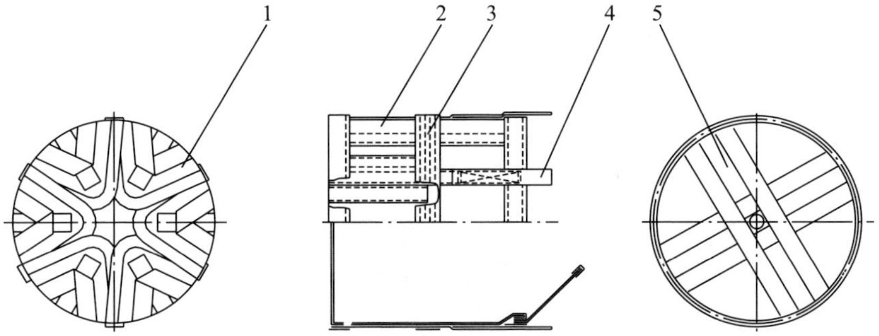

图 3 - 15　典型柱状形伞包示意图

1—封包盖片；2—伞包柱体；3—横向加强带；4—纵向带及扣襻；5—伞包底部

伞包柱体与伞包底部和封包盖片缝合后形成伞包容腔。柱状形伞包，一般采用手工包装，包装后的伞包，上、下底将有所凸出，因此，初始设计伞包柱体高度大约按 95% 的限定高度设计[2]。

封包盖片的功能是借助于封包绳或插销将伞包封闭，使所包容的伞系在出伞程序启动前不受气流吹袭以及不与其他物体钩挂。封包盖片通常由五块以上扇形盖片组成。封包盖片上设有扣襻，供穿封包绳或插销使用。

纵向加强带虽然是承力构件，但伞包受力不大，主要与横向加强带缝合在一起，形成受力框架，保持伞包外形。如果需要，纵向加强带向底部延伸，形成扣襻，与伞包连接件连接；向口边延伸，形成扣襻，用于吊挂伞包，辅助包伞。

横向加强带与纵向加强带缝合在一起，形成受力框架，保持伞包外形，对上、下底缝合部起加强作用。

柱状形伞包结构简单，其外形按伞舱内腔形状设计。伞衣和伞绳按“S”形状摆放。封包通常用封包绳扎结，或用插销锁紧。顺拉式开伞，或弹伞筒弹伞，伞包所受的作用力都比较小。只有在飞行和回收过程中，可能会承受较大的轴向过载。因此伞包的封包与固定连接强度，应按某一环节出现的最大过载设计。

(2) 隔腔式伞包

隔腔式伞包主要由外封包盖片、伞包柱体、伞包底部、内封包盖片、固定扣襻带、拖带以及纵向带、横向加强带等组成。图 3-16 为典型的隔腔式伞包示意图。

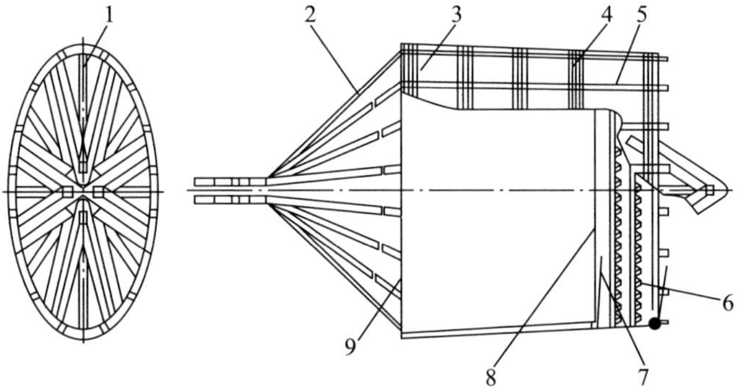

图 3-16 隔腔式伞包示意图

1—外封包盖片；2—拖带；3—伞包柱体；4—横向加强带；5—纵向带；6—固定扣襻带；7—内封包盖片；8—中间盖片；9—伞包底部

伞包柱体与伞包底部和封包盖片缝合后形成伞包容腔。若采用压力包装，考虑包装后伞包上、下底会向两端凸出，初始设计伞包时，其柱体高度大约按 85% 的限定高度进行设计[2]。

内封包盖片和中间盖片组合后使伞包形成内外容腔，分别装填伞衣和伞绳，保证先拉直伞绳后拉直伞衣的倒拉出伞程序。内封包盖片和内中间盖片应设计有能够相互锁紧的扣襻，让集束伞绳从中穿过，构成内封包。

外封包盖片的功能是借助于封包绳将伞包封闭，使所包容的伞系在出伞程序启动前不受气流吹袭以及不与其他物体钩挂。外封包盖片通常由五块以上扇形盖片组成。封包盖片上设有扣襻，供穿封包绳使用。

纵向加强带为主要承力构件，有的伞包设计采用纵向加强带从伞包底边向外延伸作为拖带，然后汇交成套环，与伞包连接件连接。

横向加强带与纵向加强带缝合在一起，形成受力框架，并对伞包的连接结构起加强作用。

固定扣襻带在伞包内侧，由固定带和扣襻带组成。固定扣襻带用于套结伞绳捆绑带，实现伞绳分段与伞包柱体内侧扎结固定。

隔腔式伞包内部，伞衣与伞绳由内封包盖片分隔开来。在伞包储藏伞绳的部位，其内侧根据伞绳的长度，设数排扣襻带，用作连接伞绳捆绑带使用。内封包通常靠集束伞绳回折后，穿过内中间盖片的扣襻来实现。外封包靠封包绳锁紧。

伞衣与伞绳内腔的分配原则，首先是考虑伞衣与伞绳舱段所包容的重量比、伞绳的长度、伞绳束直径、伞包横截面积尺寸、伞绳束盘曲的次数与层数等综合因素，先估计伞绳所占用的高度值，经过试包后再做调整。剩余空间全划归给伞衣包装。

倒拉式开伞通常用引导伞（或减速伞）拉下一级降落伞。当引导伞与进入器分离时，两者之间产生相对运动。由于伞包固连于伞舱内，所以随同进入器一起运动。当伞包拖带全长拉直瞬间，则引导伞与伞包两者之间产生速度差，引导伞伞绳、连接带、吊带和伞包拖带等将被继续拉伸，直至相对速度为零。在两者速度相同时的瞬间，伞包将出现最大的惯性力。伞包结构强度和封包绳强度设计应以此最大惯性力为依据进行设计。

（3）空心柱形伞包

空心柱形伞包主要由内盖片、外盖片、底边加强带、中间加强带、侧壁衬布、口边加强带、芯柱加强带、芯柱、芯柱衬布、侧壁、底部衬布、阻燃盖布、底部等组成。图 3－17 为典型的空心柱形伞包示意图。

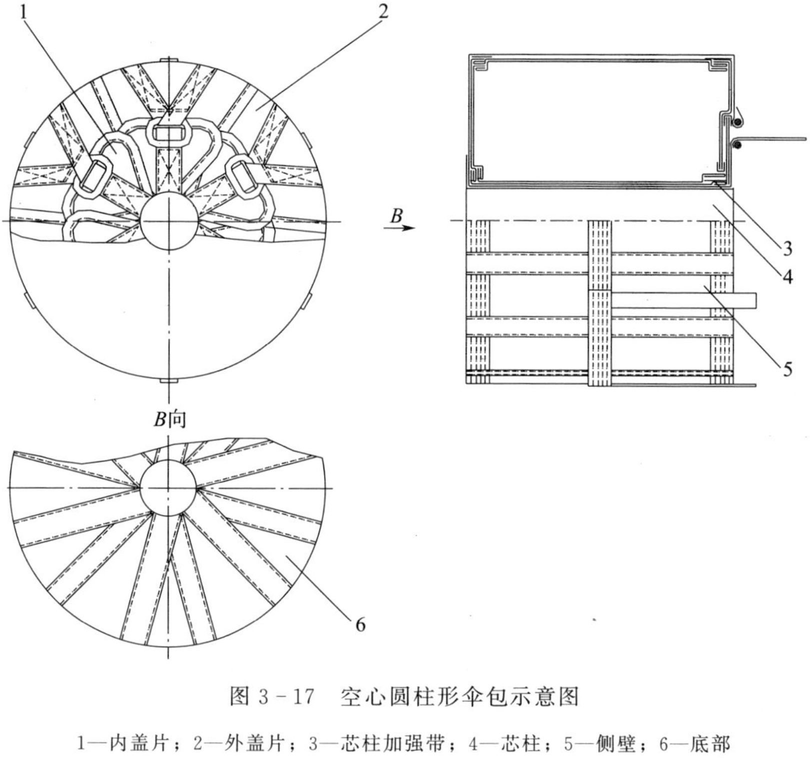

图 3－17　空心圆柱形伞包示意图

1—内盖片；2—外盖片；3—芯柱加强带；4—芯柱；5—侧壁；6—底部

伞包内腔是在柱状形伞包的基础上加一芯柱而成。伞包好后，呈空心柱形。

封包盖片分为内、外盖片。内盖片设有封包扣襻带；外盖片与内盖片相对应，设有方形吊环。封包扣襻带穿过方形吊环后，形成带环，利用回折的吊带穿过带环，拴住封包扣襻带，使扣襻带不可回缩，起到封包作用。吊带压在金属吊环上，在解除封包时，摩擦力小，容易滑脱。

由于弹射力大，伞包承力构件主要是纵向加强带。为减少搭接缝合部，将伞包外侧纵向加强带与芯柱纵向加强带设计成连续形结构形式，以提高承载能力。芯柱纵向加强带上端延伸到内盖片上，并形成封包扣襻带。

考虑弹伞器分离后，筒内火药余烬可能对裸露的产品外层造成伤害，一般需要设计阻燃盖布加以保护。

空心圆柱形伞包是为了适应弹伞器安装在伞包中轴位置而设计的。采用这种结构形式，给伞包制造、包装、成形和封包等带来一定的难度。

由于弹伞器的推力很大，因此对伞包结构强度要求很高。弹伞器弹伞时，伞包是通过压板与伞舱盖固连。伞舱盖受到弹伞器的推力，通过压板传递给伞包，设计时要注意压板与伞包之间的连接强度。伞包内所包容的降落伞惯性力方向朝下，冲向包口，因此，封包的可靠性是关键技术环节，设计应注意封包既要牢靠，又要便于解脱。

3.4　降落伞的开伞过程

3.4.1　开伞过程概述

降落伞的开伞过程是指开始拉伞到物伞系统达到稳定下降为止的整个过程。降落伞开伞是个复杂的工作过程，在很短的时间内，物伞系统的外形、质量及各部分的相对位置都发生急剧的变化。降落伞的开伞过程包括拉直、充气和主减速三个阶段。

（1）拉直阶段

降落伞的拉直过程是指从拉动或弹射降落伞开始，至伞绳和伞衣全部拉直为止。拉直过程是降落伞工作过程的第一个动作程序。降落伞的拉直一般采用开伞拉绳、引导伞或弹伞筒等来启动。降落伞的拉直过程是其主要的工作阶段之一，为确保其工作的可靠性，必须保证在极短的时间内要按序完成一系列预先设定好的动作，其过程非常复杂。

根据拉直的程序不同，拉伞的方法分为顺拉法和倒拉法两种，如图 3－18 所示。顺拉法是由引导伞（或弹伞机构）先拉出伞衣，然后再顺序拉直伞绳；倒拉法是由引导伞（或弹伞机构）先拉直伞绳，然后从伞袋中逐次拉出伞衣。

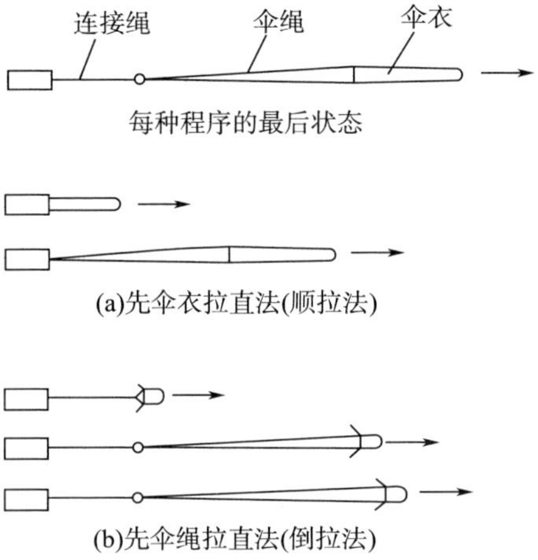

图 3－18　两种拉伞程序

在顺拉法的拉伞过程中，降落伞的速度依次从进入器速度减低到引导伞的速度；而在伞绳被拉直瞬间，降落伞又被迅速地加速到进入器-降落伞组合体的速度，在倒拉法的拉伞过程中，降落伞是逐步地由引导伞的速度迅速加速到进入器的速度。因此，在拉直过程中，降落伞的动量产生剧烈的变化，在伞绳内相应地产生了相当大的拉直力。

拉直力的分析是属于两个变质量体相对运动的理论问题，不过在通常情况下，拉直力的峰值和持续时间都比开伞冲击力小，并不构成一种危险的载荷。当出现过大的拉直力时，往往是设计不合理所致，需要对降落伞设计加以修改。

在航天器回收着陆系统中，比较普遍采用的是倒拉法。图 3－19 是探月工程三期探测器主伞拉直过程的几个阶段，是一种利用减速伞作为引导伞来牵引开伞的方式，是航天器回收着陆系统中一种比较典型的降落伞拉直过程。减速伞与返回器分离后，利用减速伞的牵引力将主伞包整体拉出伞舱，在主伞包被拉出伞舱一定距离后，即伞包外的吊带拉直后，解除主伞包封包；然后随着减速伞和返回器相对距离的增大，先后有序地拉出旋转接头、伞绳和伞衣，最后拉断连接伞衣顶部和伞包底部的拉断绳，主伞系全部拉直，而减速伞则带着主伞包飞离，实现伞包与主伞之间完全分开。至此，主伞的拉直过程结束。

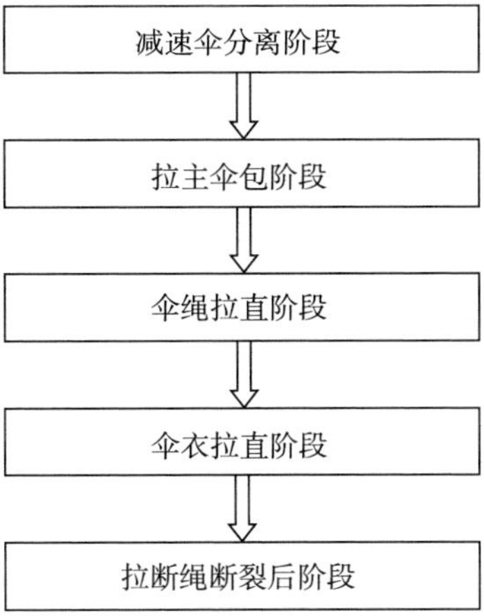

图 3－19　探月工程三期探测器主伞拉直过程的阶段划分

（2）充气阶段

降落伞的充气过程是指从降落伞拉直后起，经气流从伞衣底部迅速进入伞衣内，至降落伞第一次完全张满（伞衣投影直径第一次达到稳定下降时的伞衣投影直径）为止的整个工作过程。

图 3－20 简略地说明了降落伞充气阶段几个典型的充气过程。

伞衣脱离伞包全部拉直后，空气通过伞衣底边的进气口进入伞衣［图 3－20（a）］，原本折叠的伞衣被气流冲开，一个大的空气团进入由伞衣织物围成的柔软的管道中［图 3－20（b）］直到顶端［图 3－20（c）］，这个阶段通常被称为初始充气阶段。在此阶段，空气由伞衣底边向顶部充气，伞衣由折叠状态充气成近似圆柱形，其投影面积为伞衣初始进气口面积。进入的空气有一部分从伞顶孔和伞衣结构缝隙中流出，一部分透过伞衣织物孔流出，剩余部分则滞留在伞衣中。被俘获的空气使伞衣的内部压力增加，超过了伞衣的外部压力，由压差产生的径向力分量使伞衣快速向外扩张，使得伞衣顶部向气球一样继续充气［图 3－20（d）］，由于结构的惯性和张力阻碍了伞衣顶部进一步扩张［图 3－20（e）］，同时顶部张力又扩大了进气口，引起伞衣迅速张满［图 3－20（f）］。当伞衣投影直径第一次达到稳降时的伞衣投影直径时，就算完成了全部充气。从［图 3－20（c）］瞬间到伞衣张满为止称为主充气阶段。当降落伞第一次完全张满后，随着空气的继续流进，伞衣的底边直径增大，伞衣的充气过程继续进行，会使得降落伞伞衣产生过度充气［图 3－20（g）］，直到轴向和径向的流体作用力及伞衣惯性力与伞绳和伞衣的结构张力达到平衡为止。

对于有底边收口控制的降落伞，充气过程增加了收口阶段（如图 3－21 所示）。在收口绳第一次绷紧时［图 3－21（a）］伞衣底边和伞绳相切，伞衣斜角与伞绳斜角相等。通常此时出现开伞动载第一个峰值。经过短暂时间，伞衣因径向动量而膨胀，收口绳张力达到它的最大值［图 3－21（b）］，伞衣斜角大于伞绳斜角。在收口时间内，大多数伞衣结构保持充气形状不变，但是环帆伞和低透气量的伞继续缓慢地充气。在解除收口时，伞衣底边内的张力（收口时由收口绳张力平衡）使伞衣底边快速拉开，伞衣底边进气口迅速增大［图 3－21（c）］，直至充满。

（3）主减速阶段

主减速阶段是指从降落伞完全张满后起，由于进入器-降落伞组

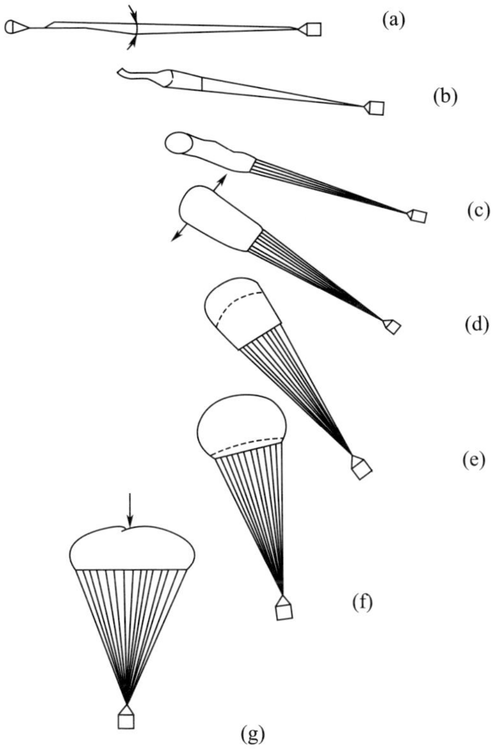

图 3-20　降落伞充气阶段的几个过程

合体的阻力面积骤然增加，下降速度迅速降低，直至进入器-降落伞组合体的下降速度趋于稳定下降速度为止。

降落伞的拉直和充气两个阶段是在很短时间内完成的，总共只有几秒钟时间，这是一个复杂的物理过程，在这个过程中降落伞由贮存状态转变成工作状态，进入器-降落伞组合体的外形、质量分布，气动力、运动速度以及各部分的相对位置都要发生急剧的变化，因而产生了作用在进入器和降落伞之间的作用力，例如在拉直阶段要产生较大的拉直力，而在充气阶段产生较大的开伞冲击力（如图 3-22 所示），分析和计算开伞过程中进入器和降落伞运动参数的变化和相互之间的作用力，是降落伞设计的重要依据。

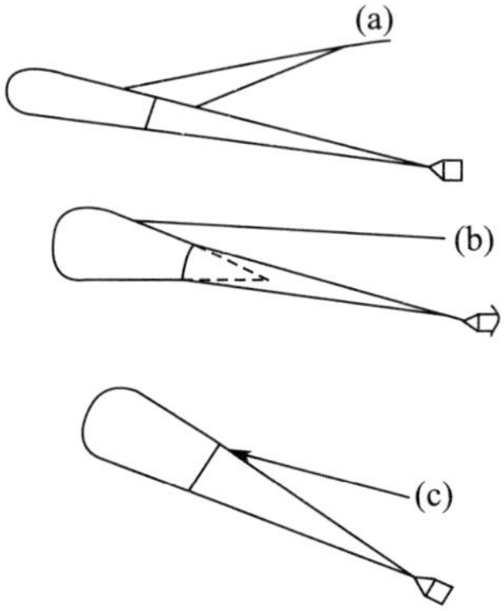

图 3-21　底边收口伞衣充气过程

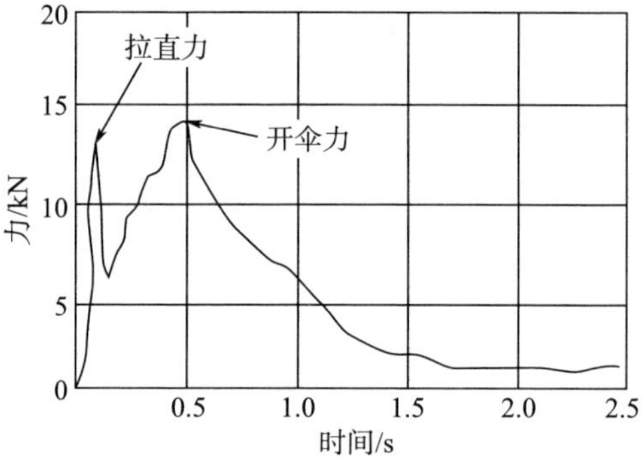

图 3-22　一种典型的降落伞开伞过程的受力情况

3.4.2　降落伞开伞过程的设计

一般降落伞工作的成功与否，开伞和拉直程序的设计至关重要。航天器降落伞常用的开伞方式有弹射开伞方式和牵引开伞方式两种。一般对于质量较大的降落伞装置，宜采用牵引开伞方式，即采用由引导伞将整个伞包牵引出舱，进而将伞绳和伞衣顺序拉出。如神舟号飞船的减速伞和主伞的开伞方式均是采用牵引开伞方式，其主伞是利用减速伞作为引导伞来牵引主伞包出舱和开伞的，而减速伞则是增加一引导伞来牵引出舱和开伞，引导伞的开伞则利用伞舱盖的弹射分离来完成，即利用伞舱盖弹射分离的动能将引导伞伞包拉出伞舱，并使引导伞伞包迅速穿越返回舱的尾流影响区，依次拉出引导伞的连接带、伞绳和伞衣，确保引导伞的正常充气。

开伞过程是降落伞最关键和最复杂的一个工作过程，特别是对于神舟号飞船应用的这种特大型主伞，其拉直总长约 70 m，其开伞过程尤为复杂，其拉直和初始充气时间较长。在伞衣拉直之后，第一股空气团开始从伞衣底部给伞衣充气，并迅速向伞顶推进，在空气团推进的过程中，伞衣顶部会在周围气流的作用下迅速甩动，严重的情况会形成鱼钩状，并出现抽打现象，这种抽打很容易造成伞衣的损伤。由抽打造成的初始损伤，在伞衣继续充气过程中，在气动力作用下，进一步扩展，从而造成伞衣的损伤破坏。图 3 - 23 是通过仿真分析所得到的具有显著特征的伞衣位形，图 3 - 23 中 x 方向表示返回舱初始运动速度方向，y 方向表示垂直大地平面的高度方向，仿真计算的时间零点为减速伞分离时刻。从图 3 - 23 中可以看出伞衣顶部存在着较为明显的甩动，且幅度较大，可以认为其形成了明显的抽打现象。为了避免伞衣顶部的抽打，神舟号飞船在主伞顶部增设了一顶牵顶伞，依靠牵顶伞的气动阻力，给主伞顶部提供一定的牵引力。然而由于在主伞初始充气的时间内，牵顶伞需位于主伞尾流区以外才能达到应有效果，这势必要求牵顶伞与主伞顶部之间的连接带需要有足够的长度。为了确保在牵顶伞及其连接带从伞包拉出的时间内，也能对主伞顶部施加牵引力，从而对主伞顶部实施有效的控制，经分析，连接带设计成了剥离带的结构形式，同时与伞包进行了一体化结构设计，确保牵顶伞在连接剥离带剥离之后才工作。主伞开伞及工作过程如图 3 - 24 所示。通过采用这种牵顶伞与剥离带相结合的预充气控制技术，实现了拉直初始充气过程中，全时段对主伞顶部的有效控制，避免了主伞顶部抽打现象的发生[3]。

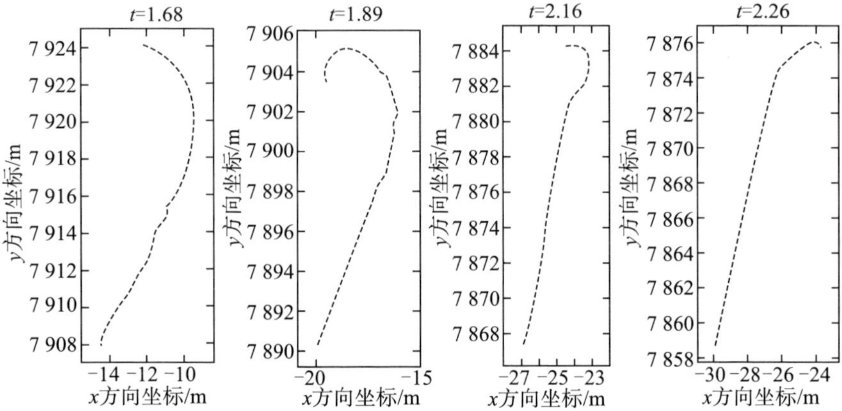

图 3-23　主伞顶部无牵顶伞状态下伞衣运动轨迹

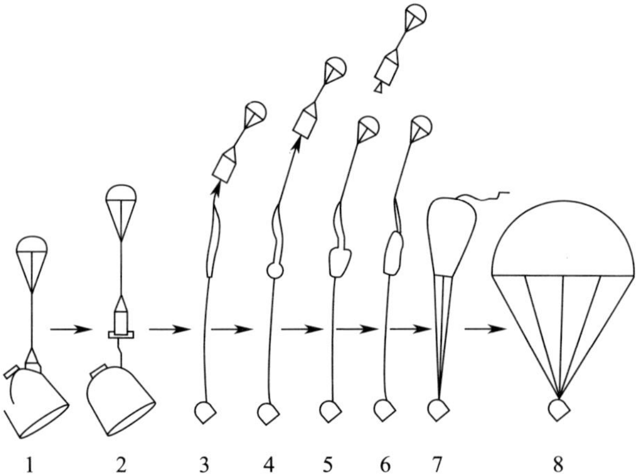

图 3-24　主伞工作过程示意图

1—减速伞将主伞包从伞舱中拉出；2—主伞伞系从伞包中拉出；
3—主伞伞顶拉出伞包后，牵顶伞伞包从主伞包中拉出；
4—牵顶伞连接带与牵顶伞伞包逐渐剥离，主伞底部开始充气；
5—减速伞拖曳主伞包及牵顶伞伞包分离，牵顶伞充气；
6—主伞底部继续充气；7—主伞呈收口状下降，牵顶伞失效；
8—主伞解除收口，全展开下降

3.5　降落伞充气性能分析

充气阶段是降落伞工作过程中最为重要、也是物理过程最为复杂的一个阶段，它涉及流体力学和结构力学中几个极其复杂的问题，包括透气性、非流线型物体的气体动力学、大变形柔性结构的动力学、气动弹性力学、流固耦合等。在充气过程中，伞衣阻力面积突然增大使伞衣、伞绳及吊带承受最大开伞力。在这个过程中有可能发生伞衣破损、伞绳断裂等现象，从而影响伞系统的工作性能。因此，降落伞的充气性能往往是降落伞设计的基础。

一般描述和表征降落伞充气性能的主要参数有：充气时间、充气距离、伞衣阻力面积变化和开伞动载。

3.5.1　充气时间

降落伞充气时间是指从伞衣开始充气到完全充满所需要的时间，它表征伞衣充气的快慢，是充气过程中的一个重要性能参数。由于一般在计算降落伞最大开伞动载时需要确定降落伞的充气时间，在确定降落伞充气过程中的伞衣阻力特征的变化时也需要确定降落伞的充气时间，在对物伞系统进行回收着陆过程的数值仿真时同样需要确定降落伞的充气时间。因此，从开始研究降落伞的充气过程起，充气时间就一直是其研究的重点之一。然而到目前为止，还没有一个完善的、精确的解析方法来计算充气时间，仍主要是通过经验公式来估算。

3.5.1.1　经验法

(1) 一般经验公式

降落伞的充气时间一般与拉直速度 v_L 成反比，同时，降落伞越大，充气时间越长。参考文献［4］根据直径为 35 英尺（1 英尺＝0.304 8 m）的底边延伸伞在接近海平面至 38 000 英尺的高度范围内的试验结果，得出了降落伞充气时间的一般经验公式[1,5]

$$t_f = \frac{KD_0}{v_L^n} \tag{3-4}$$

式中，D_0 为降落伞名义直径；K，n 均是由测量数据推算所得的系数。对于平面圆形带条伞，$K=8$，$n=0.9$。对于 T-10 型伞兵伞，$K=8$，$n=1$。对于 T-10H 型伞，$K=10$，$n=1$。

（2）无收口开缝伞经验公式

对于开缝伞，Fredette 给出了计算其充气时间的经验公式[5]

$$t_f = \frac{0.65\lambda_g D_0}{v_L} \tag{3-5}$$

式中，λ_g 为伞衣几何透气量。这个关系式是根据各种实验性的带条伞在亚声速和超声速下的一些试验的测量结果得到的。尽管计算结果与实测值比较一致，但数据还是比较分散，而且，后来的一些研究工作发现数据有偏移，超声速情况下的充气时间较之用式（3-5）预算的充气时间长。

由于在超声速开伞情况下，伞衣的充气是在入口的正激波以后进行的，因此在高速情况下，考虑到空气的压缩性，充气时间的计算公式修正为[5]

$$t_f = \frac{0.65\lambda_g D_0}{v_L} \times \frac{\rho}{\rho_\infty} \tag{3-6}$$

式中　ρ ——伞衣进气口前正激波后的大气密度；

ρ_∞ ——降落伞工作高度处的大气密度。

（3）收口伞衣的充满时间

关于收口伞衣充气时间的计算，有一些不同形式的计算公式。

在参考文献［1］中，把一次收口伞衣的充气过程分为三个阶段。

1）自开始充气至收口绳绷紧为止。在这个阶段的充气时间为

$$t_{f1} = \lambda_m (CA)_{sk}^{1/2} / v_L \tag{3-7}$$

式中　$(CA)_{sk}$ ——伞衣收口时的阻力面积；

λ_m ——伞衣充满常数，对于具体的伞型，它的值由试验确定。

据资料介绍：美国的标准环帆伞，$\lambda_m=37.3$；美国的改型环帆

伞，$\lambda_m=26.0$；我国的某些环帆伞，$\lambda_m=23.5$。

2）收口保持阶段。这个阶段的时间 t_{f2} 通常在回收着陆时序中预先设置好。

3）解除收口之后至完全充满。这个阶段的充气时间为

$$t_{f3}=\lambda_{m3}\left[(CA)_s^{1/2}-(CA)_2^{1/2}\right]/v \tag{3-8}$$

式中　v ——解除收口时物伞系统的速度；

$(CA)_s$ ——伞衣充满时的阻力面积；

$(CA)_2$ ——解除收口时伞衣的阻力面积；

λ_{m3} ——伞衣充满常数，对于具体的伞型，它的值由试验确定。

据资料介绍：美国的标准环帆伞，$\lambda_{m3}=4.42$；美国的改型环帆伞，$\lambda_{m3}=6.80$；我国的某些环帆伞，$\lambda_{m3}=4.3$。

在参考文献［5］中提供了另一种形式的经验公式，用伞衣的名义直径与充气时间的关系来表示充气时间。

1）自开始充气至收口绳绷紧为止。在这个阶段的充气时间为

$$t_{f1}=\frac{KD_0}{v_L} \tag{3-9}$$

据资料介绍：对于带条伞，此阶段 $K=10$； 对于环帆伞，此阶段 $K=6\sim8$。

2）保持收口段。这个阶段的时间 t_{f2} 通常在回收着陆时序中预先设置好。

3）解除收口至完全充满段。这个阶段的充气时间为

$$t_{f3}=\frac{KD_0}{v} \tag{3-10}$$

式中，v 为解除收口时物伞系统的速度。

据资料介绍：对于带条伞，此阶段 $K=6$；对于环帆伞，此阶段 $K=2$。

3.5.1.2　解析法

对于无收口密实织物伞充气时间的计算，O'Hara 等人在 20 世

纪 40、50 年代即提出了一种解析方法[6]。

首先，通过假设伞衣在充气过程中的阻力面积随时间呈线性增大，且阻力系数保持不变，也即伞衣投影面积的增加随时间是线性变化的；同时假设伞衣充气期间的形状是由一个直径为 D_p 的半球和一个上底直径为 D_p、下底直径为 d 的倒截锥所组成（如图 3-25 所示），得到伞衣瞬时进气口直径 d 与无量纲时间 T 之间的关系

$$d=\frac{2D_0}{\pi}\left(\frac{2L_sT^{1/2}}{2L_s+D_0-D_0T^{1/2}}\right) \tag{3-11}$$

$$T=\frac{t}{t_f} \tag{3-12}$$

式中 D_0——伞衣名义直径；

L_s——伞绳长度。

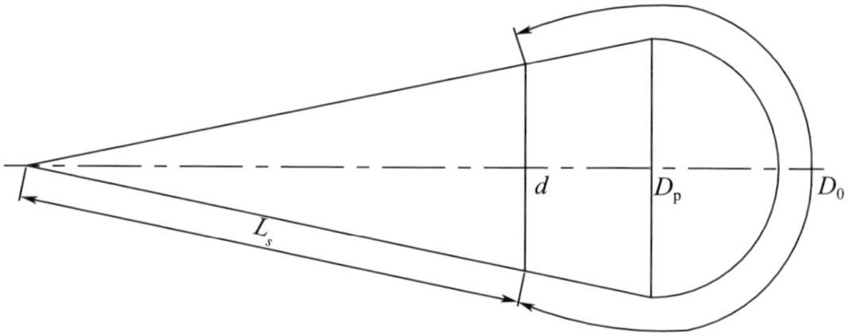

图 3-25 伞衣在充气过程中的形状

然后，根据伞衣充气过程中空气的质量守恒，即从伞衣进气口流入的空气质量和透过伞衣流出的质量之间的差额就是伞衣内含的空气质量。其数学表达式为

$$\frac{\pi d^2}{4}v_{in}\rho-\frac{\pi D_p^2}{2}U\rho=\frac{d}{dt}(\rho V) \tag{3-13}$$

式中 v_{in}——空气流入速度；

U——空气流出速度；

ρ——充气时系统所在高度的大气密度；

V——伞衣内容积。

再根据式（3－11）、式（3－13），流入速度与自由流速度的比值随时间的线性关系假设，以及透过伞衣的气流速度与流入速度的正比关系假设，即可得到确定充气时间的基本方程

$$\frac{\mathrm{d}V}{\mathrm{d}T}=\frac{D_0^2 v t_f (1-T)T}{\pi}\left[\left(\frac{2L_s}{2L_s+D_0-D_0T^{1/2}}\right)^2-2W_y\right] \tag{3-14}$$

式中　v——物伞系统的瞬时速度，可以通过系统的运动方程得到；

W_y——伞衣织物有效透气量。

最后，根据物伞系统的运动方程以及充气过程中伞衣内含空气质量和附加质量的表达式，可以得到物伞系统在充气过程中瞬时速度的微分方程

$$2\left(\frac{W\times 10^6}{20g\sigma D_0^3}+11.25T\right)\frac{\mathrm{d}v}{\mathrm{d}T}+22.5v=\frac{-120\ (C_DS)_{\max}t_f}{D_0^3}Tv^2+\frac{W\times 10^5 t_f}{\sigma D_0^3} \tag{3-15}$$

式中　W——回收载荷的重量；

g——重力加速度；

σ——充气时系统所在高度的大气密度与海平面大气密度的比值；

$(C_DS)_{\max}$——伞衣完全充满时的阻力面积。

对方程（3－14）进行积分得

$$\int_0^{V_{\max}}\mathrm{d}V=\int_0^1\frac{D_0^2}{\pi}t_f v(1-T)T\left[\left(\frac{2L_s}{2L_s+D_0-D_0T^{1/2}}\right)^2-2W_y\right]\mathrm{d}T \tag{3-16}$$

式中，$V_{\max}$ 为伞衣完全充满时的体积。

利用式（3－15）、式（3－16），用迭代法即可得到充气时间。

由于在此种解析方法中，作了一个重要的简化假设，即假设在充气过程中，伞衣的阻力面积随时间呈线性增大，并且在整个充气过程中保持这个线性关系，因此，这也在一定程度上决定了这种方法具有一定的局限性。

3.5.2 充气距离

充气距离是指物伞系统在充气过程中所经过的行程，和充气时间一样，也是充气过程中的一个重要性能参数，常作为自变量来计算充气过程中物伞系统的运动参数。因此，在降落伞充气过程的研究中，常常需要先确定充气距离 S_f 。

3.5.2.1 不可压缩流充气距离

假设伞衣充气期间的形状如图 3-25 所示，则根据伞衣内空气质量的变化得到伞衣容积的变化为

$$\frac{\mathrm{d}V}{\mathrm{d}t}=n_1\pi\frac{d^2}{4}v_\infty-2\pi\frac{D_\mathrm{p}^2}{4}v_q \tag{3-17}$$

式中　V ——伞衣内容积；

v_∞ ，v_q ——分别表示自由气流速度和透过伞衣织物的平均气流速度；

n_1——入口气流的速度修正系数，$n_1<1$。

为了简化分析，假设 $d=D_\mathrm{p}=2r$ ，并根据有效透气量 W_y 概念，式（3-17）变为

$$\frac{\mathrm{d}V}{\mathrm{d}t}=k_3n_1\pi r^2v_\infty-2\pi r^2W_yv_\infty \tag{3-18}$$

式中，k_3 为进气口面积修正系数。

同时，根据几何关系以及 $d=D_\mathrm{p}=2r$ 的简化假设，伞衣体积的变化率又可表示为

$$\frac{\mathrm{d}V}{\mathrm{d}t}=\frac{1}{2}\pi r\left[2k_1D_0+(4-3\pi k_1)r\right]\frac{\mathrm{d}r}{\mathrm{d}t} \tag{3-19}$$

式中，k_1 为圆锥台体的修正系数，$k_1<1$。

于是由式（3-18）和式（3-19），并考虑到 $\frac{\mathrm{d}S}{\mathrm{d}t}=v_\infty$ ，得

$$\left[2k_1D_0/r+(4-3\pi k_1)\right]\mathrm{d}r=2(k_3n_1-2W_y)\,\mathrm{d}S \tag{3-20}$$

式中，S 为充气行程。

令 $S=0$ 时，$r=r_0$，对上式积分得

$$AS=B(r-r_0)+\ln(r/r_0) \tag{3-21}$$

其中

$$A=\frac{k_3n_1-2W_y}{k_1D_0}$$

$$B=\frac{4-3\pi k_1}{2k_1D_0}$$

r_0 是伞衣在拉直瞬间的起始进气口半径。根据试验的统计数据，$r_0=(0.1\sim0.3)R_t$。当伞衣充满时，$r=R_t=1/3D_0$。于是伞衣充气期间所经过的距离 S_f 为

$$S_f=\frac{k(1-3r_0/D_0)+\ln(D_0/3r_0)}{A} \tag{3-22}$$

其中

$$k=\frac{2}{3k_1}-\frac{\pi}{2}$$

对于一定伞型来说，A 与伞衣直径 D_0 成反比，k 为常数。所以 S_f 与 D_0 成比例，与初始充气半径 r_0 以及有效透气量 W_y 有关。于是

$$S_f=k_sD_0 \tag{3-23}$$

式中，比例系数 k_s 与伞型及透气量有关，实验表明，对于大多数密织物伞，$k_s=(6\sim7)$；对于有结构透气量的伞（如带条伞、环缝伞等），$k_s=(8\sim10)$[1]。

3.5.2.2　可压缩流充气距离

在可压缩流范围（亚声速及超声速范围），根据对 3 种伞（改进型环帆伞、盘缝带伞、十字形伞），15 种开伞条件（$Ma=0.24\sim3.31$，$h=3\sim48$ km，$m_w/A_0=(0.8\sim3.8)\text{kg/m}^2$，$m_w$ 为回收载荷质量，A_0 为降落伞名义面积）的试验结果，整理得到充气距离与马赫数之间的关系如图 3-26 所示，试验结果的大多数数据包含在一条宽度不大的带条中，带条的上下界限分别是 $k_s=10$，$k_s=8$，对于一定的 k_s 值，充气距离 S_f 与马赫数的关系近似地表示为

$$S_f = k_s \frac{\rho}{\rho_\infty} D_0 \tag{3-24}$$

式中 ρ ——伞衣进气口前正激波后的大气密度；

ρ_∞ ——降落伞工作高度处的大气密度。

对于大多数具有结构透气量的带条伞、环缝型或十字形伞，$k_s = 8 \sim 10$。ρ/ρ_∞ 为驻点密度与自由气流密度之比，与马赫数有关。不过值得注意的是，这种关系是根据 3 种伞型，且不同的开伞条件的试验结果所统计出来的。

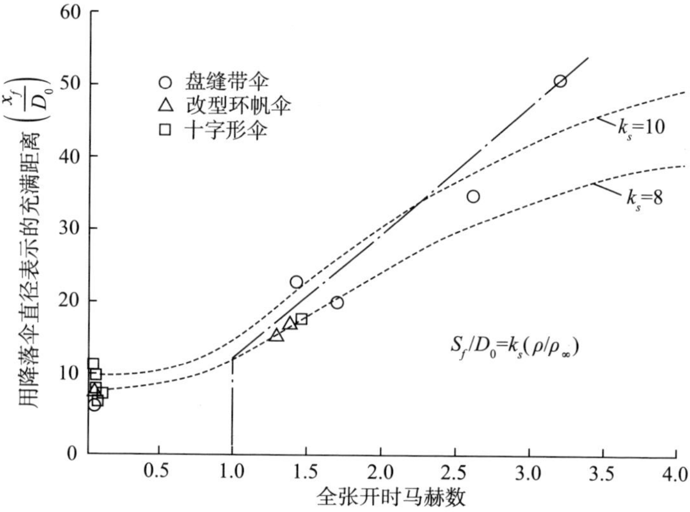

图 3-26 试验得到的降落伞开伞马赫数与充气距离关系[5]

对于不可压缩流

$$\rho/\rho_\infty = 1$$

对于可压缩亚声速流

$$\frac{\rho}{\rho_\infty} = \left[1 + \frac{Ma_\infty^2}{5}\right]^{2.5}$$

对于超声速流

$$\frac{\rho}{\rho_\infty} = \frac{6Ma_\infty^2}{5 + Ma_\infty^2}\left[1 + \frac{5 + Ma_\infty^2}{35Ma_\infty^2 - 5}\right]^{2.5}$$

3.5.2.3　收口伞衣的充气距离

一般地，把一次收口伞衣的充气过程分为 3 个阶段（如图 3－27 所示）。

（1）自开始充气至收口绳绷紧为止

在这个阶段的充气距离的计算，可仿照一次充满伞衣的办法，即

$$S_1 = k_{s1} D_{sd} \tag{3-25}$$

式中，D_{sd} 为收口伞衣的当量名义直径，其物理意义是，假定一具伞型与收口伞相同的降落伞，其名义直径为 D_{sd}，在完全充满时的阻力特征与收口伞呈“灯泡”状时的最大阻力特征 $(CA)_{sk}$ 相等。于是

$$S_1 = k_{s1} \left[\frac{(CA)_{sk}}{(CA)_s} \right]^{\frac{1}{2}} D_0 \tag{3-26}$$

式中，$(CA)_s$ 为伞衣充满后的阻力面积；常数 k_{s1} 与伞型和透气量有关，可通过试验或统计的方法确定。对于一般密织物伞衣，$k_{s1} = 14$。

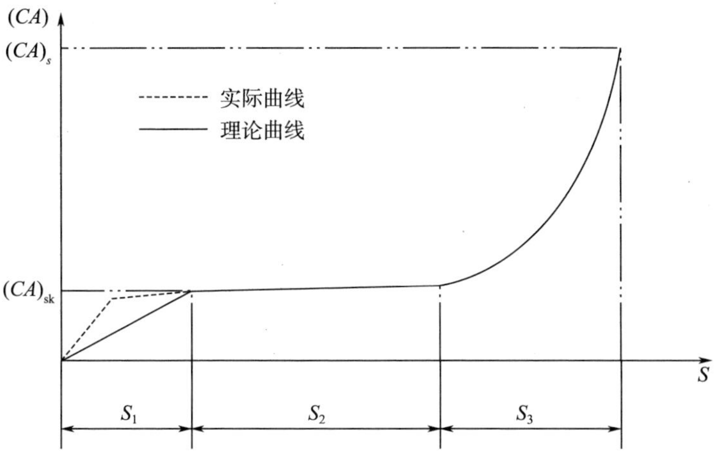

图 3－27　一次收口伞衣充气过程中阻力特征变化情况

(2) 收口保持阶段

这个阶段的充气距离 S_2 取决于收口绳切割器的延迟时间 t_y。通常收口绳切割器的启动是在物伞系统拉直瞬间开始的，所以延迟时间应从拉直时（即充气开始时）计算。设物伞系统在延迟时间 t_y 内的充气行程为 S，则

$$S_2 = S - S_1 \tag{3-27}$$

(3) 解除收口之后至完全充满

参考文献［1］指出，如果不计收口保持阶段所经过的充气行程，则对同一具伞，两次充气距离之和大致与该伞一次充满的距离相同。换言之，一定的伞，其总的充满距离始终为定值，即

$$S_3 = S_f - S_1 \tag{3-28}$$

其中 S_f 按式（3-23）计算得到。

3.5.3 伞衣阻力面积变化

目前，在降落伞充气过程的研究中，对于伞衣阻力面积的变化规律大多是根据试验结果拟合或假设得出的。

3.5.3.1 一次充满伞衣

降落伞充气过程通常分为两个阶段：初始充气阶段和主充气阶段。由于两个充气阶段的物理过程不同，因而充气过程中的伞衣形状变化也各有其独特的规律。

(1) 初始充气阶段

根据试验发现，对于一定形式的伞衣，在初始充气阶段参数 α 为常数

$$\alpha = \frac{v_L t_{f1}}{D_0} = 常数 \tag{3-29}$$

式中，t_{f1} 为初始充气时间；v_L 为伞衣拉直时物伞系统的速度；常数 α 主要取决于伞型，与高度和速度无关。大量试验数据表明：对于平面圆形密织物伞，$\alpha = 1.74 \pm 0.19$，可以取其平均值为 1.74。

对于一定形式的伞，其初始充气阶段末期，圆柱形伞衣外廓的

几何尺寸大致是一定的。因此，若不计阻力系数的变化，则初始充气阶段末期伞衣阻力面积 $(CA)_1$ 与充满伞衣阻力面积 $(CA)_s$ 之比值，对于一定伞型来说是个常数。通过对大量试验数据的分析整理，得到如下公式[1]

$$\frac{(CA)_1}{(CA)_s}=\begin{cases}0.04 & \text{密织物平面圆形伞}\\ 0.05 & 10\%\text{ 的底边延伸伞}\end{cases} \tag{3-30}$$

对于具有不同结构的同类型伞衣（如是否缝有鼓风袋，具有不同的底边延伸率），其具体比值会有所变化，但变化不大。

在初始充气阶段，由于时间比较短，通常假设伞衣阻力面积随时间线性变化

$$(CA)=\frac{(CA)_1}{t_{f1}}t \quad 0\leqslant t\leqslant t_{f1} \tag{3-31}$$

或假设伞衣阻力面积随充气行程线性变化

$$(CA)=\frac{(CA)_1}{S_1}S \quad 0\leqslant S\leqslant S_1 \tag{3-32}$$

（2）主充气阶段

大量试验数据表明，在主充气阶段，伞衣投影面积随时间或充气行程的增加是非线性的。另外，在伞衣投影面积增加的同时伞衣阻力系数也增加，因为在充气过程中伞衣的非流线型特征越来越明显。通常将 (CA) 表示为时间 t 的幂函数

$$(CA)=(CA)_1+[(CA)_s-(CA)_1]\left(\frac{t-t_{f1}}{t_f-t_{f1}}\right)^n \quad t_{f1}<t\leqslant t_f \tag{3-33}$$

指数 n 一般由试验确定，通常在 2 和 3 之间。

或者将 (CA) 表示为充气行程的函数

$$(CA)=(CA)_1+\beta\,(S-S_1)^4 \quad S_1<S\leqslant S_f \tag{3-34}$$

其中

$$\beta=\frac{(CA)_s-(CA)_1}{(S_f-S_1)^4}$$

3.5.3.2　收口伞衣

对于收口伞衣，整个充气过程可分为三段：第一段，从开始充气至收口绳绷紧，这时伞衣通常是“灯泡”形状；第二段，收口绳绷紧状态持续一段时间，至收口绳切断解除收口；第三段，从收口绳切断至伞衣完全充满。

在第一段，伞衣阻力面积大致随时间线性变化

$$(CA)=\frac{(CA)_{sk}}{t_{f1}}t \quad 0\leqslant t\leqslant t_{f1} \tag{3-35}$$

或假设伞衣阻力面积随充气行程线性变化

$$(CA)=\frac{(CA)_{sk}}{S_1}S \quad 0\leqslant S\leqslant S_1 \tag{3-36}$$

在第二段，有的伞衣保持阻力面积不变，有的伞衣阻力面积随时间线性增加。因此，根据伞型不同，可表示为

$$(CA)=(CA)_{sk} \quad t_{f1}<t\leqslant t_2 \tag{3-37}$$

或者

$$(CA)=(CA)_{sk}+\frac{(CA)_2-(CA)_{sk}}{t_2-t_{f1}}(t-t_{f1}) \quad t_{f1}<t\leqslant t_2 \tag{3-38}$$

式中　t_2——收口时间；

$(CA)_2$——解除收口时伞衣阻力面积。

在充气距离法中，一般假设伞衣阻力面积为常数，即

$$(CA)=(CA)_{sk} \quad S_{f1}<S\leqslant S_2 \tag{3-39}$$

在第三段，伞衣阻力面积随时间非线性增加，表示为

$$(CA)=(CA)_{sk}+[(CA)_s-(CA)_{sk}]\left(\frac{t-t_2}{t_{f3}}\right)^n \tag{3-40}$$

或

$$(CA)=(CA)_2+[(CA)_s-(CA)_2]\left(\frac{t-t_2}{t_{f3}}\right)^n \tag{3-41}$$

式（3-40）是对应式（3-37）的情况；式（3-41）是对应式（3-38）的情况。指数 n 通常在 1 和 2 之间取值。

在充气距离法中，伞衣阻力面积的变化表示为

$$(CA)=(CA)_{sk}+\beta_3\,(S-S_1-S_2)^2 \quad (S_1+S_2)<S\leqslant(S_1+S_2+S_3) \tag{3-42}$$

其中

$$\beta_3=\frac{(CA)_s-(CA)_{sk}}{(S_f-S_1)^2}$$

3.5.4　开伞动载

开伞动载是指在伞衣充气过程中，降落伞作用在进入器上的力，它是随着充气时间变化的，通常在伞衣充满前达到最大值。对收口伞衣，在一级收口充满时也会出现开伞载荷峰值。最大开伞载荷是降落伞充气性能的一个重要参数。

开伞动载主要是由降落伞的气动阻力导致的，因此它对系统的速度和伞衣阻力面积很敏感。对“有限质量”充气，在充气过程中系统速度和伞型都有明显变化，因此，要计算开伞动载必须求解充气过程中每一瞬间系统的速度和伞衣阻力面积。

目前对于开伞动载的计算方法主要有：经验法、充气距离法、充气时间法、动量法。

3.5.4.1　经验法

（1）确定开伞动载最大值的经验方法

这种方法主要基于以下假设：

1）最大开伞动载为充满瞬间伞衣阻力的两倍，即

$$F_{k\max}=\rho v_m^2\,(CA)_s \tag{3-43}$$

式中，v_m 为伞衣充满时物伞系统的速度。

2）充满距离与伞名义面积 A_0 间的关系表示为

$$S_f=C\sqrt{A_0} \tag{3-44}$$

式中，常数 C 取决于伞型和伞衣透气量。

3）将物伞系统作为一个集中在进入器重心的质点，并不计进入器的气动阻力。

根据以上假设，当物伞系统作垂直下降时，出现最大动载瞬间在气流坐标上的运动方程为

$$m_{xt}\left(\frac{\mathrm{d}v}{\mathrm{d}t}\right)_m = G_{xt} - F_{k\max} \tag{3-45}$$

式中 $\left(\frac{\mathrm{d}v}{\mathrm{d}t}\right)_m$ ——出现最大动载时，物伞系统的加速度；

m_{xt} ——物伞系统的质量；

G_{xt} ——物伞系统的重力。

再通过用平均加速度来表示瞬间加速度，以平均速度来表示系统充满距离，以及应用上述假设以后，即可得到最大开伞动载为

$$F_{k\max} = \frac{kv_L^2 + \sqrt{A_0}}{\dfrac{k}{\rho\,(CA)_s} + \dfrac{\sqrt{A_0}}{G_{xt}}} \tag{3-46}$$

式中，k 取决于伞型、材料及透气量，一般由试验确定，对于同一具伞来说，k 值是不变的。

这种计算方法既可应用于“有限”质量，亦可适用于“无限”质量。不过这种经验计算方法，主要是根据低空试验的某些结果导出的，因而有一定的局限性。特别是系数 k 与开伞高度无关的假设，不能正确地反映开伞高度对开伞动载的影响。但此方法用于同类产品的估算上还比较准确，而且计算简单方便，有一定的实用价值。

（2）无限质量情况下开伞动载计算方法

当物伞的单位面积载荷大到一定数值后，近似地认为充气过程中系统的速度将保持不变，亦即意味着系统的质量为“无限”大。在实际应用中，大多数减速伞、稳定伞以及飞机着陆增阻用的阻力伞，均可按“无限”质量处理。由于在“无限”质量时，充气过程中系统速度变化很小，因而，最大开伞动载可按如下经验公式计算

$$F_{k\max} = \frac{1}{2}\rho v_L^2\,(CA)_s K_d \tag{3-47}$$

式中，K_d 称为动载系数（无因次），对于一定形式的伞衣，K_d 是常值。在亚声速范围，一些典型伞衣的 K_d 值为

密织物平面圆形伞	$K_d \geqslant 1.8$
密织物底边延伸伞	$K_d \geqslant 1.8$
有肋导向面伞	$K_d \geqslant 1.1$
无肋导向面伞	$K_d \geqslant 1.4$
人用导向面伞	$K_d \geqslant 1.6$
平面带条伞	$K_d \geqslant 1.05$
环帆伞	$K_d \geqslant 1.1$
环缝伞	$K_d \geqslant 1.05$

(3) 有限质量情况下开伞动载计算方法

由于在有限质量下的开伞过程中速度变化较大，故最大开伞动载要比无限质量条件减小很多。如果用开伞动载缩减系数法来考虑，则最大开伞动载也可按如下经验公式计算

$$F_{k\max} = k_{\mathrm{dy}} \frac{1}{2} \rho v_L^2 (CA)_s \tag{3-48}$$

式中，k_{dy} 为最大开伞动载系数，一般在给定的起始条件下，它基本上是系统质量比 R_m 的函数，即

$$R_m = \frac{m_{\mathrm{xt}}}{\rho \pi D_0^3} \tag{3-49}$$

一些降落伞试验的最大开伞动载系数与质量比的关系如图 3－28 所示。

式 (3－48) 适用于收口和非收口伞衣。收口伞衣计算解除收口后的峰值时，公式中的 v_L 用解除收口时的物伞系统的速度。

3.5.4.2　充气距离法

充气距离法是以充气行程 S 作为自变量的计算方法，是一种较常用的计算开伞动载的方法，同时也可以计算整个充气过程中，物伞系统的轨迹等。

在充气距离法中，需要作以下基本假设：

1) 进入器和降落伞的运动为双质点运动。进入器的质量集中在进入器的重心处，伞的质量集中在伞衣底边中心。在伞衣充气过程

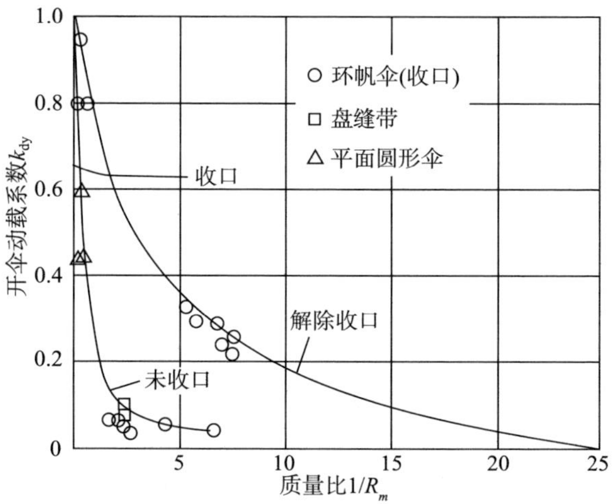

图 3-28 开伞动载系数与质量比的关系

中，伞的质心相对底边的位置保持不变；

2）在充气过程中，物伞系统的运动保持在垂直平面内，作用在物伞系统上的力如图 3-29 所示；

3）充气过程中，物伞二者的轴线始终重合；

4）忽略伞系统的弹性影响，物伞二者的相对位置保持不变；

5）充气过程中，伞衣阻力面积变化规律已知。

根据以上假设，物、伞系统的运动方程为

$$\frac{d\theta}{dS} = -g\cos\theta / v^2 \tag{3-50}$$

$$\frac{dx}{dS} = \cos\theta \tag{3-51}$$

$$\frac{dy}{dS} = \sin\theta \tag{3-52}$$

$$\frac{dt}{dS} = 1/v \tag{3-53}$$

$$\frac{dv}{dS} = -\left(\frac{m_w + m_s}{m_w + m_s + m_f} g\sin\theta + \frac{1}{2}\rho v^2 \frac{(CA)_w + (CA)}{m_w + m_s + m_f} + \frac{v}{m_w + m_s + m_f}\frac{dm_f}{dt}\right)/v$$

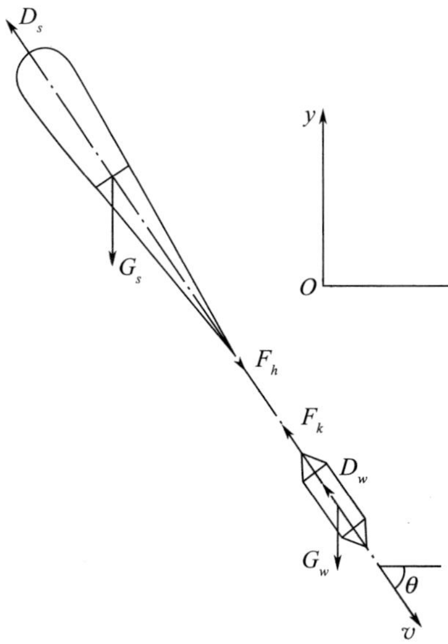

图 3-29　物伞系统受力图

$$F_k=(m_s+m_f)v\frac{\mathrm{d}v}{\mathrm{d}S}+\frac{1}{2}\rho v^2(CA)+v\frac{\mathrm{d}m_f}{\mathrm{d}t}+m_s g\sin\theta \tag{3-54}$$

$$m_f=\rho k_f(CA)^{\frac{3}{2}} \tag{3-55}$$

式中　θ ——轨迹角；

S ——充气行程；

g ——重力加速度；

v ——物伞系统运动速度；

t ——时间；

m_w ——进入器的质量；

m_s ——降落伞的质量；

ρ ——大气密度；

$(CA)_w$ ——进入器阻力面积；

(CA) ——降落伞阻力面积，不收口和收口降落伞不同阶段的阻力面积参见 3.5.3 节；

F_k ——降落伞作用在进入器上的力；

k_f ——附加质量系数。

3.5.4.3 充气时间法

充气时间法是以充气时间作为自变量的计算方法，其原理和形式基本上与充气距离法一致，基本假设也与充气距离法相同。

其物伞系统的运动方程为

$$\frac{\mathrm{d}\theta}{\mathrm{d}t} = -g\cos\theta / v \tag{3-56}$$

$$\frac{\mathrm{d}x}{\mathrm{d}t} = v\cos\theta \tag{3-57}$$

$$\frac{\mathrm{d}y}{\mathrm{d}t} = v\sin\theta \tag{3-58}$$

$$\frac{\mathrm{d}S}{\mathrm{d}t} = v \tag{3-59}$$

$$\frac{\mathrm{d}v}{\mathrm{d}t} = -\frac{m_w + m_s}{m_w + m_s + m_f} g\sin\theta - \frac{1}{2}\rho v^2 \frac{(CA)_w + (CA)}{m_w + m_s + m_f} - \frac{v}{m_w + m_s + m_f}\frac{\mathrm{d}m_f}{\mathrm{d}t} \tag{3-60}$$

$$F_k = (m_s + m_f)\frac{\mathrm{d}v}{\mathrm{d}t} + \frac{1}{2}\rho v^2 (CA) + v\frac{\mathrm{d}m_f}{\mathrm{d}t} + m_s g\sin\theta \tag{3-61}$$

$$m_f = \rho k_f (CA)^{\frac{3}{2}} \tag{3-62}$$

式中 θ ——轨迹角；

S ——充气行程；

g ——重力加速度；

v ——物伞系统运动速度；

t ——时间；

m_w ——进入器的质量；

m_s ——降落伞的质量；

ρ ——大气密度；

$(CA)_w$ ——进入器阻力面积；

(CA) ——降落伞阻力面积，不收口和收口降落伞不同阶段的阻力面积参见 3.5.3 节；

F_k ——降落伞作用在进入器上的力；

k_f ——附加质量系数。

在上述充气距离法和充气时间法中有一个基本的假设是充气过程中伞衣阻力面积的变化规律已知。从上述运动方程中可以知道，其实降落伞的开伞动载对伞衣阻力面积的变化是比较敏感的，很多开伞条件都将对它产生影响。因此，后来又发展了动量法来分析降落伞的充气过程，通过采用伞衣径向运动的动量方程来考虑伞衣形状的变化。

3.5.4.4　动量法

动量法主要是采用动量守恒原理来分析降落伞的充气过程。根据 Wolf 提出的轴向-径向动量守恒充气模型[7]，在充气模型的建立过程中，作如下基本假设：

1）在充气过程中，物体和降落伞的飞行弹道相同；

2）在充气过程中，伞衣阻力系数不变；

3）在充气过程中，空气密度不变；

4）完全充满后，伞衣为半球形；

5）充气期间，伞衣形状如图 3－30 所示，由一个半径为 R 的半球和一个上底直径为 $2R$ 、下底直径为 $2r$ 的倒截锥所组成。

根据变质量动量方程，在飞行弹道的切向，物体和降落伞的运动方程有

$$(m_f + m_p - m_{ci})\frac{\mathrm{d}V_f}{\mathrm{d}t} = (m_f + m_p - m_{ci})g\sin\beta - F \tag{3-63}$$

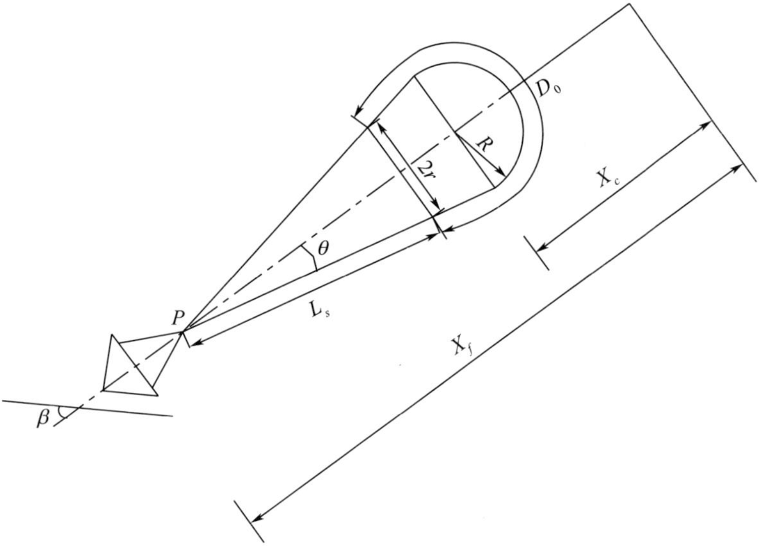

图 3-30　伞衣几何形状及弹道坐标

$$(m_{ci}+m_a)\frac{\mathrm{d}V_c}{\mathrm{d}t}=m_{ci}g\sin\beta+F-C_Dq_cS_c+\frac{\mathrm{d}m_{ci}}{\mathrm{d}t}(V_f-V_c)-\frac{\mathrm{d}m_a}{\mathrm{d}t}\cdot V_c \tag{3-64}$$

式中　m_f ——物体的质量；

m_p ——降落伞的质量；

m_{ci} ——已充气部分的伞衣质量；

V_f ——物体的瞬时轴向速度；

β ——弹道倾角；

F ——轴向力；

m_a ——降落伞的轴向附加质量；

V_c ——降落伞的瞬时轴向速度；

q_c ——动压；

C_D ——以充气伞衣的投影面积为参考面积的阻力系数；

S_c ——伞衣的投影面积。

由飞行弹道的法向动量守恒可得到弹道倾角变化率的表达式为

$$(m_f + m_p + m_a) V_f \cdot \frac{\mathrm{d}\beta}{\mathrm{d}t} = (m_f + m_p) g \cos\beta \tag{3-65}$$

根据充气伞衣的径向运动方程有

$$(m_{ci} + m_r) \frac{\mathrm{d}V_r}{\mathrm{d}t} = 2C_R q_c S_c \sin\theta - F \cdot \tan\theta - \left(\frac{\mathrm{d}m_{ci}}{\mathrm{d}t} + \frac{\mathrm{d}m_r}{\mathrm{d}t}\right) V_r \tag{3-66}$$

式中　m_r ——径向附加质量；

V_r ——伞衣径向速度；

C_R ——径向力系数。

同时假设伞绳是非弹性的，则从伞绳汇交点到伞衣充气最大圆周的距离可根据几何关系表示为

$$(X_f - X_c)^2 + R^2 = \left(L_s + R_0 - \frac{\pi R}{2}\right)^2 \tag{3-67}$$

其中 $R_0 = D_0/2$。

通过式（3-67）两边对 t 进行两次求导后，再与式（3-63）～式（3-66）组成微分方程组并进行求解即可考察开伞速度、大气密度和伞衣直径对降落伞充气时间、充气距离、充气过程中伞衣面积变化的影响等。

3.5.4.5　多伞系统开伞动载的计算

假设多伞系统各个单伞的大小和形式均相同，且它们之间没有气动力干扰，各个单伞保证同时张满。这样多伞系统的开伞总动载为 n 个单伞开伞动载之和，即

$$F_{k_{\max}} = nF_{k_{\max i}} \tag{3-68}$$

这样计算的结果显然和实际情况不符，因为伞之间有气动力干扰，且伞不会同时打开。因此，实际作用在各个单伞连接绳交汇点上的总动载必定小于式（3-68），其误差大小与多伞系统同时开伞的程度有关。同时开伞性能越好，则理论最大总动载与实测值越接近；反之，则相差越大。对于总面积相同的多伞系统，伞衣数量越多，开伞总动载越大。这是因为在总面积相同的情况下，单伞数目

越多，每具伞的面积便越小，其充气时间也越短，所以最大动载也越大。

对于最大分动载的计算，目前尚无精确的计算方法，常根据试验来统计单伞开伞动载的不均匀系数 β（实际单伞的最大分动载与理论分动载的比值）。一般情况下，二具伞 β 取 1.45，三伞系统 β 取 1.8，如对多伞系统采取一些控制方法，使伞衣尽快同时开伞，则不均匀性可控制在 1.3 以下[8]。

3.6 降落伞收口控制技术

航天器回收着陆系统的降落伞开伞速度比较高，相应的开伞冲击力也很大。为了减小开伞动载荷，一般通过控制展开伞衣阻力面积和增加减速行程等措施来实现。为控制伞衣阻力面积，目前最常用、最有效的措施是采用伞衣底边收口技术。

3.6.1 伞衣底边收口控制方法

伞衣底边收口控制方法就是在伞衣底边采用一根限制伞衣完全张满的收口绳，收口绳的长度按伞衣底边完全张满时的周长缩短一定比例，从而限制了伞衣的张满程度，使其外形像一只倒挂的灯泡，进而使得伞衣阻力面积较之完全张满时的面积明显减小。

一般在每个伞衣幅底边装上一个收口环，并在伞衣底边安装数个收口绳切割器。用一根绳子穿过每个收口环和收口绳切割器穿绳孔，收拢到某一程度，两端结牢，使伞衣展开后呈收缩状态，如图 3－31 所示。图 3－32 为神舟号主伞收口状态空投试验照片。伞绳拉直瞬间，借用拉直力，通过旁系支绳，启动收口绳切割器击发装置，按预定的延迟时间，切割器把绳子切断，解除伞衣状态，然后完全充满。为可靠起见，每道收口一般采用两个或三个切割器，只要其中一个工作，即可解除伞衣收口。这种方法比较简单，且能够实现一级乃至多级收口，是目前最常用的一种方法。

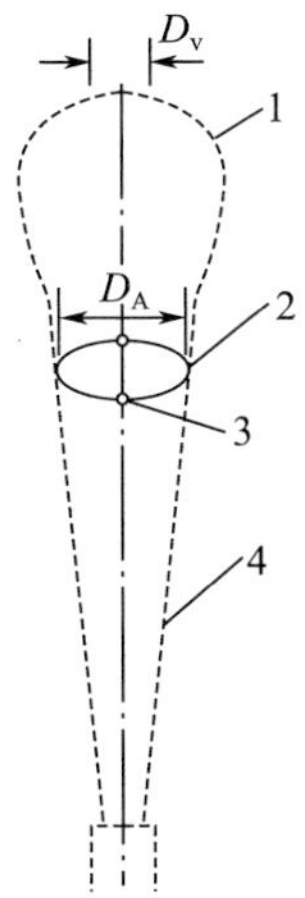

图 3-31　伞衣收口状态示意图

1—伞衣；2—收口绳；3—切割器；4—伞绳

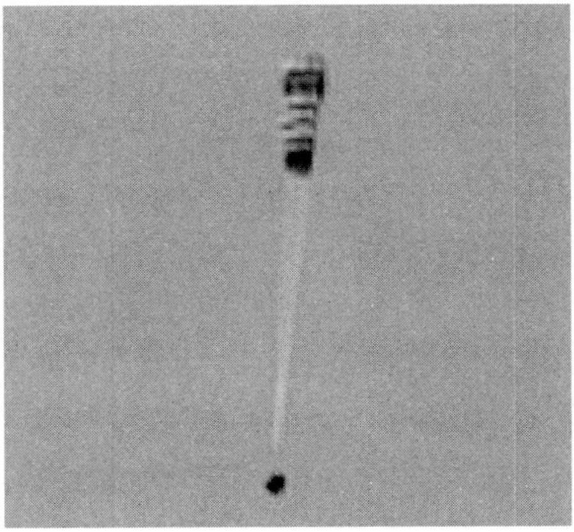

图 3-32　神舟号飞船主伞收口状态

3.6.2　收口控制装置

降落伞收口控制装置主要由收口绳、收口环和收口绳切割器组成。

3.6.2.1　收口环

收口环用于承受收口绳的张力。收口环的横截面为矩形，要求边缘倒圆、光滑。矩形截面在连接处具有较大的接触面，并使收口绳在收口环和伞衣底边之间不发生缠结现象。

收口环安装的位置有多种：

1）收口环安置在伞绳连接处的内底边，如图 3－33 所示。

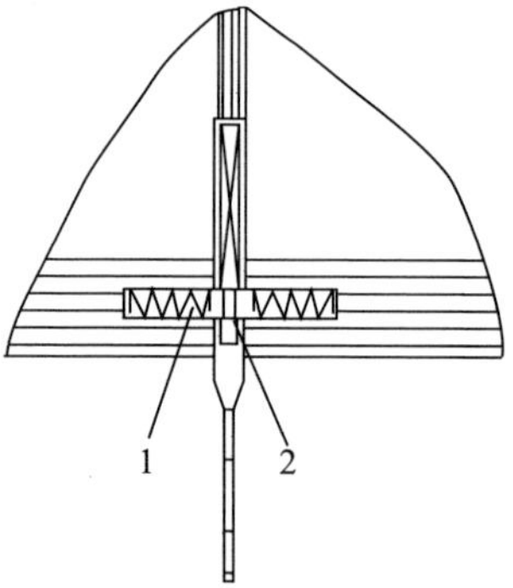

图 3－33　收口环在伞衣内底边固定方式

1—固定带；2—收口环

2）收口环安置在每一伞衣幅底边中心内侧，称为幅中收口。幅中收口的目的是使伞衣底边形成双倍的制约点，减低收口伞衣未充气部分的飘荡和抖震，提高进气口面积的均匀度。伞绳连接处收口与幅中收口比较，如图 3－34 所示。对多伞系统而言，幅中收口能使各伞充气过程比较均匀，收口阻力面积变化更加一致，可改善多伞系统开伞的同步性。阿波罗飞船的主伞就是采用这种收口方式。幅中收口对于给定收口比的收口阻力面积稍有偏大。带条伞应避免采用幅中收口，因为在伞衣初始充气时，将起到抵消收边带的作用。

3）将收口环安置在每根伞绳上端。这种方法适用于带型伞绳的多级收口。其安装固定和穿收口绳的操作相对比较方便。图 3－35 为战神Ⅰ主伞收口环的安装固定照片。

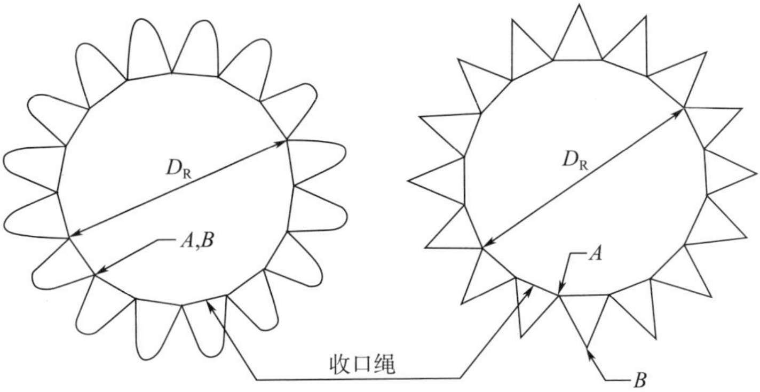

图 3-34　伞绳连接处收口与幅中收口比较

A— 收口环位置；B —伞绳连接点

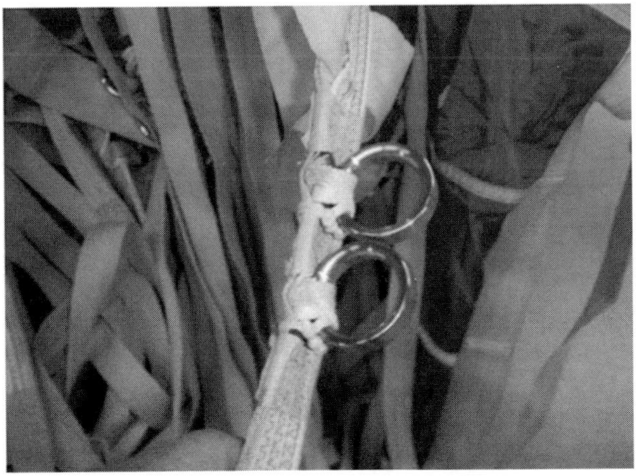

图 3-35　战神 I 主伞收口环在伞绳上的固定方式

4）收口环从伞衣内底边沿径向带分布，X-38 的减速伞采用了这种方法。

收口环的固定通常采用短带，通过缝纫将其固定在伞衣底边、伞绳或径向带上。

3.6.2.2　收口绳切割器

收口绳切割器为延迟解除收口的装置。它是利用火药燃烧的动力，推动切割刀切断收口绳来实现的。在国外，收口绳切割器的品种繁多，不论是外形结构、击发装置、延迟时间和穿绳孔大小等，都有很大区别。而国内使用的收口绳切割器品种比较单一，常用的是 HGQ1—01A 收口绳切割器，如图 3-36 所示。如果按延迟时间分，有 2 s、3 s、5 s、8 s 和 10 s 等规格。

图 3-37、图 3-38、图 3-39 分别为水星号与双子星座号、阿波罗号和航天飞机固体火箭助推器（SRB）降落伞使用的收口绳切割器结构示意图。

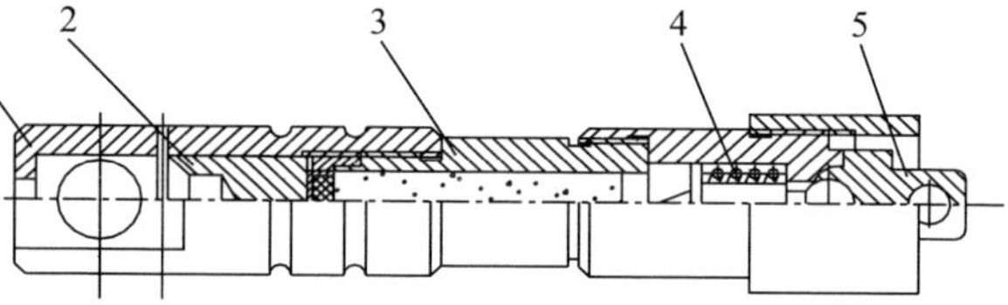

图 3-36　HGQ1—01A 收口绳切割器

1—壳体；2—切割刀；3—延期管；4—弹簧；5—击发装置

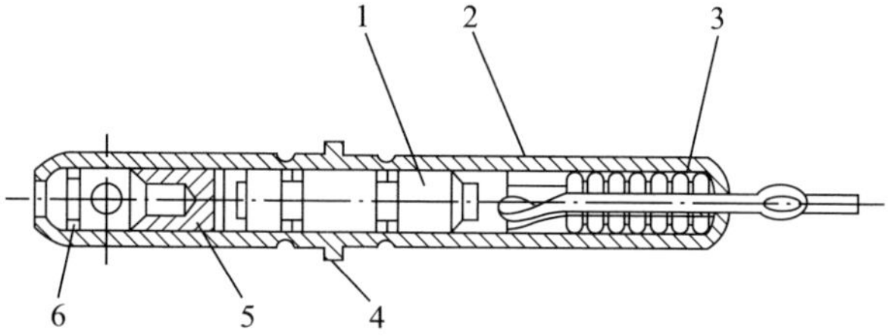

图 3-37　水星号、双子星座号收口绳切割器

1—延期管；2—外壳；3—击发装置；4—固定环；5—环形切刀；6—垫座

上述四种典型收口绳切割器的结构特点，见表 3-5。

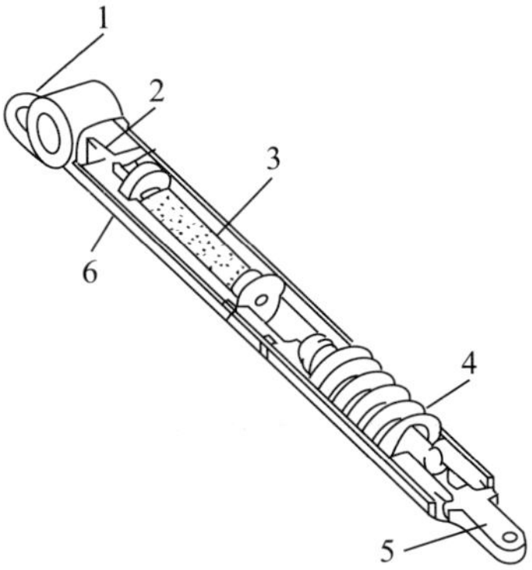

图 3-38　阿波罗号收口绳切割器

1—固定环；2—切割刀；3—延期管；4—弹簧；5—击发装置；6—壳体

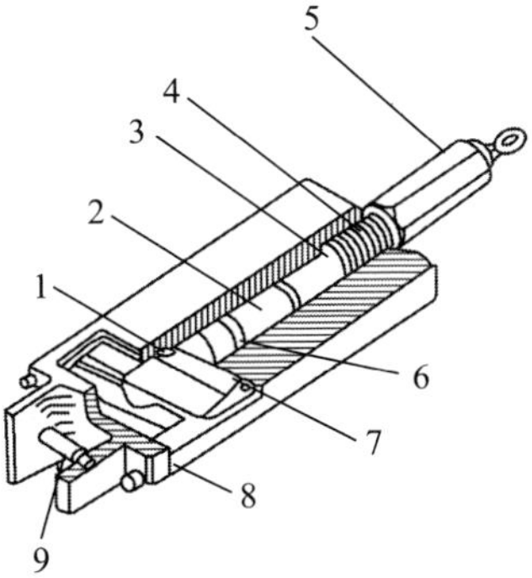

图 3-39　SRB 收口绳切割器

1—保险装置；2—延期管；3—垫圈；4—O 型环；5—击发装置；6—切割刀；7—剪切销；8—底座；9—安装螺栓

表 3-5　各种收口绳切割器的结构特点比较

序号	型号	特点	优点	缺点
1	HGQ1—01A	1)击发装置为爪帽形，径向表面为旋转面； 2)穿绳孔是在圆柱体上直接横向打孔； 3)采用圆环形切刀	1)可靠性高； 2)能在大角度情况下，可靠地拉动击发装置	1)重量大； 2)气密性差； 3)拉拔力精度不易控制

续表

序号	型号	特点	优点	缺点
2	水星号与双子星座号	1)击发装置为拔销形； 2)采用预压缩弹簧锁紧机构； 3)穿绳孔是在圆柱体上直接打孔； 4)采用圆环形切刀	1)重量小； 2)安装固定方便	1)横向拔销，销子容易被折断，可靠性差； 2)弹簧长久被压缩，将影响对撞针施加的作用力
3	阿波罗号	1)击发装置为Z字形阻铁钩连； 2)穿绳孔是管状； 3)采用楔形切刀； 4)端头设有一个固定环，供穿系绳； 5)50°方向的启动拉力为沿纵轴拉力的三倍	1)可靠性高； 2)穿绳孔光滑，对收口绳的磨损小； 3)承受过载能力强	1)90°方向拉力不能拔出击发支耳； 2)制造工艺复杂
4	SRB	1)击发装置为Z字形阻铁钩连； 2)穿绳孔是管状； 3)采用楔形切刀； 4)击发支耳与Z字形阻铁之间用金属索连接； 5)击发支耳径向表面为旋转面； 6)击发装置安装后仍可从切割器中取出，重复装配	1)可靠性高； 2)穿绳孔光滑，对收口绳的磨损小； 3)能在大角度情况下，可靠地拉动击发装置； 4)承受过载能力强； 5)部件可拆装	1)制造工艺复杂； 2)造价偏高

收口绳切割器安装方式有两种。

1）正装：即穿绳孔在上，击发装置在下。击发装置的拉绳下端系在伞绳上，如图 3－40 所示。这种安装方式，连接击发装置的拉绳比较方便，但靠近伞衣底边的伞绳比较零乱。

2）倒装：即穿绳孔在下，击发装置在上。击发装置的拉绳下端系在径向带上，如图 3－41 所示。这种安装方式，伞绳比较整齐。切割器先拉直后击发，工作可靠性高。但包伞过程必须小心谨慎，防止击发拉绳位移，产生误动作现象。战神Ⅰ－X 火箭降落伞系统空投试验，之前意外拉动收口绳切割器，导致收口绳切割器还在伞包

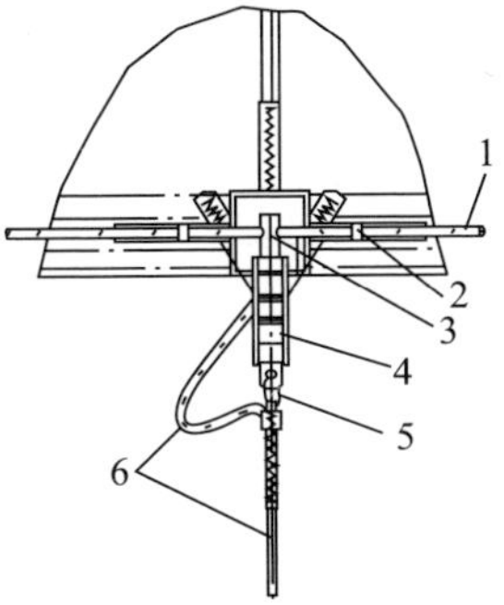

图 3-40　收口绳切割器正装示意图

1—收口绳；2—收口环；3—切割器；4—保护套；5—连接绳；6—伞绳

内时就提前触发工作，致使试验遭受失败。后来经过改进设计，延长了保护套管，将收口绳切割器拉绳全都包裹在套管内（如图 3-42 所示），这样就能够有效避免在降落伞打开之前拉绳意外拉动切割器。

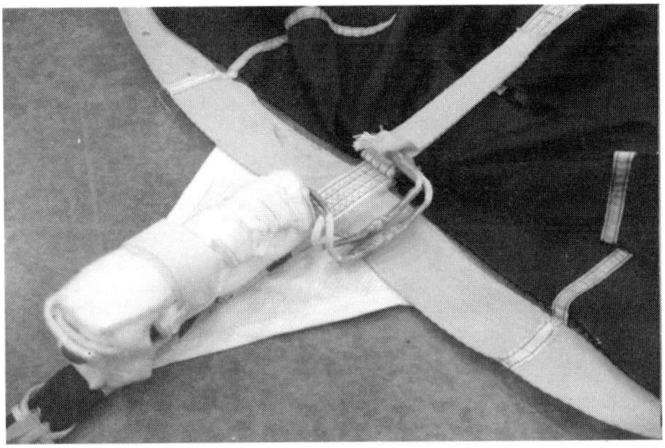

图 3-41　战神Ⅰ切割器原倒装设计

收口绳切割器的固定一般有两种方式：

1）用帆布做成套管，预先缝在伞衣内底边。切割器装入套管后，在套管横向再用缝线将切割器绕扎缝纫固定。这种固定方式比

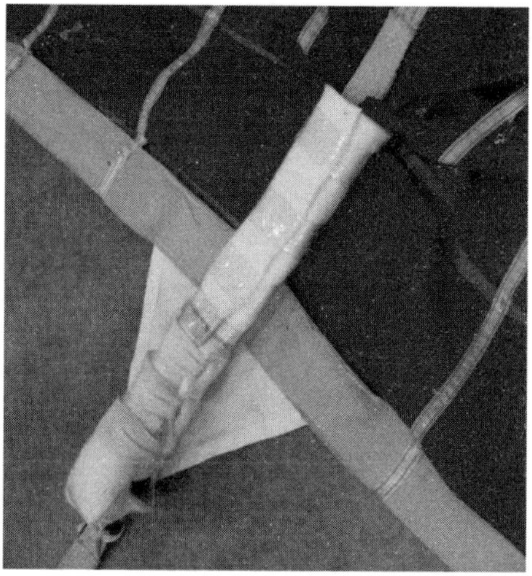

图 3-42　战神Ⅰ切割器改进安装设计

较轻便，但包伞周期较长，需要熟练的缝纫工操作。

2）通过带有套管的金属底座（如图 3-43 所示），预先与伞衣底边连接。切割器装入套管后，在套管横向的凹槽处，用金属夹箍将切割器固定。这种固定方式操作简便，包伞周期短，适合于战备需求，但增加了结构重量。

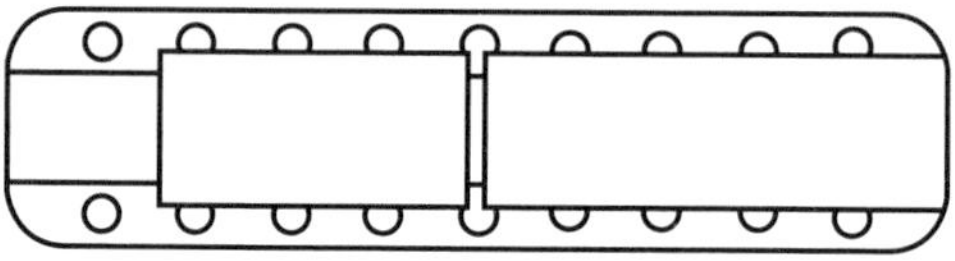

图 3-43　切割器底座

3.6.2.3　收口绳

根据收口绳所承受的载荷，可从标准的绳、带中选用合适的产品。最好选择编织紧密、伸长率较低的材料。由于收口绳载荷分析较难精确，而且受力不均，加上高速滑动摩擦容易受损，所以设计系数应取 3 以上。

3.6.3　降落伞收口控制参数

3.6.3.1　收口比与阻力特征

伞衣收口使降落伞分成两次充气，即分两级开伞，在开伞力-时间曲线上呈现两个峰值（如图 3-44 所示），其大小明显低于一次充气的开伞力峰值。也就是说采取收口措施后，开伞动载荷明显下降。在降落伞设计时，要选择合适的收口绳长度，使得这两个峰值的大小大致相等，不要相差得过大。

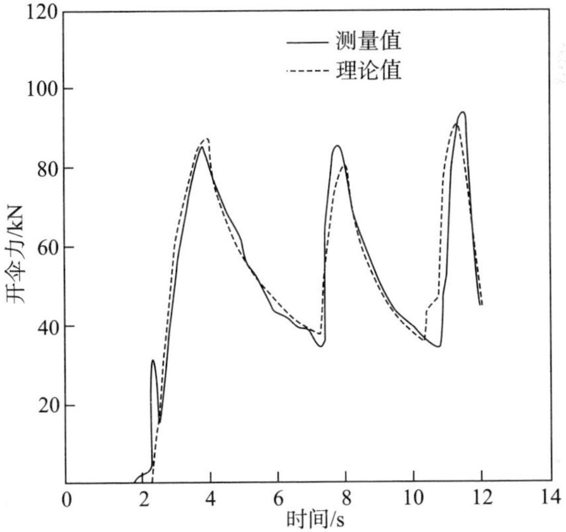

图 3-44　阿波罗号飞船单个主伞开伞力曲线（二级收口）

目前表示降落伞收口控制程度的方法一般有三种。

(1) 收口比

收口绳长度和伞衣底边周长之比，也为收口绳圈直径和伞衣名义直径之比，用 δ 表示，即：$\delta = D_{sk}/D_0$。全开伞时收口比小于 1.0，且与伞型及伞绳数量有关，一般在 58%～65%之间。该方法的优点是可以直接计算收口绳的长度，简便精确，因此也是工程上常用的一种方法。

(2) 收口直径比

收口状态的底边直径与完全张满伞衣的底边直径比。当伞衣无收口时，收口直径比为1.0。该方法能反映伞衣的收口程度，但在计算收口绳长度时必须先计算伞衣底边张满时的底边直径，而该直径与伞型、伞衣幅数、运动速度均有关系，因此较为复杂。

(3) 收口阻力特征比

伞衣收口状态下的阻力特征与完全张满时的伞衣阻力特征之比，用ε表示，即：$\varepsilon=(CA)_{sk}/(CA)_0$。这种表示方法反映了伞衣收口后的气动特征结果，不能用来直接计算收口绳的长度，一般用于弹道和开伞载荷的计算中。

收口伞衣阻力特征主要取决于收口绳长度和伞衣的透气量。收口绳长度决定了收口伞衣的进气口面积，也影响了伞衣投影面积。各种不同类型降落伞的阻力面积比随收口比的变化关系，是从空投试验和风洞试验中获得。图3-45为几种典型降落伞的阻力面积比随收口比的变化关系曲线。

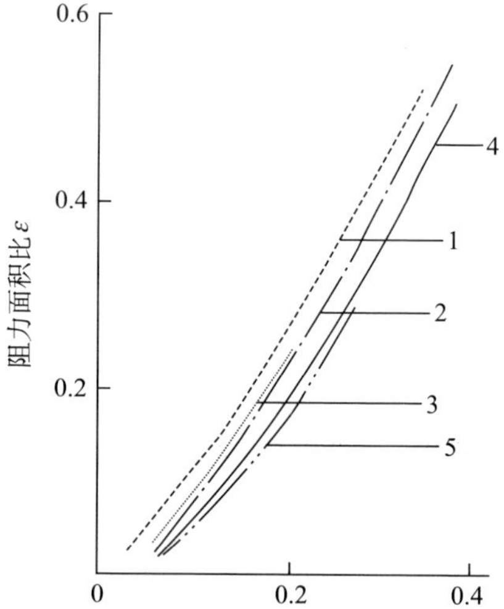

图3-45 收口比与阻力面积比的关系

1—带条伞；2—环缝伞；3—环帆伞；4—圆形伞；5—底边延伸伞

试验表明，收口比小于 6%，有些伞会出现诸如甩动、喘振、缩瘪等充气异常现象，因此收口比不宜选取太小。

3.6.3.2　收口比和延期时间的确定

根据开伞条件和技术要求，初选出各级降落伞的收口比和延迟时间参数，通过弹道和各级最大开伞动载的计算，并对计算结果进行分析比较，判断降落伞收口状态达到平衡速度所需的时间，以及各级最大开伞动载存在的差距。然后调整输入参数重复计算，再确定各级收口比和延迟时间。理想的设计，各级最大开伞动载应接近于等值，工作程序尽可能紧凑。最终要以空投试验实测数据为依据，验证计算结果是否正确。如果试验结果不太满意，可适当调整收口比参数，重复计算，最终达到期望的结果。

3.6.3.3　收口绳有效长度的计算

收口比确定后，收口绳的有效长度必须通过计算获得。

如图 3-34 所示，由收口绳所构成的绳圈，近似于正多边形的边长，而不是圆周。正多边形的边数与伞绳数相等。伞绳数愈少，则其边长与外接圆的周长差距愈大。伞绳数愈多，其边长愈接近于外接圆的周长。由此可见，伞绳数 n 对收口绳圈的长度影响应予以修正。

伞衣完全充满底边直径 D_{R0}（即：阻力面积比为 1 时的收口绳圈直径）大小，受伞型、伞衣幅数、伞衣结构透气量和伞绳长度等诸多因素的影响。根据参考文献［9］提供的不同伞型 D_{R0}/D_0 均值列于表 3-6。

表 3-6　不同伞型的 D_{R0}/D_0

序号	伞型	D_{R0}/D_0
1	带条伞	0.67
2	平面圆形伞	0.68
3	底边延伸伞	0.70
4	三锥形结构伞	0.72

根据各种伞型风洞试验所得到的关系曲线，可查找到相关数据对收口绳有效长度进行计算。

以平面圆形伞为例，对其收口绳有效长度的计算如下：

图 3-46 为伞绳数 n 与 D_{R0}/D_0 比的关系曲线。伞衣名义直径 D_0 为已知值。根据伞绳数 n，由图 3-46 查得 D_{R0}/D_0 值，可算出 D_{R0} 值。根据选定的阻力面积比$(CA)_{sk}/(CA)_0$，由图 3-47 查得 D_{sk}/D_{R0} 比值，可算出 D_{sk} 值，则收口绳圈的长度 $L_{sk}=\pi D_{sk}$。

图 3-47（b）为图 3-47（a）在小收口区间的放大图。据参考文献［6］介绍，图 3-46 和图 3-47 所给的数据已经过试验所验证，适用于各类平面圆形伞。

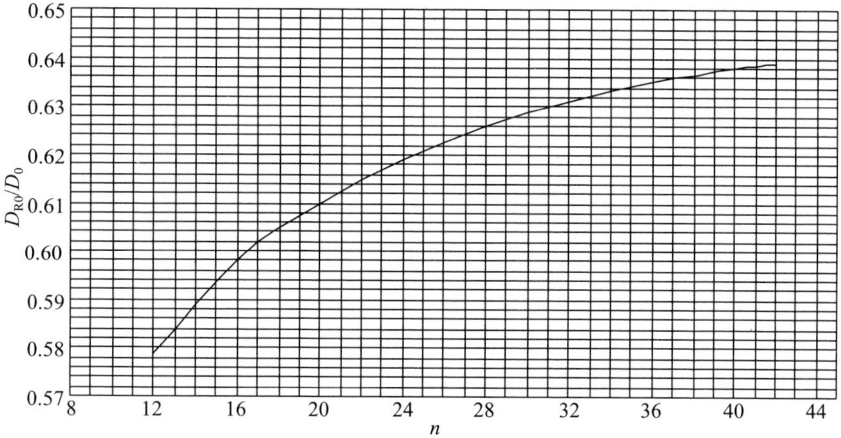

图 3-46　伞绳数对伞衣完全充满直径 D_{R0} 的影响

如果收口环安装在伞绳上或径向带上，因位置不同（如图 3-48 所示），根据几何关系，对收口比会有影响。由于风洞试验是以底边收口为基准，因此应予以修正。

3.6.3.4　收口环与收口绳受力分析计算

为使收口环、收口绳和固定带的设计合理、结构可靠，必须对其受力情况进行分析计算。

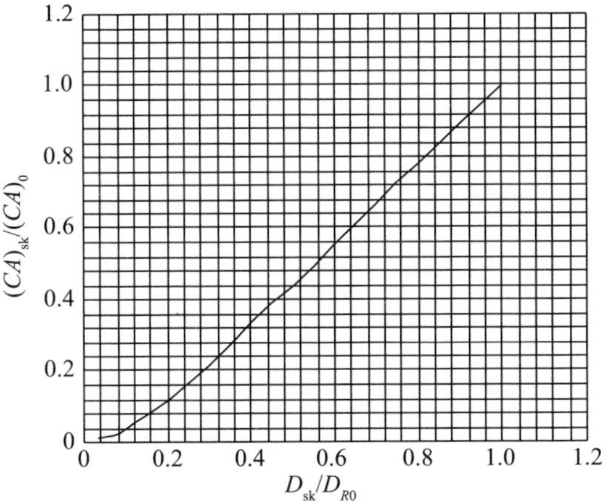

(a)

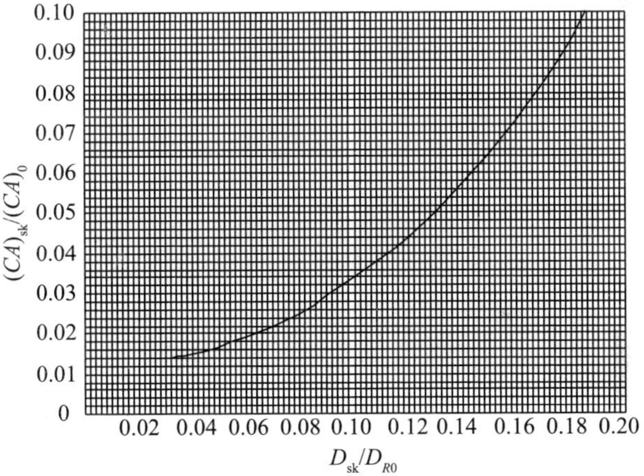

(b)

图 3-47　收口阻力面积比与收口直径比关系曲线

图 3-49 为收口环在垂直剖面的受力图。从图中可见，作用在收口环上的水平方向分力 F_{skh} ，按方程式（3-69）计算

$$F_{skh} = F_{jd}\sin\phi - F_{sh}\sin\beta \quad (3-69)$$

式中　F_{jd} ——作用在径向带上的力；

F_{sh} ——作用在伞绳上的力；

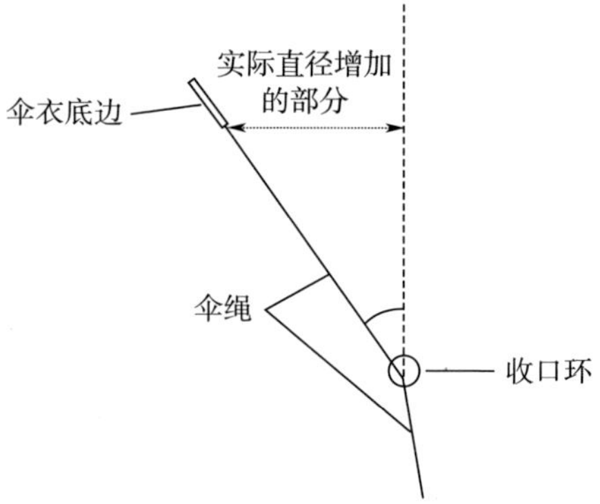

图 3-48　收口环安装在伞绳上对收口比的影响

ϕ ——径向带与伞衣轴线间的夹角；

β ——伞绳与伞衣轴线间的夹角。

根据力的平衡关系有

$$F_{jd} = F_{sh}\cos\beta/\cos\phi \tag{3-70}$$

而作用在伞绳上的力 F_{sh} 可根据式（3-71）计算

$$F_{sh} = F_{ax}/(n\cos\beta) \tag{3-71}$$

式中　F_{ax} ——降落伞的最大开伞力；

n ——伞绳数量。

收口环与收口绳在水平截面的受力如图 3-50 所示。从图中可见，作用在收口绳上的张力 T_{sks}，可按式（3-72）计算

$$T_{sks} = F_{skh}/(2\sin\theta) \tag{3-72}$$

式中，θ 为收口绳在其直径面内的切线角，按式（3-73）计算

$$\theta = 360°/(2n) \tag{3-73}$$

上述各算式中，伞绳与径向带的力可通过开伞力分析计算获取。夹角参数可以通过几何关系进行计算，但由于出现最大开伞力的瞬间，对应的伞衣投影直径不易确定，因此径向带作用力方向与垂直线的夹角 ϕ 也难以获得准确数据，只能作粗略估算，取偏大值。

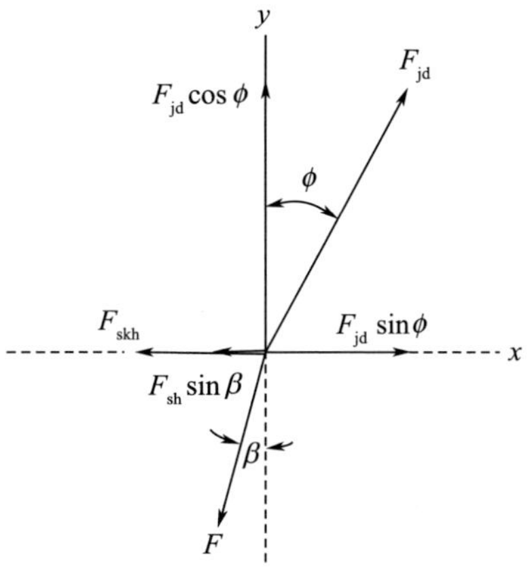

图 3-49　收口环垂直剖面受力图

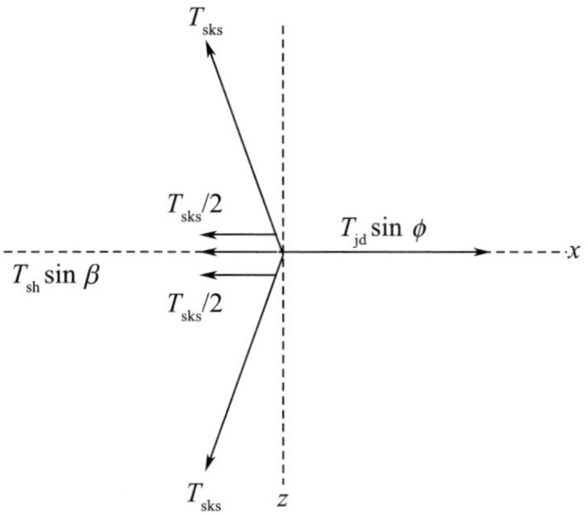

图 3-50　收口绳水平截面受力图

式（3-74）是通常采用的一种收口绳张力 T_{sks} 的简化算法

$$T_{sks} = kF_{ax} \tag{3-74}$$

式中，k 为载荷系数，一般一级收口载荷系数可保守取为 0.07，二级收口载荷系数可保守取为 0.095。

3.6.4 多级收口

在重载荷、高动压条件下开伞，为了更加有效地减小开伞过载，通常需要采用多级收口方案。国外已有许多重载荷回收的降落伞采用了多级收口技术，如阿波罗地球着陆系统（ELS）、猎户座载人飞船（Orion）、航天飞机固体火箭助推器（SRB）、K－1运载火箭、战神Ⅰ运载火箭和X－38国际空间站乘员返回飞行器（CRV）等型号。各型号使用的收口级列于表3－7。

表3－7 降落伞收口级

序号	型号名称	收口级	
		主伞	减速伞
1	阿波罗地球着陆系统(ELS)	2	1
2	猎户座载人飞船(Orion)	2	2
3	航天飞机固体火箭助推器(SRB)	2	2
4	K－1运载火箭	2	2
5	战神Ⅰ运载火箭	2	3
6	X－38国际空间站乘员返回飞行器(CRV)	（翼伞）	5

从表3－7中可以看出，目前主伞最多采用两级收口；而减速伞多达5级。

多级收口与单级收口工作原理完全相同。多级收口只是采用了几组收口装置，各组收口绳长度和延迟解除收口的时间不同而已。解除收口程序，先由收口绳长度短的开始，相隔一段时间，再解除下一级收口，使伞衣依次展开。通过控制伞衣的逐渐展开，达到降低开伞动载的目的。

阿波罗号主伞的两级收口，是采用双孔收口环，安装方式如图3－51所示。

战神Ⅰ和SRB的主伞，是采用两组收口环，两道收口绳分别穿过各自的收口环。

战神Ⅰ运载火箭属于重载荷回收。减速伞名义面积为337 m^2，

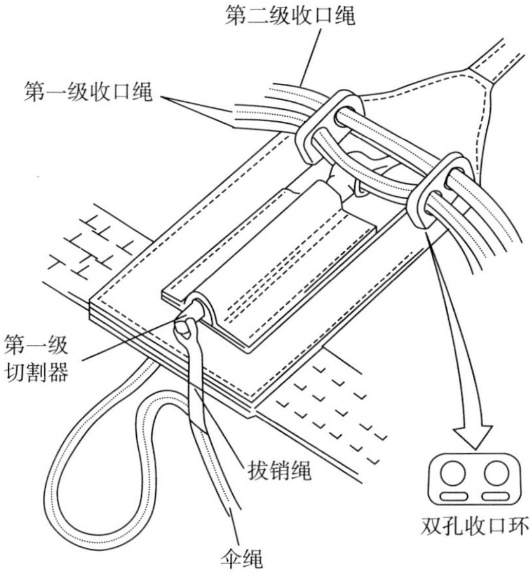

图 3-51　阿波罗号主伞两级收口的收口绳安装示意图

包装质量达 568 kg。该减速伞是采用 3 级收口，每道收口绳是并排分别穿过各自的收口环。连接方式如图 3-52 所示。

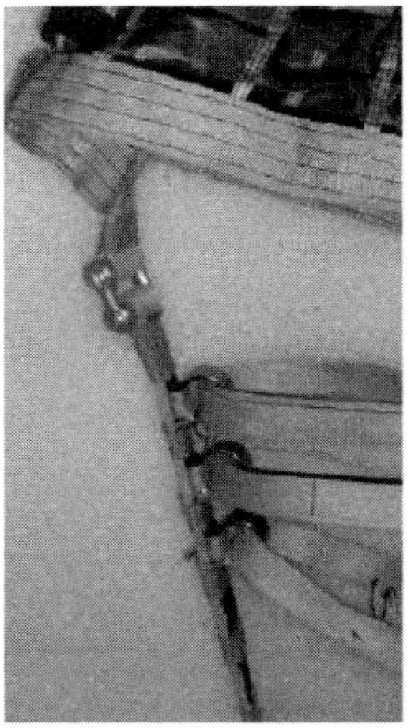

图 3-52　战神Ⅰ减速伞 3 级收口

X－38 的主伞为翼伞。由于翼伞开伞速度受到很大限制（X－38 主伞的开伞速度大约 30 m/s），所以必须增大减速伞的阻力面积。X－38 减速伞的名义面积为 730 m^2。该减速伞采用了 5 级收口，其收口环布局安排、安装固定，以及收口绳连接方式如图 3－53 所示。

图 3－53　X－38 减速伞 5 级收口

参 考 文 献

［1］ 王利荣．降落伞理论与应用［M］．北京：宇航出版社，1997.

［2］ 林斌．回收降落伞伞包设计［J］．航天返回与遥感，2010，31（4）：27－31.

［3］ 荣伟，高树义，李健，等．神舟飞船降落伞系统减速策略及其可靠性验证［J］．中国科学：技术科学，2014（3）.

［4］ Watson L L，DeWeese J H. Opening Force and Filling Time of 35 Foot Diameter 10% Flat Extended Skirt Canopies［R］. AFFDL－TM－74－207－FER，November 1974.

［5］ E G 尤因，T W 纳克．回收系统设计指南［M］．北京：航空工业出版社，1988.

［6］ J H 德威斯，等．气动力减速器原理及设计手册（上册）［M］．返回技术翻译组，译．北京：国防工业出版社，1976.

［7］ Dean Wolf. A Simplified Dynamic Model of Parachute Inflation［J］. J. Aircraft，Vol. 11，No. 2，1974.

［8］ 余莉．飞行器救生及个体防护技术［M］．北京：国防工业出版社，2015.

［9］ T W Knacke. Parachute Recovery Systems Design Manual［R］. AD－A247666，1991.

第4章　火工装置技术

航天器回收着陆系统的一系列程序动作，如各个舱段之间的解锁分离、伞舱盖的弹射分离、降落伞的弹射与分离、降落伞伞衣收口的解除等动作，一般都是采用火工装置来执行的，同时火工装置又是一次性工作的产品，且其工作的环节基本都是回收着陆系统工作过程中的关键环节，直接关系到回收着陆系统工作的成败，因此，火工装置是航天器回收着陆系统的重要组成部分。

火工装置是指利用火炸药、推进剂的燃烧或爆炸反应产生能量，通过结构或机构完成预期功能的装置的总称。

火工装置具有体积小、质量轻、能量质量比高、动作迅速、可靠性高等特点。它能够在相当短的时间内释放出相当大的能量来作机械功，完成预定的某项动作，因此广泛应用于航天器，特别是航天器回收着陆系统。随着航天技术的不断发展，航天器也越来越复杂，使用的火工装置也越来越多。美国的水星号飞船上使用了57件火工装置，在双子星座号飞船上使用了116件，在阿波罗号飞船上多达310件，到航天飞机上已增加到500多件。俄罗斯的联盟号飞船上使用了150多件。我国的第一代返回式卫星上使用了40多件火工装置，神舟号载人飞船上使用了140多件[1]。

本章将主要阐述火工装置的功能、火工装置的分类、火工装置的设计要求、火工装置的设计、航天器回收着陆系统中的典型火工装置及其应用。

4.1　火工装置的功能

火工装置是各类航天器运动机构的重要组成部分。航天器在整个飞行过程中，火工装置作为动力源驱动机构实现各种动作或运动，使航天器或其部件处于要求的工作状态或位置。随着航天技术的发展，航天器机构的具体功能也在不断变化和扩展，火工装置作为独立部件，可以实现的功能有点火、传火、连接、解锁、分离等。

4.1.1　点火起爆

点火起爆是火工装置爆炸序列中的始发动作，在接受外界能量刺激后产生燃烧或爆轰，释放出能量传递到下一级爆炸元件。按不同的输入方式来区分，常用的起爆形式可分为机械、电和光等方式，这些方式在机理上均被认为是热起爆。

（1）机械起爆

火炸药在碰撞、跌落、摩擦、振动、撞击、针刺等机械运动作用下均可能被引爆，一些是可以控制利用的起爆方式，一些是火工装置安全防护应该考虑的因素。航天器上使用的机械起爆方式主要是撞击和针刺。

（2）光起爆

激光起爆在 20 世纪 70 年代后被广泛研究，是利用高功率激光束造成的强电场引起炸药电击穿从而起爆。激光起爆有激光器和半导体激光二极管两种形式。激光器起爆属于高能起爆，一般用于安全性要求高，或需要多路同时输出的场合；半导体激光二极管起爆器属于低能起爆，适合普通航天器。激光束作用于炸药的起爆效应大致有：高功率激光束在炸药中造成的强电场，引起炸药的电击穿；光冲量造成的光电压、光化学、冲击波作用；光能作用下的热效应等。大多数研究基于热起爆机理：激光照射到炸药上以后，一部分被反射和损耗，剩余部分被一定深度的药层吸收而转换为热能，产生热击穿或形成热点引爆炸药。

（3）电起爆

电起爆分为高能起爆和低能起爆。高能起爆利用电击穿原理，低能起爆利用的是电能转化原理。航天器上广泛使用的电起爆器均属于电能转化为热能起爆的低能起爆。常用的热桥丝、桥带与半导体桥起爆均属于热起爆机理。

NASA 标准起爆器（NASA Standard Initiator）即使用桥丝发火形式，靠电流通过有一定电阻的微细金属桥丝，电能按焦耳-楞次定律产生热量，使桥丝升温达到灼热状态，加热桥丝周围火药并引爆。

半导体桥（Semi - Conductor Bridge，SCB）点火器不同于桥丝式电起爆器的热传导机理，其起爆机理普遍认为是微对流作用机理，即当 SCB 桥片通以脉冲电流时，硅桥材料因焦耳热迅速气化并在电场的作用下形成 4 100～6 000 K 弱等离子体放电，离子体迅速扩散到装药中，使装药受热达到着火温度而发火。

4.1.2 传爆

传爆序列是将爆轰或燃烧产生的能量传递到下一级。

雷管是传爆序列中常用的火工品，它可接受某种形式激发能量（如针刺、火焰、电和激光等）而发火，并转变为爆轰输出。传爆用雷管主要为火焰雷管。雷管必须对输入敏感，并有一定的输出威力。

导爆索用于传递爆轰波，可以组成非电传爆装置，用在对供电要求苛刻或同步性要求高的场合。导爆索传爆的可靠性、安全性较高，能够抵抗外界的机械、电磁和热冲击。内部装药普遍采用钝感的单质炸药，主要品种有黑索今（RDX）、六硝基芪（HNS）等。它是在连续的外壳内装入长柱形炸药。制造时一般先将炸药压入金属管，然后进行拉长，最终制成药芯直径很小（0.8～5 mm）的柔性导爆索。

导爆索包括：

1）柔性导爆索（Mild Detonating Fuse），由小直径的金属管组成，里面含炸药芯。

2）限制性导爆索（Confined Detonating Fuse），炸药挤压在金属外壳中，外包覆尼龙和玻璃纤维编织物外层，以限制爆轰产物。限制性导爆索可以弯曲、缠绕或扭转等。

3）铠装导爆索（Shield Mild Detonating Fuse），在柔性导爆索外有金属外壳作为屏蔽层，能够密封爆炸产物。还有一种导爆索是使用塑料管，在内壁有薄层的装药，重量较轻，冲击波能量较弱，用于完成爆炸传递。

4.1.3　延期

火药延期是利用延期药稳定的燃烧速度实现一定的延期时间，并引燃下一级装药。延期时间取决于延期药柱的燃烧速度和长度。火药延期的用途很广，虽然延期时间不如电子延期和机械延期准确，但其结构简单、制造方便、成本低廉，因此至今仍被大量采用。目前使用的延期装置主要有延期管（体）和延期索两种。

4.1.4　连接

为了在发射过程中保证所有需要产生动作或运动的机构部件能够承受载荷，避免产生非正常运动或变形损坏，必须对其进行连接、锁定或压紧。

连接方式的种类很多，爆炸螺栓、解锁螺栓、分离螺母都具有连接和压紧分离面的功能，弹射器、弹射筒也是利用螺栓杆、筒盖等锁定被弹射物体。拔销器具有径向锁定结构的功能。连接是航天器机构应用广泛且非常重要的功能。

4.1.5　解锁

解锁（Unlock）也可称为释放（Release），机构在发射入轨过程处于连接、锁定或压紧状态，由火工装置释放原先的连接或压紧约束，从而为实现机构动作或运动提供准备条件。火工装置的连接与解锁功能是对应的，机构利用爆炸螺栓、解锁螺栓、分离螺母连接和压紧分离面，利用拔销器锁定分离面，都需要通过解锁动作实现载荷的释放。弹射器、弹射筒也需要首先完成解锁功能，再达到规定的分离弹射速度。

4.1.6 分离

分离（Separation）是指机构相对运动的部件相互脱开的过程。一般情况下机构的连接、解锁和分离是一个连贯的动作，可以由一种火工装置完成，如爆炸螺栓、解锁螺栓等。但有些释放分离机构需要提供稳定、精确的分离速度，因此刻意消除了火工解锁装置的分离动量，由弹簧作动筒等提供精确的分离速度。比较而言，分离螺母的分离动量更容易消除，适合用于精确控制、有低冲击要求的释放分离机构上。

弹射器和弹射筒可提供一定连接力，在任务条件下实现解锁并提供规定的分离速度，如降落伞、舱盖、保护罩的弹射分离等。

在运载器和导弹上大量使用的聚能切割索、柔性导爆索和膨胀管等线性切割装置，利用炸药的爆轰作用将机构破坏，从而实现机构的分离动作。土星运载器级间分离装置上使用了大量的聚能切割索和柔性导爆索。

阿里安 5 运载器使用了膨胀管分离装置，这种装置不是将爆炸能量直接作用于分离连接件上，而是转换为气体做功的形式以达到解锁、分离的目的。工作时整个系统的受力均匀，冲击载荷低，爆炸产物始终密封在金属扁平管内，在具有线性分离装置优点的同时，达到了低冲击、无污染的目的。

小火箭利用其产生的冲量实现规定动能的分离，在子母弹、诱饵弹的弹射中应用广泛，大型舱段分离也可以利用小火箭实现。随着航天器技术的发展，也出现了气囊充气分离的形式，可以使用燃气发生器配套的气囊充气装置实现分离体以一定速度的分离。

4.1.7　作动

作动（thruster）是指按规定行程和时间推动或拉动机构部件产生一定位移，通常作动装置在工作过程要承受较大变化载荷或恒定载荷。如飞船逃逸系统的返回舱锁定机构是利用推、拉的动作压紧返回舱；导弹的弹翼、舵翼展开机构都利用作动筒实现其展开功能。

4.1.8　切割

切割动作利用火炸药爆炸、燃烧做功推动切刀切断金属杆、金属索、电缆、绳带等。钛杆火工切割器在星船上应用广泛，大多数太阳翼展开机构和天线展开机构都利用火工切割器切断钛杆，实现压紧机构的展开。

在火星科学实验室的级间电、液路的断开中大量使用了切割器，一种是5/8英寸的电缆切割器（Cable Cutter），另一种是用于切断粗电缆和绳缆的1英寸大切割器（Mega Cutter）。

降落伞收口绳切割器在降落伞系统中广泛使用，收口绳切割器通过撞击或针刺等形式机械触发火帽，传爆序列利用火药延期作用延迟一定时间后起爆输出药剂，推动切刀做功，实现延时切断降落伞收口绳的功能。

4.1.9　阀门开闭

阀门开闭是利用火药驱动完成阀门的开或关功能，实现介质在管路内的通断。管路介质包括高压气体、液体燃料等流体。电爆阀门相对于其他电磁阀有更小的尺寸和重量，适合于一次性动作的场合，如燃料管路的开启、气囊充气等。

4.1.10　燃气输出

火药或推进剂燃烧产生大量燃气，机构利用不同的燃气输出实现各种功能。一般可以将机构与装药集成在一起来完成，或者在机构上预留出药盒的接口，利用火药燃气输出推动机构动作。如神舟飞船回收着陆系统的降落伞连接分离机构上就安装有多个药盒，在不同时刻分别完成减速伞脱伞、转垂挂、延期脱伞和切断主伞带等功能。

小型固体火箭发动机利用药柱在燃烧室内的定压燃烧，将燃烧产生的化学能转变成高温燃气的热能，通过喷管膨胀，把燃烧产物的热能转化为动能，从而实现分离、起旋、消旋、加速、减速等多种功能。

气体发生器是利用火药燃烧产生大量气体，主要是 H_2、N_2、CO 等小分子气体，但不能含有太多水和腐蚀性气体（如 HCl 等），同时应考虑其输出压力和温度。气体发生器主要用于气囊、柔性机构等装置的充气。与冷气源充气相比，热气源充气结构简单、安装简便、环境适应能力强，具有较好的通用性。

4.2 火工装置的分类

美军标 MIL－HDBK－83578《航天器用爆炸系统和装置》中规定了爆炸系统的设计和制造准则，爆炸系统包含了火工点火系统，强调系统安全与可靠性。我国火工技术更注重火工装置的设计规范，主要包含爆炸序列和作动装置。如图 4－1 所示，火工系统能量由左向右逐层传递，从而使火工装置实现点火/起爆、传火/传爆、能量输出、机构动作中一种或多种功能。

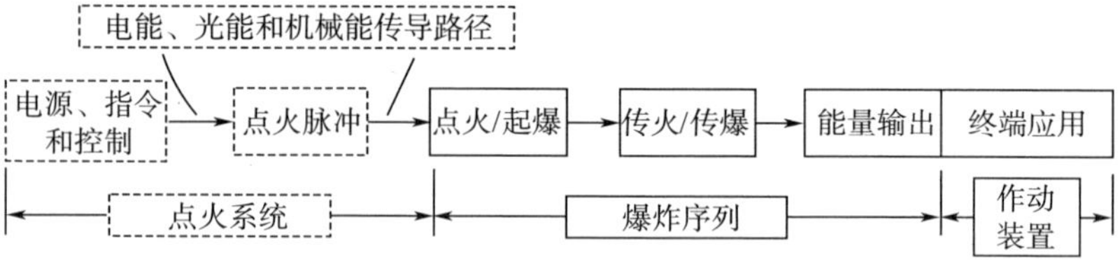

图 4－1 火工装置功能示意图

根据火工装置的功能特点，可对其按图 4－2 所示进行分类。以下分类基本涵盖了火工装置在航天领域的应用范围。

- 火工装置
  - 点火起爆
    - 机械点火 Mechnical iniaitor
    - 电点火 Electro－Explosive
    - 激光点火 Laser initiated
  - 传火传爆
    - 传爆装置 Explosive Transfer Assembly
    - 延期装置 Time Delay
    - 隔板点火器 Through Bulkhead Initiator（TBI）
  - 能量输出
    - 线性分离装置
      - 聚能切割索 Linear Shaped Charge（LSC）
      - 膨胀管 Expansion Tube
      - 柔性导爆索 Mild Detonation Fuse（MDF）
    - 药盒 Cartridge
    - 气体发生器 Gas Generator
    - 小型固体火箭发动机 Propeller
    - 火药起动器 Cartridge Starter
  - 机构动作
    - 解锁
      - 爆炸螺栓 Explosive Bolt
      - 解锁螺栓 Separate Bolt
      - 分离螺母 Separate Nut
      - 拔销器 Pin－puller
    - 切割　切割器 Cutter
    - 弹射
      - 弹射器 Ejector
      - 弹射筒 Catapult
    - 作动　作动筒 Actuator
    - 开闭　电爆阀 Pyro－valve

图 4－2　火工装置分类

4.3　火工装置的设计要求

4.3.1　高可靠性

在航天器上，单个或一组火工装置所承担的程序动作往往是相当关键的，是可靠性串联系统中重要的一环。以返回式卫星为例。

如果弹射返回舱后底盖（或伞舱盖）的火工装置失效，则降落伞系统的开伞通道得不到清除，降落伞就出不来；如果弹射引导伞（或减速伞）的火工装置失效，则引导伞或减速伞就不能开伞工作；如果分离减速伞的火工装置失效，则减速伞不能及时解脱分离，主伞就不能开伞工作。上述任何一个程序动作的失效，都将导致返回舱坠毁，飞行任务失败。因此，要求火工装置应具有很高的可靠性，在系统设计以及火工装置研制的过程中，必须对系统和部件的高可靠性给予充分的考虑。

(1) 采用冗余设计

在系统设计和单机设计时都尽量采用冗余设计，以消除或减少单点失效环节。

例如，在布置降落伞伞衣收口绳切割器时，沿伞衣底边均匀布置2～3 只收口绳切割器。只要有一只切割器动作，就能保证切断伞衣收口绳，使伞衣能够张满，大大地提高了伞衣解除收口这一程序动作的可靠性。

又如图 2－26 所示的降落伞连接与分离机构。它是由两个脱伞器组成的，两个脱伞器的活塞，顶着一个套筒。降落伞连接带就套在套筒上。两个脱伞器同时动作时，两根活塞缩回各自的壳体内，套筒失去支撑，从而使降落伞连接带与返回舱分离。在设计上考虑了两个脱伞器之中，只要有一个动作，即使另一个脱伞器失效，也能实现降落伞的正常分离。这样，明显地提高了这个环节的可靠性。

在电路设计时，可以用两组独立的电源和电路分别向单个火工装置供电。这样，一组电源或电路发生故障时，另一组电源或电路也能保持正常供电。

最初火工装置的冗余结构设计一般要求采用两种不同结构的冗余实现同种功能，防止结构设计的共因失效降低其可靠性。如图 4－3 所示，在航天飞机中采用了爆炸螺栓与爆炸螺母互为冗余的解锁结构设计，无论哪种结构失效都不会影响其解锁功能。随着认识的深入，冗余设计不再强调采取不同结构的冗余，因为复杂结构的设计与加工也是影响产品可靠性的重要因素，采用同种结构冗余的火工装置已经具有足够的可靠性。联盟号飞船与神舟号飞船的舱段间分离即采用了相同结构冗余的火工锁，如图 4-4 所示。随着技术的发展，在强调结构设计的成熟度与生产过程控制的前提下，火工装置仅采用点火冗余，即在一只火工装置上安装两只引爆器，也可以具有足够高的可靠性，从而减小了体积和重量，满足了航天器对结构空间与重量要求越来越苛刻的使用需求。

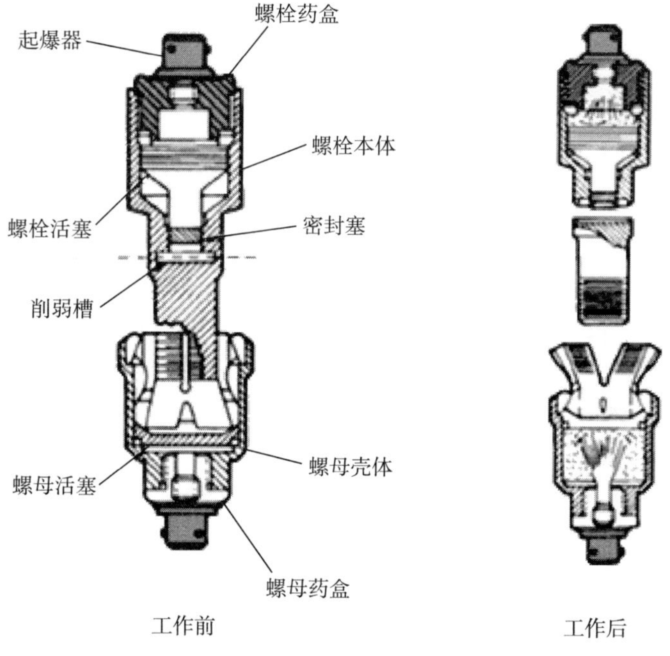

图 4-3　非相同结构冗余火工装置

(2) 继承性设计

产品设计应最大限度地继承同类产品已应用成熟并经过飞行试验验证的技术，优先采用技术成熟并经飞行验证的设计方案，最大限度地采用各类标准。

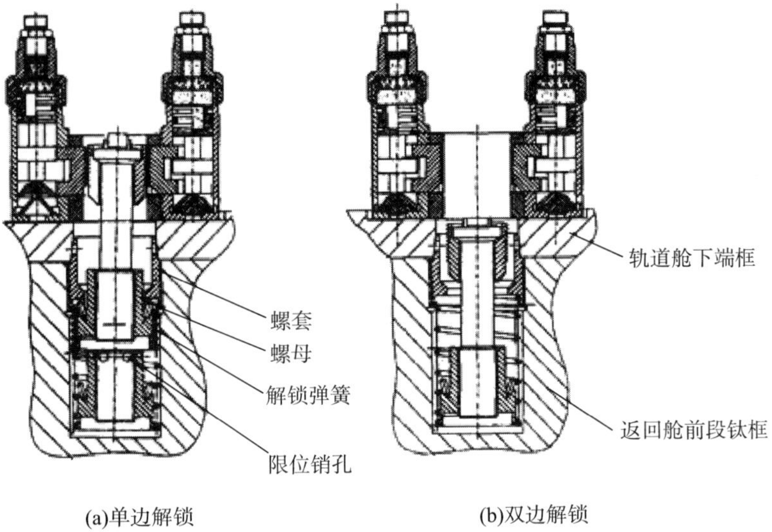

图 4-4　相同结构冗余火工装置

（3）简化设计

简单即可靠，采用简单且工艺性好的结构形式，多采用标准部组件和元器件，减少原材料、元器件、标准件的品种和规格。

（4）裕度设计

裕度设计是火工装置性能设计的主导思想。对装药量、传爆距离、点火压力、点火能量、连接解锁力等可靠性关键环节采用裕度设计方法。尽量采用等强度设计，消除应力集中。对于火工装置，还有一个隐含的功能要求是不产生预计外的损害，如壳体炸裂、污染、对结构产生大的冲击等，因此需要足够的安全裕度。

（5）人机因素及容错设计

由于火工装置是一种一次性作用的执行机构，且产品装配好后，其功能和性能是不可测的，因此，设计时应考虑装配人员、使用人员及其他有关人员的人为差错（主要指与人的生理特点和行为能力有关的差错）对产品的影响，采取防差错设计。如用不同规格、颜色区分不同功能的相似部件，提供标识、限位、止动等措施，防止由于装配、安装、插拔等过程的错误操作对预期功能产生不利影响。同时，设计时应考虑产品在生产过程各道工序中可能形成的工艺应力、残留物等及其损害，并采取措施减少或者消除这些影响及损害。

（6）容差设计

对于与产品关键故障模式有关的技术状态参数，应确定并缩小其允许最大偏差（一般变差系数控制在 5%左右），使其故障概率限制在规定的范围内。

（7）采用密封结构设计

火工装置所用的火药或炸药，对潮湿比较敏感，在受潮后，其工作性能将发生变化。在设计火工装置时，应采用密封结构，同时在选择用药时，可选用对潮湿相对钝感的火药或炸药。

4.3.2　高安全性

对于装有火药或炸药的火工装置来说，安全性极其重要。参加研制火工装置的每一位成员都必须把安全性牢牢记在心里。安全性是指在生产、测试、运输、贮存、使用过程中，不发生任何意外发火（爆炸）的性能。要求从研制、安全测试、发射、运行至返回的全过程，能够确保火工装置的性能稳定，不发生意外的失效和对人身及周围环境造成不安全影响。

航天器上所用的火工装置除极个别外，都是采用电起爆器作为引爆的始发元件，也就是以电能作为输入的初始冲能来引燃或引爆火工装置中的火药或炸药，要求使用钝感起爆器，例如最大不发火刺激不小于 5 min、1 A、1 W 的电起爆器，要求起爆器桥丝对本身壳体的绝缘电阻不小于 100 MΩ，要求对静电、射频、雷击的作用不敏感。

在设计航天器的供配电系统时，对关键的火工装置要求采用独立电源、火工母线正负线受控、火工驱动信号输入端正负线高阻接地，并设有短路保护连接器（插头）。

对于火（炸）药剂的贮存、称药、装配、单元测试、装入航天器后的检测以及运输，都应制定相应的安全规章制度，并且必须严格执行。

4.3.3　相容性和防老化设计

所有相互接触的材料特别是与火药相接触的材料，应充分了解并验证其相容性。火药应有密封措施，其他非金属材料应采取防老化措施，使产品寿命满足任务书要求，容易发生物理化学变化和腐蚀的零件表面应采取表面防护措施。

应分析使用环境对产品性能和功能的影响，采用环境防护和环境隔离措施，提高产品对环境的适应能力，或减少环境对产品的不利影响。

4.3.4　标准化、系列化设计

在一个航天器上使用的火工装置不仅总的数量多，品种也较多，而每一个品种的数量却不是太多。研制一种新的火工装置需要进行大量的性能试验和可靠性试验。为提高经济效益和缩短研制周期，火工装置设计必须实行标准化和系列化。只有这样，才能降低成本和易于保证产品的质量和安全性。

4.3.5　无碎片和无污染

火工装置在工作时，产生强烈的化学反应，伴有相当高的气体压力。因此，火工装置的结构必须具有充分的强度，保证不会被炸裂，不会产生碎片，也不允许有任何组成部分和碎片自由弹出或飞出，而损伤邻近的设备和电缆。

有的火工装置在工作时，会排放出带有颗粒的烟雾。在空间高真空环境条件下，很容易污染遥感器的窗口或镜头以及太阳能电池片等，从而使这些设备的效能降低甚至失效。因此，在卫星的某些部位，要求在其附近工作的火工装置必须是无污染的。无污染火工装置在其工作时，要求它对其他器件表面所产生的污染物密度，应低于环境规范的规定值。

4.4　火工装置设计

4.4.1　设计的基本约束条件

火工装置设计的原始依据主要有如下几点：

1）输出机械功的形式和技术要求，如解锁、弹射分离（分离速度、分离体质量）、切割、延时等；

2）允许的外形尺寸和母体的固定连接方式；

3）动作前的受力条件，如连接力要求；

4）动作时允许的最大作用力或允许在某部位产生的冲击过载值；

5）点火方式，在电点火情况要明确供电条件（工作电流、电压等）；

6）工作环境条件（温度、压力、振动冲击、加速度等）；

7）可靠性指标；

8）其他要求，如动作时对环境污染的要求等。

4.4.2　活塞结构火工装置工作原理

大多数航天火工装置为活塞结构，通过火药能量推动活塞运动，执行规定的动作。解锁螺栓、分离螺母、拔销器、弹射筒、弹射器、作动筒、切割器、电爆阀等均属于活塞结构火工装置。该类火工装置通常由电起爆器、主装药、活塞和壳体等组成。简化的活塞结构火工装置原理示意图如图 4 - 5 所示。当系统发出点火指令，发火线路被接通，电点火器在电流作用下点火起爆，然后点燃主装药，药剂燃烧产生高温高压气体进入燃烧室，推动活塞做功。活塞通常在工作前被剪切销或其他方式固定，防止飞行中因振动冲击发生意外。

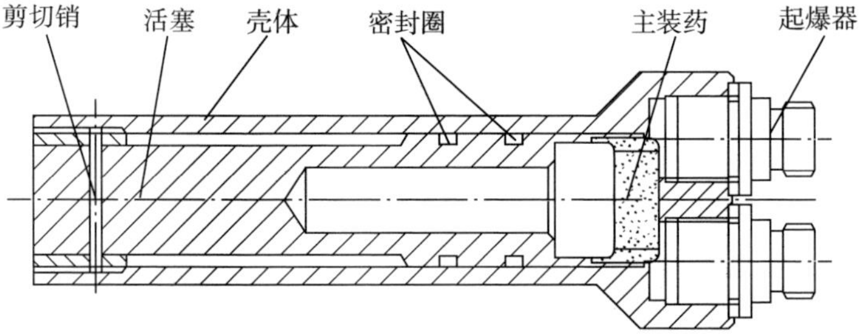

图 4-5 典型活塞式火工装置结构示意图

活塞式火工装置的工作过程一般可以划分为四个阶段。

（1）点火启动阶段

点火启动阶段是指从火药点火到活塞开始运动时刻为止。起爆器点火后，火药在装置内部的药室内燃烧。药室通常设计为密闭封装，或有独立的药盒，在燃气压力作用下药盒破裂，燃气和部分火药进入活塞与外壳构成的燃烧室内。在燃气压力产生的推力还未达到活塞启动所需力时，火药处于定容密闭燃烧状态。

（2）充分燃烧阶段

充分燃烧阶段是指从活塞启动到火药完全燃烧完毕。这个阶段，活塞在燃气压力的推动下克服阻力和负载不断加速运动，燃烧室容积不断增大，火药在变容条件下燃烧。在此阶段燃气压力一开始是逐步升高，在达到峰值后开始下降。

（3）膨胀阶段

膨胀阶段是指火药燃烧完成到活塞行程结束。该阶段燃气继续膨胀做功，压力不断下降，活塞继续运动。如果火药不能在活塞行程结束前燃烧完毕，这时膨胀阶段就不存在，则火药的能量就不能得到充分利用。

（4）停止阶段

在活塞行程结束后，需要将活塞减速停止下来。最简单的是采用机械阻挡的方式。为减小撞击产生的冲击，有时也采用缓冲变形等方法吸收剩余的能量。这个阶段对火工装置的输出性能无直接影响。

对于解锁螺栓等，由于采取了钢球、楔块等承力机构，因此还存在一个解锁阶段。这个阶段主要是滑杆在燃气推动下剪断剪切销，并运动一个短距离使活塞解除约束。在这个阶段滑杆与活塞通常是一同运动做功。

从能量传递和转换的角度分析，火工装置的整个工作过程经历了一系列物理和化学变化。首先是起爆器通电后被加热，热量传递给紧贴点火元件的药剂，药剂被加热升温，在达到自动点火温度后开始化学反应，储存在火药中的化学能通过放热反应以燃气内能的形式释放出来，高温高压燃气推动活塞结构及负载膨胀做功，转换为机械功（动能或其他形式机械能）输出。同时在运动过程中一部分热量通过装置的内壁散失，一部分能量由于摩擦、变形等因素而耗散掉。用于完成功能的做功能量是主要的，其他能量损耗约占输出总能量的10%。由于火工分离装置的行程较短，膨胀时间很短，因此工作时只有一部分火药能量用于输出做功，大部分仍以燃气内能形式存在。火工装置的能量转换效率较低，可以通过加长运动行程等设计方法提高能量利用效率。

4.4.3　性能设计

4.4.3.1　火炸药

火炸药是具有燃烧或爆炸性质的含能材料，它与其他燃料不同之处在于自身包含氧化剂而不需要大气中的氧，且燃烧速度远远高于普通燃料。当受到外界适当激发作用后，能够产生快速的爆燃或爆轰形式的化学反应，燃烧或爆炸时释放高温高压气体，还可能产生极高压力的冲击波、闪光和噪声。

火炸药可以是单质化学组分，如硝化棉（NC），也可以是混合物，如硝铵炸药。有些火炸药各组分单独不能爆炸，混合后能起爆炸反应。根据性能，火炸药分类如图4-6所示。

- 火炸药
  - 火药
    - 枪炮发射药
      - 单基发射药：主要成分为胶化的硝化纤维
      - 双基发射药：主要成分为硝化纤维和硝化甘油
      - 三基发射药：在双基药中添加硝基胍
    - 固体推进剂
      - 双基推进剂：与双基药类似，配方更复杂
      - 复合推进剂：由结晶氧化剂和粉状金属燃料黏结而成
      - 复合改性推进剂：复合推剂和双基推进剂的中间品种
    - 烟火药：由氧化剂、还原剂和黏合剂组成的混合物
  - 炸药
    - 起爆药：对电流、热、摩擦、冲击较敏感，能迅速从爆燃转化为爆轰
    - 猛炸药
      - 单质炸药：
      - 混合炸药：
      - 对热和冲击相对钝感的爆炸材料

图 4-6　火炸药分类

火药和炸药的主要区别是：

1）火药大都为混合物；炸药大多为单质。

2）火药通常条件下为爆燃，主要生成高温高压气体和固体残渣，燃速一般小于 400 m/s，压力不大于 1 000 MPa；炸药发生爆轰，产生冲击波，爆速大于 2 000 m/s，其速度不随压力而改变，波阵面或反应区的压力高达几十 GPa。

3）炸药比火药相对钝感，感度低，不易直接点火。

单基药与双基药的区别是：

单基药的主要成分为硝化纤维（NC，俗称硝化棉，$C_{24}H_{28}O_{44}N_{12}$），分为炮用和枪用。根据含氮量和聚合度的不同，硝化纤维的化学反应式有所不同。含氮量 13％～14％称为 1 号强棉，12.05％～12.4％称为 2 号强棉，11.5％～12.1％称为 3 号弱棉。含氮量越高，所含能量越多。硝化纤维是富氧平衡的化合物，燃烧产物中有未完全反应的 CO 和 H_2 存在。单基药中仅硝化棉能爆炸，安定性较好，具有一定的吸湿性，燃烧速度直接依赖于温度和压力。

双基药主要成分为硝化纤维和硝化甘油（NG，$C_3H_5O_9N_3$），硝化纤维溶于硝化甘油后能聚合为无相界面的均质。硝化甘油是一种对机械冲击敏感的液体炸药，为富氧平衡的化合物。在现代火药中，

具有类似硝化甘油爆发性的物质与硝化纤维制成的溶塑体也是双基药。

4.4.3.2　爆炸燃烧的基本理论

(1) 热起爆

能激起炸药发生爆炸反应的外界能量形式很多，热爆炸是炸药起爆的最基本形式，其他各种形式的起爆均以此为基础。如机械起爆、电起爆、光起爆都在一定程度上与热起爆相关。热起爆机理的显著特点是自热过程，即炸药在分解反应过程中释放热量，同时与周围环境发生热量传递（热产生速率与温度的关系为非线性，热损失速率与温度的关系近似线性），一旦系统的热产生速率大于热损失速率，系统会因热积累而温度升高，结果使反应加速，产生更多热量，最后达到爆炸。

(2) 机械起爆

机械起爆首先是把机械能转变为热能，然后按热作用起爆。从起爆本质来讲，机械起爆与热起爆没有本质差异。只是热起爆研究目标是炸药的加热，而机械起爆研究的是从局部加热开始，扩展到整体炸药的起爆，即热点学说[2]。

机械能的形式很多，如制造过程中的碰撞、跌落、摩擦，运输过程中的振动、磕碰，使用过程中的撞击、针刺，发射、高速碰撞时内部的气泡压缩等。本文主要讨论摩擦、撞击、针刺三种常规使用的机械起爆方式。

1) 摩擦起爆。当两物体接触时，接触面微观状态是凹凸不平的，真正接触的只是一些点，摩擦学称之为微凸体。加压将增加微凸体的接触面积。由于是分子距离内的接触，它们之间的吸附作用，以静电力和范德华力吸附。摩擦力是对抗两个接触物体间发生相对运动的阻力，即克服两物体间微凸体的吸附力和咬合力。要克服这种阻力需要消耗能量，该能量除一部分转化为物体的动能外，其余全部转化为热能，分布于微凸体上形成热点。

摩擦生成热点，硬度起重要作用。因为对于硬而尖锐的颗粒，应力容易集中到个别点上。软的颗粒摩擦时发生塑性变形，能量不容易集中到个别点上。石蜡、石墨等熔点低、可塑性大的杂质能够降低炸药的感度，实质上就是阻止产生热点。

绝大多数起爆药的分解温度低于熔点，反应前不会熔化，其热点温度随摩擦运动的影响因素而变化。当温度高于被摩擦炸药的爆发点时，爆炸反应开始。

2）撞击起爆。撞击起爆的机理比较复杂。虽然也属于热点起爆机理，但由于具体条件不同，热点产生的部位、影响因素都不相同。这种热点可能在炸药晶体或在被压碎的晶体中产生，也可在炸药晶体之间或炸药与容器壁间摩擦产生，还可由其中的气泡绝热压缩产生。

3）针刺起爆。针刺起爆倾向于摩擦式模型。在针插入药柱时，一方面药剂为腾出击针刺入的空间而受挤压，使药粒之间发生摩擦；另一方面击针和药剂的接触面上也有摩擦。

采用尖端无平面的30°圆锥形击针刺入压实的单一结晶炸药进行试验，试验结果表明，当击针尖端无平面时炸药的响应显著降低。温升就是由于靠近击针尖端平面的炸药晶体与炸药整体摩擦产生的，当刺入深度达到0.4 mm左右时，达到稳态温升。针刺起爆就是按照由摩擦使机械能转变成热能的原理产生的，热集中在一些热点上，反应即是从这些热点开始。

（3）电起爆

航天火工装置广泛使用电能作为初始激发能源。电起爆包括电能转化为其他能量起爆和电击穿起爆两种类型。如桥丝、桥带和半导体桥电起爆器是将电能转化为热能，静电起爆则属于电击穿。航天火工装置上使用的电起爆器均为电能转化为其他能量起爆。根据起爆能量可分为低能起爆和高能起爆。常用的桥丝、桥带式电起爆器均属于热起爆机理，也是低能起爆器，这样的发火过程涉及三方面的理论：电能转化为热能、热传导和炸药的热爆炸。

桥丝式、桥带式电起爆器均是将通过的电能按焦耳楞次定律

$Q=0.24I^2Rt$ 产生热量，使桥丝、桥带升温达到灼热状态，加热周围炸药并引爆。比较而言桥丝的散热面小，产生的热量集中，在同样的输入电流下更易起爆点火。因此钝感电起爆器的设计通过两种方法实现：一种方法是通过增大桥丝的散热面积使桥丝温度不易上升，继而出现了金属桥带式起爆器。桥带的散热面积大，利于产品对静电、射频钝感。另一种方法是通过降低药剂感度实现产品钝感，这样需要更高的点火能量才能起爆，适用于耐高温环境。

半导体桥电起爆器是利用半导体桥实现换能转换的。半导体桥是由夹在硅基片与铝覆盖层之间成 H 型的重掺杂多晶硅组成，半导体桥的电阻在温度高于 800 K 时会随温度的升高而降低，这种阻抗降低使得电压加载条件下的电热转换效率大大提高，从而迅速达到熔点、气化并形成高温等离子体。由于对流作用远比热传导迅速，所以具有作用迅速的特点。但是在低加热速度下，输入电流不到 10 A 时，半导体桥尽管不能产生等离子放电，但也能像热桥丝一样起作用，传导加热装药至着火。半导体桥点火方式有两种，一是电容放电方式，该方式主要利用等离子体向药剂迅速传热使药剂升温发火，同时等离子体冲击波冲击药剂，使药剂发火，发火时间一般为几十微秒量级。另一种是目前航天器上主要使用的恒流源发火，使得半导体桥产生等离子体的时间较长，药剂往往在生成等离子体前就已经发火，其发火机理主要是热传导和硅熔化或气化后附着在药剂上，产生的大量热量使药剂发火。

(4) 爆轰

爆轰是爆炸的高级形态，当在空气中传播时形成强冲击波。爆轰和装药尺寸有关：当装药直径小于某临界直径时装药不能传递爆轰；当大于临界尺寸小于极限尺寸时，炸药的爆速随装药直径的增大而增加；当大于极限直径时，装药能形成稳定爆轰，其爆速为恒值，称为“理想爆轰”。炸药爆轰存在成长期，即炸药延滞期。炸药爆速随装药密度增加而增大，但同时爆轰成长期加长，感度下降。燃烧室壳体材料的强度对炸药爆轰也有影响。炸药爆轰时的侧向效应直接影响爆轰传递，而不同结构形式的燃烧室对侧向爆轰的影响不同，在相同装药截面时，装药的爆速与燃烧室壳体材料的冲击阻抗间呈线性关系。

（5）燃烧

影响烟火剂、推进剂和火药能量释放的首要因素是燃速，燃速改变后燃烧产物也随之改变。影响燃烧的因素还包括：火炸药的密度和颗粒度，容腔的初始自由容积，约束条件，燃烧室的形状，热传递性能，容腔的变化，外部环境等。主要规律是：

1）同样装药密度下，颗粒尺寸小的燃烧更快。松散装药有更大的燃烧表面积，因此燃烧更快。

2）燃速还受腔内压力的影响，压力越高燃速越快。推进剂在较大自由容积内点火后必须产生足够的气体使腔内压力上升到保证燃速增加。

3）燃烧室的形状影响燃烧物质的热传导和与周围结构的热传递。容腔表面积和热传导系数越大，热散失越多，燃速下降。因此对变化的容腔，如活塞运动，会因为腔内压力降低和表面积的增大，而导致燃速下降。

4.4.3.3 基本方程

火工装置的性能模型方程包括能量方程、燃烧规律、燃速方程、压力变化、运动方程等。

（1）基本假设

1）点火药瞬时燃烧完毕；

2）火药燃烧服从几何燃烧定律；

3）不考虑燃气的流动，燃烧室内的各气体参数近似认为处处相等；

4）燃气服从气体状态方程；

5）火药燃烧产物成分始终不变；

6）工作过程中的热损失和燃气泄漏忽略不计。

（2）内弹道方程组

1）形状函数

$$\psi = XZ(1+\lambda Z+\mu Z^2) \tag{4-1}$$

式中　ψ ——已燃烧的火药与全部火药的质量比；

X，λ，μ ——火药的药形系数；

Z ——火药燃烧掉的相对厚度。

2）火药的燃速方程

$$\frac{\mathrm{d}z}{\mathrm{d}t} = aP^n \tag{4-2}$$

式中　P ——燃气压力，Pa；

n ——压力指数。

3）能量方程

点火阶段（$P_1 \geqslant P \geqslant P_0$）

$$P = \frac{f\omega\psi}{V_0 - \omega(1-\psi)/\rho - \alpha\omega\psi} + P_0 \tag{4-3}$$

燃烧阶段（$P > P_1$ 至燃烧结束）

$$P = \frac{f\omega\psi - (k-1)\phi m v^2/2}{V_0 - \omega(1-\psi)/\rho - \alpha\omega\psi + SL} + P_0 \tag{4-4}$$

自由膨胀阶段

$$P = \frac{f\omega - (k-1)\phi m v^2/2}{V_0 - \alpha\omega + SL} + P_0 \tag{4-5}$$

式中　P_0——点火压力，Pa；

P ——燃气压力，Pa；

P_1——活塞运动的启动压力，Pa；

F ——火药力，J/kg；

ω —— 装药量，kg；

ψ —— 已燃烧的火药与全部火药的质量比；

V_0—— 初始容积，m^3；

ρ —— 火药的密度，kg/ m^3；

α —— 燃气余容，m^3/kg；

k —— 燃气的绝热指数；

m —— 被弹射物体的质量，kg；

ϕ —— 考虑各种阻力后的质量修正系数，一般取 1～1.05；

V —— 分离体的出口速度，m/s；

S —— 活塞的受力面积，m^2；

L —— 活塞的运动行程，m。

4）活塞的运动方程

$$\frac{dv}{dt}=\frac{S \cdot P}{\phi m} \tag{4-6}$$

式中　t ——时间，s。

4.4.4　可靠性设计

4.4.4.1　可靠性模型

火工装置的可靠性涉及发火、强度、性能等多个环节，各个环节之间不一定是完全独立的。为了简化分析，根据火工装置的结构组成和功能特点，单个产品的可靠性一般可按发火可靠性、传火（传爆）可靠性、性能可靠性和保持结构完整可靠性等单元或功能的串联模型分析，可靠性模型如图 4－7 所示。每一个环节可以根据具体组成关系进一步细分。这个可靠性模型在多个型号上采用，可以满足一般工程设计的需要。

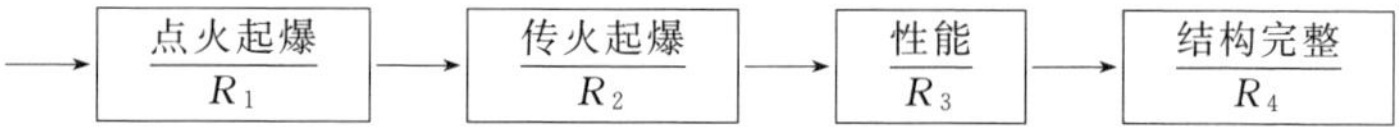

图 4－7　可靠性模型

（1）发火可靠性

航天火工装置通常将点火器设计成独立的装置，因此发火的可靠性就是点火元件的可靠性。对于点火的可靠性，美国从 20 世纪 40 年代开始研究出基于逻辑斯谛分布的兰利法、OSTR 法、升降法等感度试验方法，得到了广泛的应用，并成为计算点火可靠性的标准方法[3]。我国 GJB/Z377A—94《感度试验用数理统计方法》即规定了该类发火可靠度的统计方法。

（2）传爆（传火）可靠性

这是指点火元件发火后点燃主装药，以及主装药稳定燃烧的能力。对于大多数的航天火工装置均是由点火元件直接点燃主装药，传火距离非常短，且药室是一个容积较小的密闭空腔，因此只要使用经充分验证的定型点火器和药剂，点火和燃烧的可靠性就非常高。传火可靠性可以根据点火压力和点火距离进行评估。通常情况下，设计时，在密闭小容腔内直接点燃主装药的可靠度可假定近似为 1。如果使用了导爆索、延期管等中间传火/传爆装置，就需要验证传火/传爆序列的可靠性。

（3）性能可靠性

性能可靠性是火工装置输出性能满足技术指标要求的可靠性，实质是能量转换输出和做功的能力。它是火工装置可靠性设计和验证的重点。性能可靠性的要求可以是单一的指标，如推力、速度、位移、作用时间等，也可能是这些指标的组合。一些产品还有防污染、同步性等要求，如作为重要指标也应考虑。

（4）结构完整可靠性

结构完整可靠性是一个约束性条件。因为火工装置可以通过增加装药量来提高输出能量，从而达到更高的性能可靠性，所以对结构（主要是壳体）的强度需要考核，避免造成结构破坏。这部分的可靠度可以按应力－强度理论分析和评估。例如当结构强度的变差系数小于 0.05，设计裕度系数大于 1.5 时，则可靠度大于 0.999 999（置信度 0.95，$n > 5$），可近似为 1。

火工装置的可靠度可简单表示为以上几部分环节的乘积

$$R = R_1 \times R_2 \times R_3 \times R_4$$

实际产品的具体情况可能更为复杂，如装置结构涉及较复杂的机构运动或环节，还应充分考核机构运动的可靠性。多个火工装置构成的分离系统也不再是一个简单的串联或并联关系，这时候需要按实际组成和功能单元进行建模。

4.4.4.2 可靠性验证与评估

美国国家航空航天局（NASA）早在 20 世纪 60 年代双子星座号飞船[4]上首先采用了±15%装药裕度试验方法，在后续的阿波罗号飞船、航天飞机等航天器上也都采用了该方法验证设计裕度。因此火工装置裕度设计是产品可靠性设计的前提[5]，但是这种方法不能给出可靠性的量化评估结果。

GJB376—87 给出的火工装置可靠性评估方法有计数法与计量法两种。利用计数法评估火工装置的可靠性需要大量的试验样本量，在失效数 $F=0$ 的前提下，达到 $R=0.99(\gamma=0.95)$ 的可靠度就需要 298 发试验子样，试验成本高昂。在我国载人飞船的研制过程中，基于计量型可靠性验证试验方法，对可测量的性能参数利用正态容许限法进行可靠性评估，对火工机构的分离速度、加速度等运动性能参数进行测试，可以利用较少的试验子样验证较高的可靠度[6,7]。

对于火工切割器等只有功能要求，没有可直接测量性能参数的火工装置，可以通过计量型可靠性验证试验，利用一种偏保守的可靠性评估方法进行可靠性评估，能够反映产品在加严条件下的可靠度水平[8]。

4.4.5 安全性设计

安全性是指“产品所具有的不导致人员伤亡、系统毁坏、重大财产损失或不危及人员健康和环境的能力”。火工装置的安全性涉及发火元件、药剂、结构强度、电磁环境和人机工学等方面。

安全性设计的目标是：1）消除和防止危险，并将对人员、设备和设施的危险减至最小，满足系统安全性要求；2）当意外点火会造成危险时，系统应采取有效的安全保险措施，保证不造成灾难性危害。

安全性分析的方法包括 FMECA、FAT 等。安全性风险评价一般采用危险严重性和可能性分析方法。根据产品的不同部件，安全性设计主要考虑以下一些设计原则和要求。

4.4.5.1　发火元件安全性

优先选择钝感电起爆器。钝感电起爆器满足 1 A/1 W/5 min 不发火要求，即在输入恒定直流电流不低于 1 A，且输入功率不小于 1 W 条件下，持续 5 min 后起爆器不发火，且性能不降低。

对于电起爆器，电桥与壳体之间是最容易被击穿的危险通道，应采取设置小间隙静电泄放通道和封堵危险通道的方法提高防静电能力。钝感电起爆器应通过 25 kV/500 pF/5 kΩ 模拟人体静电放电试验，且具有足够的抗杂散电流和承受介质耐受电压的能力。钝感电起爆器应满足高温暴露温度要求，并应测定其烤爆温度。选用机械发火元件时，应采取机械保险措施如保险销等。电起爆器经 12 m 跌落试验应不爆不燃，经 2 m 跌落后发火元件应能正常起爆，且性能满足要求。

4.4.5.2　药剂安全性

选择定型药剂，应有较好的物理、化学安定性，和较低的热、撞击、静电、摩擦感度。安定性、感度、使用温度范围等性能应满足标准和系统安全规定。药剂的分解、自燃、熔化的最低温度应比制造、贮存、安装、运输、发射和飞行期间的最高预示环境温度至少高 30 ℃。尽量少用或不用起爆药。火药的化学安定性一般用维也里法进行试验验证，普通法要求加热至 106.5 ℃±0.5 ℃时间不少于 7 h。正常或加速重复法是在对普通法后的试样进行 10 次重复试验，对单孔和多孔粒状单基发射药要求试验总时间不小于 60 h。

4.4.5.3　结构设计安全性

设计时提供止动、限位、不同螺纹尺寸、标志等，防止由于装配、安装、插拔等过程的错误操作对预期功能产生不利影响。操作和安装程序应有正式文件，并明确需要提供警示以防止危险的操作。为防止活塞或断裂的端头回弹，或分离后对系统造成威胁，需要对分离物或弹出物采取锁定、收集措施。火工装置选用的金属结构材料强度应具有 1.5 倍以上的安全裕度，受力件的凸肩、沟槽根部均进行倒圆处理以防止应力集中，避免使用低温脆性材料或在低温条件下对冲击载荷敏感的材料，所有材料均经高温强度校核，能够承受总体提出的各种力学环境条件，所有承力环节均进行校核，工作时不会发生预计外的结构破坏。

4.4.5.4 操作和使用安全

为保证火工装置使用与试验的安全，对人员、仪表与设备、产品、安装、测试与试验安全提出要求，应按照 QJ3198《航天火工装置安全技术要求》的规定执行。

火工装置的安装应由专人操作，严格控制进入操作现场的人员。安装时，飞行器上各系统均不得加电，空间飞行器的壳体应接地，点火电缆总插头处或其分支电缆插头处应装上红色短路保护件。安装时，产品的工作方向严禁站人。安装过程中应轻拿轻放，严禁磕碰等危险动作。安装后，严禁敲打、切割、打孔等作业。已安装火工装置的飞行器起吊时，其壳体应接地，空间飞行器上的带电作业均应停止。在总装操作程序中应尽可能在后期进行点火线路电气接通。安装与测试工作不能同时进行。

火工装置和有关电路应检测方便。检测的环境条件为：温度 15～35 ℃；相对湿度 20%～80%。测试前，检查电阻测试仪各挡位的测量电流，确认符合后，再进行阻值测定。应保证桥路电阻测量电流不大于 10 mA，测量桥路电阻的精度不低于 2%。每个桥路的测量持续时间不超过 1 min，重复测量间隔时间大于 5 min。产品出厂后禁止使用 500 V 兆欧表测量电发火元件的绝缘电阻值，应使用 50 V±5 V 或 100 V±5 V 兆欧表。应保证绝缘电阻测量输出电流不大于 10 mA，测量电路电压的精度不低于 2%，绝缘电阻的测量精度不低于 10%。在规定的安全防护下，施加规定测量电压，在 2 min 内读取绝缘电阻稳定示值。单元测试应逐一进行，为防殉爆，测试台面不应放置待测试的火工装置。测试时，除安全员、测试人员外，其他无关人员不应进入操作区，产品的工作方向严禁站人。周围不应有产生强电磁场的设备及大型机械。火工装置的测试不准与其他的安装、测试工作同时进行。尽量减少测试火工装置的次数。

4.4.5.5 贮存与运输安全

标准QJ3198《航天火工装置安全技术要求》中对火工装置规定的贮存环境条件为：温度0～40 ℃；湿度20%～80%。国军标GJB1054A《火炸药贮存安全规程》中对火炸药库房规定的贮存环境条件为：温度－5～35 ℃；湿度45%～80%。火药与炸药不能在同一库房存放。不同品种的火药、火工品和装置也宜分库存放，条件限制时分组存放。一般条件下火药的安全贮存寿命为20～35年，单质炸药为40年。火炸药每年进行外观检查，每5年进行一次复验。火工品的包装、运输要求见GJB2001《火工品包装、运输、贮存安全要求》。

4.4.6 环境适应性

4.4.6.1 力学环境

火工装置设计应考虑冲击、正弦振动、随机振动、加速度过载等要求，在经历这些环境后性能应满足预定要求。抗力学环境设计除考虑静强度外，也要考虑一些零件（如剪切销、药盒等）的疲劳断裂和抗冲击强度。

4.4.6.2 温度环境

温度主要会对药剂产生影响。首先是装置的安全性，目前的标准要求所有爆炸材料的分解、自燃和熔化温度应该比在存储、操作、安装、运输、发射或在轨过程中所预计的最高环境温度至少要高出30 ℃，且不低于71 ℃。其次是对装置性能的影响。一般火药在低温下燃速减慢，释放出的能量降低，而在高温下燃速变快，能量增大。因此进行装置的发火试验时，要求分别在最低和最高使用温度下测量性能，并满足要求。试验也发现大部分的火工装置通常在－40～50 ℃温度范围内性能变化不明显，这是因为火工装置的装药量少、燃烧容腔小、工作时间短，这时火药燃烧能量的偏差对性能偏差的影响不显著。所以设计时一般不需要对温度影响特殊考虑，除非是使用了燃速较慢的双基药或对温度较敏感的药剂。

4.4.6.3 电磁环境

点火系统和火工装置在存储、操作或应用过程中可能遇到电磁环境的耐受性问题。这类环境包括静电放电（ESD）、电磁辐射（EMI）和射频干扰（RFI）等。点火系统应通过在两线之间安装电阻和线路接地避免静电危害，火工装置使用的电起爆器应能够经受 25 kV/500 pF/5 kΩ 静电放电试验；点火系统的设计应考虑将系统内敏感组件产生的电磁场限制在某一水平，至少比火工装置所用电起爆器的最大不发火额定值低 20 dB；点火系统必须完全屏蔽以消除进入系统被屏蔽部分的射频能量，屏蔽部分必须比预期电磁环境所有的频率低 20 dB，电起爆器应经受住射频干扰作用且不发生过早点火或性能降低。

4.4.6.4 空间环境

空间环境复杂，除现有基本明确的热环境和真空环境外，还包括空间辐照环境，主要的空间辐照环境有太阳紫外辐射、原子氧、电离辐射、等离子体等。

4.5 航天器回收着陆系统中的典型火工装置及其应用

4.5.1 解锁类火工装置

连接与解锁是火工装置的典型应用。火工装置通过机械结构承载较大的连接力，点火工作后在指定位置断裂或脱开。解锁类火工装置可以用于舱段间的连接与分离、舱盖的连接与分离、动作机构的动力转换或降落伞的分离等。

4.5.1.1 爆炸螺栓与爆炸螺母

爆炸螺栓是最早应用于航天技术上的一种火工装置，其结构如图 4-8 所示。在爆炸螺栓圆柱形药室的外壁上，开一圈 V 形槽，形成一个强度上的薄弱环节，爆炸螺栓作为类似于普通螺栓的连接件，将两个物体连接起来。分离时，药室内装填的主装药点火燃烧或爆燃，药室内压力升高，当压力增加到相应于开槽部位和断裂强度时，螺栓在开槽部位断裂，两个被连接的物体被分为两部分。

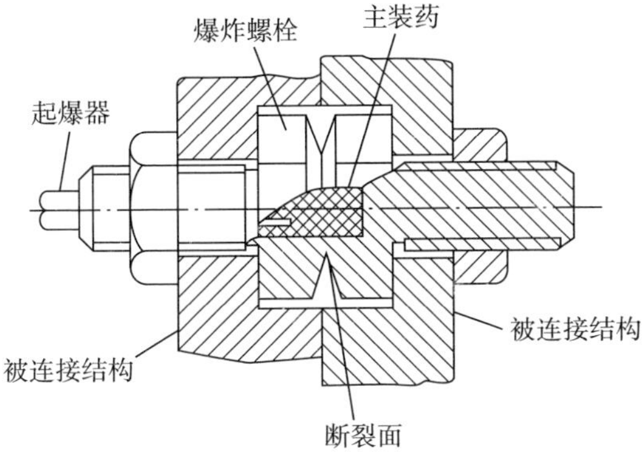

图 4－8　爆炸螺栓结构示意图

爆炸螺母的外形和使用方法与普通螺母相同。基于螺母中心对称设置两个雷管安装孔，安装孔位置是螺母周向最薄弱环节，如图4－9 所示。当装在爆炸螺母安装孔中的雷管发火时，其输出威力作用在安装孔内壁，将螺母从两侧炸开，如图 4－10 所示。两个雷管为冗余设计，任一雷管工作即可使螺母丧失连接能力。爆炸螺母结构简单，承载能力高。M8 的爆炸螺母即可承受 45 kN 的连接载荷。

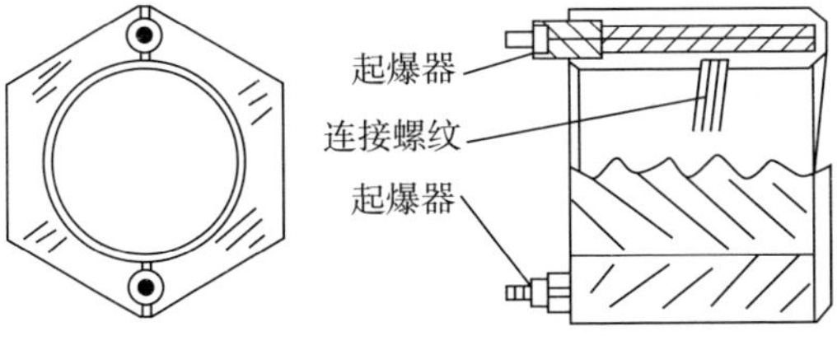

图 4－9　爆炸螺母结构示意图

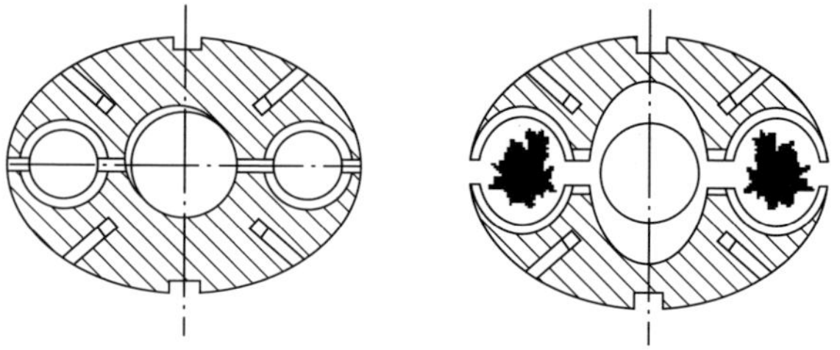

(a)　　(b)

图 4-10　爆炸螺母工作前后示意图

爆炸螺栓和爆炸螺母结构简单、工作可靠、使用方便，具有良好的抗力学环境能力。但为了使螺栓或螺母断裂，其内部压力或冲击力必须要大于削弱槽的断裂强度，也远大于连接强度（在考虑一定解锁裕度的前提下，分离力一般取连接力的 1.5 倍以上），因而产生的分离冲击相应较大，可能产生火焰、烟尘和碎片，对周围结构和设备造成危害，目前在航天器上已逐步被解锁螺栓、分离螺母取代。

4.5.1.2　解锁螺栓

解锁螺栓通常采用螺纹连接方式，通过内部结构承载，用于结构、机构的锁定。常用的解锁螺栓按其结构形式有剪切销式、钢球式和楔块式等多种形式。连接结构的承载能力见表 4-1。

表 4-1　解锁螺栓结构承载能力

推荐使用工况	连接形式
连接力＜10 kN	剪切销式
连接力 10～30 kN	钢球式
连接力 30～60 kN	楔块式

（1）剪切销式解锁螺栓

剪切销式解锁螺栓通过剪切销将内、外筒固定在一起，如图 4-11 所示。当药室压力增加，推力达到切断剪切销时，内、外筒解锁分离。

解锁螺栓结构简单，仅由内筒、外筒、剪切销和动力源组成，加工、装配简便。但是其连接力受到剪切销强度的限制，不宜过强，因此只适用于连接力较小的固定场合。

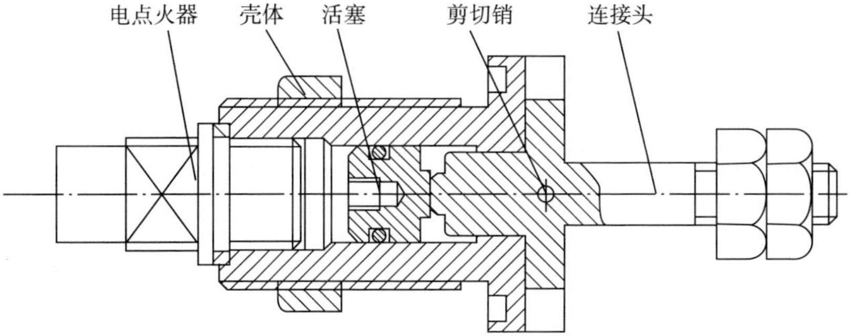

图 4-11　剪切销式解锁螺栓示意图

（2）钢球连接式解锁螺栓

钢球连接方式是从一些机械锁定机构发展而来的，在机械引信中应用较多。该类装置采用钢球锁定结构进行连接和受力，解锁启动动作由剪切销控制，因此解锁力小于连接力，且产生的分离冲击较小。钢球连接结构通过点接触承受连接力，适合用于连接力在 10～30 kN 范围内的装置。

典型的钢球连接式解锁螺栓见图 4-12。它主要由活塞、外筒、内筒、钢球、滑杆、剪切销等组成。外筒的内表面某一截面处开有一圈梯形槽。在内筒的相应截面上，沿周向均匀分布若干径向圆孔，孔的直径与钢球大小相同。钢球固定在内筒的钢球孔和外筒的钢球槽中，从而限制内外筒的相对位移。内筒内设计有滑杆以阻挡钢球从孔中掉出，采用剪切销将滑杆与内筒固定。

解锁螺栓工作时，燃气推动活塞和滑杆剪断剪切销并向前移动，解除滑杆对钢球的约束后，钢球沿径向向内部缩回，从而解除内外筒的锁定功能。为保证可靠解锁，滑杆在内筒内的运动距离应大于钢球结构的安全解锁距离。增加钢球数量可以提高承载能力。但钢球数量受到内筒直径的限制，数量太多会削弱内筒的拉伸强度，也

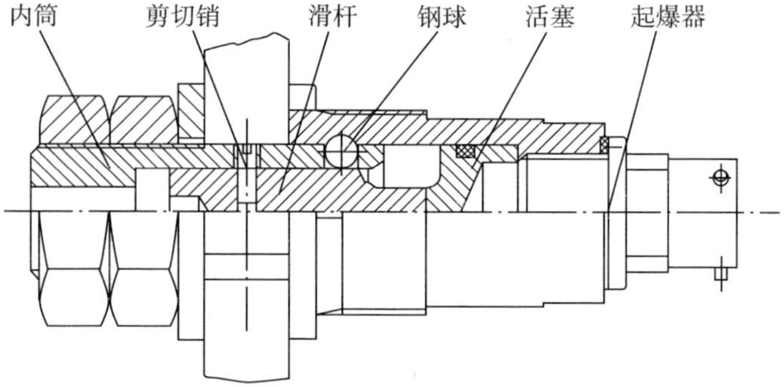

图 4－12 钢球连接式解锁螺栓示意图

降低分离可靠度。一般设计钢球数量都取 4 个，由于存在安装间隙和制造误差等原因，不能保证连接力均匀分布到各钢球上，因此设计计算需要考虑承载的不均匀性，载荷不均匀系数取 1.1～1.2。

（3）楔块连接式解锁螺栓

楔块式解锁螺栓的工作原理与钢球式解锁螺栓基本相同。但由于钢球连接为点接触，接触变形量较大，采用面接触能够大幅度提高承载能力。楔块连接结构实际上就是将钢球更换为楔块。相同结构尺寸和材料的楔块式解锁螺栓，相比钢球式结构连接力要大很多。

图 4－13 所示脱伞器即为一种楔块连接式解锁螺栓，可以承受大于 100 kN 的连接力。脱伞器通常要完成两种功能：在减速着陆过程中，脱伞器将着陆器与降落伞连成一体，承受较大的连接力，并具备消旋功能；当着陆后，为避免降落伞拖曳着陆器，脱伞器点火工作，将主伞脱开。脱伞器通过连接环与主伞吊带连接。工作时电点火器点火，点燃主装药，产生高温高压燃气推动滑块，切断剪切销，让出楔块，解除锁定状态，使降落伞与着陆器脱开，完成解锁分离功能。

4.5.1.3 分离螺母

分离螺母是自 20 世纪 60 年代发展起来的火工装置。分离螺母能提供非常大的连接力，连接强度优于爆炸螺栓和其他解锁分离装

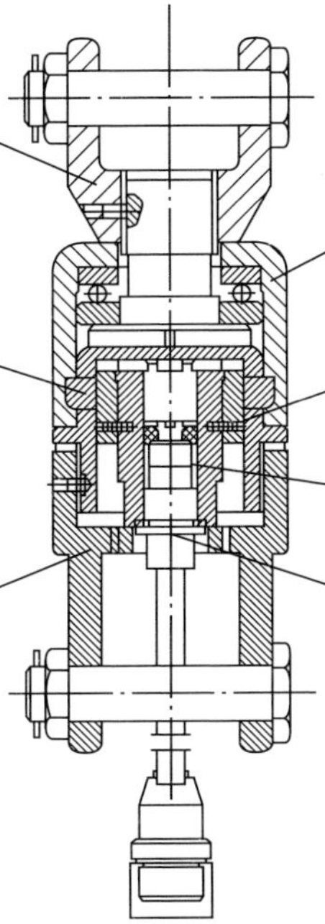

图 4 - 13　楔块连接式脱伞器示意图

置；需要的启动压力小，产生的分离冲击相对小；无污染，无碎片；容易标准化。

分离螺母等同于普通螺母的使用方法。分离螺母的分离瓣为内螺纹圆柱体，并从轴向切割成三瓣或四瓣，与其配套的连接螺栓与分离瓣的内螺纹啮合。压紧环从外部约束分离瓣。分离螺母工作时，由火药燃气驱动，压紧环沿轴向移动解除约束，从而使分离瓣沿径向往外张开，螺栓的螺纹与分离瓣脱开，从而释放螺栓，如图 4 - 14 所示。分离螺母能够利用冷气直接驱动分离瓣解锁，可多次重复工作。

在螺栓拧入分离螺母预紧时，螺纹角和分离瓣的支撑角 α、β 会引起螺栓的部分载荷分解到分离瓣的径向（如图 4 - 15 所示），最终的径向载荷由压紧环承受。径向力乘以上接触面的静摩擦系数等于

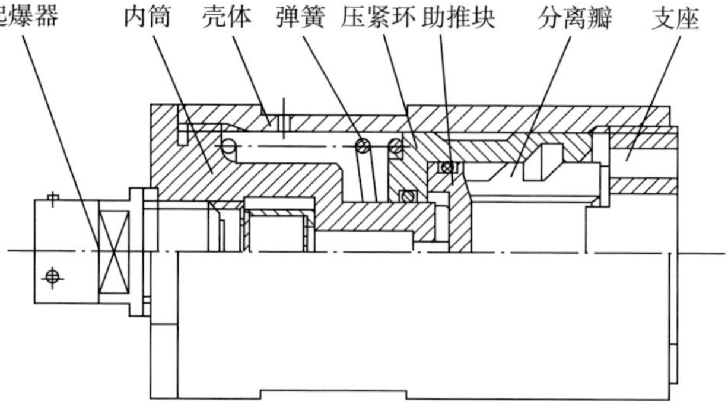

图 4-14　分离螺母结构示意图

分离瓣和压紧环间的摩擦力。分离螺母工作时主要克服各个接触面上的摩擦力，相应的燃气启动压力也由此确定。在螺栓载荷和设计约束条件一定的情况下，通过改变支撑角可调整轴向和径向载荷的分布，以达到最优设计的目的。

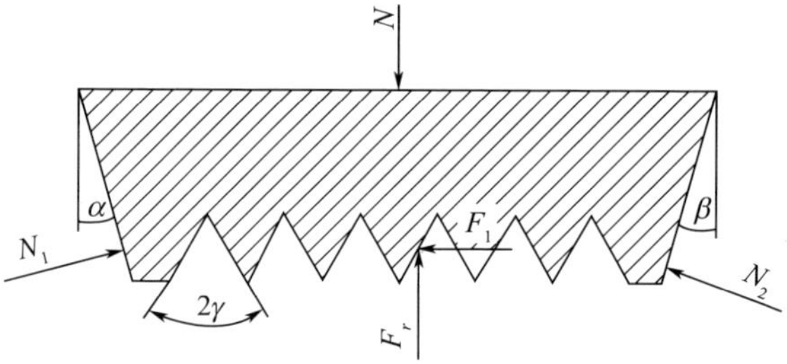

图 4-15　分离瓣受力示意图

4.5.1.4　拔销器

拔销器用于结构机构的锁定和释放，其特点是体积小，结构简单，不产生多余物，安装使用方便。其基本结构如图 4-16 所示，主要由壳体、后盖、承力销、剪切销和密封圈组成。承力销杆一端伸出，一端作为活塞头封闭在壳体内。壳体和销杆之间安装密封圈。剪切销穿过壳体与销杆，保证承力销在转运、安装等过程中不会回缩。拧到壳体上的后盖用于封闭内腔，同时使承力销在运动行程结束后停止。点火器点火后，燃气驱动活塞运动使销杆回缩到壳体内。

拔销器使用时利用伸出端销住机构，工作后伸出端回缩释放机构。在回收着陆系统中一般 2 个拔销器配套使用，用于完成脱伞功能，如图 4-16 所示。

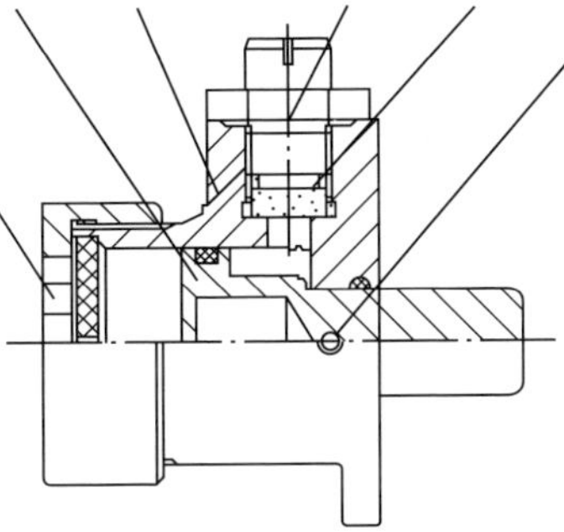

图 4-16　拔销器结构示意图

4.5.1.5　推销式火工装置

拔销器适用于回缩行程较小的场合，在装置内部完成承力销的回缩和锁定。在要求承载力较大，承力销运动行程较长时，拔销装置并不是很适合。推销式火工装置可以满足上述需求，如图 4-17 所示，降落伞连接座通过承力销连接成整体。为了脱开结构和伞带，承力销需要运动足够行程保证完全脱开，推销式结构更为适合。推销装置由缓冲套、缓冲片、承力销、轴瓦和药盒组成。承力销具有很强的径向承载能力，作为机构的承力销起到连接功能；当机构需要解锁分离时，由药盒点火功能，输出火药能量冲开缓冲片，推动承力销冲入缓冲套内，让出销轴位置，实现解锁功能。

在大承载力的连接分离机构中，利用药盒火药做功的推销装置是较为适宜的解锁方案。火工装置能量质量比高，输出能量高，工作可靠，而推销结构简单，承载能力强。由于整个结构为非密封设计，因此火药利用效率较低，为保证足够的性能裕度，药盒提供的

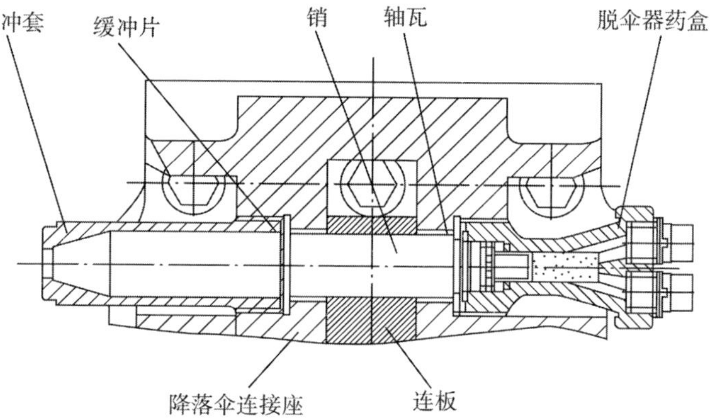

图 4-17　推销式火工装置示意图

输出能量应该为推销作动所需能量的两倍以上，且应该充分考虑整个机构的恶劣工况和拉偏工况。

4.5.2　弹射类火工装置

4.5.2.1　弹射器

弹射器用于为被弹射物体提供可靠的分离速度，如舱盖、天线盖的弹射，降落伞的弹射开伞等。弹射器通过自身结构为被弹射物体提供连接力，并在工作时为被弹射物体提供规定的弹射速度。弹射器的结构与解锁螺栓相似，活塞在火药气体压力的作用下，在外筒内作加速运动，被弹射的物体就沿着外筒轴线方向以一定的速度实现弹射。

图 4-18 即为一种典型的钢球连接式弹射器。弹射器由点火器点燃主装药，主装药燃烧产生高温、高压燃气膨胀做功，推动活塞-滑杆同时运动，剪断剪切销、克服负载力向前运动。活塞运动一定行程后，完成弹射器的解锁，同时，活塞继续推动负载加速向前运动，当活塞运动至离开外筒后弹射器工作结束。活塞、内筒、滑杆等零件随被弹射物体以一定速度飞出。

弹射器需要提供足够的活塞行程，以提供更大的分离冲量。弹射器具有类似解锁装置的连接分离功能，不需要复杂的装药设计。弹射器一般用于锁定和分离质量较轻的舱盖等，也可以多个弹射器配套使用。如图 4－19 所示，伞舱盖弹射分离装置由 16 个弹射器共同组成，可以为直径 ϕ 868 mm，质量 40 kg 的伞舱盖提供大于 18 m/s 的弹射速度。为了避免 16 个弹射器工作不同步造成分离干扰，影响弹射速度，16 个弹射器由两组非电传爆装置点火起爆，每组非电传爆装置由 1 发传爆雷管同时引爆 16 路限制性导爆索，导爆索以大于 6 000 m/s 的传爆速度引爆 16 个弹射器，整个工作过程最大不同步时间小于 5 ms，可以保证 16 个弹射器以稳定的弹射速度同步工作，推动伞舱盖以规定的弹射速度可靠分离。

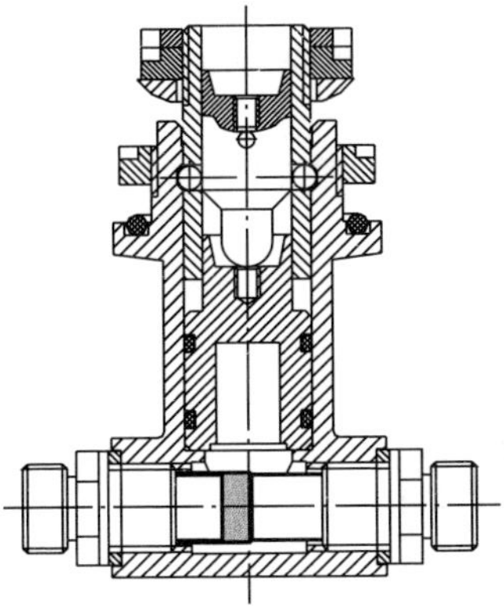

图 4－18　弹射器结构示意图

4.5.2.2　弹伞筒

飞行器上降落伞需要采用弹射的方法强制拉伞。实际应用时可使用弹射的方式弹射伞舱盖，伞包固定在舱盖上，将伞包和降落伞弹出。另一种方法是采用弹伞筒直接推动伞包，将降落伞弹出。弹伞筒用于固定和容纳降落伞，将包好的降落伞伞包固定在活塞上，如图 4－20 所示。点火工作时，利用药盒组件燃烧产生高温高压燃气，解除固定约束，推动被弹射物体做功，使其获得一定的弹射速度，为降落伞开伞提供初始动能。

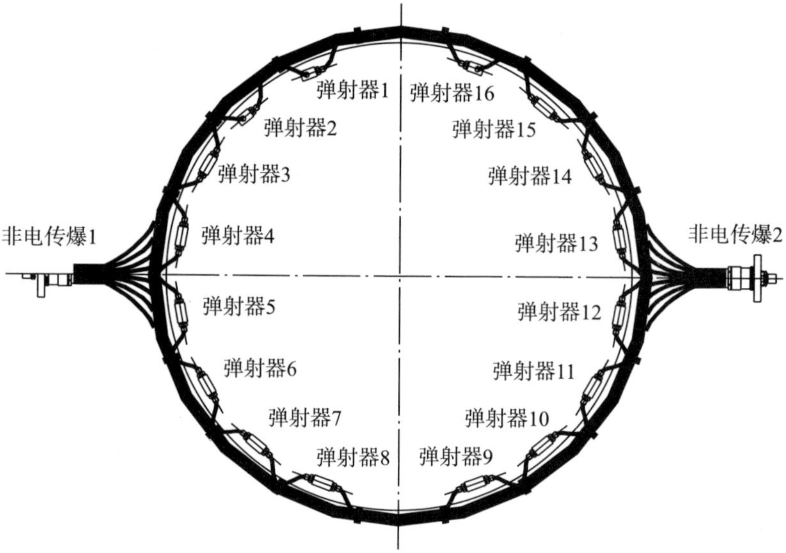

图 4-19　伞舱盖弹射分离装置示意图

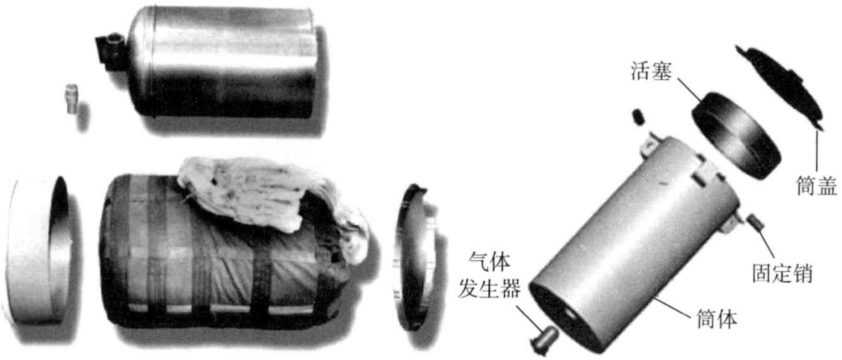

图 4-20　弹伞筒结构示意图

在阿波罗号载人飞船的降落伞着陆系统里，有三种共 6 只弹伞筒。1 只是防热顶盖回收伞弹伞筒，2 只稳定伞弹伞筒，还有 3 只引导伞弹射筒。猎户座号飞船使用的群伞回收中使用了 2 只减速伞弹伞筒和 3 只引导伞弹伞筒，如图 4-21 所示。

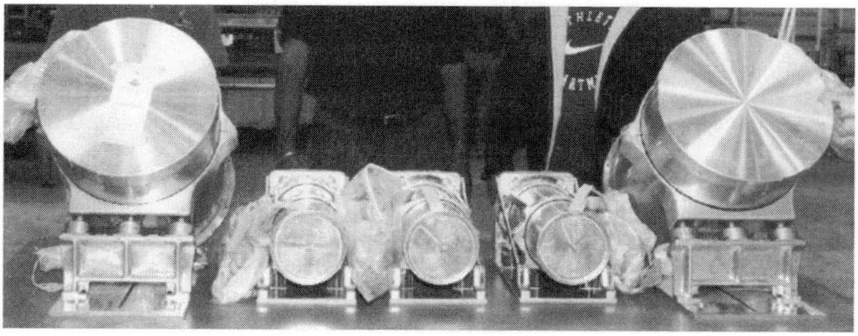

图 4-21　猎户座号飞船弹伞筒

相对于弹射器，弹伞筒直径较大，长细比相对小（一般小于 3）。由于活塞面积大，膨胀比很大，所需的燃气压力并不高（几兆帕到十几兆帕）。因此外筒通常采用铝合金薄壁结构，能够有较轻的重量，并满足强度要求。但外筒的加工通常是一个难题，由于筒壁太薄，容易在加工时产生变形，而且放置一段时间后材料应力释放也会产生变形。因此外筒在加工前需对原材料进行自然时效处理，释放内部应力，以满足圆度和同轴度要求。

弹伞筒需要较长时间持续做功，因此要选用气体生成量大、燃速较慢的药剂，多选用双基推进剂。弹伞筒的装药设计是一项很重要的设计内容，通过药型与药量设计，确定火药燃烧过程与弹伞运动过程的合理匹配。可以将装药作为一个独立的药盒装置，必要时可通过节流设计保证燃气的稳定输出。另外，对于行程较长的弹伞筒，如果设计不好，出口压力甚至有可能小于 1 个标准大气压，产生负压影响，设计要避免这种情况发生。

4.5.3　切割类火工装置

火工切割器可用于切割高强度绳索、电缆、管路以及各种金属杆棒等。其工作原理是将活塞做成切刀形状，通过火药燃气驱动锋利的切刀冲击被切割物体，切断各类金属或非金属材料。减速着陆系统中通常使用切割器切割伞带、收口绳等柔性材料。切割器工作完成后，燃气完全密封在腔内，也不产生多余物。

4.5.3.1 伞带切割器

典型切割器的结构如图 4－22 所示，主要由壳体、切刀、砧板和剪切销四部分组成。切刀具有活塞的作用，工作时保证燃烧室的密封。通常使用剪切销锁住切刀，保证在操作、安装等环境中不移动。壳体上有切割孔和砧板连接位置。切割前，被切割伞带穿过切割器的切割孔。伞带绕在铜套式砧板上，防止切割过程中被切割伞带移动。

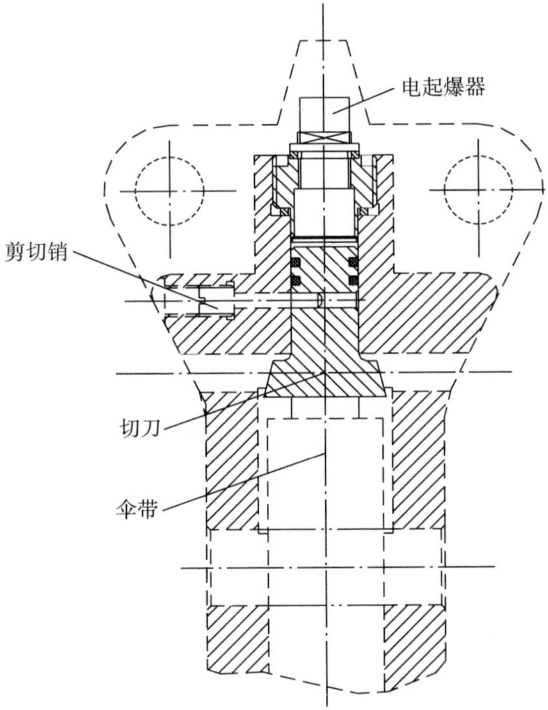

图 4－22　主伞吊带切割器

药盒作为切刀切断主伞吊带的能量源，在接到电信号后，电点火器发火，点燃主装药。主装药燃烧产生高压燃气流，作用于切刀端面，推动切刀剪断剪切销，最终切断主伞吊带。药盒在工作过程中处于密闭容腔内，保证火药能的充分利用。利用切割器切断多层织物的柔性伞带总是不那么彻底，存在残丝现象，但远远小于吊带的连接力，因此一般都是可以接受的。

4.5.3.2　收口绳切割器

收口绳切割器用于切断降落伞的收口绳，解除降落伞的收口状态。收口绳切割器一般采用机械击发方式，内部利用延期火药设计不同的延迟时间，如 2 s、5 s，8 s，10 s。切割的收口绳有尼龙、芳纶、涤纶等织物材料。

典型的收口绳切割器如图 4－23 所示，由击发组件、延期管、环刀和壳体等组成。切割器一端为击发支耳，与拉绳相连，另一端的切割孔穿收口绳。切割器一般固定在降落伞的伞衣上。当降落伞伞绳拉直时，拉绳受力后拉动击发支耳，机构释放击针，击针在弹簧作用力下撞击火帽点火，继而引燃延期管，延期管内延期药沿轴向燃烧，经规定延期时间后，引燃主装药（抛射药）。后者输出做功推动环刀运动，最终切断收口绳。

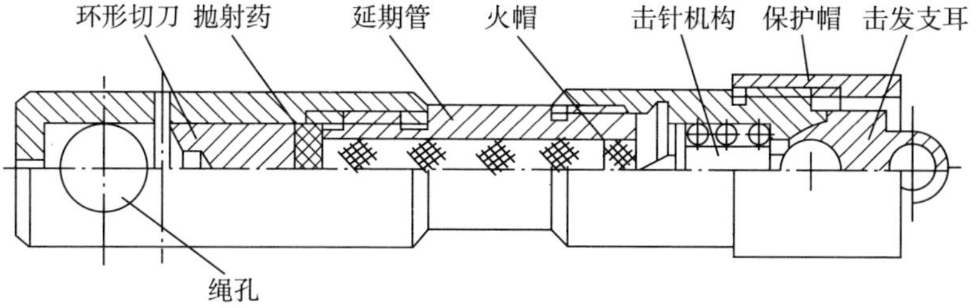

图 4－23　收口绳切割器结构示意图

击发组件中弹簧和击针的设计应满足撞击或针刺火帽的激发可靠性要求。出于安全和长期贮存的考虑，弹簧预压缩量不宜太大，有些标准要求长期贮存的收口绳切割器不能采用预压缩弹簧设计。为保证使用安全，击发机构可以安装保险销，但要在包伞前去掉。

参 考 文 献

[1] 荣伟，等．航天器进入下降与着陆技术［M］．北京：北京理工大学出版社，2018.

[2] Bowden F D，Yoffe A D. Fast Reaction in Solids［M］，Butterworths，London，1958.

[3] 郑航，蔡瑞娇，董海平，曹建华，计数法和计量法的发展历程［J］．火工品，2003（4）.

[4] Laurence J Bement，Herbert A Multhaup. Determining Functional Reliability of Pyrotechnic Mechnical Devices，AIAA 97－36045.

[5] Laurence J Bement，Morry L Schimmel. Determination of Pyrotechnic Functional Margin，the 21st Annual SAFE Symposium，1991，93N20134.

[6] 刘志全，满剑峰．载人飞船座椅缓冲机构的可靠性试验方法［J］．中国空间科学技术，2009，29（2）：33－58.

[7] 刘志全，夏祥东．载人航天器密封舱门的可靠性验证试验方法［J］．中国空间科学技术，2010，30（1）：60－64.

[8] 刘世毅，刘志全．火工切割器的一种小样本可靠性验证试验［J］．中国空间科学技术，2015（8）.

第 5 章 着陆缓冲装置技术

一般航天器在降落伞减速后就将实施最后的着陆。着陆是一个过程，是着陆器从伞降下降速度或动力减速下降速度变成静止停留在地面上的速度归零过程，其实质也就是着陆器在触地前后发生的终端减速过程。相对降落伞气动力减速，终端减速历时短促、行程有限。如果着陆器以伞降着陆速度直接撞地着陆，终端减速过程在着陆器结构与地面介质直接作用下瞬间完成，由此产生的着陆冲击过载会造成着陆器的严重损坏，在载人的情况下，有可能导致航天员的受伤致残。如果在着陆器上设置着陆缓冲装置，通过它对终端减速过程加以控制，使着陆器本体触地时的速度减至很小，甚至接近于零，即实现所谓软着陆，从而确保着陆器的安全着陆。着陆缓冲设计的实质就是借助缓冲装置使着陆器终端减速过程处于受控状态。

按终端减速所需制动力的来源，可将航天器着陆缓冲的方式分为主动式和被动式两类。其中，主动式缓冲方法是指着陆器减速所需的制动力源自缓冲装置产生的推力（或拉力），并由缓冲装置调控推力（或拉力）的大小和提供一定行程，使以伞降速度下降的着陆器进一步减速，目前得到应用的主要是火箭动力缓冲技术；被动式缓冲方法是指减速所需制动力来自经缓冲装置传递的地面反作用力，也就是说缓冲装置本身不产生制动力，只是利用着陆时缓冲装置首先触地，并通过它将地面的反作用力传递给着陆器本体，从而使其减速。被动式缓冲根据着陆时的初始条件，按照其工作模式和工作原理，又可细分为两种机理：一种是加变形缓冲物，用以吸收一部分能量，从而减小了受保护物体的实际着陆冲击能量，典型的应用就是缓冲气囊；另一种是用缓冲物变形以延长受保护物体对冲击力的响应时间，从而使其对冲击力的响应相应地减小，典型应用则是机械式着陆缓冲支架。

5.1 着陆反推发动机缓冲技术

着陆反推发动机缓冲采用着陆反推发动机（或称为着陆缓冲发动机、着陆缓冲火箭等）作为动力缓冲装置。当着陆器下降到距着陆星球表面不大的高度时，着陆反推发动机启动并给着陆器一个向上的冲量，即向上的速度增量，从而使着陆器在着陆瞬间的速度减小到相当小的数值。

着陆反推发动机的缓冲行程比任何一种缓冲装置都大，因而用以实现在相当小的过载条件下，将着陆器的着陆速度减小到很低的水平。这一点对于载人飞船着陆是非常重要的。在着陆器重量很大的情况下，使用着陆反推发动机可以明显地减小主伞伞衣面积，从而也减小了回收着陆系统的重量。载人飞船使用着陆反推发动机可使返回舱以接近于零的速度着陆，从而使航天员不会感受明显的着陆冲击。

在实际工程设计确定着陆器的着陆速度时，应该考虑着陆反推发动机失效而依靠其他着陆缓冲装置作用的情况，保证着陆冲击过载应在许可的范围内。虽然这样会使系统的总重量增加，但是能够大幅提高回收着陆的安全性，尤其对于载人航天器是非常必要的。载人航天器普遍采用整舱缓冲和航天员的个体缓冲互补、多种缓冲措施并用的可靠性设计原则。

着陆反推发动机缓冲的主要特点是缓冲行程大，可以实现较小过载，体积和重量小，缓冲效率高，但其一般采用小型固体火箭发动机，技术较复杂、不能重复使用，实现难度主要体现在发动机推力与载荷的匹配、点火时机的控制、工作时间的匹配和着陆时姿态的控制。

采用着陆反推发动机缓冲的工作原理为：当进入器下降到距星

球表面某一高度 H_0，下降速度为 v_0 时，低高度控制装置发出指令，着陆反推发动机点火工作，在制动行程 H_a 的高度范围内，将进入器的下降速度减小到 v_1。因此，着陆反推发动机缓冲技术的主要研究工作是着陆反推发动机技术参数的确定及其设计、低高度控制装置的设计。

5.1.1 着陆反推发动机技术参数的设计

着陆反推发动机技术参数的设计就是在给定的约束条件（制动过载、缓冲行程）下，确定着陆反推发动机的推力和总冲或制动时间。

由于着陆反推发动机的工作期间还同时受到了降落伞的作用，因此，着陆反推发动机的技术指标必须通过着陆反推发动机工作期间的物伞系统运动方程来确定。

5.1.1.1 着陆反推发动机技术参数分析方法

为了简化分析，我们作如下假设：

1）着陆反推发动机工作时，物伞系统垂直稳定下降；

2）多台着陆反推发动机的合成推力、物伞系统的阻力均通过物体几何中心；

3）物体质心与几何中心重合；

4）进入器的空气阻力忽略不计；

5）着陆反推发动机工作引起的质量变化忽略不计；

6）着陆反推发动机工作的不同步时间忽略不计；

7）着陆反推发动机的推力按总冲和工作时间折算为常数。

着陆反推发动机工作期间，将物伞系统的运动过程分为两个阶段来进行考虑。第一阶段，从着陆反推发动机点火开始至伞绳对进入器的拉力为零时止，物伞系统作为一个受力作用的整体。第二阶段从伞绳对进入器的拉力为零时起至发动机工作完毕止，此阶段不考虑降落伞对进入器的影响，只考虑进入器在着陆反推发动机作用下的运动。

(1) 第一阶段的运动分析方法

根据物伞系统的动力学方程和运动学方程，可得物伞系统第一阶段速度和高度随时间变化关系，以及此阶段结束时的时间、速度和高度关系表达式[1,2]。

从着陆反推发动机点火开始至伞绳对进入器的拉力为零时止，物伞系统的动力学方程为

$$\frac{1}{2}\rho v^2 C_D A + nF\cos\theta - (m_c + m_s)g = -\frac{\mathrm{d}v}{\mathrm{d}t}(m_c + m_s) \quad (5-1)$$

式中　v ——物伞系统下降速度；

F ——单台着陆反推发动机的推力；

n ——着陆反推发动机的工作台数；

θ ——着陆反推发动机推力轴线与进入舱轴线间的夹角；

m_c ——发动机工作时进入器（不含伞，含着陆器）的质量；

m_s ——伞的质量；

$C_D A$ ——降落伞的阻力特征面积；

ρ ——大气密度；

g ——重力加速度；

t ——时间。

进入器的动力学方程为

$$nF\cos\theta + T - m_c g = m_c \cdot \left(-\frac{\mathrm{d}v}{\mathrm{d}t}\right) \quad (5-2)$$

式中，T 为降落伞作用在进入器上的力。

由式（5-1）和式（5-2）可得

$$T = \frac{1}{2}\rho v^2 C_D A - m_s g + m_s \frac{\mathrm{d}v}{\mathrm{d}t} \quad (5-3)$$

当 $T=0$ 时，由式（5-2）和式（5-3）可得

$$\frac{1}{2}\rho v^2 C_D A = \frac{m_s}{m_c} nF\cos\theta \quad (5-4)$$

则第一阶段运动结束时的系统速度 v_1 为

$$v_1 = \sqrt{2 \frac{m_s}{m_c} \frac{nF\cos\theta}{\rho C_D A}} \tag{5-5}$$

同时，对式（5-1）进行积分得

$$t + C_1 = -\sqrt{\frac{2(m_c + m_s)}{\left(\frac{nF\cos\theta}{m_c + m_s} - g\right)\rho C_D A}} \cdot \operatorname{arctg}\left[v\sqrt{\frac{\rho C_D A}{2\left(\frac{nF\cos\theta}{m_c + m_s} - g\right)(m_c + m_s)}}\right] \tag{5-6}$$

式中，C_1 为待定的积分常数。

设着陆反推发动机点火时刻为 t_0，物伞系统的速度为 v_0，则

$$C_1 = -\sqrt{\frac{2(m_c + m_s)}{\left(\frac{nF\cos\theta}{m_c + m_s} - g\right)\rho C_D A}} \cdot \operatorname{arctg}\left[v_0\sqrt{\frac{\rho C_D A}{2\left(\frac{nF\cos\theta}{m_c + m_s} - g\right)(m_c + m_s)}}\right] - t_0 \tag{5-7}$$

由式（5-6）和式（5-7）可得第一阶段运动结束时的时间 t_1

$$t_1 = t_0 + \sqrt{\frac{2(m_c + m_s)}{\left(\frac{nF\cos\theta}{m_c + m_s} - g\right)\rho C_D A}} \cdot \left\{\operatorname{arctg}\left[v_0\sqrt{\frac{\rho C_D A}{2\left(\frac{nF\cos\theta}{m_c + m_s} - g\right)(m_c + m_s)}}\right] - \operatorname{arctg}\left[\sqrt{\frac{m_s}{m_c}\frac{nF\cos\theta}{nF\cos\theta - (m_c + m_s)g}}\right]\right\} \tag{5-8}$$

以及第一阶段速度随时间的变化关系

$$v=\sqrt{\frac{2\left(\frac{nF\cos\theta}{m_c+m_s}-g\right)(m_c+m_s)}{\rho C_D A}}\cdot$$
$$\operatorname{tg}\left\{\operatorname{arctg}\left[v_0\sqrt{\frac{\rho C_D A}{2\left(\frac{nF\cos\theta}{m_c+m_s}-g\right)(m_c+m_s)}}\right]-\sqrt{\frac{\left(\frac{nF\cos\theta}{m_c+m_s}-g\right)\rho C_D A}{2(m_c+m_s)}}\cdot(t-t_0)\right\} \tag{5-9}$$

同时，物伞系统的运动学方程为

$$\frac{\mathrm{d}H}{\mathrm{d}t}=-v \tag{5-10}$$

式中，H 为物伞系统离地面的高度。

同样根据式（5－9）和式（5－10）即可得第一阶段高度随时间的变化关系

$$H=H_0+\frac{2(m_c+m_s)}{\rho C_D A}\ln\cos\left\{\operatorname{arctg}\left[v_0\sqrt{\frac{\rho C_D A}{2\left(\frac{nF\cos\theta}{m_c+m_s}-g\right)(m_c+m_s)}}\right]\right\}-$$
$$\frac{2(m_c+m_s)}{\rho C_D A}\cdot\ln\cos\left\{\operatorname{arctg}\left[v_0\sqrt{\frac{\rho C_D A}{2\left(\frac{nF\cos\theta}{m_c+m_s}-g\right)(m_c+m_s)}}\right]-\sqrt{\frac{\left(\frac{nF\cos\theta}{m_c+m_s}-g\right)\rho C_D A}{2(m_c+m_s)}}\cdot(t-t_0)\right\} \tag{5-11}$$

式中，H_0 为着陆反推发动机点火时刻物伞系统的初始高度。

于是第一阶段运动结束时的高度 H_1 为

$$H_1 = H_0 + \frac{2(m_c + m_s)}{\rho C_D A} \ln \cos\left\{\mathrm{arctg}\left[v_0 \sqrt{\frac{\rho C_D A}{2\left(\frac{nF\cos\theta}{m_c + m_s} - g_m\right)(m_c + m_s)}}\right]\right\} - \frac{2(m_c + m_s)}{\rho C_D A} \cdot \ln \cos\left\{\mathrm{arctg}\left[\sqrt{\frac{m_s}{m_c} \frac{nF\cos\theta}{nF\cos\theta - (m_c + m_s)g}}\right]\right\} \tag{5-12}$$

（2）第二阶段运动分析方法

在第二阶段中，由于进入器不受降落伞的作用，作等减速运动，于是进入器的下降速度和高度可表达为

$$v = v_1 - \left(\frac{nF\cos\theta}{m_c} - g\right)(t - t_1) \tag{5-13}$$

$$H = H_1 - v_1(t - t_1) + \frac{1}{2}\left(\frac{nF\cos\theta}{m_c} - g\right)(t - t_1)^2 \tag{5-14}$$

5.1.1.2　技术指标的确定

对于着陆反推发动机，其技术指标的确定主要是总冲和工作时间。

（1）推力指标

为了防止着陆反推发动机工作时产生过大的冲击过载，同时考虑到仪器设备的承受能力，着陆反推发动机工作时的推重比（发动机在进入器轴向方向的总推力与进入器重量之比）必须小于允许的着陆过载的值。于是根据所要求的着陆过载，并留有一定的余量，以及进入器在着陆反推发动机工作时的质量，即可得到着陆反推发动机工作时沿进入器轴向方向的总推力。然后再根据着陆反推发动机的台数，以及每台发动机安装在进入器上时其推力轴线与进入器轴线间的夹角，提出单台着陆反推发动机的推力指标要求。

（2）工作时间

假设进入器以某一期望的速度着陆，则根据式（5-5）、式（5-8）和式（5-13）即可确定着陆反推发动机的工作时间。

(3) 总冲

根据前面着陆反推发动机的推力按总冲和工作时间折算为常数的假设，即可确定反推发动机的总冲。

同时根据确定的着陆反推发动机的推力、工作时间，再通过上述关系即可确定着陆反推发动机的工作行程，进而也可确定着陆反推发动机的点火高度。

5.1.2　着陆反推发动机

着陆反推发动机一般采用小型固体火箭发动机，主要部件有点火装置、燃烧室、装药和喷管。图 5－1 所示为神舟号飞船采用的着陆反推发动机，主要由燃烧室壳体、喷管、点火器、带垫片包覆药柱、前挡药板、后挡药板、挡环等组成。着陆反推发动机的设计可参考相关的固体火箭发动机的资料。

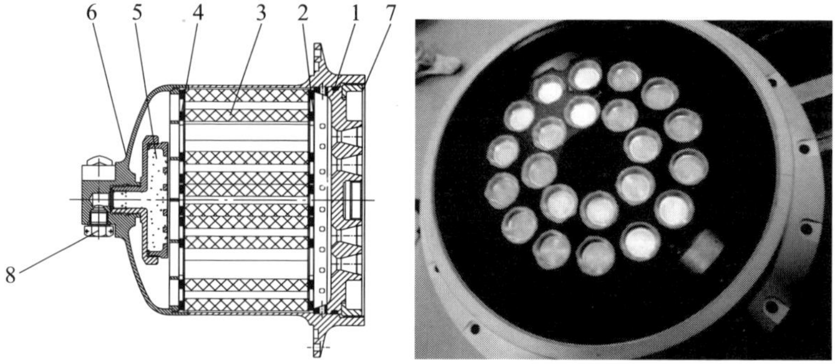

图 5－1　着陆反推发动机结构示意图和实物

1—喷管；2—后挡药板；3—带垫片包覆药柱；4—前挡药板；
5—点火器；6—燃烧室壳体；7—挡环；8—螺塞

5.1.3　点火控制

在进入器的伞降着陆状态参量（进入器质量、稳定下降速度）、着陆反推发动机的推力和工作时间均确定的情况下，为使航天器以预期的剩余下降速度着陆，必须精确控制相对地面的点火高度，即必须在确定的高度将着陆反推发动机点燃。因此在采用着陆反推发动机作为着陆缓冲装置时，精确控制着陆反推发动机的点火高度是关键环节。

着陆反推发动机的点火启动一般采用低高度控制器进行控制。低高度控制器一般有以下几种类型。

（1）机械式低高度控制器

机械式低高度控制器有摆锤式和触杆式两种。当进入器的主伞开伞后，从其下端伸出摆锤或触杆。在摆锤或触杆端头触地瞬间，微动开关或行程开关动作，发出着陆反推发动机点火指令。摆锤式的控制器可靠性差，一般在实际工程上不采用。

图 5－2 所示是上升号飞船着陆系统用的触杆式低高度控制器。触杆是用两条很薄的钢带将两个边缘焊接起来，中间凸出，形成一根空心的钢管。触杆的一端固定在壳体内带有弹簧的座上，其余部分像钢卷尺一样卷在卷筒上。卷筒支座的上端由解锁螺栓（一种火工装置）固定在外壳内顶部，下端顶在防热盖上。在主伞开伞后，壳体的防热盖分离；同时解锁螺栓动作，卷筒自由坠出壳体。触杆靠自身的弹性伸直向下，当触杆触地时，触杆向上位移，压迫行程开关；后者发出着陆反推发动机点火指令[3]。

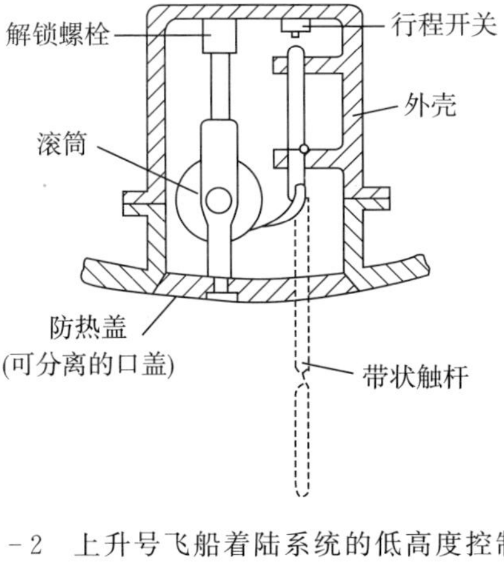

图 5－2　上升号飞船着陆系统的低高度控制器

(2) 伽马高度控制器

伽马高度控制器主要是利用伽马射线进行测距。伽马射线的测距机理是利用 γ 源向地面发射 γ 光子，通过测量地面反散射的 γ 光子数来进行测距。不同距离对应的计量 γ 光子数不同。

伽马高度控制器主要通过测量 γ 射线穿透物质并和物质（例如月面、地面等）发生相互作用后产生的反散射粒子密度来获取距离信息。其测距精度与它的几何关系和物理参数相关。其测距物理模型如图 5-3 所示。假设在高度 H_0 处由发射器以辐射角 ϕ 向地面连续发射 γ 射线，在高度 $H=H_0+h$ 处由探测控制装置接收反散射的 γ 射线流，d 为发射器与光电探测装置内部闪烁体之间的水平距离，则其接收的反散射粒子密度可由下式表示[4]

$$\varphi_P = A \cdot K \cdot V \cdot \Omega \cdot \alpha_\gamma(E_\gamma, Z, \theta, \theta_1, \phi) \cdot f(\mu H, \mu_1 H)/(4\pi H^2) \tag{5-15}$$

式中　A ——辐射源的放射强度，居里；

$K=3.7\times10^{10}$ ；

V ——衰变量；

Ω ——辐射源辐射立体角；

$\alpha_\gamma(E_\gamma,\ Z,\ \theta,\ \theta_1,\ \phi)$ ——反散射率；

E_γ ——辐射源的光子辐射能量，keV；

Z ——作用物质的原子序号；

ϕ ——方位角；

θ，θ_1——入射角和反散射角；

H_0——辐射源到地面的距离；

$f(\mu H,\ \mu_1 H)$ ——反散射粒子的通量密度的衰减函数；

μ，μ_1——反射系数和散射系数。

γ 射线在不同物质中传递，在一次康普顿散射的情况下，简化式（5-15）得出表面接收的反散射粒子流密度与高度关系为

$$\varphi_p = \mathrm{const} \cdot f(\mu H, \mu_1 H)/H^2 \tag{5-16}$$

在实际应用中，近距空间内有灰尘、本体（本底）、二次康普顿

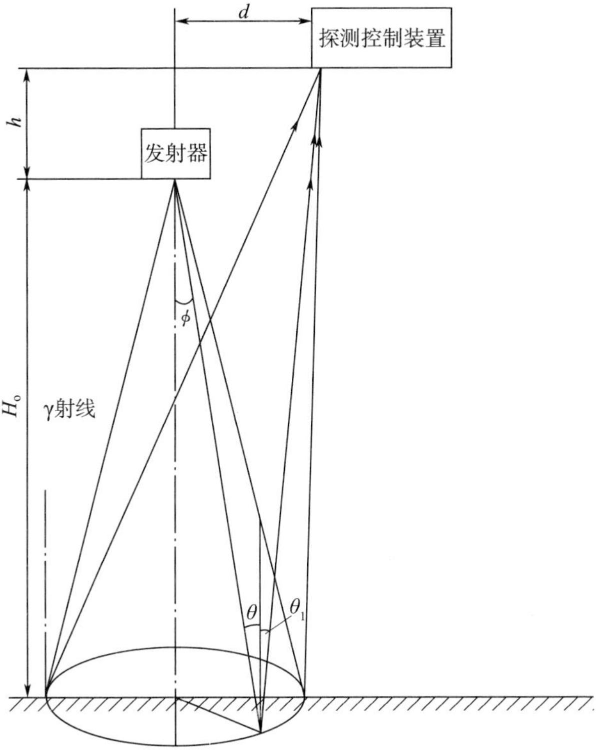

图 5 - 3　γ 射线反散射物理模型

散射等影响，实际粒子流密度 φ 等于其他各影响结果之和。这些因素均会对测距精度产生影响。

伽马高度控制器主要由发射器、接收器和校正器组成，如图 5 - 4 所示。发射器内装有 γ 源，γ 源向地面准直辐射 γ 光子，经地面散射的一部分 γ 光子被接收器捕获，接收器接收的光子数与着陆器距地面的高度存在对应关系（如图 5 - 5 所示），通过这一原理测量着陆器与地面间的高度。接收器接收地面反散射的 γ 光子，转换输出高度频率信号，同时输出接收器点火信号。校正器接收到高度频率信号后，输出校正点火信号和强制点火信号。

伽马高度控制器适合于低高度进行动态测量，与基于其他物理

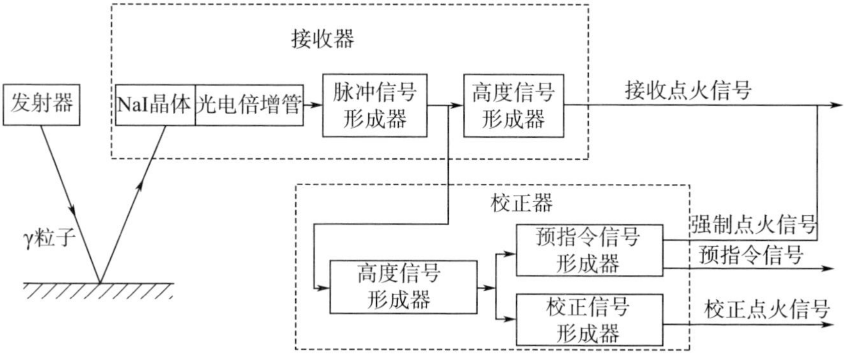

图 5－4　伽马高度控制器组成及工作原理框图

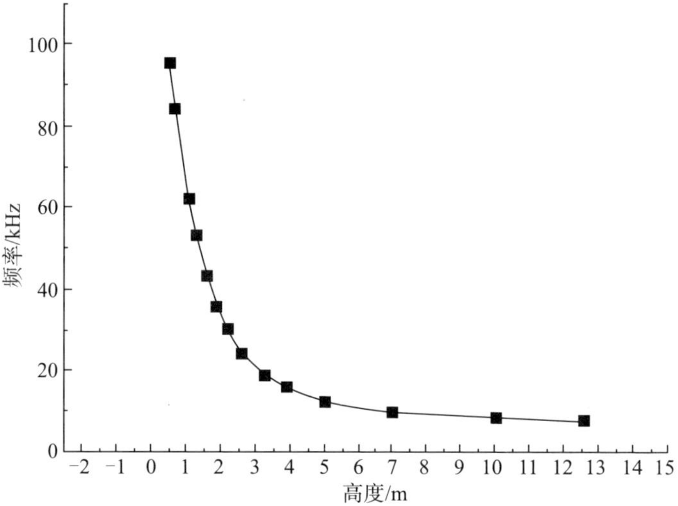

图 5－5　高度频率曲线示意图

原理的高度测量方法相比，在低高度测量方面具有精度高，可靠性高，全天候、抗干扰能力强等优点。此外，由于 γ 光子可直接穿透着陆器的金属蒙皮，不需使用天线，所以不用在着陆器表面开孔。但伽马高度控制器的发射器、接收器和校正器在着陆器上的相对位置具有一定的安装要求。

（3）噪声调频雷达

噪声调频雷达是由噪声源产生一个近似白噪声、幅度呈正态分布的噪声信号。该信号调制到振荡器的载频上，产生一个噪声调频的微波信号，通过天线向地面发射；这个发射信号的一小部分，又取作为本振信号。由地面反射回来的回波，由天线接收后与发射的本振信号一起，同时输进混频器中进行混频，混频器的输出信号的频谱宽度随着距地面的高度而变化。距离地面高时，则混频频谱宽度宽；也就是发射信号与回波信号之间的相位差大，不相关的成分多。反之，距离地面越近，混频的频谱宽度越窄；到着陆器触地时，混频器的输出信号理论上就是单一的多普勒信号。

噪声调频雷达的上述特性，使之具有很强的鉴别速度和距离的能力，而且还具有抗各种有源干扰和截止距离以外的无源干扰的能力，适合作为低高度传感器或控制器。

（4）脉冲雷达

脉冲雷达通过测量发射和回波脉冲之间的时间间隔来确定距离地面的高度。为了避免发射信号与回波之间的干扰，采用短脉冲。脉冲雷达的抗干扰性能差，需要增加保护电路，因而使得系统比较复杂。

（5）超声波高度控制器

超声波高度控制器的工作原理与声纳的原理相同，只是工作介质是空气。与脉冲雷达相比，其反应时间较慢，而且受大气温度和密度的影响，需要相应的补偿和修正。

（6）激光低高度控制器

激光低高度控制器是通过激光光源的反射图像来确定距离地面的高度。由激光发射器和接收器形成一组交叉光束系统。交叉点距接收器的距离，相当于设计的距地面高度。当进入器下降到交叉点处于地面位置时，反射光束通过接收器的棱镜系统，到达光敏电池；后者发出着陆反推发动机点火指令。

这种系统能够在进入器俯仰角和滚动角±20°的情况，精确地给出高度信息。

由于着陆反推发动机点火时的工作高度离星球表面很低，且着陆器处于动态下落的过程，如神舟号飞船着陆反推发动机的点火高度要求离地面约为 1 m，而此时返回舱乘主伞的下降速度约为 7 m/s，因此，必须要求着陆反推发动机的点火高度控制装置具有工作高度低、测量精度高的能力，而一般的无线电高度计、噪声雷达、多普勒雷达和激光高度计无法满足使用要求，往往需要采用伽马高度控制器。我国的神舟号飞船和俄罗斯的联盟号飞船均是采用伽马高度控制器来提供着陆反推发动机的点火控制指令。

5.2 气囊缓冲技术

5.2.1 气囊的技术特点及类型

气囊是一种用于着陆缓冲的被动式缓冲器，其结构的主体部分由不透气的纺织材料构成，并根据使用需要设计为不同的外形。气囊着陆缓冲系统包括：气囊体，充气装置，包装展开机构，释放机构及控制系统。

缓冲气囊在地面折叠成较小体积，一般安装在着陆器的底部。在着陆器减速下降的末段，释放出缓冲气囊，随之充满。当着陆器着陆时，气囊受到压缩，气囊内空气从排气孔或排气阀门排出，从而吸收着陆器的着陆冲击能量，达到缓冲的目的。

缓冲气囊以其较轻的重量、良好的折叠性能、低廉的成本等优势提供了一种有效的缓冲手段。缓冲气囊结构形式多样，根据排气方式可分为：密闭型全向气囊、排气型单向气囊和组合型气囊；根据气囊的初始充气压力大小可分为高压式和低压式；根据气囊内部结构的气室数量分为单气室、双气室和多气室；根据排气口开启方式分为被动式和主动式。缓冲气囊分类如图 5 - 6 所示。

- 缓冲气囊
  - 按充气方式分
    - 高压充气式气囊
    - 自充气式(低压式)气囊
  - 按气室数量分
    - 单气室气囊
    - 双气室气囊
    - 多气室气囊
  - 按排气开启方式分
    - 被动式气囊
    - 主动式气囊
  - 按排气方式分
    - 密闭式气囊
    - 排气式气囊
      - 固定排气口气囊
      - 可控排气口气囊
      - 增压式气囊
    - 组合式气囊

图 5-6　缓冲气囊的分类

高压充气式气囊是指气囊通过所携带的气体发生器或高压气瓶进行充气。气囊的充气应满足时间、充气压力、气囊体积、可控性和稳定性等设计要求，并尽量减小充气系统的总重量。这种气囊通常要求在一定的离地高度开始充气，充气过程允许时间较短，采用气体发生器时要使气体发生剂产生的气体与气囊材料相容，充气的关键是实现准确的点火时间和动作，并且需要迅速冷却，防止高温气体对囊体造成破坏。

自充气式（低压式）气囊是指通过气囊结构设计来实现环境大气对气囊的充气，例如俄罗斯的“舍利弗”空投系统中气囊的底部设计一个进气口，在气囊下落过程中利用气囊的自重展开并充气。这类气囊的优点是不用携带充气装置，结构简单、重量轻。但由于利用外界大气进行充气，对环境的依赖性强，对稳定性产生重要影响，无法用于稀薄大气中着陆器着陆。

由于不同排气方式对气囊的缓冲性能有重要影响，在气囊系统设计过程中，气囊的排气类型选择与排气口设计是关键。

（1）密闭型气囊

密闭型气囊在缓冲过程中不依靠对外界排气来释放冲击能量，主要通过内部气体的压缩流动以及系统的多次弹跳来转移、消耗冲击能量。由于不涉及缓冲过程中的排气控制问题，这类气囊结构相对简单，制作方便，可靠性较高，在深空探测中有着广泛的应用前景。

该类气囊的典型代表是美国的火星探路者号、勇气号和机遇号探测器所采用的气囊缓冲系统。经过实践验证，该型缓冲系统可以在火星多岩石地区使用，并能有效地降低着陆过载，保护着陆器。着陆器是一个四面体型，气囊包覆在着陆器的四个表面，每个表面由 6 个直径 1.8 m 的气囊按照“码球架”形状排列，即形成一个等边三角形，通过连接带与着陆器固定。气囊采用带有低温硅酮涂层的多层 Vectran 织物，防止气体泄漏和着陆时磨损和撕裂。

此类气囊缓冲系统对着陆点的地形不敏感，适应有水平速度的着陆情况，对着陆姿态要求较低，无论是哪个方向受到的冲击，都具有足够的缓冲作用；而且允许着陆器在着陆后反弹和翻滚若干次，以耗散冲击能量。其缓冲过程的加速度峰值大致上与气囊的初始高度成反比，气囊的最大压力和减加速度大致上与初始速度的平方成正比。其不足之处是由于在各个方向上均布置了气囊，因此重量较单向排气式气囊有所增加。

（2）排气型气囊

排气型气囊在受到冲击时，气囊先保持封闭，产生压缩以储存、吸收能量。当囊内气体压力增加至预定的阈值或有效载荷达到预定过载时，排气口开启，囊内气体通过排气口向外泄漏以耗散能量，直至着陆缓冲过程结束。此类气囊无反弹，经过一次缓冲即把能量衰减掉。

美国的水星号飞船设计正常情况下在海上溅落，在某些应急情况下可以在陆地上着陆，因此在返回舱上设置了多种着陆缓冲装置

（如图 5－7 所示），其中最主要的在底部防热罩内安装了排气型缓冲气囊。在主伞开伞后，由机械释放器将缓冲气囊解锁，气囊和底部防热罩一起，靠自身重力向下伸出。气囊使用玻璃纤维布涂以硅橡胶制成，厚约 1 mm，气囊直径 1.8 m、高 1.2 m。沿气囊周向均匀布置了 24 条宽 25.4 mm、厚 0.4 mm、长 1.28 m 的不锈钢加强筋。同时，在下部沿周向还开了 16 个直径 72 mm 的排气孔。在着陆时，缓冲气囊压缩，囊内空气自排气孔排出，达到缓冲的目的。该方案的优点是具有较大的反作用力接触面积，受压缩的行程大，因而缓冲效果明显；但是结构比较复杂，重量较大，而与返回舱组合在一起增大了整舱高度，使稳定性变差，着陆时容易倾倒。

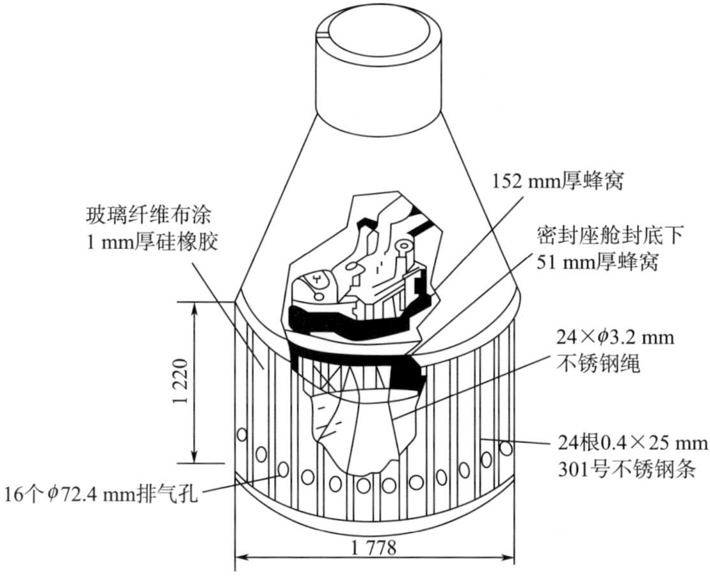

图 5－7　水星号飞船座舱上的着陆缓冲措施

排气式单向气囊缓冲方案的优点是只需在单侧布置气囊，重量较轻；通过排气方式控制过载，可以把着陆过载控制在较小范围内。但在有水平速度的情况下着陆，容易出现侧翻现象，需要增加抗水平速度和防侧翻设计。

(3) 组合型气囊

组合型气囊是指由密闭型气囊和排气型气囊组合而成的缓冲气囊。通常为双气室气囊，外气囊为固定排气气囊，内气囊为密闭型气囊。着陆时，当冲击加速度或外气囊压力达到设定阈值时，外气囊排气口打开，开始排气，释放能量。内气囊则始终保持密闭状态，在外气囊排气结束后起到弹性支撑的作用，从而避免在终了时刻的二次冲击。

图 5-8 所示为 CST-100 飞船的着陆缓冲气囊，采用的是组合型气囊。该缓冲系统由六个充气的巨大圆柱形气囊完成陆上着陆缓冲，采用高压气瓶通过分管道经计算机控制阀对每个气囊供气。气囊在陆上撞击缓冲是通过打开在气囊侧面的多个排气阀口释放气囊内的气体。打开排气孔是通过电切割器切断封在排气孔上的封口绳，使排气孔爆破，囊内气体开始外泄。气囊排气孔尺寸要使外泄气体的流出速率适合于控制各种着陆条件，调整飞船的负加速度。如果排气孔太小，负加速载荷将增加并可能发生反弹。如果排气孔太大，在气囊缓冲行程结束后，返回舱速度没有充分减速，导致较高的撞击载荷。

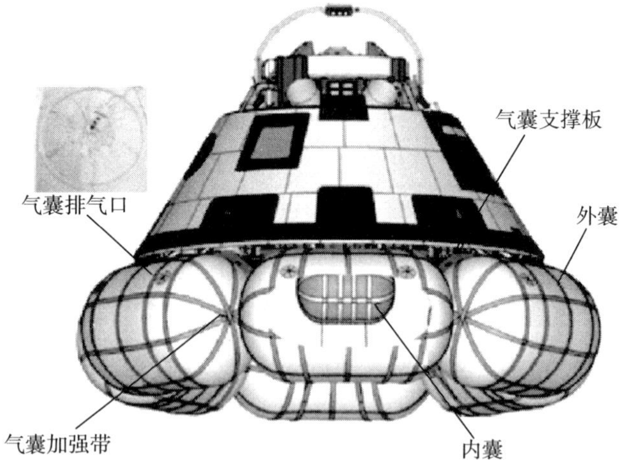

图 5-8　CST-100 应用的组合型着陆缓冲气囊

5.2.2　缓冲气囊高度的设计

缓冲气囊的高度是由它吸收着陆器着陆时的全部（或部分）动能和势能，使航天器的着陆过载值不超过允许的 n_{max} 值而定的。假定着陆缓冲过程中，最大冲击力为 F_{max} 、平均冲击力为 $\overline{F}$ 、理论缓冲行程为 h ，则当缓冲气囊吸收航天器的全部动能和势能时

$$h \geqslant \frac{v^2}{2g(\eta m_{max} - 1)} \tag{5-17}$$

式中，$\eta = \overline{F}/F_{max}$ 定义为气囊效率，一般取 0.4～0.6，对于自然进气排气的气囊取 $\eta < 0.35$。缓冲气囊的高度在 h 的基础上，考虑到结构特点和安全裕度而选定。

5.2.3　气囊排气设计

（1）排气口压力控制

国内外许多学者通过试验和模拟的手段研究了气囊排气口开启压力对气囊缓冲特性的影响，研究结果表明，排气口开启压力的变化只改变冲击加速度的峰值，且成正比关系。

工程上通常采用在排气口上覆盖压力膜的方法来控制气囊的开启压力，可根据压力膜材料特性进行开启压力值设计，但需经过试验测定。当气囊内外压差超过压力膜破坏强度时，压力膜被冲破，气囊开始排出气体，达到控制气囊排气开启压力的目的。

（2）排气口面积控制

在气囊缓冲过程中，可以通过对气囊排气口面积的控制来提高气囊缓冲性能，即通过排气口面积控制机构，在缓冲的同时调节气囊排气口的大小，以控制排气流量的方式达到控制气囊内压变化的目的。但控制机构的设计和安装复杂，实时控制气体流量比较困难。

5.3 机械式缓冲技术

5.3.1 机械式缓冲装置的技术特点及类型

机械式着陆缓冲装置的主要作用是吸收着陆器在着陆冲击过程中的冲击能量，确保将作用在着陆器结构和舱载设备的过载限制在系统设计要求的范围内。可压缩能量吸收器是最常用、最简单的着陆缓冲方法。它是利用泡沫塑料（聚氨酯、聚苯乙烯）、铝（或纸）蜂窝结构或充填有泡沫塑料的蜂窝结构等，在受冲击力时产生变形，以吸收着陆冲击能量。

机械式缓冲装置是一类特殊的航天器机构，但与一般的航天器机构相比，具有功能较多、组成较复杂的特点。除了缓冲功能外，缓冲机构一般还具有收拢压紧、展开锁定、着陆指示、着陆时横向滑移、防止冲击下陷以及着陆后支撑等多种功能。为了满足运载火箭包络的要求，在发射时，缓冲机构一般要处于收拢压紧状态。到达预定的轨道高度后，缓冲机构解锁，并展开锁定，以增大着陆时的支撑面积，提高着陆时的稳定性。在着陆器着陆瞬间，缓冲机构通过一定的方式吸收着陆器的冲击能量，保证着陆器上的人员及仪器设备受到的最大冲击载荷不超出要求值。对于采用制动发动机与缓冲机构相组合的缓冲方式，为了在着陆瞬间及时关闭发动机，一般在着陆缓冲机构底部还安装有相应的信号装置，以便在其着陆表面接触的瞬间给出着陆信号。为了进一步提高着陆稳定性，在水平着陆速度较大，且着陆区表面形貌允许的情况下，缓冲机构要保证着陆器能够滑移。在比较松软的表面着陆时，要有效防止着陆器过度下陷。实现稳定着陆后，缓冲机构还要长时间支撑着陆器，以便着陆器上的仪器设备能够顺利开展相应工作。

为了满足上述功能要求，缓冲机构一般包括多种组件，如压紧释放装置（实现收拢时的压紧和展开前的释放）、展开锁定组件（实现展开驱动及展开后的锁定）、主缓冲器（主要缓冲纵向冲击能量）、辅助缓冲器（主要缓冲横向冲击能量）、足垫（主要实现滑移和支撑）、指示开关（给出着陆信号）等。根据功能要求的不同，缓冲机构的组成及组件的结构形式也会有所差别。

机械式缓冲装置按不同标准分类如图 5－9 所示[5]。

- 机械式缓冲机构
  - 按着陆腿数量分
    - 三腿式(勘测者系列)
    - 四腿式(阿波罗号、月球-17号)
    - 多腿式(理论分析)
  - 按缓冲形式分
    - 气液混合缓冲(勘测者系列、月球-17号)
    - 机械弹簧缓冲
    - 金属橡胶缓冲(有待研究)
    - 铝蜂窝缓冲(阿波罗号登月舱、月球-2000号)
    - 磁流变液缓冲(研究阶段)
  - 按能否可展开分
    - 不可收拢/展开式(苏LK)
    - 可收拢/展开式
      - 向上收拢(罗塞塔号)
      - 向下收拢(阿波罗号、月球-17号)
      - 侧向收拢(嫦娥-3号)

图 5－9　机械式缓冲装置的分类

5.3.2　机械式缓冲装置布局构型设计

在着陆缓冲装置设计之前，要对设计任务进行分析，考虑的因素包括：着陆器的质量特性、着陆速度、着陆姿态、着陆表面特性、重力场特性、环境及温度条件、包络限制、接口要求、缓冲过载要求、设计重量要求、寿命与可靠性要求等。通过任务分析，进一步明确着陆缓冲装置的功能，确定着陆缓冲装置的功能组成和主要技术指标。

着陆缓冲装置的主要功能包括：

1）能够承受着陆器发射、飞行、进入减速下降、羽流、高真空等空间环境和高低温环境，或者在热控等措施的辅助下，能够承受上述环境的影响；

2）能够有效缓冲着陆时的冲击载荷，保证着陆器受到的最大冲击载荷控制在要求的范围内，保证着陆器及其上的设备、仪器或人员安全着陆；

3）能够在规定的水平速度、下降速度和姿态条件下，在给定的坡度、凹坑、凸起、土壤或石块等复杂着陆表面环境下，保证着陆过程中的稳定性，防止着陆器翻倒，并提供有效的支撑，以保证着陆后各种任务的开展。

4）根据着陆器尺寸和运载火箭包络体积的限制要求，一般要求着陆缓冲装置具有收拢与展开锁定功能，以实现在预定轨道能够释放展开，获得更大的支撑面积，更好地保证着陆时的稳定性。

5）其他辅助功能要求，如安装着陆传感器，以便准确判断是否安全着陆等。

根据任务特点和需求，可以首先选择着陆缓冲装置的布局。着陆缓冲装置至少需要三个着陆支点，由于着陆器水平运动方向的不确定性，着陆支点一般为均布的正多边形，称为稳定多边形。在着陆过程中，如果着陆器质心在水平面的投影始终落在稳定多边形内，就可以认为着陆器是稳定的。不难看出，跨度相同的着陆器，支腿数量越多稳定性越好。图 5－10 所示为三腿、四腿和五腿构成的稳定性多边形，同样的展开直径，四腿的稳定性比三腿提高 41%，五腿比四腿提高 14%。但支腿数量增多会带来系统重量的增加。因此，要根据着陆器重量、着陆稳定性、运载器包络尺寸等多种因素综合分析以确定支腿数量。目前实际工程采用的只有三腿和四腿两种布局形式。

着陆缓冲装置的构型主要有“悬臂梁式”和“倒三角式”，如图 5－11 所示。

“悬臂梁式”的缓冲动组件（主腿内筒和足垫）悬出主体固定结构，主腿在缓冲过程中的受力形式为悬臂梁，承受弯矩作用。而“倒三角式”着陆缓冲装置的下面两个辅腿直接连于上面主腿的缓冲组件上，主腿在缓冲过程中只承受压力，不承受弯矩作用，辅腿有

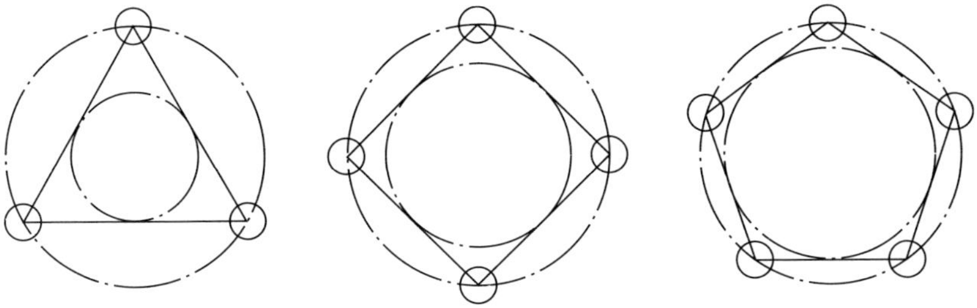

(a)三腿式　(b)四腿式　(c)五腿式

图 5－10　着陆稳定性多边形对比

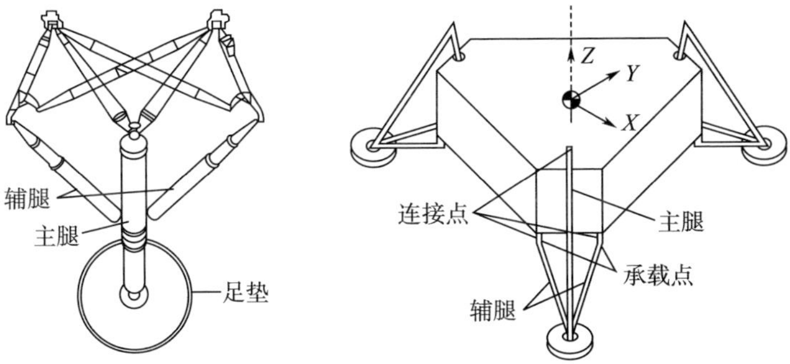

图 5－11　“悬臂梁式”和“倒三角式”着陆缓冲装置

可伸缩或不可伸缩的。通过对两种构型的着陆缓冲装置进行比较，可以得到以下结论：

1）“悬臂梁式”着陆缓冲装置的可靠性更高。当着陆缓冲装置落在凹坑中时，能够正常缓冲，而“倒三角式”则难以正常缓冲，所以前者的可靠性更高。

2）“悬臂梁式”着陆缓冲装置的组成更复杂，加工和装配的技术难度较大，受力状态更复杂，“倒三角式”组成较简单，加工和装配的技术难度相对小，受力状态也相对简单。

一般着陆重量较大的着陆器采用四腿悬臂式布局构型，而重量较小的着陆器采用三腿倒三角式布局构型，如轻型的月球、火星着陆探测器。但也有例外，如欧空局罗塞塔号菲莱着陆器的着陆缓冲装置就采用了三腿悬臂式布局构型，这主要是由于小天体表面的重力场非常微弱，对着陆缓冲的能量要求不高，但对着陆的稳定性和着陆缓冲后残余动能的控制要求相对比较严苛，所以区别于一般月球、火星和返回地球着陆缓冲装置的要求。

总之，在方案设计时，要考虑系统的重量限制、着陆器总体构型、着陆缓冲装置的安装接口、着陆器的传力路径、着陆重量、着陆区地形地貌等要求，在此基础上确定安装布局、数量和构型。

5.3.3 缓冲器类型选择

机械式缓冲技术是基于多种缓冲机理实现的，但最终都以独立的缓冲器机构组件的形式工作，目前应用较多的缓冲器主要包括蜂窝缓冲器、泡沫金属缓冲器、油气式缓冲器、胀环缓冲器、磁流变液缓冲器、电磁阻尼缓冲器等。以下介绍几种典型的类型，并列举出应用案例。

(1) 蜂窝缓冲器

蜂窝是由铝合金（或纸等）制成的一种低密度各向异性的复合材料，具有高比模量和比强度以及优良的耐热性和抗腐蚀性。蜂窝截面有六角形、半六角形、圆形和半圆形等。缓冲蜂窝通过压溃蜂窝芯子，使其发生塑性变形吸收能量而实现缓冲，缓冲铝蜂窝压缩前后的蜂窝形状如图 5-12 所示。

蜂窝材料低速压缩试验结果表明，通常压溃载荷在压缩初始段很小范围有一个很大的峰值载荷，而后随着压缩量的增加，铝蜂窝芯子的塑性皱褶变形均匀传递，基本保持一个稳定值，轴向压缩量可以达到初始长度的 80%以上，是一种缓冲效率较高的缓冲材料，在月球和火星着陆器的着陆缓冲机构中采用。

铝蜂窝材料经过一次预压缩后，再受到冲击或压缩时，不会出现首次压缩时的峰值载荷，而是比较平稳地过渡到定压溃载荷，所以常采用经过预压缩的蜂窝。

(a) 压缩前　　(b) 压缩后

图 5-12　缓冲铝蜂窝压缩前后外形

将蜂窝设计成一定截面形状并装入机构套筒即形成缓冲器。基于铝蜂窝材料的缓冲器一般由内筒、外筒、蜂窝和挡板构成，其结构如图 5-13 所示。挡板用来隔离两段同类型或不同类型的蜂窝，并起到防止侧向挤压的作用。主缓冲器通过压溃蜂窝实现缓冲，能够承担轴向压载荷；辅助缓冲器的载荷-变形与主缓冲器类似，不同之处在于辅助缓冲器既能够通过压缩蜂窝承受轴向拉载荷，也能承受轴向压载荷。

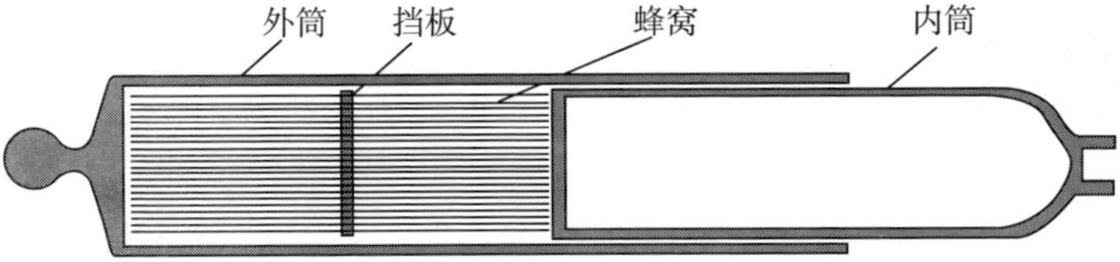

(a) 主支筒结构

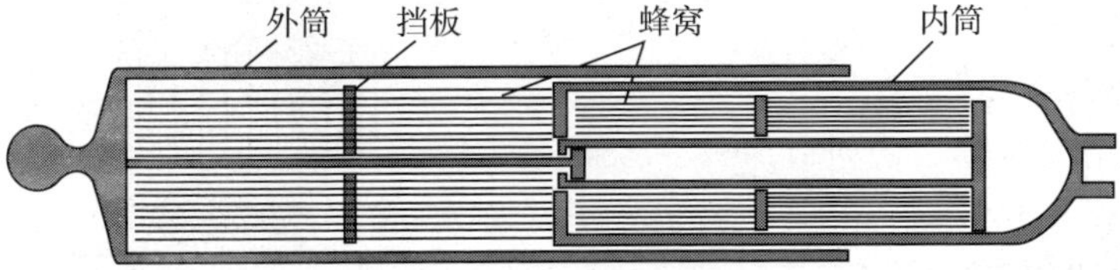

(b) 辅助支筒结构

图 5-13　支筒结构

蜂窝缓冲器具有重量轻、缓冲力稳定、缓冲行程长、空间环境适应性好等优点，在月球和火星着陆器上应用是最多的。

(2) 泡沫金属缓冲器

通过多胞材料的塑性变形实现缓冲吸能，通常采用泡沫铝。其内部有许多不规则的孔洞，其形状和大小可以通过制备工艺参数进行控制。根据泡沫铝内部的孔洞是相互贯通还是彼此独立，分为开孔式泡沫铝和闭孔式泡沫铝两种。

泡沫铝的应变最大可以达到50%～80%，与其密度有关。同时泡沫铝材料应力-应变曲线中的平台应力段的显著程度和缓冲效率也与其密度相关。

泡沫铝与铝蜂窝用法类似，将其装入机构筒即形成缓冲器。因其各向同性，也可以单独使用。我国神舟号飞船返回舱球形金属底壳的内壁和承载梁之间的某些位置填充了泡沫铝，用于返回舱着陆时的辅助缓冲，起到了积极的效果。

(3) 油气阻尼缓冲器

以勘测者探测器的油气缓冲器为例，其组成如图5-14所示，它是通过油气压力和液压阻尼的方法来吸收冲击能量的，油气阻尼缓冲器除了具有缓冲功能外，同时还具有弹性恢复功能，即在冲击能量吸收完毕后可以再伸长到初始长度，满足特殊有效载荷的工作要求。

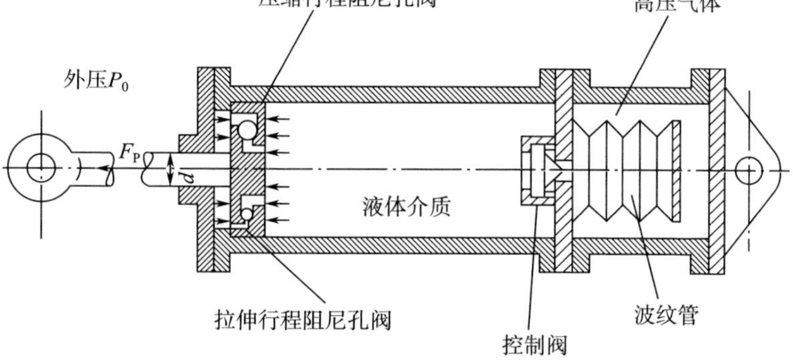

图5-14　油气式缓冲器

当带阻尼孔的活塞压入充满流体的气缸时，液体介质受压而压强迅速增大，流体大部分通过阻尼孔进入活塞的另一侧空腔内，少部分进入波纹管中。随着活塞推杆压缩进入气缸，波纹管内流体也逐渐增多，从而挤占高压气体的空间，使得高压气体的压强也越来越高。缓冲力主要由三部分组成：静压力、阻尼力和摩擦力。静压力与气缸内外压差和活塞推杆的截面有关，并随着活塞进入气缸的行程增大（高压气体的压强增高）而逐渐增大；阻尼力与活塞推杆相对于气缸的速度的平方成正比，还与阻尼孔的大小有关；摩擦力与静压力有关，勘测者缓冲器一般为 5%左右。缓冲力在着陆缓冲的初始阶段，阻尼力占主要地位，而在着陆缓冲结束时，静压力占主要地位，阻尼力则逐渐削减至零。

控制阀在液体压强迅速增加时关闭，但在缓慢增加或降低时，控制阀则打开，从而使液体从波纹管内流出。

（4）胀环缓冲器

胀环缓冲器套有紧配合的锥套和圆筒衬套，如图 5－15 所示。衬套上有不同弹性的、能自由活动的金属胀环。在着陆冲击作用下，座椅连同支承套筒一起向下运动，胀环在锥套上胀开变形，把冲击能量转变为胀环材料的弹、塑性变形能以及胀环和锥套之间的摩擦热能，从而消耗冲击能量。

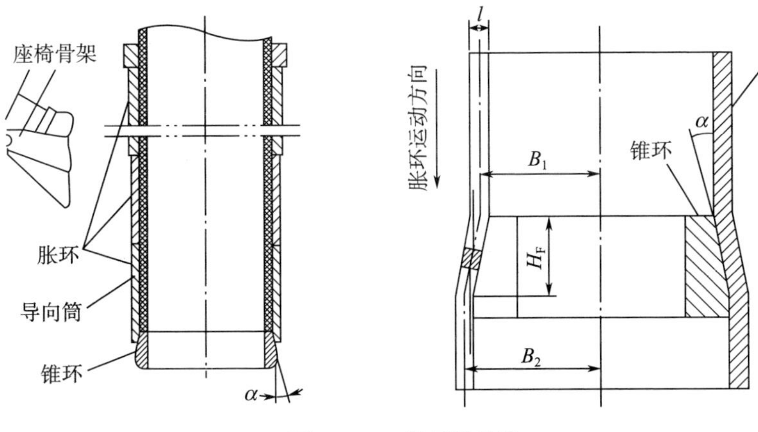

图 5－15　胀环缓冲器

胀环缓冲器可以看作是薄壁金属管塑性成形问题，缓冲力可以用经验公式进行估算。

除了用于对航天器整体进行缓冲外，机械式缓冲机构也可以对仪器设备或航天员座椅进行缓冲，以吸收着陆冲击能量。图 5-16 示意了联盟号飞船航天员座椅的着陆缓冲装置，采用了单根柱式胀环缓冲器。在着陆冲击作用下，座椅连同支承套筒一起向下运动，胀环在锥套上胀开变形，把冲击能量转变为胀环材料的弹、塑性变形能以及胀环和锥套之间的摩擦热能，从而消耗冲击能量。此外，飞船座舱采用了航天员座椅底下加蜂窝结构，座舱下封头壳体下面加蜂窝结构以及下面伸出缓冲气囊等辅助措施，如水星号飞船座椅。

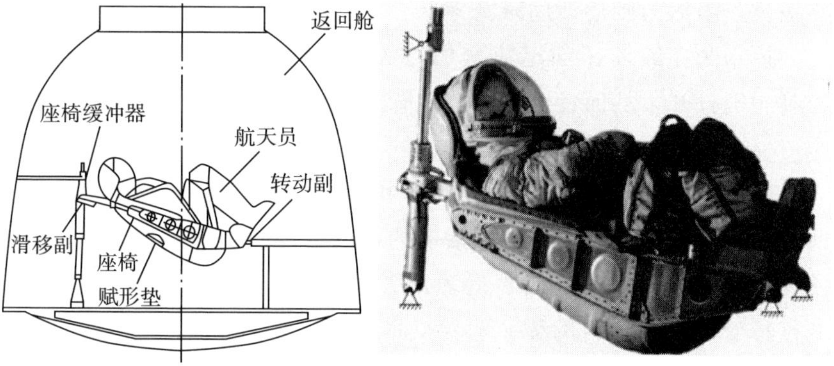

图 5-16　联盟号飞船航天员座椅的着陆缓冲装置

（5）磁流变液缓冲器

磁流变液是由非胶体的细小颗粒分散溶于绝缘载液中形成的随外加磁场变化而控制其流变行为的稳定悬浮液。将它作为阻尼材料制作的缓冲器是利用电磁场变化改变液体黏度从而得到所需缓冲阻尼力的原理来实现着陆缓冲的。

磁流变液具有黏度能够连续可逆变化、应力场强、工作温度范围宽、稳定性好以及对现有液压系统的兼容性好等特点，磁流变液缓冲器具有体积小、重量轻、缓冲后可恢复、结构较为简单、可靠性高，可控性强等优点。目前，该缓冲器还处于试验研究阶段，没有真正投入到实际的使用中。

活塞端充当移动磁极，缸壁充当固定磁极。当活塞杆带动活塞在工作腔中往复运动时，活塞挤压磁流变液，使其被迫通过阻尼通道，而励磁线圈通电后产生的磁场垂直于阻尼通道，进而改变磁流变液流变学特征。阻尼通道的磁感应强度变大，产生的阻尼力变大。励磁线圈产生的磁感应强度由励磁电流决定，改变励磁电流可以改变流变液在阻尼通道中的流动特性，从而达到改变磁流变缓冲阻尼的目的，实现磁流变阻尼力的调节。

(6) 薄壁管缓冲器

薄壁管缓冲器是用一定截面形状的薄壁管沿轴向压溃变形过程中产生的塑性变形来吸收冲击能量。薄壁金属管的截面可以是多种形状，其中圆截面最为常见。在薄壁圆管轴向压溃时，其变形模式可能是轴对称、非轴对称或混合方式。在实际应用时，当薄壁金属管长度较大时，为避免冲击力波动，在管的内部一般要设置导向装置，并采用填充物（如泡沫铝、聚氨酯泡沫）等，提高压缩力的稳定性。

该方法与铝蜂窝压溃变形法的缓冲原理是相似的，可以看作是铝蜂窝的芯格数量减小至一个，因此它的缓冲力特性与铝蜂窝相似。

(7) 电磁阻尼缓冲器

电磁阻尼法一般与传动系统联合使用。电磁阻尼器内外磁铁间的缝隙形成一个磁场，在外部冲击载荷的作用下，转子旋转产生涡流，涡流与磁场之间的相互作用产生阻止转子旋转的力矩，从而把能量吸收掉，达到缓冲的目的。

随着转子的变化，转子中产生的电流和缝隙中的磁场也发生相应变化，因而力矩较难精确描述。当转子转速不高时，可以认为制动力矩与转子的转速成正比。

电磁阻尼法具有以下特点：

1）阻尼力矩与冲击速度成正比，这有可能导致着陆初始时刻瞬间冲击响应过大。

2）可以把冲击能量转换为电能进行储存，供其他设备使用。

3）可以多次重复使用，其正常工作过程不会产生永久变形或损伤。

4）组成比较复杂，一般需要一套传动装置把缓冲过程的直线运动转变为旋转运动。

5）不但传动系统复杂，而且需要磁铁，因而重量较大。

6）能够适合较大的缓冲行程。

罗塞塔探测器是世界上首颗到达彗星表面的探测器，它包括轨道器和着陆器。在进入降落轨道后，轨道器弹出着陆器，着陆器展开 3 条着陆腿，当足垫刚接触慧表时，连接着陆器基体和着陆腿的万向关节是松开的，这样较小的角动量传递到着陆器体，当三个足垫全部接触慧表的时刻，万向节锁紧，这样可以使着陆器基体的姿态基本保持不变，很好地适应地形。着陆架和着陆器基体之间有一个电磁阻尼缓冲器，在碰撞过程中能吸收大部分的能量，同时足垫底部的冰螺栓压进慧表，也起到一定的阻尼作用，并消除水平速度。

对于小天体探测，由于缓冲吸能需求不高，可以采用简化的电磁阻尼器。根据运动的相对性，在永磁体穿过金属管的过程中，金属管在运动过程中因切割永磁体的磁力线而产生感应电流，此时的金属管因其内部产生电流可以看做由无数段金属环组成，产生的感应电流沿着圆周方向流动。由楞次定律可知，感应电流产生的磁场将阻碍原磁场的变化。金属管感应磁场的磁力线方向和永磁体的磁力线方向正好相反，因而能够产生阻尼力。这可以用于对缓冲能量不高的微重力小天体表面着陆的缓冲器设计。

5.3.4　收放机构

在发射时受火箭包络的影响着陆腿需要收拢，阿波罗号登月舱收拢的方式为向下收拢，入轨后着陆腿展开并锁定，着陆腿的收拢和展开状态如图 5－17 所示，其中，主支柱用来缓冲月球着陆器着陆过程的冲击，辅助缓冲器缓冲横向冲击。

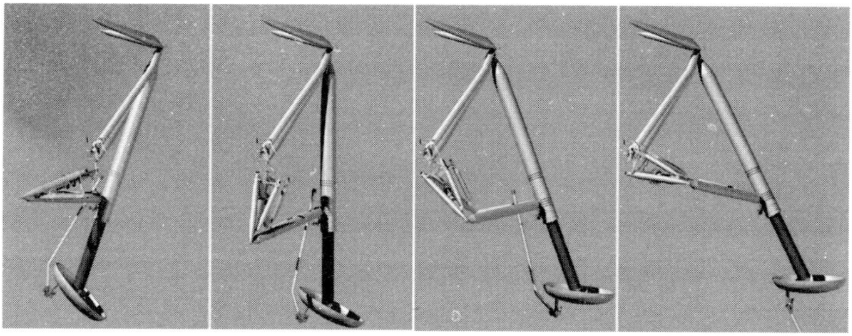

(a) 收拢姿态　(b) 展开姿态

图 5 - 17　阿波罗号着陆腿示意图

我国嫦娥三号着陆器的着陆缓冲装置也采用了四腿“悬臂梁式”构型，主腿采用了铝蜂窝缓冲方式，但辅助支腿则采用了金属材料的拉杆缓冲方式，而且在收拢-展开的机构实现上，也采用了独具特色的侧向收拢展开方式，如图 5 - 18 所示。

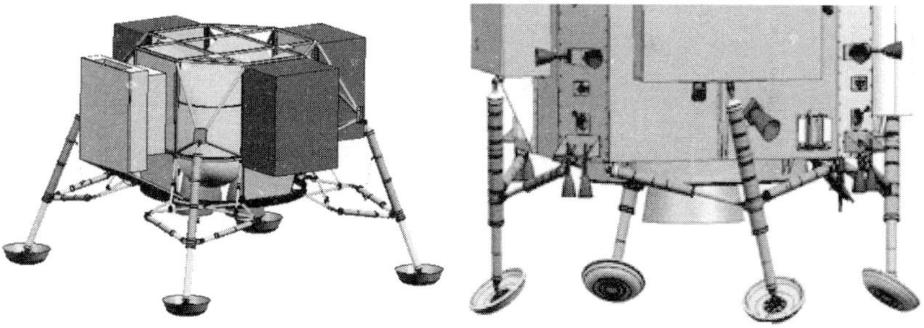

图 5 - 18　嫦娥三号着陆器

参考文献

[1] 黄伟．降落伞-反推发动机系统着陆缓冲方法仿真计算与分析［D］．中国空间技术研究院，2002.

[2] 荣伟．火星探测器减速着陆技术研究［D］．中国空间技术研究院，2008.

[3] 王希季．航天器进入与返回技术（下）［M］．北京：宇航出版社，1991.

[4] 王征．γ射线高度计高精度测距算法及系统实现研究［D］．电子科技大学，2014.

[5] 荣伟，等．航天器进入下降与着陆技术［M］．北京：北京理工大学出版社，2018.

第 6 章　开伞控制技术

降落伞的开伞作为航天器回收着陆系统工作中的第一步，是关系到回收着陆系统工作成败的一个关键环节。如何选择一个合适的开伞时机、采用何种开伞控制方法、怎样控制好开伞时机均是航天器回收着陆系统开伞控制技术中的几个关键问题。如果开伞点太高，则有可能开伞动压太大，降落伞开伞后被冲破；若开伞点太低，则有可能回收着陆系统的工作程序还没完全完成，进入器或着陆器就已着陆。因此，降落伞的开伞控制技术也是航天器回收着陆系统中的一项关键技术。

开伞控制方案的设计，主要是根据进入器进入轨道相关参数的初步分析，确定开伞时机和开伞条件，制订开伞控制方案，研究开伞控制方案的实现方法，以确保进入器的开伞条件达到预期的目标。一般降落伞的开伞点设计及其控制技术需要综合考虑任务的需求、降落伞的强度、着陆过程中完成各种工作所需的高度、各种初始进入条件、大气环境等因素的影响。因此，了解航天器进入轨道的基本特性是开展降落伞开伞点设计的一个基础。本章将首先介绍航天器进入轨道的基本运动方程，然后论述开伞控制时机的设计以及几种常用的开伞控制方法。

6.1　航天器进入轨道运动方程

由于航天器降落伞开伞点的设计与航天器进入轨道密切相关，因此，在确定降落伞开伞时机前必须对航天器的进入轨道特性进行研究。为此，一般需要建立进入坐标系下的动力学方程，下面以返回式航天器为例进行说明。

6.1.1 坐标系的定义

(1) 返回坐标系 $o_0-x_0y_0z_0$

该坐标系也称为地面坐标系，它是与地球固连的动参考系。该坐标系原点是进入器质心在制动时刻的地心矢与标准地球椭球体表面的交点 o_0，o_0y_0 轴是沿 o_0 点与制动时刻进入器质心 o_1 连线的方向，o_0x_0 在返回制动时刻进入器运动的轨道平面内，且与 o_0y_0 相互垂直，并指向进入器的运动方向。o_0z_0 轴与 o_0x_0、o_0y_0 轴组成右手直角坐标系。

A_0 为制动方位角，它是返回坐标系 o_0x_0 轴与正北方向的夹角，从正北方向顺时针度量为正。ϕ_0 为制动时刻的地心纬度。

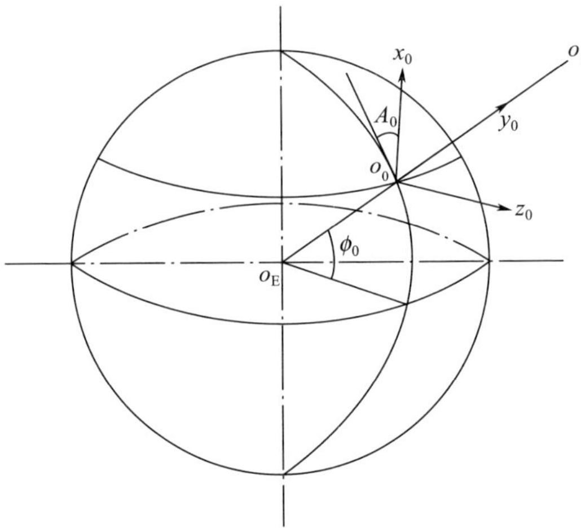

图 6-1 返回坐标系

(2) 进入器坐标系 $o_1-x_1y_1z_1$

该坐标系原点为进入器质心 o_1，o_1x_1 为进入器纵轴，指向头部。o_1y_1 在进入器主对称面内，该平面在返回制动时刻与返回坐标系 $x_0o_0y_0$ 平面重合，o_1y_1 轴垂直于 o_1x_1，o_1z_1 轴垂直于主对称面，沿运动方向看去 o_1z_1 轴指向右方。

（3）速度坐标系 $o_1-x_vy_vz_v$

该坐标系原点在进入器的质心 o_1，o_1x_v 轴沿进入器的速度方向，o_1y_v 轴在进入器主对称面内，垂直于 o_1x_v，o_1z_v 轴垂直于 $x_vo_1y_v$ 平面，顺着运动方向看去 o_1z_v 轴指向右方。$o_1-x_vy_vz_v$ 构成右手直角坐标系。

6.1.2　质心的空间运动方程

从动力学方程的角度来说，质心运动方程共有三个微分方程，可以确定质心的三个速度分量，如果再加上质心运动学三个关系，就可以决定质心的位置。在飞行力学中习惯称质心弹道计算为三自由度弹道计算或称三自由度弹道仿真，它决定质心的位置和速度。绕质心运动方程可以决定进入器绕质心转动角速度三个分量，如果再加上三个欧拉角微分方程，就可以决定进入器的三个姿态角。在飞行力学中习惯称同时进行质心和绕质心运动的弹道计算为六自由度弹道计算或称六自由度弹道仿真，即三个质心运动自由度、三个姿态运动自由度。

六自由度弹道计算比较繁复，微分方程数增加，同时姿态运动进行得较快，为了反映真实运动的情况，仿真步长必须选择得很小，这样计算工作量大大地增加，而且在进入器设计初始阶段，很多参数并没完全确定，进行六自由度计算不可能也无必要。因此，在设计之初采用三自由度的质心运动方程进行弹道分析即可。

进入器在返回坐标系下的质心动力学方程可表示为

$$m\frac{\mathrm{d}\boldsymbol{v}}{\mathrm{d}t}=\boldsymbol{P}+\boldsymbol{R}+m\boldsymbol{g}+\boldsymbol{F}_c+\boldsymbol{F}_e+\boldsymbol{F}_k \tag{6-1}$$

式中　m ——进入器的质量；

$\boldsymbol{v}$ ——进入器质心相对于返回坐标系的速度矢量；

$\boldsymbol{P}$ ——作用在进入器上的推力矢量；

$\boldsymbol{R}$ ——作用在进入器上的空气动力矢量；

$m\boldsymbol{g}$ ——作用在进入器上的引力矢量；

$\boldsymbol{F}_c$ ——作用在进入器上的控制力矢量；

$\boldsymbol{F}_e$ ——离心惯性力矢量；

$\boldsymbol{F}_k$ ——科氏惯性力矢量。

各力在返回坐标系上的表达式如下。

(1) 推力 $\boldsymbol{P}$

设推力无倾斜，可假设发动机的推力沿进入器坐标系 $o_1-x_1y_1z_1$ 分解，设推力在进入器坐标系各轴上的投影分别为 P_{x1}、P_{y1}、P_{z1}，则推力在返回坐标系的投影 P_x、P_y、P_z 为

$$\begin{bmatrix} P_x \\ P_y \\ P_z \end{bmatrix} = \boldsymbol{O}_B \begin{bmatrix} P_{x1} \\ P_{y1} \\ P_{z1} \end{bmatrix} \tag{6-2}$$

$\boldsymbol{O}_B$ 为进入器坐标系与返回坐标系的方向余弦阵，二者之间采用 3—2—1 的次序旋转时，$\boldsymbol{O}_B$ 的表达式如下

$$\boldsymbol{O}_B = \begin{bmatrix} \cos\varphi\cos\psi & \sin\varphi\cos\psi & -\sin\psi \\ \cos\varphi\sin\psi\sin\gamma - \sin\varphi\cos\gamma & \sin\varphi\sin\psi\sin\gamma + \cos\varphi\cos\gamma & \cos\psi\sin\gamma \\ \cos\varphi\sin\psi\cos\gamma + \sin\varphi\sin\gamma & \sin\varphi\sin\psi\cos\gamma - \cos\varphi\sin\gamma & \cos\psi\cos\gamma \end{bmatrix} \tag{6-3}$$

其中，φ、ψ、γ 为返回器坐标系相对于返回坐标系的三个欧拉角，分别叫做俯仰角、偏航角和滚转角，它们之间的关系如图 6-2 所示。

φ ——俯仰角。ox_0 轴与 ox_1 轴在 ox_0y_0 平面上的投影 ox' 之间的夹角；自 ox_0 轴量至 ox'，沿 oz_0 轴负方向望去，角 φ 逆时针方向旋转时其值取为正值，顺时针时为负值。

ψ ——偏航角。ox' 与 ox_1 轴的夹角；自 ox' 量至 ox_1 轴；沿 oy' 轴（oy' 轴为 oy_1 轴在 ox_0y_0 平面上的投影矢量）负方向望去，角 ψ 逆时针方向旋转时为正值，顺时针时为负值。

γ ——滚转角。oy' 轴与 oy_1 轴的夹角；沿 ox_1 轴负方向望去，逆时针旋转时为正值；顺时针为负值。

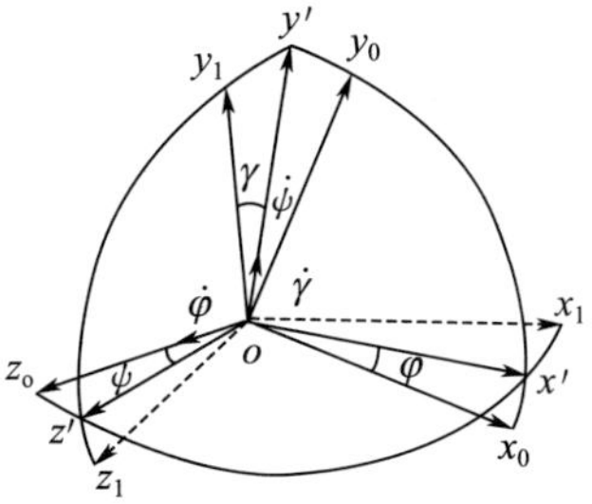

图 6－2　进入器坐标系与返回坐标系间的欧拉角关系图（按 3—2—1 次序转动）

（2）地球引力 $m\boldsymbol{g}$

地球引力可沿地心矢径 $\boldsymbol{r}$ 和地轴 $\boldsymbol{\omega}_e$ 方向分解（如图 6－3 所示）

$$m\boldsymbol{g}=mg'_r\boldsymbol{r}+mg_{\omega_e}\boldsymbol{\omega}_e \tag{6-4}$$

其中

$$\begin{cases}g'_r=-\dfrac{fM}{r^2}\left[1+J\left(\dfrac{a_e}{r}\right)^2(1-5\sin^2\phi)\right]\\ g_{\omega_e}=-\dfrac{2fM}{r^2}J\left(\dfrac{a_e}{r}\right)^2\sin\varphi\end{cases} \tag{6-5}$$

式中　$fM=\mu$，称为地球引力系数，$\mu=3.986\ 005\times10^{14}$；

$J=\dfrac{3}{2}J_2=1.623\ 95\times10^{-3}$；

a_e——地球椭球体长半轴，$a_e=6\ 378\ 140$ m；

ϕ——地心纬度。

由图 6－3 可知

$$\boldsymbol{r}=\boldsymbol{\rho}+\boldsymbol{R}_0 \tag{6-6}$$

式中　$\boldsymbol{r}$——进入器质心任一时刻的地心矢径；

$\boldsymbol{\rho}$——进入器质心任一时刻相对于返回坐标系原点的矢径；

$\boldsymbol{R}_0$——返回坐标系原点 o 的地心矢径。

故 $\boldsymbol{r}$ 在返回坐标系各轴的分量为

$$\begin{cases}\boldsymbol{r}=x\boldsymbol{x}_0^0+(y+R_0)\boldsymbol{y}_0^0+z\boldsymbol{z}_0^0\\ r=[x^2+(y+R_0)^2+z^2]^{1/2}\end{cases} \tag{6-7}$$

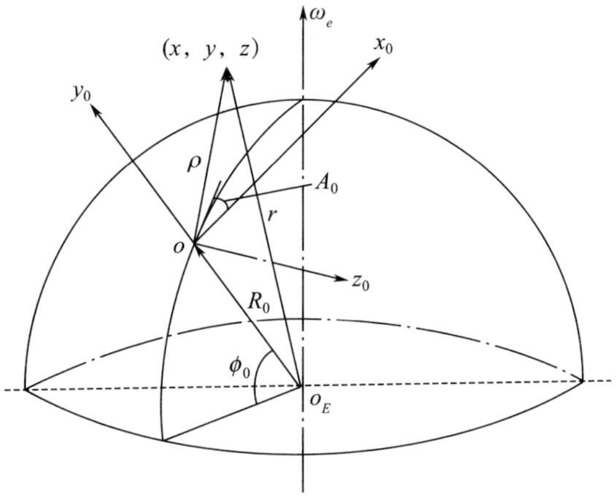

图 6-3　任一时刻地心矢径与返回坐标系原点 o 的地心矢径关系

地球自转角速度 $\boldsymbol{\omega}_e$ 在返回坐标系各轴的分量为

$$\boldsymbol{\omega}_e=\begin{bmatrix}\omega_{ex}\\ \omega_{ey}\\ \omega_{ez}\end{bmatrix}=\boldsymbol{O}_B\begin{bmatrix}0\\ 0\\ \omega_e\end{bmatrix}=\begin{bmatrix}\cos A_0\cos\phi_0\\ \sin\phi_0\\ -\sin A_0\cos\phi_0\end{bmatrix}\omega_e \tag{6-8}$$

因此

$$m\boldsymbol{g}=m\begin{bmatrix}g_x\\ g_y\\ g_z\end{bmatrix}=m\frac{g_r'}{r}\begin{bmatrix}x\\ y+R_0\\ z\end{bmatrix}+\frac{g_{\omega_e}}{\omega_e}\begin{bmatrix}\omega_{ex}\\ \omega_{ey}\\ \omega_{ez}\end{bmatrix} \tag{6-9}$$

(3) 离心惯性力 $\boldsymbol{F}_e$ 和哥氏惯性力 $\boldsymbol{F}_k$

$$\begin{cases}\boldsymbol{F}_e=\begin{bmatrix}F_{ex}\\ F_{ey}\\ F_{ez}\end{bmatrix}=-m\boldsymbol{A}\begin{bmatrix}x\\ y+R_0\\ z\end{bmatrix}\\ \boldsymbol{F}_k=\begin{bmatrix}F_{kx}\\ F_{ky}\\ F_{kz}\end{bmatrix}=-m\boldsymbol{B}\begin{bmatrix}\dot{x}\\ \dot{y}\\ \dot{z}\end{bmatrix}\end{cases} \tag{6-10}$$

其中

$$\boldsymbol{A}=\begin{bmatrix}\omega_{ex}^2-\omega_e^2 & \omega_{ex}\omega_{ey} & \omega_{ex}\omega_{ez}\\ \omega_{ex}\omega_{ey} & \omega_{ey}^2-\omega_e^2 & \omega_{ey}\omega_{ez}\\ \omega_{ex}\omega_{ez} & \omega_{ey}\omega_{ez} & \omega_{ez}^2-\omega_e^2\end{bmatrix}$$

$$\boldsymbol{B}=\begin{bmatrix}0 & -2\omega_{ez} & 2\omega_{ey}\\ 2\omega_{ez} & 0 & -2\omega_{ex}\\ -2\omega_{ey} & 2\omega_{ex} & 0\end{bmatrix}$$

（4）空气动力 $\boldsymbol{R}$

空气动力系数通常是以法向力系数 C_N 和轴向力系数 C_A 的方式，将空气动力投影到返回坐标系各轴上，可表示为

$$\begin{bmatrix}R_x\\ R_y\\ R_z\end{bmatrix}=\boldsymbol{O}_B\begin{bmatrix}R_{x1}\\ R_{y1}\\ R_{z1}\end{bmatrix}=\boldsymbol{O}_B\begin{bmatrix}-C_A qS\\ C_N qS\dfrac{\cos\beta\sin\alpha}{\sin\eta}\\ -C_N qS\dfrac{\sin\beta}{\sin\eta}\end{bmatrix} \tag{6-11}$$

式中　$\boldsymbol{O}_B$ ——进入器坐标系与返回坐标系的方向余弦阵；

q ——动压；

S ——进入器参考面积；

η ——总攻角，定义为速度轴 o_1x_v 与进入器纵轴 o_1x_1 之间的夹角；

α ——攻角；

β ——侧滑角。

攻角和侧滑角均为速度坐标系和进入器坐标系间的欧拉角。它们之间的关系如图 6－4 所示，将速度坐标系先绕 o_1y_v 轴转侧滑角 β ，再绕新轴 o_1z_1 轴转攻角 α ，即得返回器坐标系，图 6－4 中 α、β 均为正值。

（5）控制力 $\boldsymbol{F}_c$

控制力的计算与产生控制力的设备和安装方式有关，它可以是控制发动机，也可以是空气舵，如载人飞船返回舱是用姿态控制发动机，而机动弹头和航天飞机进入大气层后多用空气舵。控制力的一般表达式为

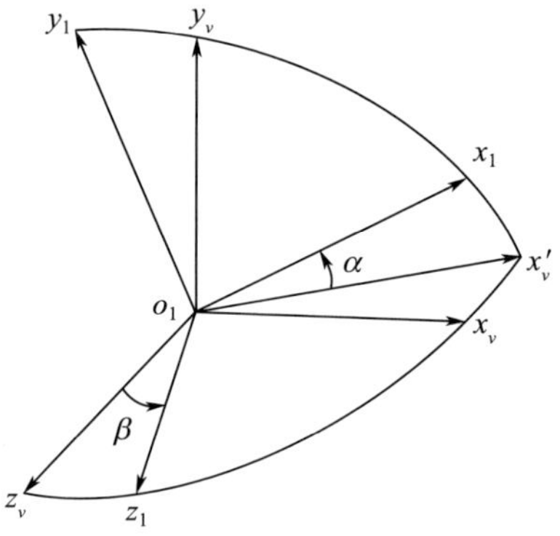

图 6-4 速度坐标系与返回器坐标系间的欧拉角关系图

$$\boldsymbol{F}_c = \begin{bmatrix} F_{cx} \\ F_{cy} \\ F_{cz} \end{bmatrix} \tag{6-12}$$

式中，F_{cx}，F_{cy}，F_{cz} 为控制力在返回坐标系各轴上的分量。

将各力在返回坐标系上的表达式代入式（6-1），并考虑进入器质心运动学方程，即可得到进入器在返回坐标系下的质心运动方程

$$\begin{cases} \begin{bmatrix} \dot{v}_x \\ \dot{v}_y \\ \dot{v}_z \end{bmatrix} = \dfrac{\boldsymbol{O}_B}{m}\begin{bmatrix} P_{x1} \\ P_{y1} \\ P_{z1} \end{bmatrix} + \dfrac{g'_r}{r}\begin{bmatrix} x \\ y+R_0 \\ z \end{bmatrix} + \dfrac{g_{\omega_e}}{\omega_e}\begin{bmatrix} \omega_{ex} \\ \omega_{ey} \\ \omega_{ez} \end{bmatrix} + \dfrac{1}{m}\begin{bmatrix} F_{cx} \\ F_{cy} \\ F_{cz} \end{bmatrix} + \\ \qquad \dfrac{\boldsymbol{O}_B}{m}\begin{bmatrix} -C_A qS \\ C_N qS\,\dfrac{\cos\beta\sin\alpha}{\sin\eta} \\ -C_N qS\,\dfrac{\sin\beta}{\sin\eta} \end{bmatrix} - A\begin{bmatrix} x \\ y+R_0 \\ z \end{bmatrix} - B\begin{bmatrix} \dot{x} \\ \dot{y} \\ \dot{z} \end{bmatrix} \\ \begin{bmatrix} \dot{x} \\ \dot{y} \\ \dot{z} \end{bmatrix} = \begin{bmatrix} v_x \\ v_y \\ v_z \end{bmatrix} \end{cases} \tag{6-13}$$

式中，v_x，v_y，v_z 为进入器质心相对于返回坐标系的相对速度在返回坐标系各轴上的分量。

式（6－13）是把地球看作以角速度 ω_e 进行自转的旋转椭球体。如果不考虑地球自转，把地球看作是一个圆球，且忽略姿态控制系统控制力的影响，则式（6－13）可进一步简化为

$$\begin{cases}\begin{bmatrix}\dot{v}_x\\ \dot{v}_y\\ \dot{v}_z\end{bmatrix}=\dfrac{\boldsymbol{O}_B}{m}\begin{bmatrix}P_{x1}\\ P_{y1}\\ P_{z1}\end{bmatrix}-\dfrac{fM}{r^3}\begin{bmatrix}x\\ y+R_0\\ z\end{bmatrix}+\dfrac{\boldsymbol{O}_B}{m}\begin{bmatrix}-C_AqS\\ C_NqS\dfrac{\cos\beta\sin\alpha}{\sin\eta}\\ -C_NqS\dfrac{\sin\beta}{\sin\eta}\end{bmatrix}\\ \begin{bmatrix}\dot{x}\\ \dot{y}\\ \dot{z}\end{bmatrix}=\begin{bmatrix}v_x\\ v_y\\ v_z\end{bmatrix}\end{cases} \tag{6-14}$$

6.1.3　质心的平面运动方程

质心的空间运动方程反映了质心的空间运动，当实际运动接近平面运动时，因飞行时间短，可略去地球自转的影响，用平面弹道更方便。设进入弹道为平面弹道，作如下假设：

1）不考虑地球旋转，即 $\omega_e=0$；

2）地球为一圆球，即引力加速度与地心距平方成反比，$g=\dfrac{fM}{r^2}$；

3）认为返回器的纵轴始终处于进入点速度矢量 $\boldsymbol{v}_e$ 与地心矢 $\boldsymbol{r}_e$ 所决定的平面内，即侧滑角 β 等于零；

4）无推力作用。

根据上述假设，进入器在理想条件下的运动将不存在垂直于由 v_e、r_e 组成的平面的侧向力。则进入段的运动为一平面运动。如图 6－5 所示可将进入坐标系 $e-x_ey_ez_e$ 的 ex_e 轴选在由（v_e、r_e）决定

的平面内，垂直于 ey_e，且指向运动方向为正，因无垂直于 ex_ey_e 平面的侧向力，则 ex_ey_e 平面即为再入弹道平面。

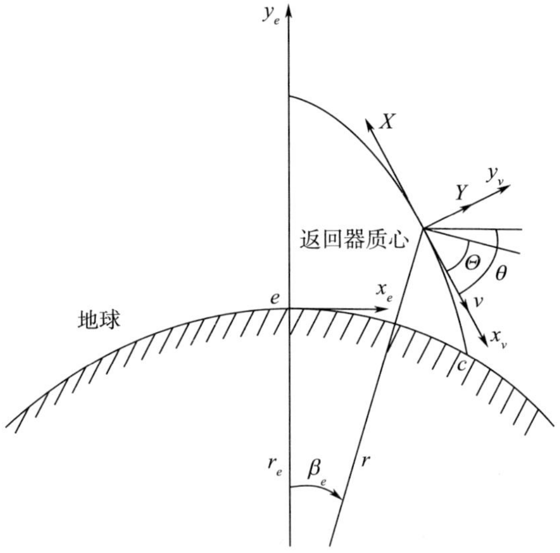

图 6-5　进入坐标系及 θ、Θ、β_e 的关系图

因此，式（6-14）可以简化成

$$\begin{cases} \mathrm{d}v/\mathrm{d}t = -X/m - g\sin\Theta \\ \mathrm{d}\Theta/\mathrm{d}t = \dfrac{Y}{mv} + \left(\dfrac{v}{r} - \dfrac{g}{v}\right)\cos\Theta \\ \mathrm{d}r/\mathrm{d}t = v\sin\Theta \\ \mathrm{d}L/\mathrm{d}t = R_0 v\cos\Theta/r \end{cases} \tag{6-15}$$

其中

$$X = \frac{1}{2}\rho v^2 C_D A$$

$$Y = \frac{1}{2}\rho v^2 C_L A$$

式中　X ——气动阻力；

Y ——升力；

ρ ——大气密度；

v ——飞行速度；

m ——进入器质量；

t ——从进入点起算的时间；

A ——阻力参考面积；

C_D ——阻力系数；

C_L ——升力系数；

R_0——地球半径；

Θ ——飞行速度对当地水平线的夹角；

β_e —— r_e 与 r 之间的夹角，称为射程角；

L ——再入航程，$L=\beta_e R_0$。

6.2　开伞时机的设计

一般开伞时机的选择主要是根据任务的需求或航天器飞行弹道来确定的，需要综合考虑开伞高度、开伞动压、开伞马赫数、开伞姿态等几个方面的因素，在不能同时满足相关要求时，还需进行权衡取舍。

（1）开伞高度

开伞高度的选择首先需要考虑的是保证降落伞开伞后至着陆整个过程中所要执行的各种动作或工作均能有足够的行程来完成。由于普通圆形伞开伞具有随风飘的特点，开伞高度越高，则降落伞开伞后的水平方向的运动距离就越大，落点偏差也就越大，所以为了减小落点的散布，在条件允许的情况下应尽量降低开伞高度。

例如神舟号飞船开伞高度的初步设计，考虑到神舟号飞船采用了主、备两套独立的降落伞装置，并以冷备份方式配置，为了确保备份降落伞系统工作时也能有足够的行程完成全部的动作，需要保证备份降落伞开伞高度在海拔 6 km 左右，再考虑到主份减速伞和主伞工作的行程各需要 2 km 左右，因此，神舟号飞船开伞高度的初步设计在海拔 10 km 左右。

（2）开伞动压

开伞动压是降落伞设计的一个重要指标，也是开伞时机设计的一个主要考虑因素。首先最好选择一个开伞动压较低的时刻开伞，这样有利于降落伞的强度设计，甚至减少降落伞的级数设计，从而简化降落伞系统的设计、减轻降落伞的重量等。其次要在动压随高度或时间变化比较平稳的一段区域内选择开伞时间，这样即使开伞高度或时间存在一定的偏差，也能确保开伞动压变化不大，从而有利于降落伞的设计，同时也减轻了开伞控制装置设计的压力。

（3）开伞马赫数

一般开伞时的马赫数尽量选择在亚声速阶段，如果条件不允许，则应选择在超声速阶段，但马赫数不宜大于 3.0。

（4）开伞姿态

为了确保降落伞开伞的可靠性，开伞时尽量选择进入器姿态比较平稳的阶段，同时尽量避免逆气流方向开伞，这样一方面有利于弹盖开伞的设计，另一方面也有利于降落伞拉直、充气工作的可靠性。

特别是在进行火星探测器减速着陆系统设计时，必须将开伞时的攻角严格限定在较小的范围内。由于火星上降落伞的开伞是处于超声速、低动压、低密度的状态下，而且一般是采用直接弹射主伞的方式，研究表明开伞攻角对火星降落伞拉直过程中的绳帆现象起着决定性影响，直接决定了是否发生绳帆现象。而绳帆现象则对降落伞的拉直开伞过程较为不利，容易引起抽鞭、假顶和非对称充气等后果，严重时可能进一步导致降落伞系统的工作失效。美国在火星探测用降落伞的研制过程中，模拟火星低密度降落伞开伞试验时就曾多次出现过降落伞开伞失败的情况，并在一系列火星探测器的研制工作中对开伞攻角均给予了高度重视，对开伞攻角给出了明确的要求（一般均要求开伞攻角不能大于 13°），甚至 NASA 在“火星科学实验室”探测器设计中，由于在进入过程中采用了半弹道式进入，存在一个约 15°的配平攻角，为了确保开伞的可靠性，将开伞时进入器的攻角降至接近于零。为此，不惜增加系统重量，特意设计了 6 个质量配重块，在降落伞开伞前 15 s，通过依次分离进入器内部的 6 个质量块（如图 6－6 所示），改变进入器的质心位置。如图 6－7 所示的攻角变化曲线中，在 400 s 左右，攻角突然降至零附近[1]。

图 6－6　火星科学实验室进入器配平质量块依次分离

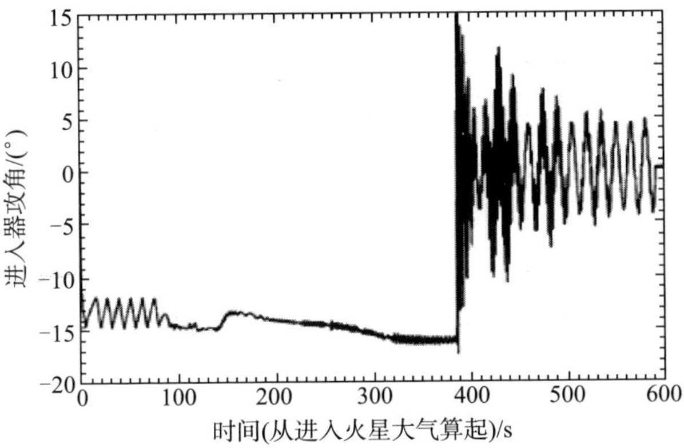

图 6－7　火星科学实验室进入器攻角变化曲线

可见，如果进入器的自身气动特性不能满足开伞的姿态要求，则需对进入器总体提出相应的开伞要求，以便进入器总体采取相应的设计措施，确保开伞姿态。

在实际工程设计过程中，开伞点的详细设计还需要考虑到各种可能的进入轨道，包括标准进入轨道和各种偏差轨道，同时还要考虑到可供选择的控制方法和器件，确保在所有的设计偏差轨道范围内，开伞后的各个程序动作均能及时、可靠地完成。此外，降落伞系统均应能正常工作，不允许因开伞时温度、动压的变化造成开伞高度超出其设计要求。

一般对于再入返回地球大气层的航天器来说，由于地球上的大气比较稠密，返回器经自身的气动外形减速后，到达离地球表面 20 km 以下时基本进入了亚声速状态，且达到了动压平衡，各种偏差因素对开伞条件的影响不大，开伞点的选择具有比较大的选择范围和较宽松的约束条件。而对于火星探测器来说，由于火星大气非常稀薄，探测器进入到火星表面 10 km 高度以下时，虽然各轨道参数的变化变得较平缓了，但一般仍未达到动压平衡的状态，于是开伞控制部件的误差就将会引起开伞时的一些参数（如动压、马赫数等）出现一定的变化，特别是在一些偏差轨道情况下，开伞动压、马赫数等参数可能存在更大的变化。因此，进行开伞点设计时必须了解其中的重要影响，并确定一个合适的开伞控制目标参数，采取合适的开伞控制方法，确保降落伞工作的可靠性。

6.3 航天器常用开伞控制方法

航天器回收着陆系统中常用的开伞控制方法主要有[2,3]：

1）纯时间控制法；

2）过载-时间控制法；

3）压力高度控制法；

4）雷达高度控制法；

5）自适应过载控制法。

（1）纯时间控制法

纯时间控制法，是指在进入器内安装时间控制器，当轨道器与进入器分离时，同时启动时间控制器，然后时间控制器按预先装订的时序指令（按正常返回理论弹道调时），依次发出各个控制信号，控制相关的执行机构完成规定的动作。这种控制方法广泛应用于无控制探空火箭回收系统。其优点是简单易行，缺点是因飞行弹道不同可能造成各开伞参数的偏差较大。

（2）过载-时间控制法

过载-时间控制法，就是利用过载开关加时间控制器进行控制的方法。在进入器内安装过载开关和时间控制器，当进入器进入大气层后，在大气阻力作用下，进入器的过载达到预定值时，使过载开关接通，同时启动时间控制器，然后时间控制器按预先调节好的时序指令，依次发出回收着陆系统的各个控制信号。这种控制方法主要用于返回式卫星和战略武器的回收系统中。其优点是可以减小控制受飞行弹道的影响。

（3）压力高度控制法

压力高度控制法，就是利用大气静压和高度的对应关系控制开伞。它基于飞机上常用的气压式高度表的工作原理，即通过气压式高度表感应当地的大气静压力，间接推算出当地的高度。在飞机上，气压式高度表是通过皮托管来感受大气静压的，但航天器上安装皮托管是比较困难的，只能在其侧壁上开孔取压。这样，高度信号器不是真实地感受当地的大气静压，而是航天器上的总压，即动压和静压之和。因此，对于航天器进入过程中动压的影响，需要通过风洞试验加以修正，以保证控制精确性。我国的神舟号飞船和俄罗斯、美国的飞船均采用了此种方法来控制开伞。其优点是控制受飞行弹道的影响较小，但技术难度较大。

（4）雷达高度控制法

雷达高度控制法，是指通过着陆雷达提供的高度和速度信息，着陆器上的制导系统依次发出着陆过程的各个程序动作的控制指令。着陆雷达包括测速计和测高计两部分。测速发射机通过天线向星球表面发射 X 波段的连续波信号，星球表面反射来的信号经天线接收后分离成正交对的形式，分别与发射信号进行混频。它们的差频，即多普勒频移，经过放大后输给速度计算机，计算出着陆器相对于星球表面的速度。测高计发射机通过天线向星球表面辐射锯齿形调频信号，经星球表面反射后同样被天线接收，回波信号也分离成正交对形式，并与发射信号的取样一同耦合到混频器。混频器输出的差频，包括发射波和回波信号锯齿波之间的时间差信息和多普勒频移，其中发射波和回波信号锯齿波的时间差，是与所经历的距离成正比的。因此，在距离计算机中去除多普勒频移便可得到着陆器至星球表面的距离信息。雷达高度控制法较早应用于月球和行星表面的航天器着陆系统中，海盗号火星着陆器即采用了这种方法来控制开伞。这种控制方法由于需要着陆雷达从较高的高度即开始工作，相对来说其能耗较大；同时受地形的影响也较大。此外，对于降落伞开伞来说，如果飞行弹道不同，即使相同高度开伞，开伞动压的差异也较大，这样就需要降落伞具有较大的开伞适应范围。

(5) 自适应过载控制法

自适应过载控制法，是一种以动压为控制目标的开伞控制方法。该方法主要是根据进入器进入过程中过载的变化，自动确定相应的开伞时间，从而确保在一定动压条件下开伞。它不仅克服了纯时间控制开伞法中不同弹道下开伞参数偏差较大的问题，也解决了静压高度控制开伞法的技术复杂性问题，并较雷达高度控制法具有更好的适应性。该方法主要适合于弹道式进入火星大气环境下的开伞控制。

6.3.1 纯时间控制方法

纯时间控制法最早广泛应用于无控制探空火箭回收系统。它主要是根据火箭飞行的设计弹道和飞行任务的要求，完全按时间来确定火箭头体分离、开减速伞和开主伞等程序动作。由一组（通常是两台并联）时间控制器按照所设计的时间依次发出各个程序指令。时间控制器的启动可由加速度开关或压点开关来启动。

一般对于返回式航天器来说，由于从返回开始到回收着陆系统开始工作所经历的时间很长（300 s 以上），弹道式返回的返回轨道偏差范围很大。如果时间控制器在返回点开始启动，则任何一个时间程序都难以完全满足回收着陆系统在所有偏差下的工作要求。只要根据返回轨道的高度随时间的变化曲线就能够看出，如果以减速伞允许的最高开伞高度为控制点，设置时间控制器的指令时间，则在下偏差轨道情况，即相对于标准轨道最低的一条偏差轨道，主伞来不及开伞就已着陆。反之，如果以主伞允许的最低开伞高度为控制点反推上去，则减速伞开伞高度过高，开伞动压过大，减速伞将被冲破。所以一般返回式航天器不能采用纯时间控制方法。对于载人飞船在发射台救生的情况下，由于救生高度有限，且时间紧迫，一般采用纯时间控制法来控制开伞时机和各工作程序。

在神舟号飞船的发射准备过程中，从航天员进入到运载火箭上面的神舟号飞船起，至运载火箭起飞前，一旦运载火箭发生致命性故障，而航天员又来不及紧急撤离时，则在具备逃逸的条件下采用发射台逃逸救生的方式实施救生，其救生主要飞行程序如图 6－8 所示[4]。

1）逃逸飞行器与故障的运载火箭分离（发出中止飞行信号，火箭主发动机应急关机并接通逃逸飞行器灭火系统，实现返回舱与逃逸飞行器的刚性连接，推进舱上分离密封段分离，返回舱与推进舱解锁，逃逸主发动机点火，上下整流罩对接面解锁，栅格罩打开）。

2）逃逸飞行器逃逸（逃逸主发动机继续工作，一台控制发动机启动用来控制逃逸飞行器转弯）。

3）返回舱与逃逸飞行器分离（返回舱与轨道舱分离，逃逸塔上的四台分离发动机点火提高返回舱与逃逸飞行器的分离速度）。

4）返回舱自主飞行到弹道顶点。

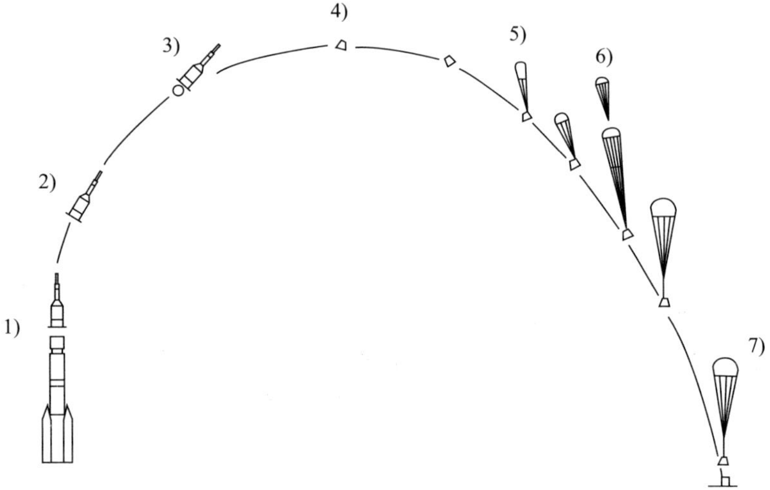

图 6-8 发射台救生的飞行程序

5）返回舱进入轨道的下降段时弹伞舱盖同时拉出引导伞，引导伞拉出减速伞，减速伞工作。

6）减速伞分离，拉出主伞。主伞下降抛防热大底，主伞由斜吊挂改为垂直吊挂，主伞全开。

7）距地面约 1 m 高度时，伽马高度控制器给出信号，点燃着陆反推发动机，返回舱着陆。

在上述发射台救生过程中，当返回舱与轨道舱分离时启动回收着陆系统的程序控制器，同时作为回收着陆系统工作的时间零点，根据飞船逃逸救生的弹道分析，设置一定时间，待返回舱自主飞行过弹道顶点后，弹射伞舱盖，拉出串联引导伞，大小引导伞共同将减速伞伞包拉出返回舱，减速伞开始工作。但由于发射台逃逸救生时，返回舱由逃逸飞行器带离事故现场，最低开伞高度只有 1.3 km（相对地面），因此，为了确保主降落伞装置能够适应其约束条件，需要缩短减速伞的工作时间。为此，减速伞收口状工作时即与返回舱分离，拉出主伞包。后续工作程序与正常返回工作程序基本相同，只是各程序指令的时间间隔根据工作的需要进行了调整。

6.3.2　过载-时间控制方法

（1）过载-时间控制法的基本原理

过载-时间控制法一般广泛应用于弹道式返回的返回式卫星上。如前所述，对于返回式航天器不能采用纯时间控制方法，需要寻找一个新的时间控制的相对零点，使得它启动后到回收着陆系统工作所经历的时间短一些，能够适应各种不同的偏差轨道。通过对弹道式返回的卫星返回轨道特性分析（图 6－9 为某返回式卫星的返回过程中的高度-过载曲线），可以发现，虽然每一条返回轨道的最大过载值各不相同，但基本都发生在近似同一高度。因此，如果选择一个合适的过载值来作为时间控制器的相对零点，以此来启动回收着陆系统，并控制回收着陆系统各个程序动作，则可减小控制误差，并能适应各种不同的返回轨道偏差的情况。

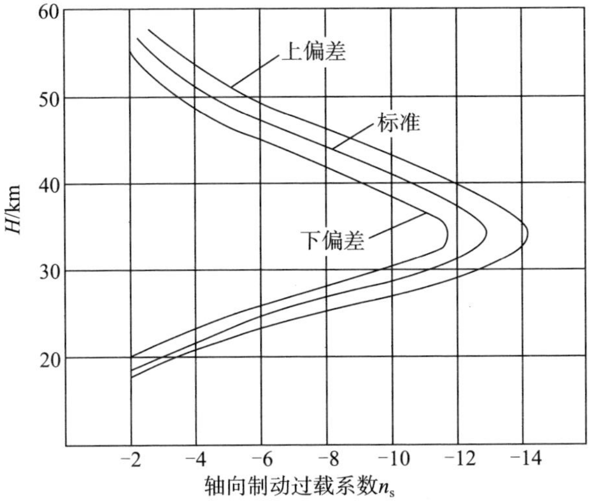

图 6－9　一种返回式卫星在返回过程的高度-制动过载曲线

过载-时间控制法就是利用过载开关加时间控制器进行控制的一种方法。一般在返回舱内安装过载开关和时间控制器，在返回舱返回大气层的过程中，当返回舱的过载达到预定值时，过载开关接通，同时启动时间控制器，然后时间控制器按预先调节好的时序指令，依次发出回收着陆系统的各个控制信号，基本原理如图 6－10 所示。

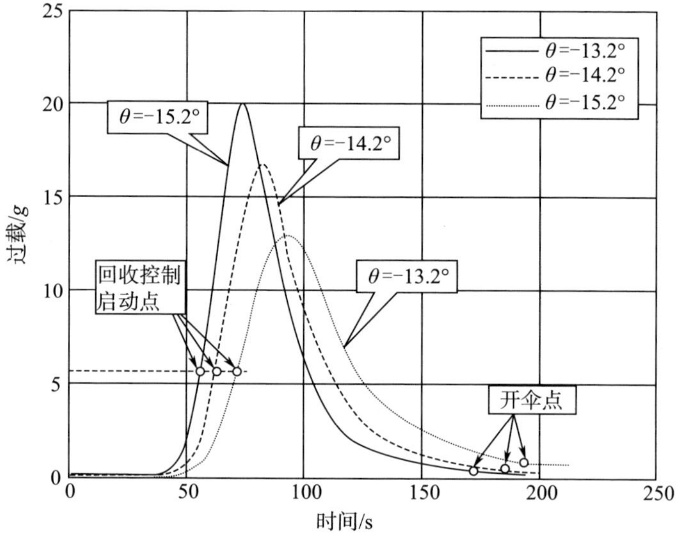

图 6－10 过载-时间控制示意图

(2) 过载-时间控制法的实现

根据过载-时间控制法的原理，其实现的关键有两个，一是确定合适的过载启动值，二是过载开关启动后确定合适的时间启动开伞。

在选择过载开关的启动值时，既要考虑返回舱返回过程中过载值的变化情况，又要考虑过载开关本身的接通精度。过载开关启动值的设计必须适当。若设置过小，则由于返回舱的力学环境容易引起过载开关误接通，当返回舱返回过程中，刚开始产生过载时，过载随时间的变化比较缓慢，由过载开关接通精度而导致的时间误差就可能比较大，进而累积影响到开伞时间和开伞相关参数；若设置过大，则有可能导致某些返回轨道过载开关不能接通而失败。因此，过载开关启动值的初步选取应该根据标准返回轨道的过载-时间曲线，在过载随时间上升阶段中最接近线性变化的区间内选择一个合适的过载值作为初始启动值。然后再根据预先确定的开伞时机以及返回轨道设计一个开伞时间，即过载开关启动后延时一定时间开伞。最后根据通过对不同偏差轨道的分析，进一步确认所设计的过载启动值和开伞时间是否均能适应，若能适应，则表明所选择的过载启动值和开伞时间是合适的，若不能完全适应，则根据分析情况适当调整过载启动值和开伞时间直至均能适应。

（3）过载开关

过载开关是过载-时间控制法中的主要控制装置，负责回收着陆系统的启动。过载开关的种类很多。这里介绍一种在航天器回收着陆系统中常用的机械式过载开关，其可靠性高、抗干扰能力强。机械式过载开关一般主要由过载敏感机构、接触系统和电路组成，如图 6 - 11 所示。

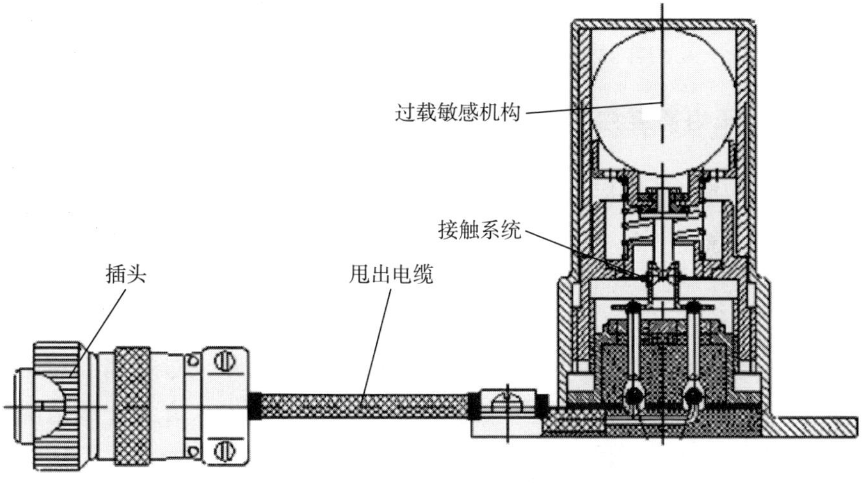

图 6 - 11　过载开关结构图

其中过载敏感机构是过载开关的核心，执行敏感外部加速度过载并将加速度过载信号通过接触系统输出的功能。过载敏感机构由配重钢球、弹簧、导向套、推动机构、调节垫片、推动盘、固定螺母等组成。推动机构主要由接触销、推动盘Ⅰ、绝缘垫圈等组成。在推动盘上设计有两个导向圆环，主要作用是减小推动盘在运动时与导向套内导向孔之间的接触副，降低因接触副摩擦系数变化对动作特性的影响。接触销的接触头端部设计为球面形状，主要是保证接触销与接触系统上的4只触点组成的接触圆圈接触的同步性。在固定螺母伸入导向套内导向腔的部位设计了限位台阶，对推动机构的压缩位移进行限位，有效防止过载开关在敏感轴向大过载时，因接触销过量插入触点接触圆圈内引起簧片变形的可能。

接触系统主要由基座组合、静接触片组合、定位套、调节螺母等组成。静接触片上的4只触点处于同一高度平面内，达到保证动作过程接触销与4只触点接触的同步性。调节螺母分别设计有调节外螺纹以及调节内螺纹，通过外螺纹调节可实现对导向套的轴向固定，通过内螺纹可以实现接触系统触点接触圆圈相对接触销球头接触部位间的距离调节，从而实现过载开关动作加速度值的调节，并提高过载开关动作特性装调性能。

6.3.3 压力高度控制方法

(1) 压力高度控制法的基本原理

压力高度控制方法一般广泛用于半弹道式进入方式的航天器的开伞控制。载人飞船的开伞控制基本均是采用此种开伞控制方法。

由于载人飞船需要考虑到航天员返回过程中的安全性和舒适性，为了改善返回舱的进入状态，减小返回过程中的最大过载值和热流密度峰值，减小返回舱的落点散布等，返回舱的进入方式一般情况下采用半弹道式返回方式。这样，当采用半弹道式返回时，返回轨道有一定的机动性，返回舱到达某一高度的时间相对于返回再入点存在着很大的偏差。同时，在某些应急情况下，为了保证航天员的紧急、安全返回，又需要采取弹道式方式返回，这和正常的半弹道式返回轨道又存在着很大的差异。因此在飞船上采用纯时间控制法和过载-时间控制法来控制开伞都是不合适的。

考虑到飞船返回时可能出现各种不同状态，为了确保飞船按预定高度开伞，可以利用大气静压和高度的对应关系，采用“气压高度”法来控制开伞高度，也就是通过高度控制装置感受返回舱取压孔表面的气压（包括动压和静压）来控制开伞高度。由于目前对于地球大气环境具有深入的认识，特别是对于地球大气压力随高度的变化情况或规律早已制订了相应的标准。因此利用大气静压和高度的对应关系，并结合风洞试验获取返回舱返回过程中取压孔处动压的影响规律来控制开伞，可以比较精确地控制开伞高度，也可以适应飞船的各种返回方式。

由于返回舱取压孔一般设置在返回舱的侧壁上，返回舱在返回过程中，是处于高速运动的状态，取压孔表面的压力并不单纯是返回舱所处当地的大气静压，而是一个包含动压影响的总压，即

$$P_0 = P_\infty + Q \cdot C_p \tag{6-16}$$

式中　P_0——高度控制装置敏感到取压孔表面的总压；

P_∞——大气静压，其值受着陆场地理位置及季节的影响；

Q——动压，取决于返回轨道参数；

C_p——压力修正系数，其值受取压孔位置、返回舱姿态以及飞行马赫数的影响。

因此，压力高度控制的工作原理是，先给高度控制装置装订工作压力，其值等于所需高度对应的大气静压力（P_∞）与返回舱下降至该高度时取压孔表面的动压修正值（$Q \cdot C_P$）之和。这样在实际使用中，当返回舱下降至高度控制装置发出接通信号（即达到工作压力），此时返回舱所处的高度即接近所需的高度。由此可见压力高度控制适用于动压基本不变或变化缓慢的环境中，因此应在返回舱达到稳定下降状态后使用压力高度控制，且取压孔的压力修正系数受返回舱运动的影响应尽可能小，由此才能减小压力高度控制的使用误差，所以压力高度开伞控制需通过精心选择取压孔的位置、多状态风洞测压试验获取压力修正系数、合理选取名义开伞高度、精心设计高度控制装置等步骤才能实现。

（2）压力高度开伞控制的实现

根据压力高度控制的工作原理，制定其开伞控制的设计流程如图 6－12 所示[5]。

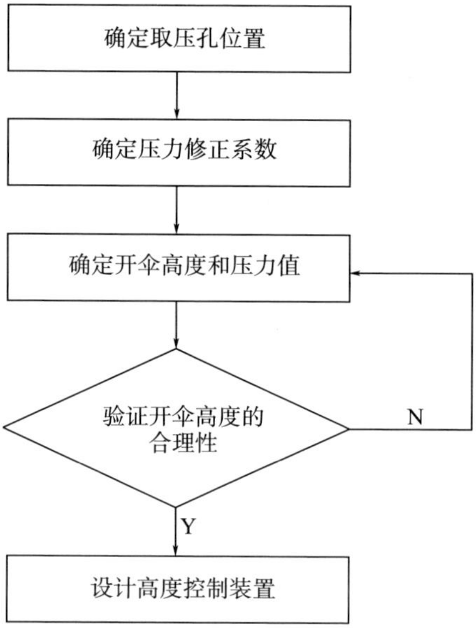

图 6－12　压力高度开伞控制设计流程

①取压孔位置的确定

根据压力高度控制的工作原理，由于压力修正系数受取压孔的位置、返回舱姿态以及飞行马赫数的影响，因此，为了尽量减小返回舱返回过程中弹道参数对压力修正系数影响的变化，取压孔位置一般选择在返回舱的背风面。取压孔的具体位置可以通过计算流体力学（CFD）数值仿真和风洞试验来确定。

②压力修正系数的确定

如前所述，由于返回舱在返回过程中处于高速运动的状态，受动压的影响，取压孔表面的压力并不是返回舱所处当地的大气静压，而是一个总压，是静压与动压综合作用的结果。因此，在考虑高度控制装置所感受的压力时，必须修正返回舱动压的影响。压力修正系数即是对动压的修正，可见压力修正系数的确定是确保飞船按预定高度开伞的一个关键环节。

取压孔位置确定后，压力修正系数的确定就主要是考虑返回舱姿态以及飞行马赫数的影响，即寻找 C_p 与飞行马赫数 Ma 、攻角 α 、侧滑角 β 的函数关系（取压孔位置已定）

$$C_p = f(Ma, \alpha, \beta) \tag{6-17}$$

为了获得压力修正系数 C_p ，可以通过计算流体动力学（CFD）计算和缩比模型的风洞试验两者结合进行研究。由于风洞试验只能测得若干特征点状态下的 C_p 值，要想获得连续的函数关系，仅靠风洞试验是不够的，或者说如果单纯依赖于风洞试验必然要进行大量车次的试验，费用过高。因此可借助于计算机数值计算的方法来模拟取压孔的压力特性，获取压力修正系数 C_p 。同时 CFD 数值计算的准确性和可信度必须通过风洞试验的数据来进行对比验证。

③开伞高度和压力值的确定

开伞高度和高度控制装置的接通压力值是飞船开伞控制中的两个关键参数。

开伞高度的确定也是开伞时机的选择，主要是根据飞船返回轨道和开伞后回收着陆段的弹道来确定的。选择合适的开伞时机实际上是设计合适的开伞高度、开伞速度（或开伞马赫数）、开伞动压等参数，以确保降落伞工作的可靠性和着陆系统工作的完成。在实际工程设计过程中，开伞高度的设计需要考虑到各种可能的返回轨道，包括标准返回轨道和各种偏差轨道，同时还要考虑可供选择的控制方法和器件，确保在所有的设计偏差轨道范围内，开伞后的各个程序动作均能及时、可靠地完成；并在控制器件误差允许的情况下，降落伞系统都能正常工作，不允许因开伞时温度、动压的变化造成开伞高度超出设计要求。对于联盟号和我国的神舟号飞船来说，一般开伞高度设计在 10 km 左右。

高度控制装置的接通压力值即为高度控制装置敏感到取压孔外的气压 P_0，也是高度控制装置的预调设计指标，主要由事先设计的开伞高度所确定。其主要设计思想为：

1）根据着陆场的气象数据确定大气静压 P_{∞}（标称值）与高度之间的关系；

2）根据飞船的返回轨道确定返回舱到达不同高度时的动压 Q；

3）根据公式（6－16）（其中 C_p 由风洞试验结果给出）确定 P_0 与高度之间的对应关系（标称值）；

4）根据回收着陆段的弹道计算情况确定一个开伞高度（H_1）；

5）从上述所得到的 P_0 与高度之间的对应关系确定开伞时（对应高度 H_1）取压孔处的压力 P_1，即为初步确定的高度控制装置设计的压力指标值，如图 6－13 所示；

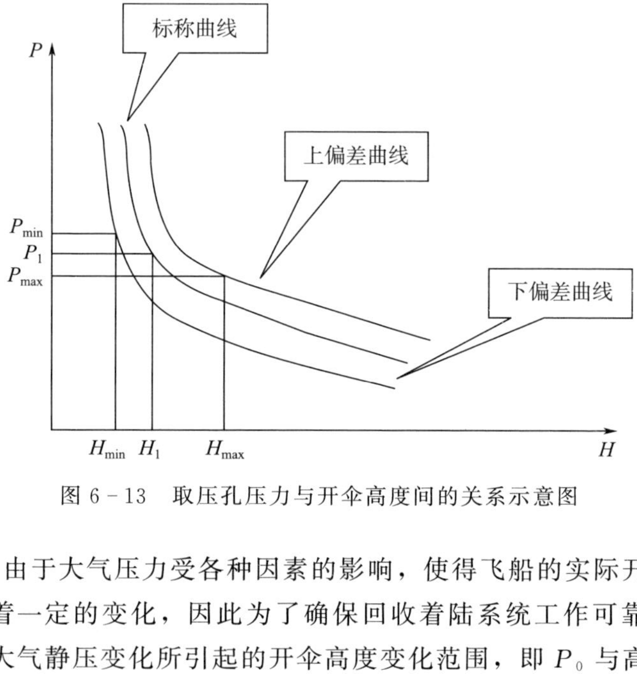

图 6－13　取压孔压力与开伞高度间的关系示意图

6）由于大气压力受各种因素的影响，使得飞船的实际开伞高度也存在着一定的变化，因此为了确保回收着陆系统工作可靠，还需知道因大气静压变化所引起的开伞高度变化范围，即 P_0 与高度之间的对应关系的上、下偏差曲线；

7）最后根据高度控制装置本身的偏差以及 P_0 与高度之间的对应关系的上、下偏差曲线确定开伞高度范围，并检查在这些高度范围内开伞是否均能满足开伞要求，否则再对开伞高度进行修正。

(3) 压力高度控制装置

由于开伞是回收着陆关键的第一步，高度控制装置的可靠性至关重要。因此在其设计上一般要采取以下原则：

1) 采用多组高度控制开关来进行备份。比如神舟号飞船压力高度控制器就采用了 10 km、6 km、5 km 三组高度控制开关，其中在正常返回情况下，6 km 高度控制开关作为 10 km 高度控制开关的冷备份；在中空救生情况下，5 km 高度控制开关作为 6 km 高度控制开关的冷备份，从而提高神舟号飞船开伞控制的可靠性；

2) 对每个高度控制点采用“三取二”冗余措施，以保证其工作可靠，比如神舟号飞船的 10 km、6 km、5 km 三组高度控制开关，每组均采用了三个高度信号器，采用“三取二”冗余设计；

3) 增设滤波电路，以消除在振动、冲击环境中误发信号，提高开伞信号的可靠性。

压力高度控制器根据其所采用的敏感元件的不同，常用的有膜盒式压力高度控制器、硅压阻式压力高度控制器和振动筒式压力高度控制器。

①膜盒式压力高度控制器

目前我国的神舟号飞船和探月工程三期返回器所采用降落伞开伞控制装置就是膜盒式压力高度控制器。压力高度控制器主要由高度信号器、安装板、壳体及电连接器等零部件组成，图 6-14 是我国探月工程三期返回器压力高度控制器的结构示意图。其中高度信号器主要由膜盒组合、平板组合、弹簧片组合、中心杆和底座等零部件组成（如图 6-15 所示）。膜盒组合作为敏感元件，感受被测压力，在压力的作用下，膜盒变形产生位移带动中心杆上下移动，使弹簧片组合与平板组合的接触点接通或断开，发出开关信号。

②硅压阻式压力高度控制器

硅压阻式压力高度控制器主要由硅压力传感器、信号处理电路、隔离电路和输出电路组成。方案框图如图 6-16 所示[6]。

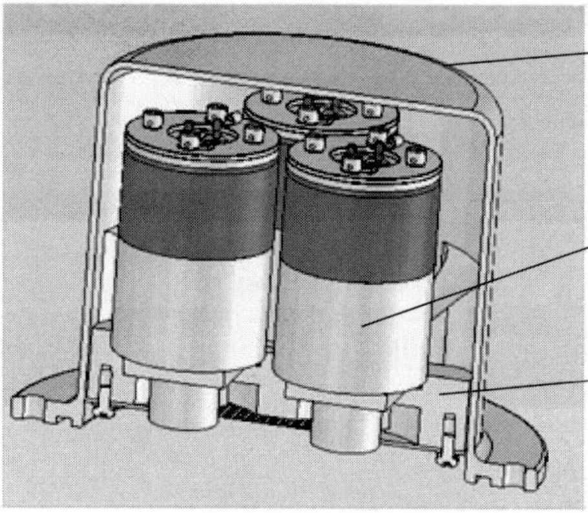

图 6 - 14　高度控制器结构图

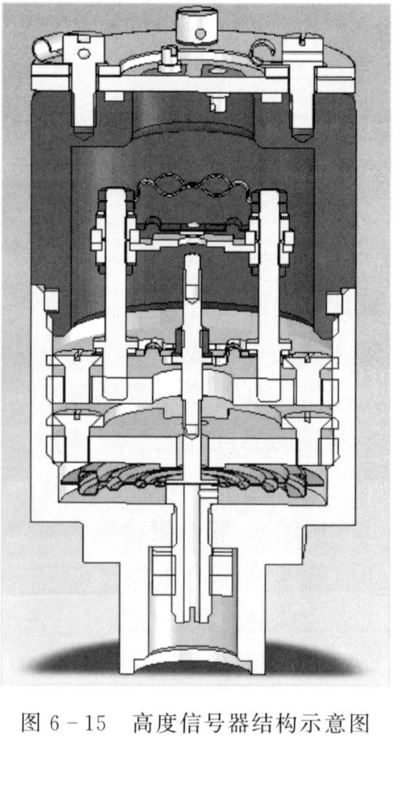

图 6 - 15　高度信号器结构示意图

硅压阻式压力传感器的工作原理是其拥有特定的敏感膜片，它含有四个压阻式应变元件（PR），PR 是固态电阻，其阻值随所受机械应力而线性变化。这样，大气压力的变化通过电阻值的变化转变为电压值的变化，利用高度与气压的特定关系来实现硅压力传感器测量高度的功能。信号处理电路是将传感器的输出信号进行滤波、放大处理后，与预定高度的电压信号进行比较，比较电路实时将设定值与硅压阻压力传感器的输出值进行比较，当达到预定值时，比较电路发出信号，接通电路，以达到压力高度对开伞信号进行控制的目的。

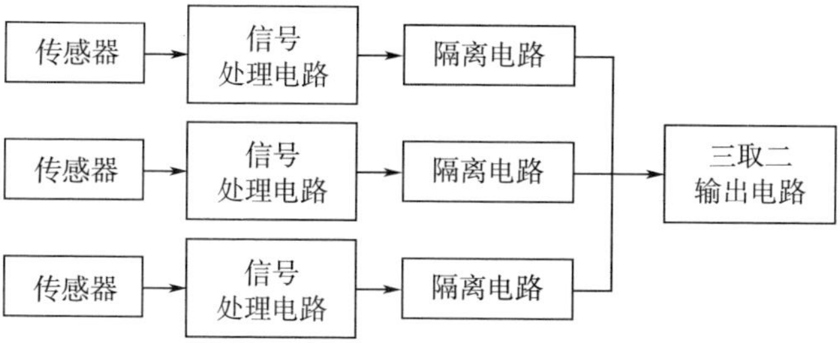

图 6 - 16　硅压阻式压力高度控制器框图

③振动筒式压力高度控制器

振动筒式压力高度控制器主要由振动筒压力传感器、信号处理电路、隔离电路和输出电路组成。

振动筒压力传感器的结构示意图如图 6 - 17 所示，主要由振动筒、激振元件、拾振元件、真空保护筒、底座、感温元件、谐振放大电路等组成[7]。

振动筒是振动筒压力传感器的敏感元件，是传感器的核心器件，通常采用低温高弹性和高导磁性材料制成。其结构通常设计成超薄的轴对称圆筒形状，一端为自身密闭的自由端，另一端开口并固定在基座上。圆筒的壁厚不同时，其压力测量范围不同，测压灵敏度也不同，输出特性也存在差异。圆筒材料不但要构成闭合磁回路，还应具有很低的弹性温度系数，以使其温度误差尽可能小。

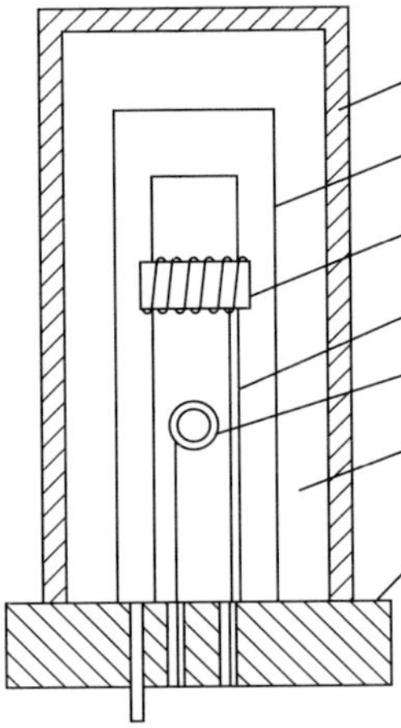

图 6-17　振动筒压力传感器组件结构示意图

激振线圈和拾振线圈在振动筒内相隔一定距离成空间十字交叉排列，以减少两只线圈间的电磁耦合。在激振线圈骨架中心装有导磁棒，拾振线圈中心装有永磁棒，它们被封装在环氧树脂内，与底座浇注成一个整体。

底座除用于固定线圈骨架、振动筒和保护筒外，还有通入被测压力的进气孔，并掩埋了感温二极管。

保护筒和振动筒之间抽成真空，作为被测压力的参考基准，当被测压力传入振动筒和线圈组件之间的空腔时，振动筒感受到的就是绝对压力。保护筒还具有屏蔽作用，用来防止外界电磁场的干扰。

振动筒可以等效为一个二阶强迫振荡系统，它有一个固有的谐振频率，品质因数很高。激振线圈和拾振线圈通过振动筒互相耦合，用集成运放组成一个正反馈的振荡电路，如图 6-18 所示，再经过整形电路输出一系列脉冲方波。

电源未接通时，振动筒处于静止状态。一旦接通直流电源，放大器的固有噪声在激振线圈中产生微弱的随机脉冲，该脉冲信号通过激振线圈导致磁场改变，形成脉动力，引起振动筒的筒壁变形，

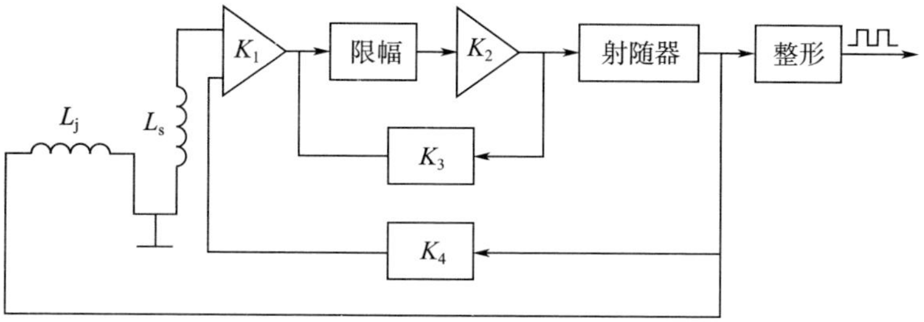

图 6－18　振动筒传感器原理框图

使振动筒以低振幅的谐振频率振动。筒壁的振动改变了拾振线圈的磁路，从而在拾振线圈中产生感应电势。显然，如果外部不继续供给能量给激振的机械系统，则由于阻尼作用，振荡将是逐渐衰减的。

为此通过外部电路使拾振线圈输出的感应电势经放大后再反馈到激振线圈，产生激振力，于是振动筒迅速进入谐振状态，并以一定的振型维持振荡。由于振动筒具有很高的品质因数，所以只有在它的固有振动频率上振动时，才有最大的振幅。如果偏离了固有频率，其振幅就迅速衰减，拾振线圈的感应电势也随之衰减，从而使电路不能满足振荡条件而停止振荡。

当被测压力为零时，振动筒处于谐振状态，其谐振频率为 f_0；当被测压力进入振动筒空腔时，由于被测压力的作用，振动筒的刚度发生变化，从而改变了其谐振频率。拾振线圈一方面直接检测出随压力而变的振动频率的增量，并立即将此电势信号经放大、整形电路输出；另一方面又不断地把输出的感应电势正反馈到激振线圈，产生激振力，使振动筒迅速进入新的谐振状态，此时的振动频率为

$$f = f_0\sqrt{1 + AP} \tag{6-18}$$

式中　P ——被测压力；

　　A ——振动筒常数。

从式（6－18）可以看出，输入压力不同，振动筒的谐振频率不同，所以振动筒的谐振频率可以表征被测压力的大小。

6.3.4　自适应过载控制方法

自适应过载开伞控制方法主要是为了满足火星大气环境下的开伞要求，通过对火星探测器进入轨道的计算分析，提出的一种以动压为控制目标的开伞控制方法。

如前所述，不同的开伞控制方法在各种偏差弹道下，实际开伞时的高度、速度、动压等开伞条件参数的散布范围是不一样的，即不同的开伞控制参数所导致的降落伞开伞可靠性并不同。

为了分析各种开伞控制方法在火星大气环境下的适应性，参考文献［8］考虑了大气密度、升力系数、阻力系数、俯仰力矩系数、气动阻尼系数、进入角、进入滚动角速率、进入偏航角速率、进入俯仰角速率、进入攻角及质心位置等 11 个随机因素的影响，分别采用不同的开伞控制方法对开伞时的高度、马赫数、动压等参数范围进行了研究，结果表明时间控制法、过载-时间控制法、静压高度控制法、雷达高度控制法均难以完全满足降落伞的开伞条件，不太适合作为火星探测器减速着陆过程中的开伞控制方法；而以动压作为开伞控制参数的控制方法，能够较好地满足火星大气环境下的开伞要求。

（1）自适应过载控制法的基本原理

由于对火星大气环境的认识程度有限，分布规律也不是很清楚，而且直接通过压力传感器来测量探测器进入过程中的压力，实现起来也相当困难。通过对进入弹道参数的分析，可知动压和过载之间其实存在着很好的对应关系。因此，可以通过过载的变化关系来间接反映动压的变化情况，这样就避免了直接获取动压所存在的技术问题，而且过载的获取简单且成熟。

在传统的过载-时间控制法中，当探测器在进入过程中的过载达到一定值后启动减速着陆系统，在事先装订的固定时间后开伞。由于火星大气环境的影响，在火星探测减速着陆过程中，难以找到一个固定的时间程序来满足不同的进入轨道。通过对进入弹道的分析，提出一种以动压为控制目标的开伞控制方法——自适应过载控制法[3,9,10]，即通过获取不同进入轨道的过载变化规律，再根据其特点延迟相应的时间来启动开伞，从而达到不同进入轨道均以一定动压开伞的目的。具体实现的基本原理如图 6－19 所示。

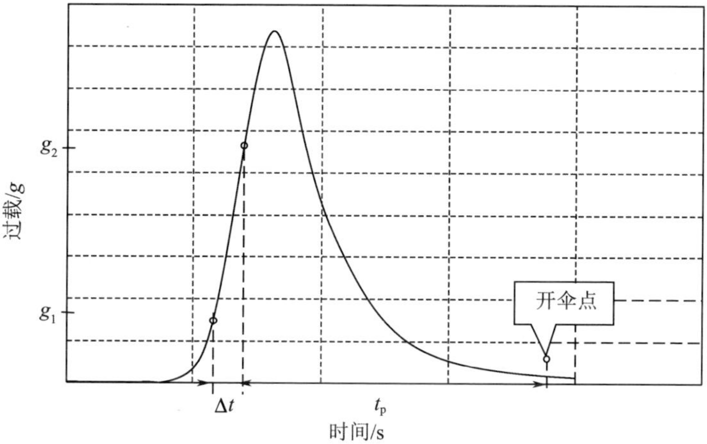

图 6－19　自适应过载控制法原理图

如图 6－19 所示，设探测器进入过程中某一时间内其过载增大时的变化率为 k，即

$$k=\frac{\Delta g}{\Delta t}=\frac{g_2-g_1}{t_2-t_1} \tag{6-19}$$

式中　g_1——进入时刻 t_1 时所对应的过载；

g_2——进入时刻 t_2 时所对应的过载。

取进入过程中当探测器的动压下降到目标动压时，开伞点所对应的时刻为 t_3，相对于时刻 t_2 的时间为 t_p，经分析，不同进入轨道其 k 和 t_p 是不同的，设

$$t_p=f(k)=f\left(\frac{g_2-g_1}{t_2-t_1}\right)=f\left(\frac{g_2-g_1}{\Delta t}\right) \tag{6-20}$$

当 Δt 和 g_1 均事先设定时，则有

$$t_p=f(g_2) \tag{6-21}$$

① Δt 和 g_1 的确定

为了使 k 能够较好地反映不同进入轨道的变化情况，Δt 和 g_1 的确定遵循以下原则：

1）Δt 时间内过载的变化最接近线性变化；

2）k 值也尽量取较大的值，有利于减小加速度计的误差对 t_p 的影响。

在不同的进入轨道下，通过不同 Δt 和 g_1 的组合对 Δt 时间内过载变化的线性相关性和 k 值的影响比较，即可确定较优的 Δt 和 g_1 值。

② t_p 和 g_2 之间的关系

根据所确定的 Δt 和 g_1 值，以目标动压作为开伞点控制参数，通过对不同进入轨道的弹道参数分析即可得到相应的 t_p 和 g_2 参数值，进而拟合得到 t_p 和 g_2 之间的关系。

（2）自适应过载开伞控制的实现

自适应过载控制方法的开伞控制最终是通过以下方法来实现的：通过各种进入轨道的计算分析，将开伞时间 t_p 与过载 g_2 间的关系事先装入减速着陆系统的程序控制器中，并通过设定过载值 g_1 来启动减速着陆系统的程序控制器，再由程序控制器来获取一定时间后的过载值 g_2，然后根据实测的过载值 g_2，通过事先所设定的开伞时间 t_p 与过载 g_2 间的关系最终确定实际开伞的时间，并由程序控制器发出开伞指令。

自适应过载控制法实际是在某一固定动压附近控制开伞，其实现原理是通过动压和过载、及其与时间之间的相互关系来实现的。尽管最终也是通过过载与时间之间的关系来实现的，但传统的过载-时间控制法中的过载和时间均是事先设定好的固定值，对于不同的进入弹道其开伞时间是不变的，开伞时的过载或开伞动压则相差较大（如图 6－10 所示）；而自适应过载控制法中的过载和时间之间则是事先设定为一函数关系，对于不同的进入弹道其开伞时间是不同的，而开伞时的过载或开伞动压是基本相同的（如图 6－20 所示）。

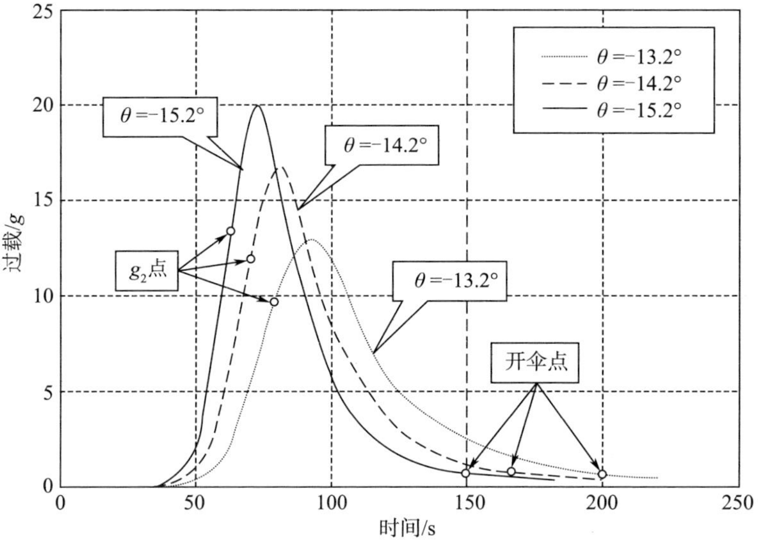

图 6-20　自适应过载控制开伞示意图

参考文献

［1］ Devin Kipp，Miguel San Martin，John Essmiller，David Way. Mars Science Laboratory Entry，Descent，and Landing Triggers［R］. IEEEAC＃1445，2006.

［2］ 王希季．航天器进入与返回技术（下）［M］．北京：宇航出版社，1991.

［3］ 荣伟．火星探测器减速着陆技术研究［D］．中国空间技术研究院，2008.

［4］ 戚发轫，李颐黎．巡天神舟——揭秘载人航天器［M］．北京：中国宇航出版社，2011.

［5］ 荣伟．神舟号载人飞船开伞控制方案设计［J］．航天返回与遥感，2010（3).

［6］ 孙秀平．航天器回收用静压高度控制器的研制［J］．航天返回与遥感，2002（1).

［7］ 吴晓男，于进勇，徐宇茹．振动筒压力传感器在飞机上的应用［J］．仪表技术，2010（6).

［8］ 包进进．火星探测器减速着陆过程仿真及特性研究［D］．北京：中国空间技术研究院，2011.

［9］ 荣伟，陈旭，陈国良．火星探测减速着陆系统开伞控制方法研究［J］．航天返回与遥感，2007，28（4）：6－11.

［10］ 荣伟，鲁媛媛，包进进，贾贺．火星探测减速着陆过程中若干问题的研究［J］．南京航空航天大学学报，2016（4).

第7章 物伞系统动力学

了解物伞系统的动力学特性和工作性能是设计可靠的航天器回收着陆系统和评估该系统在工作环境中性能的必要条件。一般在设计之初，都是通过经验或简单的质点动力学模型完成系统的方案初步设计，然后随着设计的逐步展开、深入，需要建立能够与系统结构更加相符的、具有较高自由度的多体动力学模型，对回收着陆系统进行更加全面详细的设计、分析和性能评估，以确保系统设计方案的合理性、协调性和可靠性。同时，由于回收着陆系统的设计验证一般只能通过飞行试验或空投试验来进行，然而有限次数的飞行试验和空投试验难以对其所有工作模式下的工作性能进行充分的评估、分析和验证，而且需要耗费大量的资金和时间，且验证试验中的许多试验条件也是很难保证的，如气动偏差、大气环境偏差和各种初始姿态等。有的情况下，比如火星探测降落伞减速着陆系统，由于火星大气环境、重力场等诸多环境条件均与地球上的不同，以致火星探测降落伞减速系统的性能验证，不能像地球上回收航天器所用的降落伞减速系统那样可以通过空投试验来直接验证，而只能通过建立火星环境下的物伞系统动力学模型，结合对各项条件的单项模拟验证后再采用理论分析或仿真来综合验证。因此，物伞系统的动力学模型是航天器回收着陆系统设计、分析和验证的基础。

本章首先从一般刚体的动力学建模出发，推导了适用于降落伞的动力学方程，然后基于多体系统动力学建模方法建立物伞系统的多体动力学模型，最后给出适用于伞降阶段运动轨迹风修正的质点动力学模型以及轨迹修正方法。

7.1 一般刚体动力学模型

7.1.1 刚体的动力学方程

当物体在流体中作任意运动时，一方面物体对流体产生作用力，引起周围流体的运动，另一方面物体也将相应地受到流体的反作用力。实际上即使物体作定常运动，其周围流体的运动状态也会随时变化，这种使流体运动状态发生变化的力是由物体提供的，而其反作用力（即流体惯性力）则作用在物体上。物体作定常运动时所承受的流体惯性力是构成物体定常流体动力的重要部分（还应包括由摩擦力所产生的流体动力）。容易理解，当物体作非定常运动时，与物体作定常运动相比，周围流体作用于物体的惯性力将会产生一个增量。在本章中，通过引入附加质量矩阵来表示该增量。附加质量的表示形式很多，从流体能量的角度表示更简便一些。考虑在无界流体区域 R 中作任意运动的刚体，其周围流体的动能 T_F 可以表示成如下形式

$$T_F = \sum_{i,j=1}^{6} T_{F_{ij}}(u,\rho) = \frac{1}{2}\sum_{i,j=1}^{6} A_{ij}(u,\rho)\,u_i^0(t)\,u_j^0(t) \tag{7-1}$$

式中 $T_{F_{ij}}$ ——周围流体动能分量；

u ——物体的速度；

ρ ——流体的密度；

u_1^0, u_2^0, u_3^0——物体的质心速度分量；

u_4^0, u_5^0, u_6^0——物体绕质心转动的角速度分量。

$$A_{ij}(u,\rho) = [1/u_i^0(t)u_j^0(t)]\iiint_R \rho(x_1,x_2,x_3,t)\,u_i(x_1,x_2,x_3,t)\,u_j(x_1,x_2,x_3,t)\,\mathrm{d}R \tag{7-2}$$

式中，$\rho(x_1, x_2, x_3, t)$ 表示流场中各处在不同时刻的密度。A_{ij} 共有 36 个量，具有质量和转动惯量的量纲，定义矩阵 $\boldsymbol{\phi}_F = [A_{ij}]_{6\times 6}$ 为附加质量矩阵。由定义可知 $A_{ij} = A_{ji}$ ，附加质量矩阵是对称矩阵，

只有 21 个独立的分量。

严格地说，所有在流体中作非定常运动的物体在动力学建模中都需要考虑这一效应。但是研究表明，当物体的密度远大于周围流体密度时，附加质量对物体运动的影响可以忽略不计；当物体密度与周围流体密度相当时，在动力学分析中必须考虑附加质量的影响，例如降落伞、气球、水下航行器等。因此，在降落伞的动力学模型中必须考虑附加质量，而在进入器的动力学模型中则可以不必考虑。

设 $OXYZ$ 是刚体 B 的连体坐标系，O 为原点。$\mathbf{V}$ 和 $\boldsymbol{\Omega}$ 分别是 O 点的速度和刚体角速度矢量，$V_i(i=1,2,3)$ 为 $\mathbf{V}$ 在 $OXYZ$ 三轴上的分量，$\mathbf{V}$ 代表其坐标列阵，$\mathbf{V}=[V_1,V_2,V_3]$；$V_i(i=4,5,6)$ 为 $\boldsymbol{\Omega}$ 在 $OXYZ$ 三轴上的分量，$\boldsymbol{\Omega}$ 代表其坐标列阵，$\boldsymbol{\Omega}=[V_4,V_5,V_6]$。

系统的动能可以由两部分组成

$$T=T_B+T_F \tag{7-3}$$

其中，T_B 为物体的动能，T_F 为周围流体的动能，分别表示如下

$$T_B=\frac{1}{2}\sum_{i=1}^{6}\sum_{j=1}^{6}\hat{V}_i\Phi_{Bij}\hat{V}_j=\frac{1}{2}\hat{\mathbf{V}}^{\mathrm{T}}\boldsymbol{\Phi}_B\hat{\mathbf{V}} \tag{7-4}$$

$$T_F=\frac{1}{2}\sum_{i=1}^{6}\sum_{j=1}^{6}\hat{V}_iA_{ij}\hat{V}_j=\frac{1}{2}\hat{\mathbf{V}}^{\mathrm{T}}\boldsymbol{\Phi}_F\hat{\mathbf{V}} \tag{7-5}$$

$$\boldsymbol{\Phi}_B=\begin{bmatrix} m\boldsymbol{E} & m\boldsymbol{S}^{\mathrm{T}}(\rho_c) \\ m\boldsymbol{S}(\rho_c) & \boldsymbol{J} \end{bmatrix} \tag{7-6}$$

式中　$\boldsymbol{J}$ ——刚体相对于坐标系 $OXYZ$ 的惯量张量矩阵；

m ——刚体质量；

$\boldsymbol{E}$ ——3×3 单位矩阵；

ρ_c ——质心在 $OXYZ$ 中的坐标；

$\hat{\mathbf{V}}$ ——广义速度列阵，$\hat{\mathbf{V}}=[\mathbf{V}\quad\boldsymbol{\Omega}]^{\mathrm{T}}$。

$\boldsymbol{S}(\cdot)$ 代表反映矢量叉乘的反对称矩阵

$$\boldsymbol{S}(x,y,z)=\begin{bmatrix} 0 & -z & y \\ z & 0 & -x \\ -y & x & 0 \end{bmatrix} \tag{7-7}$$

引入系统的广义惯量矩阵 $\boldsymbol{\Phi}=\boldsymbol{\Phi}_B+\boldsymbol{\Phi}_F$，由式（7－3）～式（7－5）可得

$$T=\frac{1}{2}\hat{\mathbf{V}}^{\mathrm{T}}\boldsymbol{\Phi}\hat{\mathbf{V}} \tag{7-8}$$

利用拉格朗日方法，可得到广义的刚体和流体系统的动力学方程

$$\begin{aligned}&\frac{\mathrm{d}}{\mathrm{d}t}\left(\frac{\partial T}{\partial \mathbf{V}}\right)+\boldsymbol{\Omega}\times\left(\frac{\partial T}{\partial \mathbf{V}}\right)=\boldsymbol{F}\\&\frac{\mathrm{d}}{\mathrm{d}t}\left(\frac{\partial T}{\partial \boldsymbol{\Omega}}\right)+\boldsymbol{\Omega}\times\left(\frac{\partial T}{\partial \boldsymbol{\Omega}}\right)+\mathbf{V}\times\left(\frac{\partial T}{\partial \mathbf{V}}\right)=\boldsymbol{M}\end{aligned} \tag{7-9}$$

其中，$\boldsymbol{F}$ 、$\boldsymbol{M}$ 是刚体所受外力的主矢及对 O 点的主矩，上式被称为矢量形式的 Kirchhoff 方程。

将式（7－8）代入式（7－9），化简得

$$\dot{\hat{\mathbf{V}}}=\boldsymbol{\Phi}^{-1}(\hat{\boldsymbol{F}}-\tilde{\hat{\mathbf{V}}}\boldsymbol{\Phi}\hat{V}-\dot{\boldsymbol{\Phi}}\hat{\mathbf{V}}) \tag{7-10}$$

其中，$\hat{\boldsymbol{F}}=[F_x,\ F_y,\ F_z,\ M_x,\ M_y,\ M_z]^{\mathrm{T}}$，$F_x$，$F_y$，$F_z$，$M_x$，$M_y$，$M_z$ 分别为 $\boldsymbol{F}$ 、$\boldsymbol{M}$ 的在体坐标系 $OXYZ$ 三轴上的分量。

$$\tilde{\hat{\mathbf{V}}}=\begin{bmatrix}S(\Omega) & 0\\ S(V) & S(\Omega)\end{bmatrix} \tag{7-11}$$

如果已知物体的质量特性、附加质量矩阵以及所受的外力和外力矩，即可利用式（7－10）建立物体的六自由度动力学方程，该旋量形式的动力学方程形式简洁，降落伞和进入器的动力学方程都可以利用该式得到。

7.1.2 刚体的运动学方程

在动力学建模过程中，采用平面大地假设，并取北天东坐标系 $O_{\mathrm{E}}X_{\mathrm{E}}Y_{\mathrm{E}}Z_{\mathrm{E}}$ 为地面惯性系。为建立刚体的运动学方程，采用四元数法来表示刚体的姿态。四元数是有四个元素的超复数，利用四元数表示刚体姿态可以避免采用欧拉角可能出现的奇异现象。

设 $\boldsymbol{q}=[q_0,\ q_1,\ q_2,\ q_3]$ 为由惯性系到刚体体坐标系的转换四元

数，(x, y, z) 为刚体体坐标系原点在惯性系中的坐标，则惯性系到刚体体坐标系的转换矩阵可列为

$$[\boldsymbol{B}]=\begin{bmatrix} q_0^2+q_1^2-q_2^2-q_3^2 & 2(q_1q_2-q_0q_3) & 2(q_1q_3+q_0q_2) \\ 2(q_1q_2+q_0q_3) & q_0^2-q_1^2+q_2^2-q_3^2 & 2(q_2q_3-q_0q_1) \\ 2(q_1q_3-q_0q_2) & 2(q_2q_3+q_0q_1) & q_0^2-q_1^2-q_2^2+q_3^2 \end{bmatrix}$$

刚体的运动学方程可列为

$$\begin{bmatrix} \dot{x} \\ \dot{y} \\ \dot{z} \end{bmatrix}=[\boldsymbol{B}]^{\mathrm{T}}\boldsymbol{V}^{\mathrm{T}} \tag{7-12}$$

$$\begin{bmatrix} \dot{q}_0 \\ \dot{q}_1 \\ \dot{q}_2 \\ \dot{q}_3 \end{bmatrix}=\frac{1}{2}\begin{bmatrix} q_1 & q_2 & q_3 \\ -q_0 & -q_3 & q_2 \\ q_3 & -q_0 & -q_1 \\ -q_2 & q_1 & -q_0 \end{bmatrix}\boldsymbol{\Omega}^{\mathrm{T}} \tag{7-13}$$

刚体的动力学方程（7－10）与刚体的运动学方程（7－12）、（7－13）联立，组成闭合形式的微分方程组，用龙格-库塔等数值方法求解该微分代数方程组，即可得到刚体的位置、速度、姿态四元数和角速度。

7.2　物伞系统动力学模型

7.2.1　系统坐标系定义

图 7－1 是降落伞和进入器组成的一般吊挂系统示意图，图中定义了降落伞的体坐标系 $O_1X_1Y_1Z_1$，进入器的体坐标系 $O_3X_3Y_3Z_3$ 和大地坐标系 $O_EX_EY_EZ_E$，均为右手坐标系。

降落伞体坐标系 $O_1X_1Y_1Z_1$ 的原点 O_1 为伞衣的几何中心，O_1X_1 轴沿着伞的对称轴指向伞绳的汇交点，O_1Y_1 轴垂直于 O_1X_1 轴并指向计算初始时刻的速度方向，O_1Z_1 轴的指向根据右手法则确定。

吊带体坐标系 $O_2X_2Y_2Z_2$ 的原点 O_2 位于伞绳汇交点，O_2X_2 轴

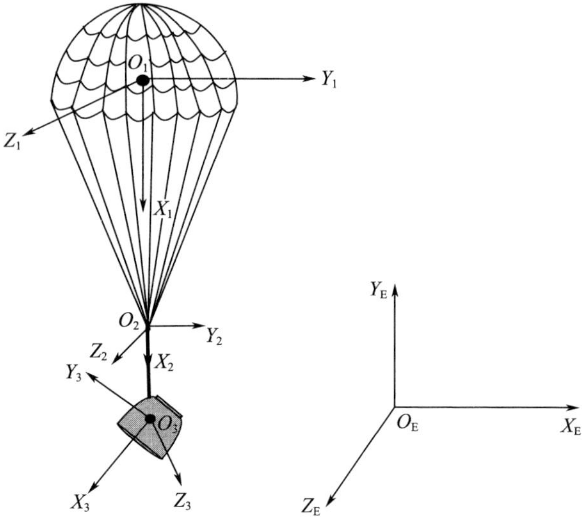

图 7-1　降落伞系统坐标系定义

沿拉伸后吊带方向指向吊带另一端，O_2Y_2 轴和 O_2Y_2 轴根据初始条件确定，与 O_2X_2 轴共同组成右手坐标系。

进入器体坐标系 $O_3X_3Y_3Z_3$ 的原点 O_3 位于回收着陆系统启动之前进入器的质心，O_3X_3 和 O_3Y_3 轴在纵向对称平面内，O_3X_3 轴平行于纵向对称轴，O_3Z_3 轴垂直于该平面，指向某一确定方向（比如飞船返回舱一般取指向主伞舱一侧），O_3Y_3 根据右手法则确定。

大地坐标系 $O_EX_EY_EZ_E$ 为北天东坐标系。它的原点 O_E 与计算初始时刻进入器体坐标系的原点 O_3 在当地水平面上的投影点重合，O_EY_E 轴铅垂向上，O_EX_E 和 O_EZ_E 轴在当地水平面内，分别指向北方和东方。

7.2.2　进入器动力学模型

前面已经建立了一般刚体的动力学模型，其动力学方程形式可见式（7-10），重新列写如下

$$\dot{\hat{\boldsymbol{V}}} = \boldsymbol{\Phi}^{-1}(\hat{\boldsymbol{F}} - \tilde{\hat{\boldsymbol{V}}}\boldsymbol{\Phi}\hat{V} - \dot{\boldsymbol{\Phi}}\hat{\boldsymbol{V}}) \tag{7-14}$$

由于附加质量对进入器的运动影响不大，故取 $\boldsymbol{\Phi}_F=0$，系统的广义惯量矩阵可表示为

$$\boldsymbol{\Phi}=\boldsymbol{\Phi}_B=\begin{bmatrix} m_3\boldsymbol{E} & m_3\boldsymbol{S}^{\mathrm{T}}(\rho_{c3}) \\ m_3\boldsymbol{S}(\rho_{c3}) & \boldsymbol{J}_3 \end{bmatrix} \tag{7-15}$$

式中　m_3——进入器的质量；

$\boldsymbol{E}$——3×3 单位矩阵；

ρ_{c3}——进入器质心在舱体坐标系 $O_3X_3Y_3Z_3$ 中的坐标；

$\boldsymbol{J}_3$——进入器相对于舱体坐标系 $O_3X_3Y_3Z_3$ 的惯量张量。

在回收着陆过程的不同阶段，进入器的质量、质心位置和转动惯量会有所不同，需要根据实际情况设定。广义速度列阵 $\hat{\boldsymbol{V}}=[\boldsymbol{v},\boldsymbol{\omega}]^{\mathrm{T}}$，其中 $\boldsymbol{v}$，$\boldsymbol{\omega}$ 分别为进入器的速度和角速度在坐标系 $O_3X_3Y_3Z_3$ 三轴上的分量列阵。广义力列阵 $\hat{\boldsymbol{F}}=[\boldsymbol{F},\boldsymbol{M}]^{\mathrm{T}}$，其中 $\boldsymbol{F}$，$\boldsymbol{M}$ 分别为进入器所受外力和外力矩在坐标系 $O_3X_3Y_3Z_3$ 三轴上的分量列阵。

于是进入器平动动力学方程组的分量形式为

$$m_3\begin{bmatrix} \dot{V}_{x3}+\omega_{y3}V_{z3}-\omega_{z3}V_{y3} \\ \dot{V}_{y3}+V_{x3}\omega_{z3}-\omega_{x3}V_{z3} \\ \dot{V}_{z3}+\omega_{x3}V_{y3}-V_{x3}\omega_{y3} \end{bmatrix}-\begin{bmatrix} F_{X3} \\ F_{Y3} \\ F_{Z3} \end{bmatrix}=$$

$$m_3\begin{bmatrix} X_{C3}(\omega_{y3}^2+\omega_{z3}^2)+Y_{C3}(\dot{\omega}_{z3}-\omega_{x3}\omega_{y3})-Z_{C3}(\dot{\omega}_{y3}+\omega_{x3}\omega_{z3}) \\ Y_{C3}(\omega_{z3}^2+\omega_{x3}^2)+Z_{C3}(\dot{\omega}_{x3}-\omega_{y3}\omega_{z3})-X_{C3}(\dot{\omega}_{z3}+\omega_{y3}\omega_{x3}) \\ Z_{C3}(\omega_{x3}^2+\omega_{y3}^2)+X_{C3}(\dot{\omega}_{y3}-\omega_{z3}\omega_{x3})-Y_{C3}(\dot{\omega}_{x3}+\omega_{y3}\omega_{z3}) \end{bmatrix} \tag{7-16}$$

式中　X_{C3}，Y_{C3}，Z_{C3}——进入器质心坐标在舱体坐标系中的分量；

V_{x3}，V_{y3}，V_{z3}——进入器的速度在舱体坐标系中的分量；

ω_{x3}，ω_{y3}，ω_{z3}——进入器角速度在舱体坐标系中的分量；

m_3——当前阶段的进入器质量；

F_{X3}，F_{Y3}，F_{Z3}——进入器所受的合外力在舱体坐标系中的分量。

其中作用于进入器上的外力包括：进入器所受的气动力、进入器所受的重力、吊带对进入器的约束力（单舱下降阶段，该力为零），合外力在舱体坐标系的分量表达式为

$$\begin{bmatrix} F_{X3} \\ F_{Y3} \\ F_{Z3} \end{bmatrix} = \begin{bmatrix} F_{AX3} \\ F_{AY3} \\ F_{AZ3} \end{bmatrix} - \begin{bmatrix} B_{12}^{3} \\ B_{22}^{3} \\ B_{32}^{3} \end{bmatrix} m_3 g - \begin{bmatrix} B_{S4}^{3} \\ B_{S5}^{3} \\ B_{S6}^{3} \end{bmatrix} F_2 \qquad (7-17)$$

式中 F_{AX3}，F_{AY3}，F_{AZ3} ——进入器所受的空气动力在舱体坐标系中的分量，可基于实际的飞行条件参数、进入器特征参数和气动系数文件经插值计算得到；

B_{12}^{3}，B_{22}^{3}，B_{32}^{3} ——大地坐标系相对于舱体坐标系的转换矩阵 $\boldsymbol{B}_{\mathrm{E}}^{3}$ 对应的第二列三个元素，可根据当前时刻的姿态参数经坐标转换求解得到；

g ——重力加速度；

B_{S4}^{3}，B_{S5}^{3}，B_{S6}^{3} ——$\boldsymbol{B}_{\mathrm{E}}^{3}(\boldsymbol{B}_{\mathrm{E}}^{2})^{\mathrm{T}}$ 乘积矩阵对应的第一列三个元素，其中，$\boldsymbol{B}_{\mathrm{E}}^{2}$ 为大地坐标系相对于吊带坐标系的转换矩阵；

F_2——吊带约束力，可根据当前阶段的具体约束形式采取不同的约束方程求解得到。

进入器的转动方程分量形式为

$$\begin{bmatrix} M_{X3} \\ M_{Y3} \\ M_{Z3} \end{bmatrix} - \begin{bmatrix} Y_{C3}F_{Z3} - Z_{C3}F_{Y3} \\ Z_{C3}F_{X3} - X_{C3}F_{Z3} \\ X_{C3}F_{Y3} - Y_{C3}F_{X3} \end{bmatrix} =$$

$$\begin{bmatrix} I_{XXC}\dot{\omega}_{x3} - (I_{YYC} - I_{ZZC})\omega_{y3}\omega_{z3} - I_{YZC}(\omega_{y3}^{2} - \omega_{z3}^{2}) - I_{ZXC}(\dot{\omega}_{z3} + \omega_{x3}\omega_{y3}) - I_{XYC}(\dot{\omega}_{y3} - \omega_{z3}\omega_{x3}) \\ I_{YYC}\dot{\omega}_{y3} - (I_{ZZC} - I_{XXC})\omega_{z3}\omega_{x3} - I_{ZXC}(\omega_{z3}^{2} - \omega_{x3}^{2}) - I_{XYC}(\dot{\omega}_{x3} + \omega_{y3}\omega_{z3}) - I_{XZC}(\dot{\omega}_{z3} - \omega_{x3}\omega_{y3}) \\ I_{ZZC}\dot{\omega}_{z3} - (I_{XXC} - I_{YYC})\omega_{x3}\omega_{y3} - I_{XYC}(\omega_{x3}^{2} - \omega_{y3}^{2}) - I_{YZC}(\dot{\omega}_{y3} + \omega_{z3}\omega_{x3}) - I_{ZXC}(\dot{\omega}_{x3} - \omega_{y3}\omega_{z3}) \end{bmatrix}$$

$$(7-18)$$

式中 M_{X3}，M_{Y3}，M_{Z3} ——进入器所受的合外力矩在舱体坐标系中的分量；

ω_{x3}，ω_{y3}，ω_{z3} ——进入器角速度在舱体坐标系中的分量；

$I_{abC}(a, b = X, Y, Z)$ ——进入器相对其质心 C_3 的转动惯量和惯性积。

其中作用在进入器上的外力矩包括：进入器气动力矩、进入器重力矩、吊带对进入器的约束力矩（单舱下降阶段，该力矩为零），进入器气动阻尼力矩，其在舱体坐标系的分量表达式为

$$\begin{bmatrix} M_{X3} \\ M_{Y3} \\ M_{Z3} \end{bmatrix} - \begin{bmatrix} M_{dX3} \\ M_{dY3} \\ M_{dZ3} \end{bmatrix} = \begin{bmatrix} Y_{CP3}F_{AZ3} - Z_{CP3}F_{AY3} \\ Z_{CP3}F_{AX3} - X_{CP3}F_{AZ3} \\ X_{CP3}F_{AY3} - Y_{CP3}F_{AX3} \end{bmatrix} - \begin{bmatrix} Y_{C3}B_{32}^3 - Z_{C3}B_{22}^3 \\ Z_{C3}B_{12}^3 - X_{C3}B_{32}^3 \\ X_{C3}B_{22}^3 - Y_{C3}B_{12}^3 \end{bmatrix} m_3 g - \begin{bmatrix} Y_{AP3}B_{S6}^3 - Z_{AP3}B_{S5}^3 \\ Z_{AP3}B_{S4}^3 - X_{AP3}B_{S6}^3 \\ X_{AP3}B_{S5}^3 - Y_{AP3}B_{S4}^3 \end{bmatrix} F_2 \tag{7-19}$$

式中，X_{CP3}，Y_{CP3}，Z_{CP3} 为进入器气动压心在其体坐标系中的位置分量；X_{AP3}，Y_{AP3}，Z_{AP3} 为进入器吊点在其体坐标系中的位置分量；M_{dX3}，M_{dY3}，M_{dZ3} 为进入器的气动阻尼力矩在舱体坐标系的分量，其表达式为

$$\begin{cases} M_{dX3} = -m_{dX3}^{\omega_{x3}} \dfrac{\omega_{x3}L_{30}}{2C_3} q_3 S_{30} L_{30} \\ M_{dY3} = -m_{dY3}^{\omega_{y3}} \dfrac{\omega_{y3}L_{30}}{2C_3} q_3 S_{30} L_{30} \\ M_{dZ3} = -m_{dZ3}^{\omega_{z3}} \dfrac{\omega_{z3}L_{30}}{2C_3} q_3 S_{30} L_{30} \end{cases} \tag{7-20}$$

式中　$m_{dX3}^{\omega_{x3}}$，$m_{dY3}^{\omega_{y3}}$，$m_{dZ3}^{\omega_{z3}}$ ——进入器体坐标系三个坐标轴方向的气动阻尼系数；

L_{30}，S_{30} ——分别为进入器的特征长度和特征面积；

C_3——进入器的质心速度；

q_3——动压。

以上建立了进入器的动力学方程，它通过吊带约束力和吊带约

束力矩与降落伞的动力学方程实现耦合。

7.2.3 降落伞动力学模型

7.2.3.1 基本假设

降落伞动力学建模的基本假设主要包括：

1）降落伞在充气和张满过程中保持轴对称形状；

2）伞衣完全张满后具有固定形状，不考虑过度充气和伞衣呼吸现象；

3）只考虑伞衣产生的气动力，且认为伞衣的气动压心和几何中心重合；

4）因降落伞运动的非定常性引起的气动力和力矩的增量部分用附加质量表示；

5）伞绳和吊带只能承受张力；

6）进入器尾流对伞的影响忽略不计；

7）平面大地。

7.2.3.2 降落伞的几何参数和特性

完全充满的降落伞的结构示意图如图 7－2 所示。原点 O_1 与降落伞伞衣的几何中心重合，即气动压心 C_P 也与 O_1 重合，C_M 为降落伞系统（包括伞衣、伞绳和吊带）的质心，X_g 为降落伞系统质心到体坐标系原点的距离。设全充满伞衣的底部半径为 R_0，质心（压心）到其底部的距离为 L_{C_P}，投影直径为 D_P，投影高度为 h_P，则

$$\begin{cases} R_0 = c_r \cdot D_0 \\ L_{C_P} = c_l \cdot D_0 \\ D_P = c_d \cdot D_0 \\ h_P = c_h \cdot D_0 \end{cases} \tag{7-21}$$

式中，c_r、c_l、c_d 和 c_h 为全充满伞衣的形状参数，D_0 是伞衣名义直径。对于锥形带条伞，一般取 $D_P/D_0 = 0.70$。对环帆伞，一般取 $D_P/D_0 = 0.69$，$h_P/D_P = 0.41$。其他各项参数的取法需要根据伞的

具体参数来确定[1,2]。

降落伞的质心位置为

$$L_{\mathrm{cm}}=\frac{m_{\mathrm{s}}(0.5L_{\mathrm{s}}\cos\gamma+L_{\mathrm{m}}\cos\gamma)+m_{\mathrm{c}}L_{1}+m_{\mathrm{g}}(0.5L_{\mathrm{m}}\cos\gamma)}{m_{\mathrm{s}}+m_{\mathrm{c}}+m_{\mathrm{g}}} \tag{7-22}$$

式中　m_{s} ——伞绳质量；

m_{c} ——伞衣质量；

m_{g} ——连接带质量。

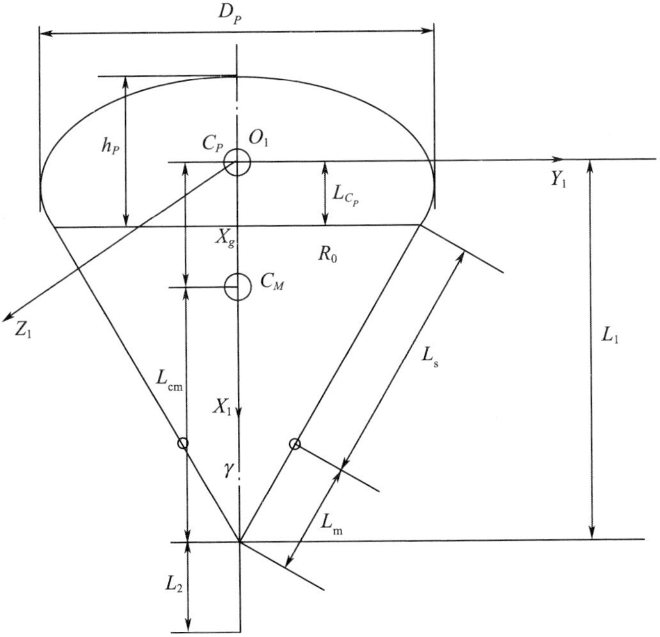

图 7－2　降落伞的结构示意图

7.2.3.3　动力学方程

由于降落伞在充气过程中，随着伞衣向外膨胀，它所带动的流体区域也随之扩大。为了描述附加质量的这种变化，在降落伞的动力学中要包含附加质量的变化率项。

根据一般刚体动力学方程，可得降落伞的动力学方程如下[3,4,5]

$$\begin{bmatrix} F_{X1} \\ F_{Y1} \\ F_{Z1} \end{bmatrix} - \begin{bmatrix} (m_1 + \alpha_{11})\dot{V}_{x1} \\ (m_1 + \alpha_{33})\dot{V}_{y1} \\ (m_1 + \alpha_{33})\dot{V}_{z1} \end{bmatrix} =$$

$$\begin{bmatrix} -(m_1 + \alpha_{33})(V_{y1}\omega_{z1} - V_{z1}\omega_{y1}) - m_1 X_g(\omega_{y1}^2 + \omega_{z1}^2) + \dot{\alpha}_{11} V_{x1} \\ -(m_1 + \alpha_{33})\omega_{x1} V_{z1} + (m_1 + \alpha_{11}) V_{x1}\omega_{z1} + m_1 X_g(\dot{\omega}_{z1} + \omega_{y1}\omega_{x1}) + \dot{\alpha}_{33} V_{y1} \\ (m_1 + \alpha_{33})\omega_{x1} V_{y1} - (m_1 + \alpha_{11}) V_{x1}\omega_{y1} - m_1 X_g(\dot{\omega}_{y1} - \omega_{x1}\omega_{z1}) + \dot{\alpha}_{33} V_{z1} \end{bmatrix} \tag{7-23}$$

$$\begin{bmatrix} M_{X1} \\ M_{Y1} \\ M_{Z1} \end{bmatrix} - \begin{bmatrix} I_{XX1}\dot{\omega}_{x1} \\ (I_{ZZ1} + \alpha_{66})\dot{\omega}_{y1} \\ (I_{ZZ1} + \alpha_{66})\dot{\omega}_{z1} \end{bmatrix} =$$

$$\begin{bmatrix} 0 \\ (I_{XX1} - I_{ZZ1} - \alpha_{66})\omega_{z1}\omega_{x1} - m_1 X_g(\dot{V}_{z1} - V_{x1}\omega_{y1} + V_{y1}\omega_{x1}) + (\alpha_{11} - \alpha_{33}) V_{z1} V_{x1} + \dot{\alpha}_{66}\omega_{y1} \\ (I_{XX1} - I_{ZZ1} - \alpha_{66})\omega_{y1}\omega_{z1} + m_1 X_g(\dot{V}_{y1} + V_{x1}\omega_{z1} - V_{z1}\omega_{x1}) - (\alpha_{11} - \alpha_{33}) V_{y1} V_{x1} + \dot{\alpha}_{66}\omega_{z1} \end{bmatrix} \tag{7-24}$$

式中 V_{x1}，V_{y1}，V_{z1}——原点 O_1 的降落伞速度在体坐标系 $O_1X_1Y_1Z_1$ 中的分量；

ω_{x1}，ω_{y1}，ω_{z1}——降落伞的角速度在其体坐标系中的分量；

F_{X1}，F_{Y1}，F_{Z1}——作用在降落伞上的力在其体坐标系中的分量；

M_{X1}，M_{Y1}，M_{Z1}——作用在降落伞上合力矩在其体坐标系中的分量；

m_1——降落伞的质量（包括伞衣和伞绳）；

X_g——降落伞系统质心到体坐标系原点的距离；

I_{XX1}，I_{YY1}，I_{ZZ1}——降落伞的三个转动惯量分量；

α_{ii}，$\dot{\alpha}_{ii}$——对应的附加质量和附加质量变化率分量。

7.2.3.4　降落伞受力分析

降落伞所受外力一般有重力、气动力和吊带的约束力。合外力在降落伞体坐标系的分量表达式为

$$\begin{bmatrix} F_{X1} \\ F_{Y1} \\ F_{Z1} \end{bmatrix} = \begin{bmatrix} F_{AX1} \\ F_{AY1} \\ F_{AZ1} \end{bmatrix} - \begin{bmatrix} B_{12}^{1} \\ B_{22}^{1} \\ B_{32}^{1} \end{bmatrix} m_1 g - \begin{bmatrix} B_{S1}^{1} \\ B_{S2}^{1} \\ B_{S3}^{1} \end{bmatrix} F_2 \tag{7-25}$$

式中　F_{AX1}，F_{AY1}，F_{AZ1}——作用在降落伞上的空气动力分量；

F_2——吊带中的张力；

m_1——降落伞的质量（包括伞衣、伞绳和连接带等）；

B_{12}^{1}，B_{22}^{1}，B_{32}^{1}——大地坐标系相对于降落伞体坐标系的转换矩阵 $\boldsymbol{B}_{\mathrm{E}}^{1}$ 对应的第二列三个元素，可根据当前时刻的姿态参数经坐标转换求解得到；

$\begin{bmatrix} B_{S1}^{1} \\ B_{S2}^{1} \\ B_{S3}^{1} \end{bmatrix}$—— $[\boldsymbol{B}_{\mathrm{E}}^{1}]\,[\boldsymbol{B}_{\mathrm{E}}^{2}]^{\mathrm{T}}$ 乘积矩阵的第一列元素。

降落伞的气动力一般在体坐标系中计算，其表达式为

$$\boldsymbol{F}_{A1} = \begin{bmatrix} F_{AX1} \\ F_{AY1} \\ F_{AZ1} \end{bmatrix} = \begin{bmatrix} -C_T q_1 S_{10} \\ C_N q_1 S_{10} \sin\beta \\ C_N q_1 S_{10} \cos\beta \end{bmatrix} \tag{7-26}$$

式中　C_T，C_N——分别为伞的轴向力系数和法向力系数，由试验测定；

β——侧滑角；

q_1——动压；

S_{10}——伞衣的特征面积；

F_{AX1}，F_{AY1}，F_{AZ1}——分别为降落伞气动力在其体坐标系中的分量。

作用在降落伞上的外力矩包括：重力矩、吊带对降落伞的约束

力矩，气动阻尼力矩，其在降落伞体坐标系的分量表达式为

$$\begin{bmatrix} M_{X1} \\ M_{Y1} \\ M_{Z1} \end{bmatrix} - \begin{bmatrix} M_{dX1} \\ M_{dY1} \\ M_{dZ1} \end{bmatrix} = \begin{bmatrix} Y_{CP1}F_{AZ1} - Z_{CP1}F_{AY1} \\ Z_{CP1}F_{AX1} - X_{CP1}F_{AZ1} \\ X_{CP1}F_{AY1} - Y_{CP1}F_{AX1} \end{bmatrix} - \begin{bmatrix} Y_{C1}B_{32}^{1} - Z_{C1}B_{22}^{1} \\ Z_{C1}B_{12}^{1} - X_{C1}B_{32}^{1} \\ X_{C1}B_{22}^{1} - Y_{C1}B_{12}^{1} \end{bmatrix} m_3 g - \begin{bmatrix} Y_{AP1}B_{S3}^{1} - Z_{AP1}B_{S2}^{1} \\ Z_{AP1}B_{S1}^{1} - X_{AP1}B_{S3}^{1} \\ X_{AP1}B_{S2}^{1} - Y_{AP1}B_{S1}^{1} \end{bmatrix} F_2 \tag{7-27}$$

式中，X_{CP1}，Y_{CP1}，Z_{CP1} 为降落伞气动压心在其体坐标系中的位置分量；X_{C1}，Y_{C1}，Z_{C1} 为降落伞质心在其体坐标系中的位置分量；X_{AP1}，Y_{AP1}，Z_{AP1} 为降落伞伞绳汇交点在其体坐标系中的位置分量；M_{dX1}，M_{dY1}，M_{dZ1} 为降落伞的气动阻尼力矩在体坐标系的分量，其表达式为

$$\begin{cases} M_{dX1} = -m_{dX1}^{\omega_{x1}} \dfrac{\omega_{x1}L_{10}}{2C_1} q_1 S_{10} L_{10} \\ M_{dY1} = -m_{dY1}^{\omega_{y1}} \dfrac{\omega_{y1}L_{10}}{2C_1} q_1 S_{10} L_{10} \\ M_{dZ1} = -m_{dZ1}^{\omega_{z1}} \dfrac{\omega_{z1}L_{10}}{2C_1} q_1 S_{10} L_{10} \end{cases} \tag{7-28}$$

式中 $m_{dX1}^{\omega_{x1}}$，$m_{dY1}^{\omega_{y1}}$，$m_{dZ1}^{\omega_{z1}}$ ——降落伞体坐标系三个坐标轴方向的气动阻尼系数；

L_{10}，S_{10} ——分别为降落伞的特征长度和特征面积；

C_1——降落伞的质心速度；

q_1——动压。

7.2.3.5 弹性约束模型

降落伞伞绳、连接带和吊带都是由粘弹性织物材料制造的，在载荷的作用下必然产生变形。在建模过程中，既考虑由伞绳和吊带的材料弹塑性形变产生的力，又考虑形变过程中产生的阻尼力，并作如下假设：

1）降落伞始终保持轴对称形状。考虑系统实际运动过程中，降落伞所受的吊带张力与伞衣轴线的夹角始终很小，可以认为这个假设是合理的。

2）伞绳、连接带和吊带均采用非线性阻尼弹簧模型，考虑材料的弹塑性和阻尼（材料的阻尼力与材料的应变和应变率有关）。它们的张力是应变和应变率的非线性函数，仅能承受张力而不能承受压力。即可设其应力－应变函数为 $P=f(\varepsilon,\dot{\varepsilon})$，且当 $\varepsilon\leqslant 0$ 时，$f(\varepsilon,\dot{\varepsilon})=0$。

3）伞绳和吊带始终处于力平衡状态。

其模型如图7－3所示。O 为连接带的汇交点（下称为伞绳汇交点），A 为伞绳和连接带的连接点。L_s 和 L_m 分别为伞绳和连接带的长度，γ 为伞绳与伞衣轴线的夹角，F_2 为作用于 O 点处约束力，θ 为 F_2 与伞衣轴线的夹角。

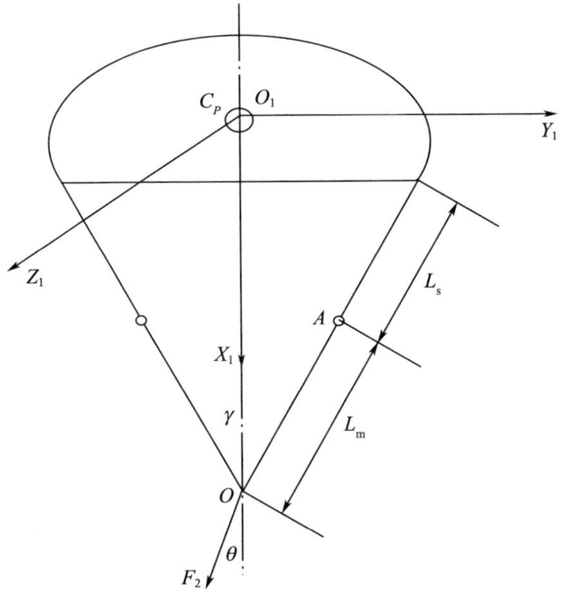

图7－3　伞绳约束模型

设伞绳和连接带的根数分别为 N_{s}、N_{m}，单根伞绳和连接带的应力—应变曲线用非线性函数 $f_{s}(\varepsilon, \dot{\varepsilon})$ 和 $f_{m}(\varepsilon, \dot{\varepsilon})$ 表示，其中 ε 表示平均应变，$\dot{\varepsilon}$ 表示应变率。设伞绳和连接带的原长分别为 L_{s0}、L_{m0}，则伞绳和连接带的平均应变可表示为

$$\varepsilon_{s}=\frac{L_{s}-L_{s0}}{L_{s0}}, \varepsilon_{m}=\frac{L_{m}-L_{m0}}{L_{m0}} \tag{7-29}$$

伞绳、连接带和吊带的应变率可表示为

$$\dot{\varepsilon}=\frac{\varepsilon_{t'}-\varepsilon_{t}}{t'-t} \tag{7-30}$$

式中 t，t'——分别表示当前时刻和下一时刻；

ε_{t}，$\varepsilon_{t'}$——分别对应于相应时刻的材料应变。

各根伞绳和连接带所受的张力可分别表示为 $f_{s}(\varepsilon_{s}, \dot{\varepsilon}_{s})$，$f_{m}(\varepsilon_{m}, \dot{\varepsilon}_{m})$，分别对点 O 和 A 列力平衡方程可得

$$\begin{aligned} N_{s}f_{s}(\varepsilon_{s}, \dot{\varepsilon}_{s}) &= N_{m}f_{m}(\varepsilon_{m}, \dot{\varepsilon}_{m}) \\ N_{m}f_{m}(\varepsilon_{m}, \dot{\varepsilon}_{m})\cos\gamma &= F_{2}\cos\theta \end{aligned} \tag{7-31}$$

注意上式中 O 点的平衡方程只考虑了力在伞衣轴线方向上的分量，这是因为根据降落伞保持轴对称的假设，其他方向上力的平衡关系自动满足。考虑了伞绳的弹性后，伞的转动惯量和约束力作用点 O 将是随时间变化的。

模型中方程组的迭代求解是一个数学过程，可能会出现物理实际中不可能出现的情况，如吊带的长度超出其能够伸长的最大长度。实际情况下，吊带不可能无限伸长，其应力-应变曲线的取值区间是有限的，为了利用数学方法进行求解，必须对曲线的取值区间进行延拓。

在求解伞绳、连接带和吊带由于形变而产生力的过程中，既考虑伞绳的弹性，又考虑在变形过程中的阻尼力。模型中采用的伞绳、连接带及吊带的应力应变函数为

$$f(\varepsilon, \dot{\varepsilon})=\begin{cases} 0 & \varepsilon \leqslant 0 \\ P(\varepsilon)+C(\dot{\varepsilon}) & \varepsilon > 0 \end{cases} \tag{7-32}$$

在上述的应力应变函数中，在计算伞绳、连接带和吊带的受力过程中不仅考虑其弹性力 $P(\varepsilon)$，而且考虑了阻尼力 $C(\dot{\varepsilon})$，使应力的计算更加精确。

7.2.4　系统的约束模型

一般降落伞与进入器或载荷的吊挂连接方式可以分为两类，如图 7－4 所示。

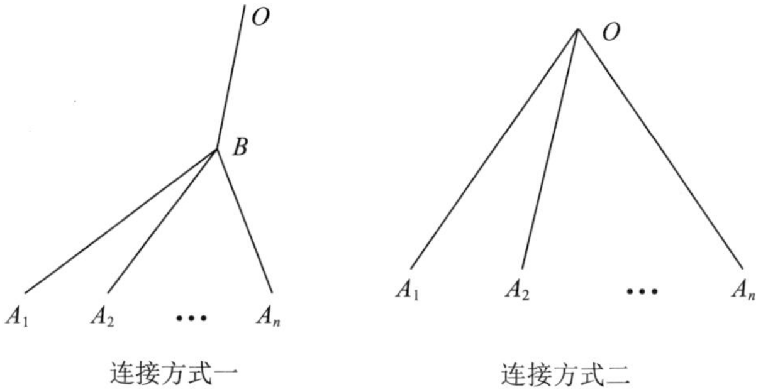

图 7－4　吊带的两种连接方式

图中点 O 为伞绳的汇交点，A_1 到 A_n 为吊带的连接点，n 为连接点的个数。这些连接点可能位于进入器上，也可能位于伞包上，这对问题的分析影响不大。

由图 7－4 可以看出，两种连接方式的最根本区别在于是否存在空间自由点 B。如神舟号飞船主降落伞和返回舱单点吊挂的连接方式属于连接方式二，连接点数目为 1；转换吊挂后，降落伞和返回舱两点或多点吊挂的连接方式属于连接方式一，连接点数目为 2 或更多。

在两种连接方式中，每根吊带都可能为松弛或绷紧状态。约束求解的目的是在已知降落伞的位置、姿态和连接点 A_i 的位置，求解在伞绳汇交点 O 和连接点 $A_i(i=1, \cdots, n)$ 处的约束力。由于伞绳的弹性，伞绳汇交点的位置是无法预知的，必须结合弹性约束模型的分析才能确定约束力。

(1) 连接方式一的约束模型求解

在已知伞的位置和姿态的前提下，伞绳汇交点的位置是伞绳和连接带长度 L_s 和 L_m 的函数，即有

$$\boldsymbol{r}_o=\boldsymbol{r}_0(L_s,L_m) \tag{7-33}$$

式中，$\boldsymbol{r}_0$ 为惯性系原点到伞绳汇交点的矢量。

设在惯性系中点 B 的位置矢量为 $\boldsymbol{r}_B$ ，A_i 的位置矢量为 $\boldsymbol{r}_i(i=1,\cdots,n)$。吊带 OB 的根数为 N_0，其忽略阻尼效应的非线性应力-应变曲线为 $P_0(\varepsilon)-\varepsilon$ ，原长为 L_0；吊带 BA_i 的根数为 N_i ，原长为 L_{i0}，忽略阻尼效应的非线性应力-应变曲线为 $P_i(\varepsilon)-\varepsilon(i=1,\cdots,n)$。令

$$\varepsilon_0=\frac{|\boldsymbol{r}_0-\boldsymbol{r}_B|}{L_0}-1 \qquad \varepsilon_i=\frac{|\boldsymbol{r}_i-\boldsymbol{r}_B|}{L_{i0}}-1 \quad (i=1,\cdots,n)$$

对点 B 列出力平衡方程

$$N_0p_0(\varepsilon_0)\frac{\boldsymbol{r}_0-\boldsymbol{r}_B}{|\boldsymbol{r}_0-\boldsymbol{r}_B|}+\sum_{i=1}^{n}N_ip_i(\varepsilon_i)\frac{\boldsymbol{r}_i-\boldsymbol{r}_B}{|\boldsymbol{r}_i-\boldsymbol{r}_B|}=0 \tag{7-34}$$

点 O 受到的吊带张力为

$$\boldsymbol{F}_2=N_0P_0(\varepsilon_0)\frac{\boldsymbol{r}_B-\boldsymbol{r}_0}{|\boldsymbol{r}_B-\boldsymbol{r}_0|} \tag{7-35}$$

吊带 $BA_i(i=1,\cdots,n)$ 对下级物体的约束力为

$$\boldsymbol{F}_i=N_ip_i(\varepsilon_i)\frac{\boldsymbol{r}_B-\boldsymbol{r}_i}{|\boldsymbol{r}_B-\boldsymbol{r}_i|} \tag{7-36}$$

联立式（7-31)、式（7-34)、式（7-35）得到闭合的非线性方程组，它共包含五个未知数：L_s、L_m 、点 B 的位置坐标。通过迭代求解该方程组即可得到点 O 和点 B 的位置，从而得到各根吊带的长度，进而判断出各个吊带是否处于松弛状态，求得吊带的约束力。

(2) 连接方式二的约束模型求解

连接方式二的约束力可用类似于上一节的方法求得。由于连接方式二不包含空间自由点 B，因而约束方程的最后形式是一个二元非线性方程组。求解该方程组可以得到各段伞绳的长度，进而求得

点 O 的位置矢量 $\boldsymbol{r}_o$。

吊带 $OA_i(i=1, \cdots, n)$ 对下级物体的约束力为

$$\boldsymbol{F}_i = N_i p_i(\varepsilon_i)\frac{\boldsymbol{r}_o - \boldsymbol{r}_i}{|\boldsymbol{r}_o - \boldsymbol{r}_i|} \tag{7-37}$$

点 O 受到的吊带张力为

$$\boldsymbol{F} = -\sum_{i=1}^{n}\boldsymbol{F}_i = \sum_{i=1}^{n} N_i p_i(\varepsilon_i)\frac{\boldsymbol{r}_i - \boldsymbol{r}_0}{|\boldsymbol{r}_i - \boldsymbol{r}_0|} \tag{7-38}$$

7.3　单舱下降工作阶段分析模型

单舱下降阶段是指进入器在初始计算高度至弹射开伞高度之间的工作阶段。该阶段系统只有进入器一个刚体，具有 6 个自由度。此阶段的分析模型直接采用进入器的动力学模型即可。

7.4　降落伞拉直阶段分析模型

“拉直”是降落伞工作过程最初的动作程序，该程序从降落伞离开进入器开始直到它的伞绳、伞衣在进入器后方呈现直线状态时结束。这里均采用先伞绳拉直法（倒拉法），利用可分离的伞包实现拉直。伞包可以用上一级降落伞（牵引伞包的降落伞）拉出，或者从进入器中强制弹出。不管何种情况，整个降落伞都是装在伞包中离开进入器的，随着伞包和进入器之间的相对运动，装在伞包内的吊带、伞绳和伞衣依次被拉出。

降落伞拉直过程建模方法较多，且其适用范围各不相同。对于只要考虑拉直过程中拉直力和伞舱系统的运动状态等主要性能参数时，采用计算量较少的直线拉出模型即可满足要求。因此可假设伞衣和伞绳在拉直过程中保持直线，将伞包看作变质量质点，上级降落伞采用全充满降落伞的动力学方程，进入器采用六自由度刚体模型，建立“降落伞—变质量质点—刚体”拉直动力学模型，如图 7-5 所示。

图 7－5　拉直阶段模型示意图

7.4.1　模型简化假设

在建立拉直动力学模型时，没有考虑伞包从伞舱中的拉出过程，采用质点伞包模型。为了不使问题过于复杂，拉直阶段系统建模的假设条件如下：

1）拉直过程开始时，上一级降落伞已经完全充满。

2）拉直过程中，下一级降落伞（从伞包中拉出的降落伞）的吊带、伞绳和伞衣看作刚性体，无动态伸长；

3）降落伞伞包连同在其内的未拉出部分作为变质量质点来考虑；

4）降落伞从伞包中连续地拉出，即伞包质量连续地减小；

5）忽略作用在伞包上的气动力；

6）拉出部分呈绷紧状态，始终承受拉力；

7）不考虑进入器尾流区的影响；

8）平面大地。

7.4.2　伞包动力学方程

在质点伞包模型中，将伞包看作一个变质量的质点，其动力学方程如下

$$\begin{cases} m_b \dfrac{\mathrm{d}\boldsymbol{V}_b}{\mathrm{d}t} = \boldsymbol{F}_b + m_b \boldsymbol{g} \\ \dfrac{\mathrm{d}m_b}{\mathrm{d}t} = -m_L u \end{cases} \tag{7-39}$$

式中　m_L ——正在被拉出的伞绳或伞衣的线密度；

$\boldsymbol{V}_b$ ——伞包的速度；

m_b ——伞包的质量；

$\boldsymbol{F}_b$ ——作用于伞包的约束力；

u ——伞绳和伞衣从伞包中的拉出速度。

由图 7 - 5 可以看出，$\boldsymbol{F}_b$ 等于上级伞对伞包的拉力和伞包与伞绳约束力之和，前者可采用弹性约束模型求解，这里仅介绍后者。

7.4.3　伞绳约束力分析

根据伞包和进入器动力学分析，可确定拉直时伞包和进入器吊挂点在惯性系中的位置和速度，分别记为 $\boldsymbol{r}_1$，$\boldsymbol{r}_2$ 和 $\boldsymbol{v}_1$，$\boldsymbol{v}_2$。则伞绳和伞衣从伞包中拉出的速度为

$$u = (\boldsymbol{v}_2 - \boldsymbol{v}_1) \cdot \frac{\boldsymbol{r}_2 - \boldsymbol{r}_1}{|\boldsymbol{r}_2 - \boldsymbol{r}_1|} \tag{7-40}$$

作用在进入器的约束力为

$$\boldsymbol{F}_{c3} = (F_{\mathrm{re}} + m_L u^2) \frac{\boldsymbol{r}_1 - \boldsymbol{r}_2}{|\boldsymbol{r}_2 - \boldsymbol{r}_1|} \tag{7-41}$$

式中，F_{re} 为拉伞阻力。

由于伞包为变质量体，因此作用在伞包上的约束力除了伞绳张

力外，还有由于其质量变化引起的反作用力，因此作用在伞包（不含正在拉出的微元）的约束力为

$$\boldsymbol{F}_b = -\boldsymbol{F}_{c3} + m_L u^2 \frac{\boldsymbol{r}_1 - \boldsymbol{r}_2}{|\boldsymbol{r}_2 - \boldsymbol{r}_1|} = F_{\mathrm{re}} \frac{\boldsymbol{r}_2 - \boldsymbol{r}_1}{|\boldsymbol{r}_2 - \boldsymbol{r}_1|} \qquad (7-42)$$

伞包受到上级伞的拉力为式（7－38）所示

$$\boldsymbol{F} = -\sum_{i=1}^{n} \boldsymbol{F}_i = \sum_{i=1}^{n} N_i p_i(\varepsilon_i) \frac{\boldsymbol{r}_i - \boldsymbol{r}_0}{|\boldsymbol{r}_i - \boldsymbol{r}_0|}$$

7.4.4 初始条件和终止条件

本节模型主要适用于降落伞的拉直过程。在拉直的初始时刻，进入器的位置和姿态是已知的。假设降落伞伞包的初始位置与上级伞在舱上的吊挂点重合，其位置和速度与上级伞吊点的位置和速度相同。由于上级伞吊挂点和拉直降落伞单点吊挂的吊挂点不重合，认为初始时刻伞绳的拉出长度为两点之间的距离。当拉出长度等于伞绳长度、吊带长度和伞衣高度之和时，拉直阶段结束，终止对拉直模型的仿真。

7.5 降落伞充气阶段分析模型

由于在充气过程中，随着降落伞阻力面积的不断变化，降落伞的质心位置、转动惯量、附加质量等物理特性将发生急剧的变化，这些特性对系统的动力学仿真具有重要的影响，因此，此阶段降落伞的动力学模型中需要考虑降落伞的附加质量及其变化率。

降落伞的充气过程是一个短时发生的复杂的物理过程，既有气流的急剧变化，又有非线性柔性伞衣的变形位移过程，二者交互出现“流固”耦合的复杂情况。为了简化，在建立整个回收着陆过程的动力学模型时，充气过程的建模采用半理论半经验方法即可，即事先给出伞衣阻力面积随时间增长的经验公式，然后在一定简化假设的基础上，给出降落伞在充气过程中转动惯量、附加质量和受力

随时间的变化，结合式（7-10）即可得到充气过程中伞的动力学方程。

7.5.1　简化假设

充气阶段系统建模的假设条件主要包括：

1）标准充气，即当伞衣首次达到稳定状态的投影面积时，就认为充气过程结束，不考虑伞衣的过度扩张；

2）伞衣阻力面积随时间增长，是时间的确定函数；

3）伞衣底面面积（伞衣底边进气口面积）和投影面积的变化规律与阻力面积的变化规律相同，即 $\frac{S_d}{S_{d0}}=\frac{\Psi}{\Psi_0}$，$\frac{S_P}{S_{P0}}=\frac{\Psi}{\Psi_0}$，其中 S_d 为伞衣底面面积，S_{d0} 为完全充满时伞衣底面面积，S_P 为伞衣投影面积，S_{P0} 为完全充满时伞衣投影面积，Ψ 为伞衣阻力面积，Ψ_0 为完全充满时伞衣阻力面积；

4）在充气过程中，伞衣质心相对于其底面的位置是固定的，并且和气动压心相重合。

7.5.2　阻力面积随时间的变化

在充气过程中，伞衣阻力面积 Ψ 从 0 增加到 Ψ_0。收口带条伞和环帆伞的阻力面积—时间增长曲线如图 7-6 所示。在收口阶段，带条伞伞衣的阻力面积保持不变，但是环帆伞继续缓慢地充气，阻力面积有所增加。

虽然阻力面积—时间变化曲线会随着收口、透气量等的改变有所变化，但是对于特定伞型，曲线的基本形状将保持不变。

“力-轨迹-时间”法（Force - Trajectory - Time Method）是分析充气过程的一种重要方法。充气过程中阻力面积随时间的变化可用如下公式表示

$$\Psi=\Psi_1+(\Psi_2-\Psi_1)\left(\frac{t-t_1}{t_2-t_1}\right)^n \tag{7-43}$$

式中　Ψ_1——伞衣拉直或解除收口时的阻力面积；

Ψ_2——给定的收口级完全充满时的阻力面积；

$t_2 - t_1$——伞衣阻力面积从 Ψ_1 增长到 Ψ_2 的充气时间；

t_1——伞衣拉直或解除收口的时刻；

t_2——给定的收口级完全充满的时刻。

充气指数 n 决定着 $\Psi - t$ 曲线是线性的、凸的或凹的。对带条伞，取 $n_1 = 2.0$，$n_2 = 2.5$。对环帆伞，取 $n_1 = 1.0$，$n_2 = 2.0$。n_1、n_2 分别为第一级、第二级开伞的充气指数[6,7]。

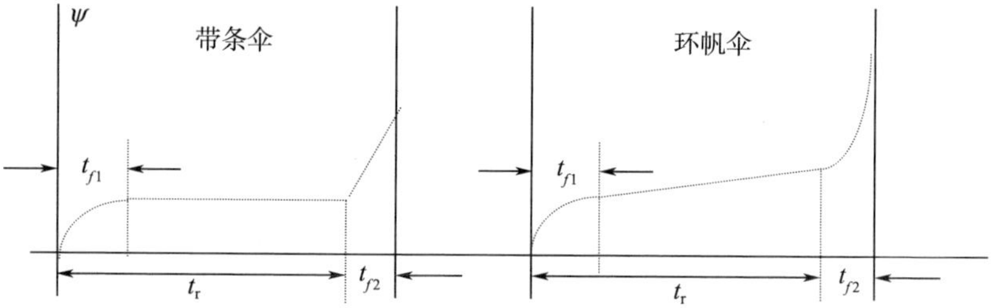

图 7-6　收口伞典型的阻力面积—时间增长曲线

7.5.3　收口伞衣的充满时间

收口带条伞伞衣的充满时间可用以下经验公式来确定

$$\Delta t_{12} = \frac{K_{12} D_0}{V_{12}} \tag{7-44}$$

式中，Δt_{12} 是伞衣充气所需时间。该时间从伞衣拉直或解除收口时起，直到给定的收口级完全充满时为止。V_{12} 是充气时间内的平均速度，近似取为伞衣拉直或解除收口时刻伞的速度。D_0 为伞衣的名义直径。K_{12} 为充满常数（fill constant），通常由试验确定。

对环帆伞

$$\begin{aligned} t_{f1} &= \frac{8.0 \times D_0}{v_{t1}} \sqrt{\frac{(C_D S)_1}{(C_D S)_2}} \\ t_{f2} &= \frac{2.0 \times D_0}{v_{t2}} \sqrt{1 - \frac{(C_D S)_1}{(C_D S)_2}} \end{aligned} \tag{7-45}$$

式中　t_{f1} ——主伞拉直至收口张满的充气时间；

t_{f2} ——主伞解除收口至完全充满的充气时间；

v_{t1} ——主伞伞绳拉直时刻伞的速度；

v_{t2} ——主伞解除收口时刻伞的速度；

D_0 ——主伞名义直径；

$(C_D S)_1$ ——主伞收口阻力面积；

$(C_D S)_2$ ——主伞全张满阻力面积。

7.5.4　质量和转动惯量

充气过程中，降落伞的质量为

$$m_1 = m_s + m_c + m_g \tag{7-46}$$

式中　m_s ——伞绳质量；

m_c ——伞衣质量；

m_g ——连接带质量。

降落伞的转动惯量包括伞衣、伞绳和连接带三部分的转动惯量，可以利用平行轴定理来获得。由于充气过程中降落伞的阻力面积在不断变化，因此在计算充气过程中降落伞质心位置和转动惯量时需要考虑降落伞阻力面积变化带来的影响。

根据基本假设，伞衣底边进气口的面积变化规律与伞衣阻力面积相同，因此可得充气过程中伞衣底面半径

$$R = \sqrt{\frac{\Psi}{\Psi_0}} R_0 \tag{7-47}$$

式中，R_0 为全充满伞衣的底边半径。

半锥角 γ 在充气过程中也是随伞衣的底边半径 R 不断变化的，根据几何关系有

$$\sin\gamma = \frac{R}{(L_s + L_m)} \tag{7-48}$$

降落伞的质心位置为

$$L_{cm}=\frac{m_s(0.5L_s\cos\gamma+L_m\cos\gamma)+m_cL_1+m_g(0.5L_m\cos\gamma)}{m_s+m_c+m_g} \tag{7-49}$$

假设降落伞拉直结束即初始充气时刻，伞衣呈细直杆状，长度为 $\frac{D_0}{2}$，其转动惯量为

$$I_{XXC0}=0, I_{YYC0}=I_{ZZC0}=\frac{1}{12}m_c\left(\frac{D_0}{2}\right)^2+m_c\left(\frac{D_0}{2}-c_l\cdot D_0\right)^2 \tag{7-50}$$

伞衣完全张开后，其转动惯量为

$$\begin{aligned}
&I_{XXC1}=\frac{2}{3}m_c(c_r\cdot D_0)^2\\
&I_{YYC1}=I_{ZZC1}=\frac{1}{3}m_c[(c_r\cdot D_0)^2+(c_h\cdot D_0)^2]-m_c(c_l\cdot D_0)^2
\end{aligned} \tag{7-51}$$

在充气过程中，将伞衣的转动惯量近似表示为

$$\begin{aligned}
&I_{XXC}=\frac{\Psi}{\Psi_0}I_{XXC1}\\
&I_{YYC}=I_{ZZC}=I_{YYC0}+\frac{\Psi}{\Psi_0}(I_{XXC1}-I_{YYC0})
\end{aligned} \tag{7-52}$$

伞绳的转动惯量为

$$\begin{aligned}
&I_{XXS}=\frac{1}{12}m_sL_s^2(\sin\gamma)^2+m_s(L_m\sin\gamma+0.5L_s\sin\gamma)^2\\
&I_{YYS}=I_{ZZS}=\frac{1}{12}m_sL_s^2(\cos\gamma)^2+m_s(L_{CP}+0.5L_s\cos\gamma)^2
\end{aligned} \tag{7-53}$$

连接带的转动惯量为

$$\begin{aligned}
&I_{XXm}=\frac{1}{12}m_gL_m^2(\sin\gamma)^2+m_g(L_s\sin\gamma)^2\\
&I_{YYm}=I_{ZZm}=\frac{1}{12}m_gL_m^2(\cos\gamma)^2+m_g(L_1-0.5L_m\cos\gamma)^2
\end{aligned} \tag{7-54}$$

合并方程得

$$I_{XX1}=I_{XXC}+I_{XXS}+I_{XXm} \quad (7-55)$$
$$I_{YY1}=I_{ZZ1}=I_{YYC}+I_{YYS}+I_{YYm}$$

7.5.5 附加质量及其变化率

附加质量对降落伞的动力学特性具有重要的影响。降落伞具有非流线型外形，典型的伞衣都是透气有孔的柔性织物，这使得降落伞附加质量的确定非常困难，一般只能通过试验和工程估算的方法得到。

假设流体是理想的（无黏性的和无旋的）、无界的和不可压缩的，附加质量分量可以根据势流理论解析求出，物体的外部形状是决定附加质量大小的主要因素。

一般地，附加质量形成一个 6×6 的二阶张量，包括 36 个分量 $\alpha_{ij}(i,\ j=1,\ \cdots,\ 6)$。由于对称性，$\alpha_{ij}=\alpha_{ji}$，这样只有 21 个独立分量，其中，$\alpha_{ij}(i,\ j=1,\ 2,\ 3)$ 具有质量的量纲，称为附加质量；$\alpha_{ij}(i=1,\ 2,\ 3;\ j=4,\ 5,\ 6)$ 具有静矩的量纲，称为附加静矩；$\alpha_{ij}(i,\ j=4,\ 5,\ 6)$ 具有二次矩的量纲，其中 $i=j$ 的分量称为附加惯性矩，$i\neq j$ 的分量称为附加惯性积。通常将 α_{ij} 统称为“附加质量”（added mass），有时也称为“虚质量”（virtual mass）或“表观质量”（apparent mass）。这里“质量”应视为“广义质量”。

试验表明，利用势流方法计算的附加质量值对于流线型物体所产生的误差不大，对于非流线型物体则存在严重误差。对于降落伞这种通过流场分离而产生高阻力的非流线型物体，附加质量的准确确定主要依赖于试验。研究表明，在真实流体中，附加质量不仅与物体的外形、姿态有关，还与物体的雷诺数、马赫数、加速度和角加速度等有关，远比在理想流体中复杂。

降落伞可近似为回转体，由于几何对称性，对降落伞只有 4 个独立的、重要的附加质量分量需要确定，它们是 α_{11}，$\alpha_{22}=\alpha_{33}$，$\alpha_{55}=\alpha_{66}$，$\alpha_{26}=-\alpha_{35}$。如果伞体坐标系的原点靠近伞衣的压心，会

有 $\alpha_{26}=-\alpha_{35}\approx 0$。因此，只需确定 3 个附加质量分量：$\alpha_{11}$，$\alpha_{22}=\alpha_{33}$，$\alpha_{55}=\alpha_{66}$。

$$\alpha_{ii}=k_{ii}\rho\forall \quad i=1,2,3 \tag{7-56}$$

$$\alpha_{jj}=k_{jj}I_f \quad j=5,6 \tag{7-57}$$

式中，k_{ij} 是附加质量系数，ρ 是流体密度，是物体所排开的流体的特征体积，通常取 $\forall=\pi D_P^3/12$。I_f 是物体所排开的流体的特征转动惯量，通常取 $I_f=\rho\forall D_P^2/16$。D_P 是伞衣的投影直径。k_{ij} 的第一个下标为非定常流体动力或力矩的测量方向，第二个下标为引起附加质量的线加速度或角加速度方向。i 和 j 取 1、2 或 3 分别表示沿轴 X_1、Y_1 或 Z_1，取 4、5 或 6 分别表示绕轴 X_1、Y_1 或 Z_1。

降落伞的附加质量矩阵可写为

$$\boldsymbol{\Phi}_F=\begin{bmatrix} k_{11}\rho\forall & 0 & 0 & 0 & 0 & 0 \\ 0 & k_{22}\rho\forall & 0 & 0 & 0 & 0 \\ 0 & 0 & 0 & k_{22}\rho\forall & 0 & 0 \\ k_{11}\rho\forall & 0 & 0 & 0 & 0 & 0 \\ 0 & 0 & 0 & 0 & k_{55}I_f & 0 \\ k_{11}\rho\forall & 0 & 0 & 0 & 0 & k_{55}I_f \end{bmatrix} \tag{7-58}$$

对于充气过程，根据基本假设，伞衣阻力面积变化规律与伞衣投影面积变化规律相同，因此得到

$$\frac{S_P}{S_{P0}}=\frac{\Psi}{\Psi_0}=\left(\frac{D_P}{D_{P0}}\right)^2 \tag{7-59}$$

$$D_P=D_{P0}\sqrt{\frac{\Psi}{\Psi_0}} \tag{7-60}$$

对上式求导，得

$$\dot{D}_P=\frac{D_{P0}}{2\sqrt{\Psi\Psi_0}}\dot{\Psi} \tag{7-61}$$

对方程（7-43）求导，得

$$\dot{\Psi}=n(\Psi_2-\Psi_1)\frac{(t-t_1)^{n-1}}{(t_2-t_1)^n} \tag{7-62}$$

综合以上各式，即可求得 α_{ii} 和 $\dot{\alpha}_{ii}$（$i=1$，2，3，5，6），进而得到附加质量矩阵及其变化率。当降落伞全张满后附加质量的变化率为零。

7.5.6　充气阶段降落伞的动力学方程

充气过程中，降落伞的受力情况和全张满时相似。充气过程中降落伞阻力特征是随时间变化的，其气动力仍由式（7-26）确定。

已知充气开始的时间，由公式（7-43）可得到降落伞当前的阻力特征 $\boldsymbol{\Psi}$，代入式（7-55）、式（7-58）即可得到当前降落伞的惯量张量和附加质量。再联立公式（7-46）、式（7-49）、式（7-10）可得到充气阶段降落伞的动力学方程。

7.5.7　初始条件和终止条件

充气阶段的初始条件需要由拉直阶段的仿真结果变换得到，通过拉直阶段的数值计算，可以得到以下参数：拉直方位（$\cos\xi_1$，$\cos\xi_2$，$\cos\xi_3$）、拉伞速度 u、张力 T、伞包的位置 $\boldsymbol{r}_b$，伞包速度（V_{xb}，V_{yb}，V_{zb}）和吊挂点速度（V_{xp3}，V_{yp3}，V_{zp3}）。

当伞衣刚开始充气时，需要分析初始时刻降落伞的位置、姿态、速度和角速度。因为这时拉直方位是已知的，所以轴 O_1X_1 和 O_2X_2 的方向是确定的，即在惯性坐标系中有以下关系式成立

$$\boldsymbol{B}_1^{\mathrm{E}}\begin{bmatrix}1\\0\\0\end{bmatrix}=\begin{bmatrix}\cos\xi_1\\\cos\xi_2\\\cos\xi_3\end{bmatrix} \tag{7-63}$$

其中，$\boldsymbol{B}_1^{\mathrm{E}}$ 为降落伞体坐标系到惯性系的转换矩阵。

展开得

$$\begin{cases}q_0^2+q_1^2-q_2^2-q_3^2=\cos\xi_1\\2(q_1^2q_2^2-q_0^2q_3^2)=\cos\xi_2\\2(q_1^2q_3^2-q_0^2q_2^2)=\cos\xi_3\end{cases} \tag{7-64}$$

补充归一化条件

$$q_0^2+q_1^2+q_2^2+q_3^2=1 \tag{7-65}$$

由上述方程可解得伞的姿态四元数初值。假设

1）初始时刻伞顶点与伞包上底面中心重合，即伞顶点的位置等于该点的位置，其速度为该点速度和伞绳拉出速度之差；

2）初始时刻伞绳和吊带保持原长。

降落伞的质心位置矢量为

$$\boldsymbol{r}_c=\boldsymbol{r}_b+\boldsymbol{B}_1^{\mathrm{E}}\boldsymbol{r}_s \quad \boldsymbol{r}_s=[l_1-l_2 \quad 0 \quad 0]^{\mathrm{T}} \tag{7-66}$$

式中　l_1——伞衣、伞绳、连接带及吊带的全长；

l_2——吊带长度与汇交点到伞衣质心的长度之和。

拉伞过程结束时，在伞衣顶点处满足：

$$[\boldsymbol{B}_1^{\mathrm{E}}]^{\mathrm{T}}\boldsymbol{B}_3^{\mathrm{E}}\begin{bmatrix}V_{xp3}\\V_{yp3}\\V_{zp3}\end{bmatrix}+\boldsymbol{\Omega}_1\times\boldsymbol{l}_1=[\boldsymbol{B}_1^{\mathrm{E}}]^{\mathrm{T}}\left\{\begin{bmatrix}V_{xb}\\V_{yb}\\V_{zb}\end{bmatrix}+u\begin{bmatrix}\cos\xi_1\\\cos\xi_2\\\cos\xi_3\end{bmatrix}\right\} \tag{7-67}$$

其中，$\boldsymbol{l}_1=[-l_1 \quad 0 \quad 0]^{\mathrm{T}}$，$\boldsymbol{B}_3^{\mathrm{E}}$ 为进入器体坐标系到惯性系的转换矩阵，$\boldsymbol{\Omega}_1$ 为降落伞的角速度。求解该方程组，可得 $\boldsymbol{\Omega}_1$。

降落伞的质心速度（V_{x1}，V_{y1}，V_{z1}）可写为

$$\begin{bmatrix}V_{x1}\\V_{y1}\\V_{z1}\end{bmatrix}=[\boldsymbol{B}_1^{\mathrm{E}}]^{\mathrm{T}}\boldsymbol{B}_3^{\mathrm{E}}\begin{bmatrix}V_{xp3}\\V_{yp3}\\V_{zp3}\end{bmatrix}+\boldsymbol{\Omega}_1\times\boldsymbol{l}_2 \tag{7-68}$$

其中，$\boldsymbol{l}_2=[-l_2 \quad 0 \quad 0]^{\mathrm{T}}$，充气阶段以充气时间结束为止。

7.6 全张满阶段分析模型

全张满阶段的动力学模型与充气阶段的模型基本一致，其区别主要在于此阶段的降落伞的动力学模型中无需考虑降落伞质量惯量的变化和附加质量的变化率。

7.6.1　质量和转动惯量

全张满阶段降落伞的质量仍如式（7－46）所示，质心在伞体坐标系中坐标为

$$\boldsymbol{\rho}_c = [L_1 - L_{cm} \quad 0 \quad 0]^T \tag{7-69}$$

其中，L_{cm} 的计算如式（7－49），且半锥角 γ 取全张满时的角度。

伞衣的转动惯量计算如式（7－51），伞绳的转动惯量计算如式（7－53），连接带的转动惯量计算如式（7－54），降落伞的整体转动转动惯量计算如式（7－55）。

7.6.2　全张满阶段动力学方程

由于无需考虑附加质量的变化率，由式（7－14）、式（7－15）即可得到全张满降落伞的动力学方程如下

$$\begin{cases} F_{AX1} - B_{12}^1 m_1 g + B_{S1}^1 F_2 \\ = (m_1 + \alpha_{11})\dot{V}_{x1} - (m_1 + \alpha_{33})(\omega_{z1}V_{y1} - \omega_{y1}V_{z1}) - m_1 X_g(\omega_{y1}^2 + \omega_{z1}^2) \\ F_{AY1} - B_{22}^1 m_1 g + B_{S2}^1 F_2 \\ = (m_1 + \alpha_{33})(\dot{V}_{y1} - \omega_{x1}V_{z1}) + (m_1 + \alpha_{11})\omega_{z1}V_{x1} + m_1 X_g(\dot{\omega}_{z1} + \omega_{x1}\omega_{y1}) \\ F_{AZ1} - B_{32}^1 m_1 g + B_{S3}^1 F_2 \\ = (m_1 + \alpha_{33})(\dot{V}_{z1} + \omega_{x1}V_{y1}) - (m_1 + \alpha_{11})\omega_{y1}V_{x1} - m_1 X_g(\dot{\omega}_{y1} - \omega_{x1}\omega_{z1}) \end{cases} \tag{7-70}$$

$$\begin{cases} M_{dX1} = I_{XX1}\dot{\omega}_{x1} \\ M_{dY1} + B_{32}^1 m_1 g \cdot X_g - B_{S3}^1 F_2 L_1 \\ = (I_{ZZ1} + \alpha_{66})\dot{\omega}_{y1} - m_1 X_g(\dot{V}_{z1} - \omega_{y1}V_{x1} + \omega_{x1}V_{y1}) + \\ (I_{XX1} - I_{ZZ1} - \alpha_{66})\omega_{x1}\omega_{z1} + (\alpha_{11} - \alpha_{33})V_{x1}V_{z1} \\ M_{dZ1} + B_{22}^1 m_1 g \cdot X_g + B_{S2}^1 F_2 L_1 \\ = (I_{ZZ1} + \alpha_{66})\dot{\omega}_{z1} + m_1 X_g(\dot{V}_{y1} + \omega_{z1}V_{x1} - \omega_{x1}V_{z1}) - \\ (I_{XX1} - I_{ZZ1} - \alpha_{66})\omega_{x1}\omega_{y1} - (\alpha_{11} - \alpha_{33})V_{x1}V_{y1} \end{cases} \tag{7-71}$$

式中 V_{x1}，V_{y1}，V_{z1} ——原点 O_1 的速度在体坐标系 $O_1X_1Y_1Z_1$ 中的分量；

ω_{x1}，ω_{y1}，ω_{z1} ——降落伞的角速度 ω_1 的分量；

F_{AX1}，F_{AY1}，F_{AZ1} ——作用在降落伞上的空气动力分量；

F_2——吊带中的张力；

L_1——伞绳汇交点到伞衣质心的距离；

X_g ——降落伞质心到体坐标系原点 O_1 的距离；

M_{dX1}，M_{dY1}，M_{dZ1} ——气动阻尼力矩的三个分量；

m_1——降落伞的质量（包括伞衣、伞绳和吊带）；

α_{11}，α_{33}，α_{66} ——三个独立的附加质量分量；

I_{XX1}，I_{YY1}，I_{ZZ1} ——降落伞的三个转动惯量分量；

$[\boldsymbol{B}_{\mathrm{E}}^{k}](k=1，2，3)$ ——$O_{\mathrm{E}}X_{\mathrm{E}}Y_{\mathrm{E}}Z_{\mathrm{E}}$ 相对于 $O_kX_kY_kZ_k$ 的坐标变换矩阵，$B_{ij}^{k}(i，j=1，2，3)$ 为其元素；

$\begin{bmatrix} B_{S1}^{1} \\ B_{S2}^{1} \\ B_{S3}^{1} \end{bmatrix}$ ——乘积矩阵 $[\boldsymbol{B}_{\mathrm{E}}^{1}][\boldsymbol{B}_{\mathrm{E}}^{2}]^{\mathrm{T}}$ 的第一列元素。

7.7 风修正方法

7.7.1 风修正方法概述

航天器回收着陆系统一般采用普通圆形伞作为减速装置，由于普通圆形伞具有随风飘的特点，不具有机动性，因此，返回器开伞后，其运动受气象条件的影响很大，如果遇到很大的风，返回器着陆点将产生很大偏移，目标搜寻散布区扩大，搜寻时间延长。为了消除风对返回器着陆点的影响，提高着陆精度，缩小着陆范围，保证地面人员的及时搜寻，一般对于半弹道式返回的航天器，在返回过程中采用“风修正方法”，即将开伞后的风场对返回器的落点影响，在返回器开伞点的机动控制中提前进行考虑。我国的神舟号飞船和探月工程三期高速再入返回飞行试验器在返回过程中均采用了风修正方法控制落点精度。

具体的风修正方法如图 7－7 所示，返回器的理论着陆点为点 O，如果将返回器的开伞点瞄准在点 O 上空，由于开伞后的返回器受水平风影响，落点将为 P_0' 点，而不是 O 点。点 P_0' 与点 O 的距离在风场较大时可高达十几千米。如果将开伞点选在点 P_0 上空（P_0OP_0' 为一条直线且 $P_0O=OP_0'$），返回器开伞后在风场作用下落点将为 O 点，因此根据开伞高度以下预报的风场数据（风的大小和方向随高度变化的一组数据）算出点 P_0 的位置，并将点 P_0 的位置注入返回器，使返回器瞄准点 P_0 的位置开伞，就可以大大消除开伞以后风场对返回器着陆点的影响。

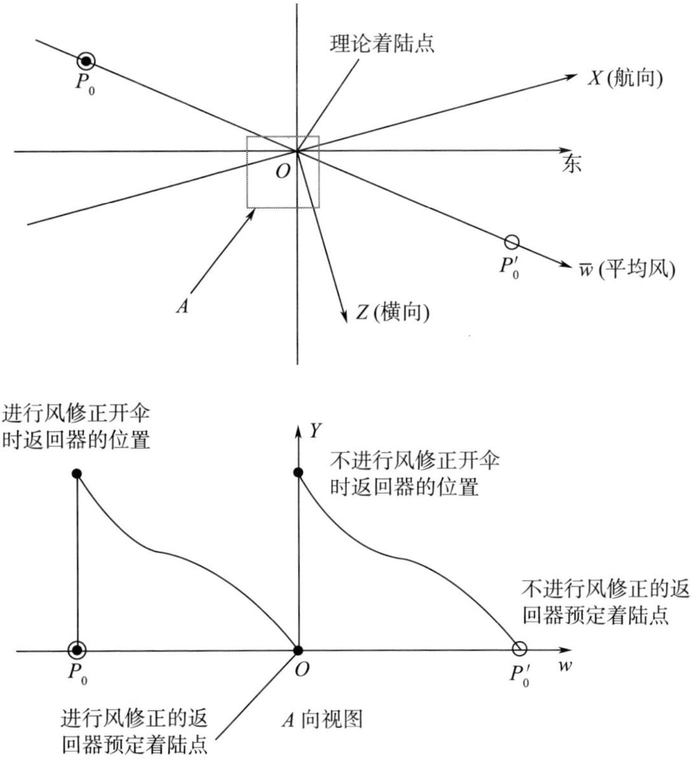

图 7－7　返回器着陆点的风修正方法示意图

进行风修正时，一般需要根据风场资料，对开伞点至着陆过程中的弹道进行计算，将返回器在航向和横向上的计算值作为风场修正量 ΔR_L 和 ΔZ 或经纬度修正量 $\Delta\lambda$ 和 $\Delta\phi$ 注入返回器，以便补偿由于风场引起的乘降落伞下降的返回器漂移而引起的着陆点的偏差。

风场修正量 ΔR_L 为进入器的航向修正量，其大小等于返回器从开伞点至着陆点间的航向距离。其正负号的定义为当返回器的计算落点相对于理论落点航程增加时，则 ΔR_L 为正，反之为负。

风场修正量 ΔZ 为返回器的横向修正量，其大小等于返回器从开伞点至着陆点间的横向距离。其正负号的定义为当返回器的计算落点在理论航迹的右侧时，则 ΔZ 为正，反之为负。

修正量 $\Delta\lambda$ 为风场经度修正量，其大小等于返回器从开伞点至着陆点间的经度差。其正负号的定义为当返回器的计算落点在理论落点以东时，则 $\Delta\lambda$ 为负，反之为正。

修正量 $\Delta\phi$ 为风场纬度修正量，其大小等于返回器从开伞点至着陆点间的纬度差。其正负号的定义为当返回器的计算落点在理论落点以北时，则 $\Delta\phi$ 为负，反之为正。

7.7.2 风修正计算方法

（1）回收坐标系定义

风场修正参数计算所用的回收坐标系为：

1）坐标原点 O 为回收起始点返回器质心的星下点。

2）OY 轴为沿 O 至回收起始点返回器质心的连线，指向返回器质心。

3）OX 轴为在回收起始点返回器质心相对于地球的速度矢量与 OY 轴组成的平面内，且垂直于 OY 轴，指向返回器前进方向为正。

4）OZ 轴与 OX、OY 轴组成右手坐标系。

（2）基本假设

返回器开伞后的弹道计算的基本假设为：

1）采用“平面地球”的假设，即地球表面为一个过 O 点垂直于

OY 轴的平面，返回器所受的地球引力方向沿平行于 OY 轴的方向；

2）不考虑地球自转对返回器运动的影响；

3）不考虑减速伞开伞的充气过程，假设在开伞指令下达瞬时，减速伞即达到收口状态或全开状态；

4）作用在返回器上的阻力取作零攻角阻力，舱伞系统的阻力取作伞的阻力与返回器的阻力之和；

5）将舱伞系统看成质点，其所受的阻力方向为其相对于空气的运动速度矢量的反方向。

（3）计算数学模型

回收弹道计算的微分方程为

$$\begin{cases}\dfrac{\mathrm{d}x}{\mathrm{d}t}=u_x\\ \dfrac{\mathrm{d}y}{\mathrm{d}t}=u_y\\ \dfrac{\mathrm{d}z}{\mathrm{d}t}=u_z\\ \dfrac{\mathrm{d}u_x}{\mathrm{d}t}=-\dfrac{q}{m}\cdot\dfrac{v_x}{v}\left[(C_DS)_S+(C_DS)_P\right]\\ \dfrac{\mathrm{d}u_y}{\mathrm{d}t}=-\dfrac{q}{m}\cdot\dfrac{v_y}{v}\left[(C_DS)_S+(C_DS)_P\right]-g\\ \dfrac{\mathrm{d}u_z}{\mathrm{d}t}=-\dfrac{q}{m}\cdot\dfrac{v_z}{v}\left[(C_DS)_S+(C_DS)_P\right]\end{cases} \tag{7-72}$$

其中

$$v_x=u_x-w_x$$

$$v_y=u_y$$

$$v_z=u_z-w_z$$

$$w_x=-w\cos(A-\alpha)$$

$$w_y=w\sin(A-\alpha)$$

$$v=\sqrt{v_x^2+v_y^2+v_z^2}$$

$$q=\frac{1}{2}\rho v^2$$

$$g = g_0 \left(\frac{r}{r+h}\right)^2$$

$$h = y$$

$$\rho = 1.225 \times (1.0 - 2.255\ 88 \times 10^{-5} \times h)^{4.256}$$

$$g_0 = 9.806\ 65\ \mathrm{m/s^2}$$

$$r = 6\ 371\ 004$$

式中　x，y，z——返回器在回收坐标系中的坐标；

u_x，u_y，u_z——返回器质心相对于回收坐标系的速度矢量在 OX、OY、OZ 轴上的投影；

t——时间；

q——动压；

m——质量；

v_x，v_y，v_z——返回器质心相对于空气的速度矢量在 OX、OY、OZ 轴上的投影；

v——返回器质心相对于空气的运动速度；

$(C_D S)_S$——返回器的阻力特性系数；

$(C_D S)_P$——降落伞的阻力特性系数；

g——重力加速度；

w_x，w_z——风速矢量在 OX、OZ 轴上的投影；

w——风速；

A——初始方位角，即 OX 轴与 O 点正北方向的夹角；

α——风向角，从正北方向顺时转至风速来向形成的夹角；

ρ——大气密度；

r——地球半径；

h——返回器质心距地面的高度。

(4) ΔR_L 和 ΔZ 的计算模型

根据风场修正量 ΔR_L 和 ΔZ 的定义以及回收坐标系的定义，即可得到

$$\Delta R_L = -x$$

$$\Delta Z = -z$$

（5）经纬度修正量 $\Delta\lambda$、$\Delta\phi$ 的计算模型

$\Delta\lambda$，$\Delta\phi$ 的计算公式为

$$\begin{cases}\Delta\lambda = \dfrac{-\Delta E}{\cos(\phi_0 + \Delta\phi)(R_0 + h_0)} \\ \Delta\phi = \dfrac{-\Delta N}{(R_0 + h_0)} \\ \Delta E = \Delta R_L \sin A + \Delta Z \cos A \\ \Delta N = \Delta R_L \cos A - \Delta Z \sin A\end{cases} \tag{7-73}$$

式中　λ_0，ϕ_0——理论着陆点的经、纬度；

A——返回理论轨道在下降到开伞高度时的速度方位角；由于偏差一般较小，上述公式计算的纬度修正量可以直接作为对地理纬度的修正量；

R_0——地球平均半径，$R_0 = 6\ 371\ 004$ m；

h_0——着陆场高程。

参考文献

[1] Ibrahim S K，Engdahl R A. Parachute Dynamics and Stability Analysis [R]．NASA-CR-120326，1974.

[2] 程文科．一般降落伞-载荷系统动力学及其稳定性研究［D］．长沙：国防科技大学，2000.

[3] 宋旭民．大型降落伞系统动力学建模及抽打现象研究［D］．长沙：国防科技大学，2006.

[4] 王海涛．大型降落伞抽打现象及运动稳定性研究［D］．长沙：国防科技大学，2011.

[5] 荣伟．火星探测器减速着陆技术研究［D］．北京：中国空间技术研究院，2008.

[6] 王利荣．降落伞理论与应用［M］．北京：宇航出版社，1997.

[7] Ewing E G，Bixby H W，Knacke T W. 回收系统设计指南［M］．北京：航空工业出版社，1988.

第 8 章　舱盖弹射分离动力学

航天器回收着陆系统一般都是在飞行任务的最后阶段才工作，由于航天器通常以一二十倍声速的速度返回地球或进入其他行星大气层，在到达星球表面的减速飞行过程中，会产生严重的气动加热问题。因此，回收着陆系统工作前需要经历进入段的高温环境。为了确保产品的工作可靠，回收着陆系统的产品一般均安装在进入器内，特别是降落伞减速装置一般都有专门的舱盖进行防热保护，以免在进入阶段被高温气体烧毁，待进入器下降到预定的开伞高度时，再将防热舱盖弹射分离，清理出开伞通道。

回收着陆系统的防热舱盖弹射分离一般有两种情况。一种是弹射分离防热舱盖与出伞分开，即在弹射分离防热舱盖（一般将此种情况下的防热舱盖称为底盖）后，再采用弹射装置弹伞，如我国早期的返回式卫星。另一种是弹射分离防热舱盖与出伞相结合，即弹射分离防热舱盖（一般将此种情况下的防热舱盖称为伞舱盖）的同时将降落伞打开，如神舟号飞船、探月工程三期高速再入返回飞行试验器。

一般防热舱盖均是由火工装置提供一定初始速度来实现弹射分离的。由于弹射分离后的防热舱盖将处在进入器的尾流区中运动，如果防热舱盖在弹射之后，受尾流的作用重新与进入器会合，则降落伞的出伞通道被阻塞，降落伞无法从伞舱中出来，将导致回收着陆系统工作失败。因此，防热舱盖必须具有足够的弹射分离初始速度，才能确保防热舱盖与进入器分离并冲出尾流区。防热舱盖的弹射分离初始速度是回收着陆系统设计的一个关键技术指标。如果设计的初始分离速度太小，则防热舱盖不能正常分离及逃逸；如果设计的分离速度过大，则必然使火工装置能量过大，从而带来不必要的增重或使进入器结构承受不必要的、过大的弹射冲击载荷。因此，正确选择合适的防热舱盖的弹射分离初始速度是回收着陆系统设计的一项重要工作。舱盖弹射分离动力学分析的目的就是为了研究分离舱盖的动力学特性并保证正常分离所需的最小初始分离速度。

本章将主要介绍底盖的弹射分离动力学、伞舱盖的弹射分离动力学以及伞舱盖弹射分离的流固耦合分析方法。

8.1 底盖分离动力学

8.1.1 进入器尾流特点及分离试验技术

由于分离过程中，底盖或伞舱盖等物体在进入器的尾流区进行运动，因此，首先需要对进入器的尾流进行分析。

风洞试验表明：空气流过钝底状物体后，在物体的后面形成一个尾流区，在尾流区内靠近物体底部的某个区域，气流的流动方向与来流方向相反，这个区域称为回流区，在回流区之后是一个低能量气流区。典型的半弹道式进入器的亚声速下的尾流区如图 8－1 所示[1]。

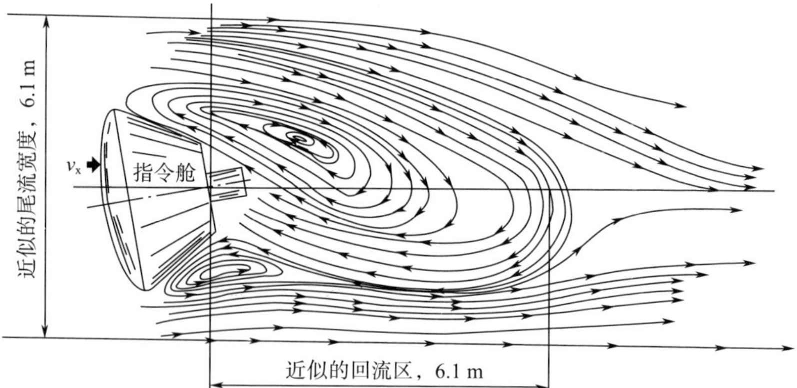

图 8－1 阿波罗号飞船指令舱尾流区的速度方向图（Ma＝0.26）

分析图 8-1 可知，进入器在返回地面的大气层飞行过程中，当分离体从进入器底部弹出并在尾流区运动时，由于尾流的作用，给分离体一个向前的力，分离体动能降低；加之在刚刚过了回流区之后的一段低能量气流区中，作用在分离体上的阻力产生的分离体的减速度小于作用在进入器上的阻力产生的进入器的减速度，因此，分离体有可能与进入器发生碰撞。为了避免分离体与进入器重新会合发生碰撞，分离体必须具有一定的初始分离速度，这一初始分离速度通常由火工装置（弹射筒或弹伞筒）提供。

某些情况下，进入器会在低超声速状态下进行底盖分离开伞，例如火星探测器的降落伞减速系统一般在 $Ma=2.0$ 左右进行弹射分离。进入器的超声速尾流更加复杂，在球冠区、拐角区、倒锥区及底部区其流场性质有很大差别，如图 8-2 所示，进入器的大钝头区存在跨声速、超声速及弓形激波，在倒锥区具有大面积分离区（开式或闭式分离），其尾部出现尾涡、黏性混合区及尾波，这些复杂流场对压力分布、气动特性有重要影响。由于进入器外形基本上都是由球冠与倒锥组成，在跨声速、低超声速域（$Ma=0.6\sim1.2$）飞行时严重的气流分离使进入器发生振动和摇摆，这些都会给分离带来不利影响。

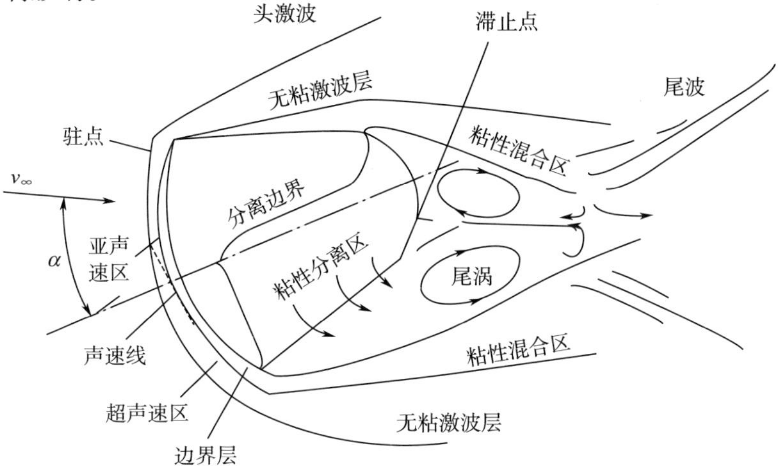

图 8-2　进入器的超声速尾流区示意图

进入器尾流的研究方法有理论分析、数值模拟、风洞试验、火箭橇试验、飞行试验等。理论分析适合在设计初始阶段针对简单情况进行简化的定性分析，火箭橇试验和飞行试验费用较大且难以控制试验条件，适合在设计最后阶段作验证试验，图 8-3 是某返回器的火箭橇伞舱盖弹射分离试验。相比之下，数值模拟和风洞试验是适合对分离过程进行大量充分研究的手段。

图 8-3　某进入器的伞舱盖火箭橇弹射分离试验[2]

关于进入器尾流区的风洞试验技术，主要目的是获取进入器尾流区中被分离体的空气动力学特性，包括法向力系数、轴向力系数（或升力系数、阻力系数）和气动力矩系数，以便为分离动力学分析提供必要的参数；有时，也测量尾流中的流场（如尾流中的流线、密度和压力等），以便为分离动力学分析提供辅助的分析。

尾流区风洞测力试验的一般方法是采用定常试验办法来模拟实际分离过程。即将前体和分离体分别安装在风洞试验段内的支架上，其间的相对位置可以调整，通过安装在分离体上的测力天平测量放置在不同的风轴坐标距离 x_w 和垂直于风轴坐标的距离 z_w 下的分离体上承受的空气动力。图 8-4 表示了阿波罗号飞船指令舱的分离体

-防热罩在前体尾流中的坐标、角度和所受的气动力和气动力矩矢量。图 8-5 给出了阿波罗号飞船指令舱当 $x_w/d=1.5$ 时，对于不同的 z_w/d 值的法向力系数、轴向力系数和力矩系数随防热罩攻角的变化关系。

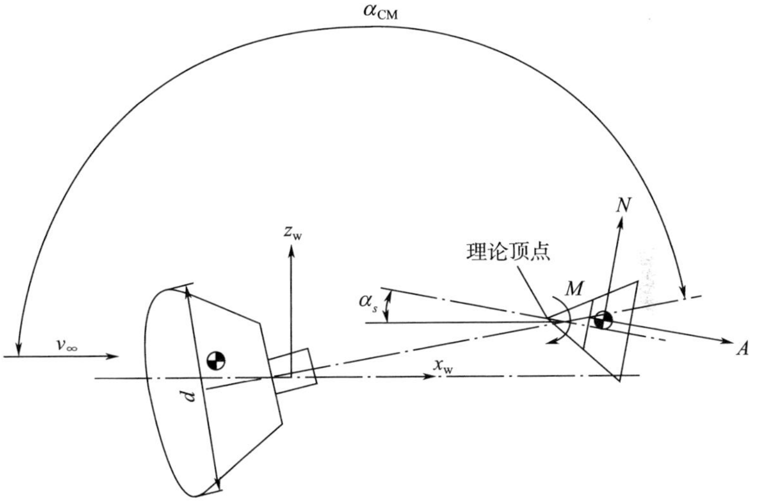

图 8-4　防热罩在前体（回收舱）尾流中的坐标、角度及所受的气动力与力矩矢量示意图

N —作用在防热罩上的法向力；A —作用在防热罩上的轴向力；
M —作用在防热罩上的对理论顶点的气动力矩；α_s —防热罩的攻角；
d —阿波罗号指令舱的最大横截面的直径；α_{CM} —阿波罗号指令舱的攻角

一般情况下，尾流区风洞测力试验只获得航天器的分离体在前体尾流中的空气动力特性参数。而在精确的尾流区分离动力学分析中，有时需要了解分离体在尾流区时对前体的空气动力影响，在这种情况下，也应测出分离体存在时的前体的空气动力特性参数。

数值模拟是比较常用且费用相对较低的研究方法，主要问题是进入器尾流的计算精度难以验证。采用数值模拟方法研究分离体动力学特性时首先需要对进入器的尾流进行数值计算，如图 8-5 所示。

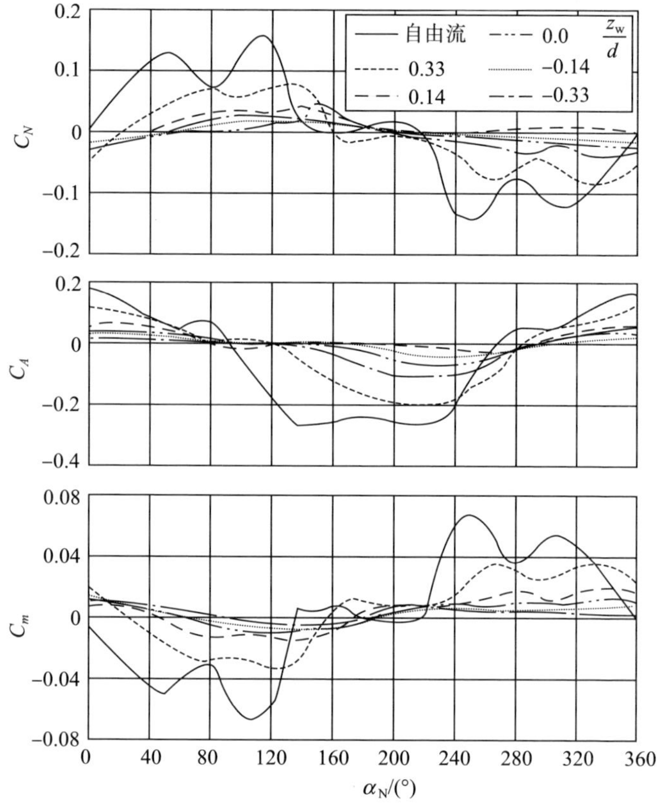

图 8－5　阿波罗号飞船防热罩模型在指令舱尾流中的空气动力特性（$x_w/d=1.5$）

C_N —防热罩法向力系数，$C_N=N/(q_\infty/S)$；C_A —防热罩轴向力系数，$C_A=A/(q_\infty/S)$；

C_m —防热罩力矩系数，$C_m=M/(q_\infty Sd)$；q_∞ —自由流动压；

S —指令舱参考面积（$\pi d^2/4$）；d —指令舱最大横截面积的直径

8.1.2　分离动力学理论分析方法

对于半弹道式航天器来说，由于进入器在大气层中是按配平攻角状态飞行的，因此，进入器的尾流区是非轴对称的，如图 8－6 所示。分离体在尾流区的运动至多可简化为在进入器的配平攻角平面（即 0°～180°子午面）内的平面运动。在此平面内，分别列出前体和

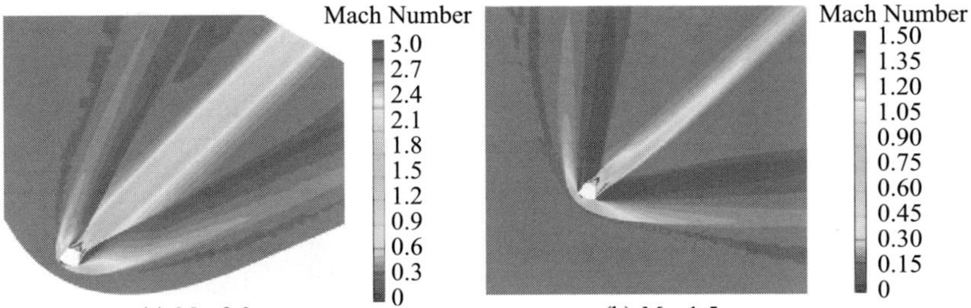

(a) Ma=3.0　　(b) Ma=1.5

图 8-6　进入器的尾流速度云图

分离体的动力学方程，可以用数值积分方法求出分离体相对于进入器的运动及所需的最小初始分离速度。

对于弹道式航天器来说，由于在弹射防热舱盖或弹出降落伞时，进入器的攻角近似为零，因此，可按零攻角状态分析。呈旋成体外形、以零攻角飞行的进入器的尾流是轴对称的。因此，从底部沿前体中心线弹射出去的轴对称体，在尾流区中仅受轴向力（即相对于自由流的零攻角阻力）的作用，分离体将沿直线运动。下面给出在设计中常用的弹道式航天器沿中心线向后分离的分离体的动力学特性及最小分离速度的计算方法[1]。

（1）坐标系及基本假设

取一坐标系 $O_s x$，坐标原点 O_s 为 $t=t_0$ 时刻的回收舱结合面（底面）的中心点。$O_s x$ 方向为 $t=t_0$ 时回收舱的速度 v_v 的方向，$O_s x$ 方向与水平方向的夹角为 ϑ，如图 8-7 所示。

基本假设：

1）在分离过程中回收舱与防热罩以零攻角运动；

2）对防热罩在回收舱尾流中的风洞试验的防热罩静止状态不进行修正；

3）在分离过程中，气流的动压力 q_∞ 保持不变

设 v_{r0} 为防热罩相对于回收舱的初始分离速度（即 $t=t_0$ 时回收舱与防热罩的相对速度），v_{rmin} 为回收舱与防热罩的最小初始分离速

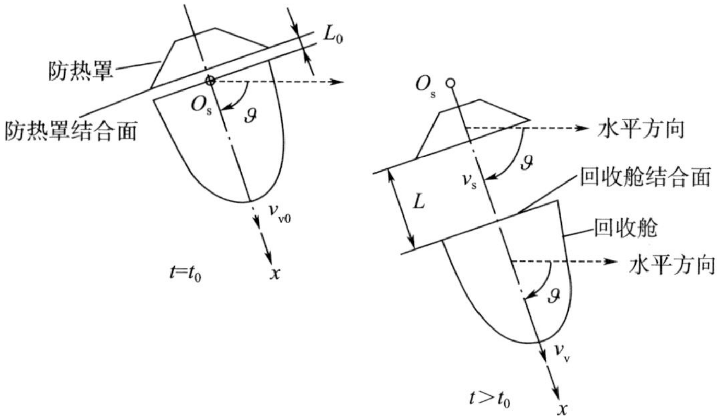

图 8-7 坐标系定义示意图

度（在防热罩与回收舱不发生重新会合的条件下）。下面从一般情况下防热罩相对于回收舱的运动方程出发，推导 $v_{r0}>v_{rmin}$ 情况下防热罩的分析表达式和最小分离速度直接计算公式。

（2）一般情况下防热罩相对于回收舱的运动

回收舱的运动方程为

$$\frac{d^2x_v}{dt^2}=-\frac{C_{Dv}q_\infty S}{m_v}+g\sin\vartheta \tag{8-1}$$

式中 x_v ——当 $t\geqslant t_0$ 时，回收舱结合面中心点的坐标，当 $t=t_0$ 时，$x_v=0$；

q_∞ ——自由流动压（$q_\infty=\rho_\infty v_v^2/2$，其中 ρ_∞ 为点 O_s 处的大气密度，v_v 为回收舱开始与防热罩分离时防热罩的速度）

S ——回收舱的参考面积；

m_v ——回收舱的质量；

g ——地球引力加速度；

ϑ ——回收舱飞行速度方向角。

防热罩的运动方程为

$$\frac{d^2x_s}{dt^2}=-\frac{C_{Ds}q_\infty S}{m_s}+g\sin\vartheta \tag{8-2}$$

式中　x_s——当 $t \geqslant t_0$ 时，防热罩结合面中心点的坐标，当 $t=0$ 时，$x_s=-L_0$；

m_s——防热罩的质量。

按定义，有

$$L = x_v - x_s \tag{8-3}$$

于是，回收舱与防热罩的相对加速度为

$$\frac{d^2 L}{dt^2} = \frac{d^2 x_v}{dt^2} - \frac{d^2 x_s}{dt^2} \tag{8-4}$$

将式（8－1）、式（8－2）代入式（8－4），得

$$\frac{d^2 L}{dt^2} = \frac{C_{Ds} q_\infty S}{m_s} - \frac{C_{Dv} q_\infty S}{m_v} \tag{8-5}$$

方程（8－5）中的 C_{Dv} ，C_{Ds} 是 L 的已知函数（由尾流区风洞试验而获得），因此，对于给定的 L_0 及 $\dot{L}_0$ 的值可以采用数值积分的方法求解微分方程（8－5），得到 L 及 $\dot{L}$ 随 t 的变化值，即防热罩相对于回收舱的运动参数。

(3) $v_{r0} > v_{rmin}$ 情况下的防热罩运动的分析表达式

下面给出简便的、与式（8－5）保持相同精度的防热罩运动的计算公式。

由式（8－5），有

$$d\dot{L} = \left(\frac{C_{Ds} q_\infty S}{m_s} - \frac{C_{Dv} q_\infty S}{m_v}\right) dt = \left(\frac{C_{Ds} q_\infty S}{m_s} - \frac{C_{Dv} q_\infty S}{m_v}\right) \frac{dL}{\dot{L}}$$

即

$$\dot{L}\, d\dot{L} = \left(\frac{C_{Ds} q_\infty S}{m_s} - \frac{C_{Dv} q_\infty S}{m_v}\right) dL$$

假定 $v_{r0} > v_{rmin}$ ，则 v_r 是 L 的单值函数，故有

$$\int_{v_{r0}}^{v_r} \dot{L}\, d\dot{L} = \int_{L_0}^{L} \left(\frac{C_{Ds} q_\infty S}{m_s} - \frac{C_{Dv} q_\infty S}{m_v}\right) dL$$

将上式左端积分求出后，并做整理，得

$$v_r = \sqrt{2\left(\frac{q_\infty S}{m_s}\int_{L_0}^{L} C_{Ds}\, dL - \frac{q_\infty S}{m_v}\int_{L_0}^{L} C_{Dv}\, dL\right) + v_{r0}^2} \tag{8-6}$$

位置表达式为

$$t=\int_{L_0}^{L}\frac{1}{v_r}\mathrm{d}L+t_0 \tag{8-7}$$

应用式（8－6）算出 v_r-L 的对应关系，再用式（8－7）算出 $t-v_r$ 的对应关系，则可求得防热罩的 L 随 t 的变化。

（4）最小分离速度直接计算公式

为了导出最小分离速度直接计算公式，须引入有效尾流长度的概念。假定回收舱的阻力不随防热罩在其后面的位置而变化，即 C_{Dv} 只是 Ma 的函数，与 L/D 的数值无关（至少在 L/D 大于某一值后如此）。将在某一个 Ma 下 $C_{Ds}-L$ 曲线上 $C_{Ds}=C_{Dv}m_s/m_v$ 点所对应的 L 值称作该 Ma 下回收舱的有效尾流长度，用 L_{eff} 表示，如图 8－8 所示。

若适当选取 v_{r0}，使得当 $L=L_{eff}$ 时，$v_r=0$（也必有 $\ddot{L}=0$）而且定义此初始分离速度 v_{r0} 即为最小分离速度 v_{rmin}。

由上述定义及式（8－5）可知，当 $L=L_{eff}$ 时，有

$$\ddot{L}=\frac{C_{Ds}q_\infty S}{m_s}-\frac{C_{Dv}q_\infty S}{m_v}=\frac{\left(C_{Dv}\dfrac{m_s}{m_v}\right)q_\infty S}{m_s}-\frac{C_{Dv}q_\infty S}{m_v}=0$$

在式（8－6）中，令 $L=L_{eff}$，$v_r=0$，则 $v_{r0}=v_{rmin}$，式（8－6）变为

$$\begin{aligned}-\frac{1}{2}v_{rmin}^2&=\frac{q_\infty S}{m_s}\int_{L_0}^{L_{eff}}C_{Ds}\mathrm{d}L-\frac{q_\infty S}{m_v}\int_{L_0}^{L_{eff}}C_{Dv}\mathrm{d}L\\&=\left(\frac{\bar{C}_{Ds}}{m_s}-\frac{\bar{C}_{Dv}}{m_v}\right)q_\infty S(L_{eff}-L_0)\end{aligned}$$

式中 $\bar{C}_{Dv}$——在区间 $[L_0,L_{eff}]$ 上回收舱零攻角阻力系数的平均值，即 $\bar{C}_{Dv}=\left(\int_{L_0}^{L_{eff}}C_{Dv}\mathrm{d}L\right)/(L_{eff}-L_0)$；

$\bar{C}_{Ds}$——在区间 $[L_0,L_{eff}]$ 上防热罩零攻角阻力系数的平均值，即 $\bar{C}_{Ds}=\left(\int_{L_0}^{L_{eff}}C_{Ds}\mathrm{d}L\right)/(L_{eff}-L_0)$。

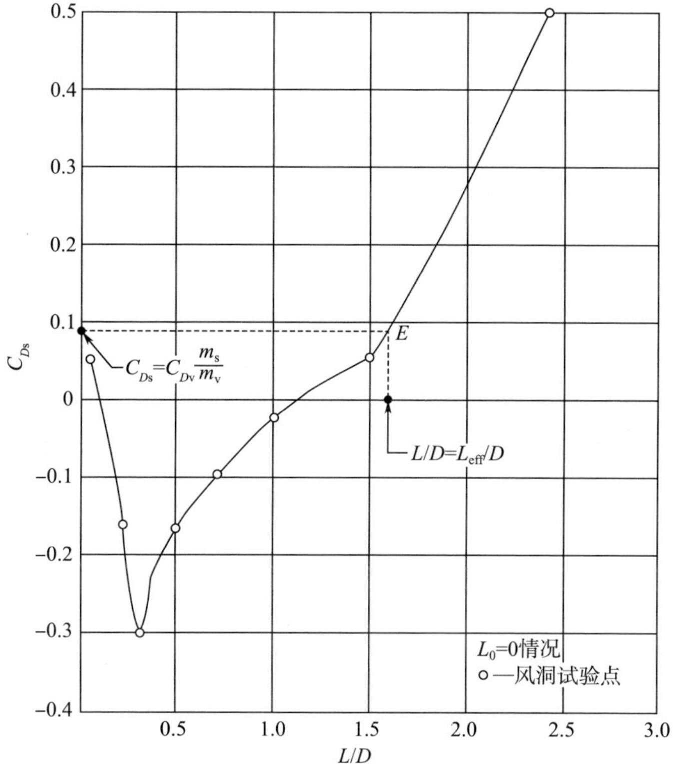

图 8-8　防热罩的阻力系数 C_{Ds} 随相对分离距离 L/D 的变化及求有效尾流长度 L_{eff} 的图示（$Ma=0.90$）

因此，防热罩正常分离所需的最小分离速度为

$$v_{rmin}=\sqrt{2K\left(L_{eff}-L_0\right)} \tag{8-8}$$

式中，$K=\left(\frac{\bar{C}_{Dv}}{m_v}-\frac{\bar{C}_{Ds}}{m_s}\right)q_\infty S$ 。

8.1.3　分离动力学数值分析方法

与理论分析方法不同的是，数值分析方法所建立的模型比较精确，分离体和前体均建立六自由度的刚体动力学模型，运动也不局限于平面，全面考虑了分离体和前体的姿态和空间动力学影响，适用于各种类型进入弹道的尾流区分离动力学分析。

建模中首先考虑前体尾流的影响，设进入器大底直径为 D ，以进入器后端面为起始截面，可取 $10D \times 10D \times 12D$ 的区域为尾流数据采点区，区域以外的尾流已经比较小，可以不予考虑。在区域内，根据底盖相对进入器的位置可以插值求出底盖所在位置的尾流速度，将此尾流速度矢量叠加于底盖速度上即可认为是考虑尾流影响的底盖空速，并以此空速计算底盖的气动力和气动力矩。

进入器的尾流通常是非定常的，不同时刻的尾流场不同。底盖弹射分离至安全区的时间很短，故可以较小的间隔时间取返回舱的尾流数据。若不考虑返回舱尾流的非定常性，可直接选取弹射分离起始时刻的尾流数据，将返回舱的尾流视为近似定常。

在对底盖进行动力学计算分析时，还需要计算获取底盖在不同马赫数、攻角、高度等状态参数下的气动力参数，例如法向力系数、轴向力系数（或升力系数、阻力系数）和气动力矩系数等。计算出底盖在不同状态的气动力参数后，即可对底盖进行考虑尾流影响动力学分析了，计算流程如图 8－9 所示。

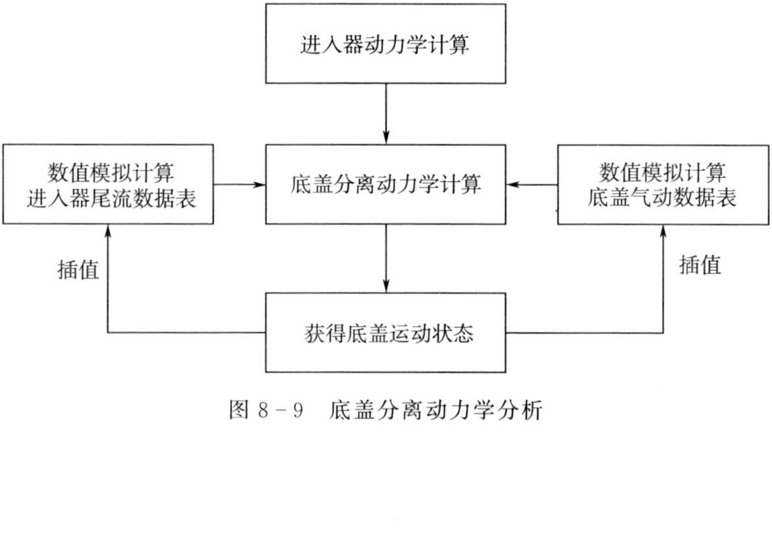

图 8－9　底盖分离动力学分析

由于进入器底盖分离的高度一般在离星球表面 10 km 左右的高度，可以以当地大地坐标系作为惯性系，分别以进入器和底盖的质心作为坐标原点建立体坐标系。将进入器和底盖均视为六自由度刚体，忽略分离产生的扰动力和扰动力矩作用，动力学方程可表示如下

$$\begin{cases} m\dfrac{\mathrm{d}\boldsymbol{V}}{\mathrm{d}t}=\boldsymbol{R}+\boldsymbol{G} \\ \boldsymbol{I}\cdot\dfrac{\mathrm{d}\boldsymbol{\omega}}{\mathrm{d}t}+\boldsymbol{\omega}\times(\boldsymbol{I}\cdot\boldsymbol{\omega})=\boldsymbol{M}_R \end{cases} \tag{8-9}$$

式中　m ——刚体的质量；

$\boldsymbol{V}$ ——刚体的速度矢量；

$\boldsymbol{R}$ ——气动力矢量；

$\boldsymbol{G}$ ——重力矢量；

$\boldsymbol{I}$ ——刚体的转动惯量矩阵；

$\boldsymbol{\omega}$ ——刚体转动角速度矢量；

$\boldsymbol{M}_R$ ——气动力矩矢量。

气动力和气动力矩的计算公式如下

$$\boldsymbol{R}=\begin{bmatrix} F_{x1} \\ F_{y1} \\ F_{z1} \end{bmatrix}=\begin{bmatrix} C_{x1}qS \\ C_{y1}qS \\ C_{z1}qS \end{bmatrix} \tag{8-10}$$

$$\boldsymbol{M}_R=\begin{bmatrix} M_{x1} \\ M_{y1} \\ M_{z1} \end{bmatrix}=\begin{bmatrix} m_{x1}qSl \\ m_{y1}qSl \\ m_{z1}qSl \end{bmatrix} \tag{8-11}$$

式中，C_{x1}，C_{y1}，C_{z1} 分别为轴向力系数、法向力系数、横向力系数，m_{x1}，m_{y1}，m_{z1} 分别为轴向力矩系数、法向力矩系数、横向力矩系数；$q=\frac{1}{2}\rho v^2$ 为动压，ρ 为大气密度，可查标准大气表或按近似公式计算，v 表示空速，S 表示特征面积（一般取最大横截面积），l 表示特征长度。

值得注意的是，对底盖进行动力学计算时，若考虑尾流的影响，

动压 q 的表达式中的速度项 v 中包含前体进入器尾流的影响即 $\boldsymbol{v}=\boldsymbol{v}_{\mathrm{d}}-\boldsymbol{v}_{\mathrm{w}}$，$\boldsymbol{v}_{\mathrm{d}}$ 表示底盖在地面惯性系中速度矢量，$\boldsymbol{v}_{\mathrm{w}}$ 表示底盖所处位置尾流相对地面惯性系的速度矢量。

8.2 弹伞分离动力学

弹射分离防热舱盖与出伞相结合的方式一般可分为两种。一种是利用火工装置将伞舱盖与需要打开的降落伞（包装在一个伞包内）作为一个整体一起从进入器内弹射出来，然后依靠自身的惯性以及与进入器的相对运动，将降落伞逐渐从伞包中拉出，一般采用弹伞筒弹射开伞和弹伞器弹射开伞均属于这种弹射开伞方式；另一种是利用弹射分离装置将伞舱盖从进入器上以一定初始速度弹射分离出去，然后利用伞舱盖的初始动能从伞舱内拉出引导伞包或减速伞包并逐渐打开引导伞或减速伞，采用弹伞舱盖牵引开伞时属于此种弹射开伞方式。本节将主要针对第一种弹伞分离方式进行动力学建模分析，第二种弹射分离方式的动力学模型分析将在第 9 章中介绍。

一般弹伞装置应该按照所需要的最小弹伞速度来进行设计。因为通常弹射速度越小则作用于进入器上的反作用力也越小，同时反作用力的减小又将有助于弹伞筒结构重量的减轻。然而为确保开伞的可靠性，不管是采用哪种弹射开伞方式，无论是在尾流区内还是出了尾流区，都应确保降落伞在整个拉直过程中都是被伞舱盖或活塞主动拉直的。因此，一般最小弹射速度是保证达到下列两项条件的最低弹射速度：

1）弹射出的伞舱盖或活塞在其脱离之前不能与进入器重新结合；

2）伞舱盖或活塞脱离时要有足够的速度，以保证降落伞完全从伞包内抽出（拉断绳拉断）。

8.2.1　动力学模型

以图 8－10 所示的典型的进入器-降落伞构型及弹伞筒弹射方式为例来建立弹伞分离动力学模型。

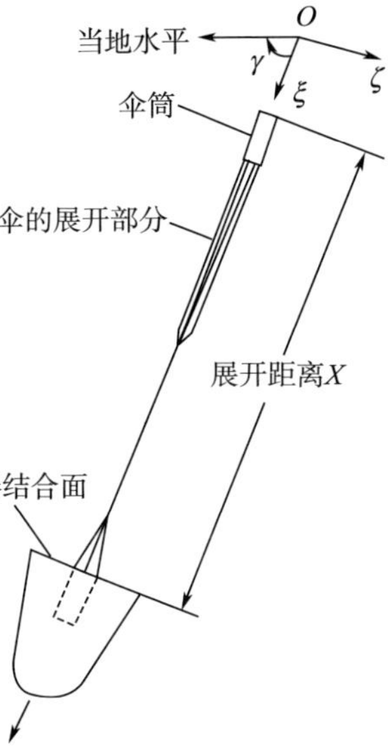

图 8－10　典型的弹伞筒弹射过程示意图

（1）符号说明

在建立运动方程之前，将涉及的符号进行说明。

A ——参考面积；

C_D—— 阻力系数，$C_D = F_D / q_\infty A$；

F_D ——空气动力阻力；

F_{re} ——出伞过程中的抵制力（包括伞袋对伞的摩擦力及伞的展开层前后压差所产生的力）；

g ——重力加速度；

l ——降落伞部件的展开长度；

m ——质量；

m' ——位于伞筒口处降落伞的线质量密度；

q_{∞} ——自由流的动压；

T_B ——在伞筒口处伞绳的拉力；

t ——时间；

V ——绝对速度；

X ——展开距离；

β ——弹道系数（m/C_DA）；

γ ——进入器的速度方向角；

η ——尾流参数（在进入器尾流中伞筒的阻力系数与在自由流中伞筒的阻力系数之比）；

$(\Delta V)_{\mathrm{req}}$ ——降落伞开伞所需的最小弹射速度；

$(\Delta V)_{\mathrm{req1}}$ ——使弹射出的伞筒在伞筒脱离之前不与进入器重新结合的最低弹射速度；

下标的含义

b——伞筒；

bs——伞筒脱离；

C——伞衣；

e——伞筒及当时伞筒内的包容物；

f——使 $X=0$ 的点；

p——降落伞；

sl——伞绳；

T——整个降落伞及伞筒；

u——降落伞的展开部分；

V——进入器；

w——有效尾流。

符号上的圆点表示对时间的导数；符号上的短横表示平均值。

（2）动力学方程

此种形式的开伞过程产生影响其动力学的力，如图 8－11 所示。为了简化基本动力学方程的推导，可做下列假定：

1）进入器-降落伞呈直线运动；

2）降落伞是非弹性的；

3）开伞过程期间降落伞的展开部分呈受拉力状态；

4）降落伞的展开部分的空气动力阻力比进入器的阻力小很多；

5）展开速度比进入器的速度小很多。

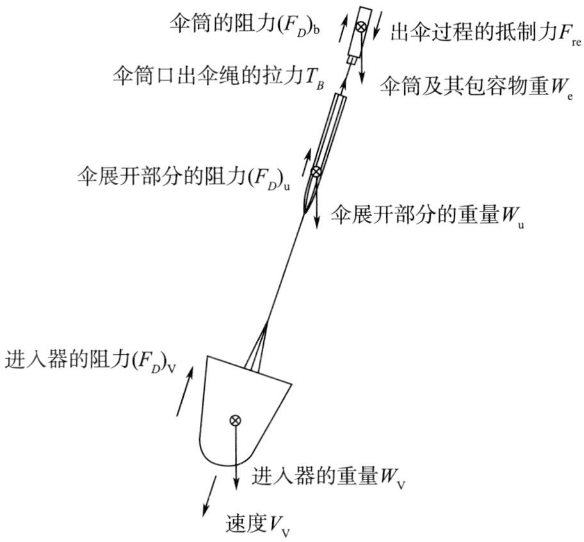

图 8-11　开伞过程影响其动力学的力

设坐标系 $O\xi\zeta$ 如下：原点 O 固定在空间某一点上，$O\xi$ 轴与进入器在弹射时刻（$t=t_0$）的进入器纵轴方向一致，且指向进入器的速度方向。$O\zeta$ 与 $O\xi$ 轴垂直。又设 ξ_V 为进入器结合面中心点在 $O\xi$ 轴上的坐标，ξ_b 为伞筒结合面中心点在 $O\xi$ 轴上的坐标，则展开距离 X 为

$$X=\xi_V-\xi_b \tag{8-12}$$

$$\ddot{X}=\ddot{\xi}_V-\ddot{\xi}_b=\dot{V}_V-\dot{V}_b \tag{8-13}$$

展开过程中，进入器（含降落伞展开部分）的运动方程为

$$(m_V+m_u)\dot{V}_V=-(F_D)_V-(F_D)_u-T_B+(m_V+m_u)g\sin\gamma-\dot{m}_u\dot{X}$$

则

$$\dot{V}_{\mathrm{V}}=-\left[\frac{(F_D)_{\mathrm{V}}+(F_D)_{\mathrm{u}}+T_B+\dot{m}_{\mathrm{u}}\dot{X}}{m_{\mathrm{V}}+m_{\mathrm{u}}}-g\sin\gamma\right] \tag{8-14}$$

伞筒的运动方程为

$$m_{\mathrm{e}}\dot{V}_{\mathrm{b}}=-(F_D)_{\mathrm{b}}+F_{\mathrm{re}}+m_{\mathrm{e}}g\sin\gamma-\dot{m}_{\mathrm{u}}\dot{X}$$

于是

$$\dot{V}_{\mathrm{b}}=-\left[\frac{(F_D)_{\mathrm{b}}-F_{\mathrm{re}}+\dot{m}_{\mathrm{u}}\dot{X}}{m_{\mathrm{e}}}-g\sin\gamma\right] \tag{8-15}$$

将式（8-14）、式（8-15）代入式（8-13）中，并应用表达式 $(F_D)_{\mathrm{V}}=C_{D\mathrm{V}}A_{\mathrm{V}}q_{\infty}$ 及 $(F_D)_{\mathrm{b}}=C_{D\mathrm{b}}A_{\mathrm{b}}q_{\infty}$，忽略 $(F_D)_{\mathrm{u}}$，则方程变为

$$\ddot{X}=\frac{C_{D\mathrm{b}}A_{\mathrm{b}}q_{\infty}-F_{\mathrm{re}}+\dot{m}_{\mathrm{u}}\dot{X}}{m_e}-\frac{C_{D\mathrm{V}}A_{\mathrm{V}}q_{\infty}+T_B+\dot{m}_{\mathrm{u}}\dot{X}}{m_{\mathrm{V}}+m_{\mathrm{u}}} \tag{8-16}$$

注意到展开的降落伞的质量微元的动量变化可由下式表示（如图 8-12 所示）

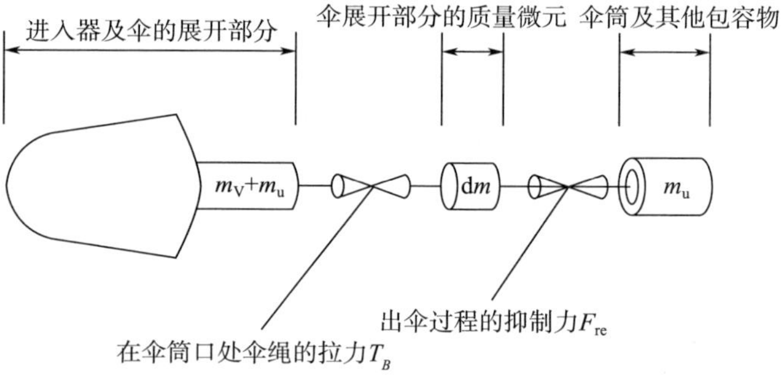

图 8-12　伞展开部分质量微元的受力状态

$$(T_B-F_{\mathrm{re}})\,\mathrm{d}t=\mathrm{d}m\,(V_{\mathrm{V}}-V_{\mathrm{b}}) \tag{8-17}$$

则可由式（8-17），T_B 可写作

$$T_B=F_{\mathrm{re}}+\frac{\mathrm{d}m}{\mathrm{d}t}\dot{X}=F_{\mathrm{re}}+\frac{\mathrm{d}m}{\mathrm{d}X}\dot{X}^2$$

即

$$T_B = F_{re} + m'\dot{X}^2 \tag{8-18}$$

将式（8-18）代入式（8-16），得

$$\ddot{X} = \frac{C_{Db}A_b q_\infty - F_{re} + \dot{m}_u \dot{X}}{m_e} - \frac{C_{DV}A_V q_\infty + F_{re} + m'\dot{X}^2 + \dot{m}_u \dot{X}}{m_V + m_u} \tag{8-19}$$

方程式（8-19）便是弹伞筒相对于进入器的精确运动方程。

8.2.2　方程的分析解

为了求出运动方程（8-19）的分析解，需要对该方程作一些简化，这些简化应该使简化后求得的所需最小弹射速度 $(\Delta V)_{req}$ 误差很小。

在式（8-19）中，一般情况下，$C_{Db}A_b q_\infty \gg \dot{m}_u \dot{X}$，$C_{DV}A_V q_\infty \gg \dot{m}_u \dot{X}$，故可忽略 $\dot{m}_u \dot{X}$。

于是，式（8-19）变为

$$\ddot{X} = \frac{C_{Db}A_b q_\infty - F_{re}}{m_e} - \frac{C_{DV}A_V q_\infty + F_{re} + m'\dot{X}^2}{m_V + m_u} \tag{8-20}$$

下面，按 $\ddot{X}_{bs}$ 取值的不同，分别求方程式（8-20）的分析解[3]。

（1）伞筒脱离时，伞筒相对于进入器的加速度 $\ddot{X}_{bs} \leqslant 0$ 的情况

因为 $\ddot{X}_{bs} \leqslant 0$，所以 $\ddot{X}_{bs}$ 在 $\ddot{X}-X$ 曲线上取值点如图 8-13 所示。由图 8-13 可见，在 $0 \leqslant X \leqslant l_{sl} + l_c$ 时，$\ddot{X} \leqslant 0$，故在 $0 \leqslant X \leqslant l_{sl} + l_c$ 时，$\dot{X}$ 的最大值为 $\dot{X}_0$；故将 $\dot{X} = \dot{X}_0$ 代入式（8-20），得出的 ΔV_{req} 将是保守的。

将 $\dot{X} = \dot{X}_0$ 代入式（8-20）得

$$\ddot{X} = \frac{C_{Db}A_b q_\infty - F_{re}}{m_e} - \frac{C_{DV}A_V q_\infty + F_{re} + m'\dot{X}_0^2}{m_V + m_u} \tag{8-21}$$

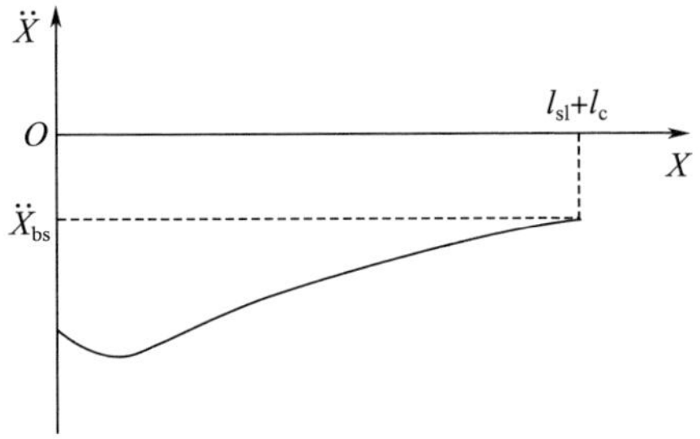

图 8-13　$\ddot{X}_{bs} \leqslant 0$ 时，$\ddot{X}-X$ 的典型曲线

若 $\dot{X}_{bs} \geqslant 0$，则由于 $\dot{X}$ 是 t 的单调递减函数 ($\ddot{X}<0$)，故有 $\dot{X}>0(0 \leqslant X \leqslant l_{sl}+l_c)$，因此，$X$ 是 t 的单调函数，故可使用变元法，将积分变量由 t 变至 X。

经推导，最后可得

$$(\Delta V)_{req}=\left(\frac{1}{1-2\dfrac{m_p}{m_V}}\right)^{\frac{1}{2}} \times\left\{\dot{X}_{bs}^2+2\left[\frac{q_{\infty}}{\beta_V}(l_{sl}+l_c)+K_1(F_{re})_1+K_2(F_{re})_2+\frac{1}{m_V}(F_{re})_1 l_{sl}+\frac{1}{m_V}(F_{re})_2 l_c-K_w C_{Db} A_b q_{\infty}\right]\right\}^{\frac{1}{2}} \tag{8-22}$$

$$K_1=\int_{X=0}^{X=l_{sl}} \frac{1}{m_e} \mathrm{d}X \tag{8-23}$$

$$K_2=\int_{X=l_{sl}}^{X=l_{sl}+l_c} \frac{1}{m_e} \mathrm{d}X \tag{8-24}$$

$$K_w=\int_{X=0}^{X=l_{sl}+l_c} \frac{\eta}{m_e} \mathrm{d}X \tag{8-25}$$

$$\beta_V=\frac{m_V}{C_{DV} A_V}$$

式中　$(F_{re})_1$——由展开距离 $X=0$ 至 $X=l_{sl}$ 间隔上的出伞抵制力；

$(F_{re})_2$——由展开距离 $X=l_{sl}$ 至 $X=l_{sl}+l_c$ 间隔上的出伞抵制力。

式（8－22）就是在 $\ddot{X}_{bs} \leqslant 0$ 情况下，降落伞开伞所需的最小弹射速度 $(\Delta V)_{req}$ 的计算公式。

（2）伞筒脱离时，伞筒相对于进入器的加速度 $\ddot{X}_{bs} > 0$ 的情况

由于进入器钝底部附近气体回流的作用，在进入器底部附近一定距离内运动的伞筒受到负空气动力阻力（即阻力方向与伞筒运动方向相同）的作用，即 $C_{Db} < 0$，故由式（8－20）知在该距离内，$\ddot{X} < 0$。

故在 $\ddot{X}_{bs} > 0$ 情况下的 $\ddot{X}$ 可表示为（见图 8－14）

$$\begin{aligned} &\ddot{X} < 0,\text{当 } 0 \leqslant X < X_f \\ &\ddot{X} = 0,\text{当 } X = X_f \\ &\ddot{X} > 0,\text{当 } X_f < X \leqslant l_{sl} + l_c \end{aligned} \tag{8-26}$$

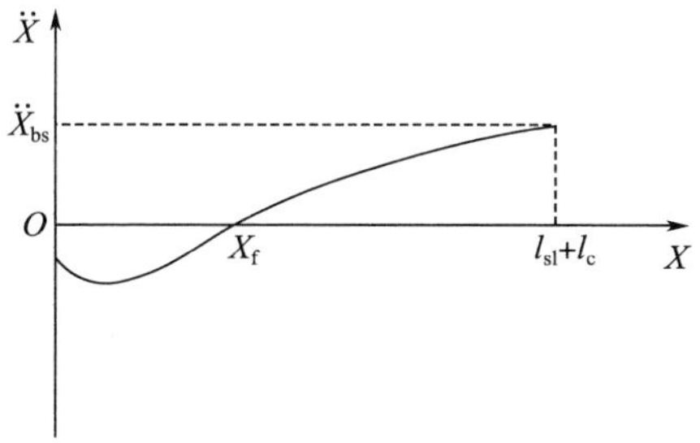

图 8－14　$\ddot{X}_{bs} > 0$ 时，$\ddot{X} - X$ 的典型曲线

① $\dot{X}_0 > (\Delta V)_{req1}$ 情况下，伞筒在 $0 \leqslant X \leqslant X_f$ 时的速度和位置的分析表达式

下面给出在 $\dot{X}_0 > (\Delta V)_{req1}$ 情况下方程式（8－20）的简便表达式。

因为 $\dot{X}_0 > (\Delta V)_{req1}$，所以已弹出进入器的伞筒将不会与进入器重新结合或处于临界状态，故在 $0 \leqslant X \leqslant X_f$ 情况下，X 是 t 的单调递增函数。

由于 X 是 t 的单调函数，故有

$$\mathrm{d}\dot{X} = \ddot{X}\mathrm{d}t = \ddot{X}\,\frac{\mathrm{d}X}{\dot{X}}$$

因而

$$\dot{X}\mathrm{d}\dot{X} = \ddot{X}\mathrm{d}X$$

将上式两端积分，得

$$\int_{\dot{X}_0}^{\dot{X}} \dot{X}\mathrm{d}\dot{X} = \int_{X_0}^{X} \ddot{X}\mathrm{d}X$$

所以

$$\frac{1}{2}(\dot{X}^2 - \dot{X}_0^2) = \int_{X_0}^{X} \ddot{X}\mathrm{d}X \tag{8-27}$$

若 $0 \leqslant X \leqslant X_f$，则 $\dot{X}_0$ 为 $\dot{X}$ 在 $0 \leqslant X \leqslant X_f$ 情况下最大值。故式（8－20）可化为

$$\ddot{X} = \frac{C_{D\mathrm{b}}A_{\mathrm{b}}q_{\infty} - F_{\mathrm{re}}}{m_{\mathrm{e}}} - \frac{C_{D\mathrm{V}}A_{\mathrm{V}}q_{\infty} + F_{\mathrm{re}} + m'\dot{X}_0^2}{m_{\mathrm{V}} + m_{\mathrm{u}}} \tag{8-28}$$

将式（8－28）代入式（8－27），得

$$\dot{X} = \left\{2\int_0^X \left(\frac{C_{D\mathrm{b}}A_{\mathrm{b}}q_{\infty} - F_{\mathrm{re}}}{m_{\mathrm{e}}} - \frac{C_{D\mathrm{V}}A_{\mathrm{V}}q_{\infty} + F_{\mathrm{re}} + m'\dot{X}_0^2}{m_{\mathrm{V}} + m_{\mathrm{u}}}\right)\mathrm{d}X + \dot{X}_0^2\right\}^{\frac{1}{2}} \tag{8-29}$$

又有

$$\dot{X} = \frac{\mathrm{d}X}{\mathrm{d}t}$$

所以，位置的分析表达式为

$$t = \int_{X_0}^{X} \frac{1}{\dot{X}}\mathrm{d}X + t_0 \tag{8-30}$$

应用式（8－29）算出 $\dot{X} - X$ 的对应关系，再用式（8－30）算出 $t - X$ 的对应关系，则伞筒的 $\dot{X} - t$ 亦可求得。

由以上推导可见，式（8－29）和式（8－30）是在 $\dot{X}_0 \geqslant$

$(\Delta V)_{\mathrm{req}}$ 及 $0 \leqslant X \leqslant X_{\mathrm{f}}$ 情况下成立的，或是说在 X 为 t 的单调函数的一段区间上成立的。

② 最小弹射速度 $(\Delta V)_{\mathrm{req1}}$ 的直接计算公式

现引入弹伞有效尾流长度的概念。

定义：若存在 $X_{\mathrm{w}} < l_{\mathrm{sl}} + l_{\mathrm{c}}$，使得当 $X = X_{\mathrm{w}}$ 时由式（8－28）计算出的 $\ddot{X} = 0$，则此 $X = X_{\mathrm{w}}$ 称为弹伞有效尾流长度。

由上述定义可知，若适当选取 $\dot{X}_0$ 使得当 $X = X_{\mathrm{w}}$ 时 $\dot{X} = 0$（也必有 $\ddot{X} = 0$），则该 $\dot{X}_0$ 即为最小弹伞速度 $(\Delta V)_{\mathrm{req1}}$。

故在式（8－29）中令当 $X = X_{\mathrm{w}}$ 时，$\dot{X} = 0$，则 $\dot{X}_0 = (\Delta V)_{\mathrm{req1}}$；且在 $m_{\mathrm{V}} + m_{\mathrm{u}}$ 项中忽略 m_{u} 项，故式（8－29）化为

$$
\begin{aligned}
&[(\Delta V)_{\mathrm{req1}}]^2 = \\
&-2\left\{A_{\mathrm{b}} q_{\infty} \int_0^{X_{\mathrm{w}}} \frac{C_{D\mathrm{b}}}{m_{\mathrm{e}}} \mathrm{d}X - \int_0^{X_{\mathrm{w}}} \frac{F_{\mathrm{re}}}{m_{\mathrm{e}}} \mathrm{d}X - \frac{C_{D\mathrm{V}} A_{\mathrm{V}} q_{\infty}}{m_{\mathrm{V}}} X_{\mathrm{w}} - \frac{1}{m_{\mathrm{V}}} \int_0^{X_{\mathrm{w}}} F_{\mathrm{re}} \mathrm{d}X\right\} \\
&+ \frac{2 m_{\mathrm{w}}}{m_{\mathrm{V}}} [(\Delta V)_{\mathrm{req1}}]^2
\end{aligned}
$$

所以

$$
\begin{aligned}
(\Delta V)_{\mathrm{req1}} &= \left(\frac{1}{1 - \dfrac{2 m_{\mathrm{w}}}{m_{\mathrm{V}}}}\right)^{\frac{1}{2}} \\
&\left\{2\left[\int_0^{X_{\mathrm{w}}} \frac{F_{\mathrm{re}}}{m_{\mathrm{e}}} \mathrm{d}X + \frac{C_{D\mathrm{V}} A_{\mathrm{V}} q_{\infty}}{m_{\mathrm{V}}} X_{\mathrm{w}} + \frac{1}{m_{\mathrm{V}}} \int_0^{X_{\mathrm{w}}} F_{\mathrm{re}} \mathrm{d}X - A_{\mathrm{b}} q_{\infty} \int_0^{X_{\mathrm{w}}} \frac{C_{D\mathrm{b}}}{m_{\mathrm{e}}} \mathrm{d}X\right]\right\}^{\frac{1}{2}}
\end{aligned}
\tag{8-31}
$$

式中，$m_{\mathrm{w}} = m' X_{\mathrm{w}}$。

式（8－31）就是 $X_{\mathrm{w}} < l_{\mathrm{sl}} + l_{\mathrm{c}}$ 情况下最小弹射速度 $(\Delta V)_{\mathrm{req1}}$ 的一般计算公式。

若 $X_{\mathrm{w}} < l_{\mathrm{sl}}$，则式（8－31）可化为

$$
(\Delta V)_{\mathrm{req1}} = \left(\frac{1}{1 - \dfrac{2 m_{\mathrm{w}}}{m_{\mathrm{V}}}}\right)^{\frac{1}{2}} \left\{2\left[K_{\mathrm{r}} (F_{\mathrm{re}})_1 + \frac{q_{\infty}}{\beta_{\mathrm{V}}} X_{\mathrm{w}} + \frac{(F_{\mathrm{re}})_1}{m_{\mathrm{V}}} X_{\mathrm{w}} - K_{\mathrm{b}} A_{\mathrm{b}} q_{\infty}\right]\right\}^{\frac{1}{2}}
\tag{8-32}
$$

其中

$$K_{r}=\int_{0}^{X_{w}}\frac{1}{m_{e}}\mathrm{d}X \tag{8-33}$$

$$K_{b}=\int_{0}^{X_{w}}\frac{C_{Db}}{m_{e}}\mathrm{d}X \tag{8-34}$$

③对应于最小弹射速度 $(\Delta V)_{req1}$ 的伞筒脱离速度 $\dot{X}_{bs1}$ 的计算

在最小弹射速度 $(\Delta V)_{req1}$ 下弹射，严格地说，伞筒与进入器既不会脱离，也不会重新结合；但如果在 $(\Delta V)_{req1}+\Delta V$ 速度下弹射（其中 ΔV 为一正值微量），伞筒就会运动到 $X=l_{sl}+l_{c}$ 处，但使伞完全从伞筒内抽出；此时伞筒相对于进入器速度为 $\dot{X}_{bs1}+\Delta\dot{X}$。于是，$\lim\limits_{\Delta V\to 0}[\dot{X}_{bs1}+\Delta\dot{X}]=\dot{X}_{bs1}$ 称为最小伞筒脱离速度（完全出伞速度）。

因为在完全出伞情况下，X 是 t 的单调函数，所以可以导出与式（8－22）相似的结果，即

$$(\Delta V)_{req1}+\Delta V=\left(\frac{1}{1-2\dfrac{m_{p}}{m_{V}}}\right)^{\frac{1}{2}}\times\left\{(\dot{X}_{bs1}^{2}+\Delta\dot{X})^{2}+2\left[\frac{q_{\infty}}{\beta_{V}}(l_{sl}+l_{c})+K_{1}(F_{re})_{1}+K_{2}(F_{re})_{2}+\frac{1}{m_{V}}(F_{re})_{1}l_{sl}+\frac{1}{m_{V}}(F_{re})_{2}l_{c}-K_{w}C_{Db}A_{b}q_{\infty}\right]\right\}^{\frac{1}{2}} \tag{8-35}$$

由式（8－35）中解出 $(\dot{X}_{bs1}+\Delta\dot{X})$，并令 $\Delta V\to 0$（此时有 $\Delta\dot{X}\to 0$）则得

$$\dot{X}_{bs1}=\left\{\left[1-2\frac{m_{p}}{m_{V}}\right][(\Delta V)_{req1}]^{2}-2\left[\frac{q_{\infty}}{\beta_{V}}(l_{sl}+l_{c})+K_{1}(F_{re})_{1}+K_{2}(F_{re})_{2}+\frac{1}{m_{V}}(F_{re})_{1}l_{sl}+\frac{1}{m_{V}}(F_{re})_{2}l_{c}-K_{w}C_{Db}A_{b}q_{\infty}\right]\right\}^{\frac{1}{2}} \tag{8-36}$$

式（8－36）中的 K_1，K_2，K_w 由式（8－23）～式（8－25）确定。

④ $(\Delta V)_{req}$ 的计算

设 $(\dot{X}_{bs})_{min}$ 为保证伞筒与降落伞—进入器组合体脱开（即拉断绳拉断）所需的最小伞筒脱离速度，则在按式（8－36）算出 $\dot{X}_{bs1}$ 后可按下述方法确定所需最小弹射速度 $(\Delta V)_{req}$。

若 $\dot{X}_{bs1} \geqslant (\dot{X}_{bs})_{min}$，则 $(\Delta V)_{req}$ 取作 $(\Delta V)_{req1}$ 值；

若 $\dot{X}_{bs1} < (\dot{X}_{bs})_{min}$，则 $(\Delta V)_{req}$ 取作将 $\dot{X}_{bs} \geqslant (\dot{X}_{bs})_{min}$ 代入式（8－22）后，由式（8－22）所确定的 $(\Delta V)_{req}$ 值。

这里应指出，我们没有讨论在 $0 < X < l_{sl} + l_c$ 时 $\ddot{X} > 0$ 的情况，因为这种情况对于钝底形进入器来说是不存在的，可证明如下：

由式（8－19）可见，除含 C_{Db} 的一项外，其余各项均为负值。因此，若 $0 \leqslant X \leqslant l_{sl} + l_c$ 时 $\ddot{X} > 0$，则在 $0 \leqslant X \leqslant l_{sl} + l_c$ 时 $C_{Db} > 0$；但由于在钝底尾流区靠近钝底附近的某一区间 $[0,\ X_s]$ $(X_s > 0)$ 内，有 $C_{Db} < 0$，这与上述结论矛盾，故不存在 $\ddot{X}\,(0 \leqslant X \leqslant l_{sl} + l_c)$ 的情况。

应该指出，本节所述的降落伞开伞的最小弹射速度 $(\Delta V)_{req}$ 是按本节概述中给出的定义确定的。在工程实践中，有时还要考虑伞筒与伞分离后，在接下来的物伞系统工作状态下，已分离的伞筒是否会与物伞系统相碰的问题。这一问题可通过分离后各自运动的轨迹的计算而解决。因此，为了避免弹伞筒与物伞系统相碰，而有可能适当提高降落伞的开伞弹射速度。

8.3　伞舱盖分离流固耦合分析方法

回收着陆系统的伞舱盖弹射分离是其正常工作与否的一个关键步骤，伞舱盖弹射后位于前体的尾流区，为了考虑尾流的影响，可采用流体和动力学计算相结合的方法进行仿真研究，以确定伞舱盖弹射分离速度的合理性以及伞舱盖分离后的运动特性。利用 CFD 和动力学耦合计算的方法，可以考虑尾流影响下伞舱盖的弹射分离过程，对弹射分离时间和过程中的位移、速度、姿态、角速度等做出分析评估。

研究过程中采用以下条件假设：

1）由于伞舱盖分离过程持续时间很短，相对于伞舱盖的运动，舱体自身的运动状态变化不明显，故整个分离过程中忽略舱体自身速度和姿态的变化。

2）伞舱盖分离过程中所受到最主要的力是气动力和重力，忽略其他作用力的影响。

8.3.1 进入器动力学方程

动力学方程包括质心运动方程和绕质心转动方程两部分，计算中仅考虑重力和气动力的影响。质心动力学方程可表示为

$$\begin{cases} m\dfrac{\mathrm{d}V_x}{\mathrm{d}t}=mg\sin(\alpha_0+\alpha_v)+q\cdot S(C_d\cos\alpha_0-C_l\sin\alpha_0) \\ m\dfrac{\mathrm{d}V_y}{\mathrm{d}t}=-mg\cos(\alpha_0+\alpha_v)+q\cdot S(C_d\sin\alpha_0+C_l\cos\alpha_0) \\ m\dfrac{\mathrm{d}V_z}{\mathrm{d}t}=q\cdot SC_z \\ \dfrac{\mathrm{d}x}{\mathrm{d}t}=V_x \\ \dfrac{\mathrm{d}y}{\mathrm{d}t}=V_y \\ \dfrac{\mathrm{d}z}{\mathrm{d}t}=V_z \end{cases} \tag{8-37}$$

式中 m ——伞舱盖的质量；

x，y，z ——伞舱盖在惯性坐标系中的位移分量；

V_x，V_y，V_z ——伞舱盖的速度分量；

q ——来流动压，$q=\frac{1}{2}\rho_{\infty}v_{\infty}^{2}$；

α_0——攻角；

α_v ——弹道倾角；

S ——伞舱盖的特征面积；

C_d，C_l，C_z ——分别为伞舱盖的阻力系数、升力系数、侧力系数。

绕质心转动动力学方程为

$$\begin{cases} I_x\dfrac{\mathrm{d}\omega_x}{\mathrm{d}t}+(I_z-I_y)\omega_y\omega_z=M_{gx} \\ I_y\dfrac{\mathrm{d}\omega_y}{\mathrm{d}t}+(I_x-I_z)\omega_x\omega_z=M_{gy} \\ I_z\dfrac{\mathrm{d}\omega_z}{\mathrm{d}t}+(I_y-I_x)\omega_x\omega_y=M_{gz} \\ \dfrac{\mathrm{d}\varphi}{\mathrm{d}t}=\dfrac{\omega_z\cos\gamma+\omega_y\sin\gamma}{\cos\psi} \\ \dfrac{\mathrm{d}\psi}{\mathrm{d}t}=\omega_y\cos\gamma-\omega_z\sin\gamma \\ \dfrac{\mathrm{d}\gamma}{\mathrm{d}t}=\omega_x+(\omega_z\cos\gamma+\omega_y\sin\gamma)\tan\psi \end{cases} \tag{8-38}$$

式中　I_x，I_y，I_z ——伞舱盖的转动惯量分量；

ω_x，ω_y，ω_z ——分别为伞舱盖绕三个体坐标轴的角速度；

M_{gx}，M_{gy}，M_{gz} ——分别为气动力矩在伞舱盖体轴上的投影；

φ，ψ，γ ——分别为伞舱盖的俯仰角、偏航角和滚转角。

8.3.2　流体数学模型及计算方法

可压缩气体 N－S 方程可以表述为以下形式

$$\frac{\partial \boldsymbol{Q}}{\partial t}+\frac{\partial \boldsymbol{E}}{\partial x}+\frac{\partial \boldsymbol{F}}{\partial y}+\frac{\partial \boldsymbol{G}}{\partial z}=\frac{1}{Re}\cdot\left(\frac{\partial \boldsymbol{E}_V}{\partial x}+\frac{\partial \boldsymbol{F}_V}{\partial y}+\frac{\partial \boldsymbol{G}_V}{\partial z}\right) \tag{8-39}$$

式中　$\boldsymbol{Q}$ ——守恒变量；

$\boldsymbol{E}$，$\boldsymbol{F}$，$\boldsymbol{G}$ ——对流通量；

$\boldsymbol{E}_V$，$\boldsymbol{F}_V$，$\boldsymbol{G}_V$ ——黏性通量。

其表达式分别为

$$\boldsymbol{Q}=\begin{bmatrix}\rho\\ \rho u\\ \rho v\\ \rho w\\ \rho e\end{bmatrix}\quad \boldsymbol{E}=\begin{bmatrix}\rho u\\ \rho u^2+p\\ \rho uv\\ \rho uw\\ u(\rho e+p)\end{bmatrix}\quad \boldsymbol{E}_V=\begin{bmatrix}0\\ \tau_{xx}\\ \tau_{xy}\\ \tau_{zx}\\ u\tau_{xx}+v\tau_{xy}+w\tau_{zx}+q_x\end{bmatrix}$$

$$\boldsymbol{F}=\begin{bmatrix}\rho v\\ \rho uv\\ \rho v^2+p\\ \rho vw\\ v(\rho e+p)\end{bmatrix}\qquad \boldsymbol{F}_V=\begin{bmatrix}0\\ \tau_{xy}\\ \tau_{yy}\\ \tau_{yz}\\ u\tau_{xy}+v\tau_{yy}+w\tau_{yz}+q_y\end{bmatrix}$$

$$\boldsymbol{G}=\begin{bmatrix}\rho w\\ \rho uw\\ \rho vw\\ \rho w^2+p\\ w(\rho e+p)\end{bmatrix}\qquad \boldsymbol{G}_V=\begin{bmatrix}0\\ \tau_{zx}\\ \tau_{yz}\\ \tau_{zz}\\ u\tau_{zx}+v\tau_{yz}+w\tau_{zz}+q_z\end{bmatrix}\tag{8-40}$$

其中，Re 为雷诺数

$$Re=\frac{\rho ul}{\mu}\tag{8-41}$$

式中　ρ ——气体密度；

l ——特征长度；

μ ——气体黏性系数；

u，v，w ——气体速度分量；

e ——内能；

τ ——黏性力；

p ——静压；

q ——动压。

若方程（8－39）的右端项为 0，则方程变为 Euler 方程。

若采用全 Navier－Stokes 方程求解这一非定常问题，除了方程复杂，附面层带来的网格量大，且还有迭代时间步长会很小，计算量将大得惊人。根据雷诺数和计算量考虑，可以选用求解 Euler 方程获得弹射过程中伞舱盖所受到的气动力，计算量有量级上的缩减。

空间通量格式选用 *Roe* 格式

$$F_{cm,f}^{*n} = \frac{1}{2}[F_{cm}^{n}(Q^{L}) + F_{cm}^{n}(Q^{R})] - \frac{1}{2}|\widetilde{A}_{F}|(Q^{R} - Q^{L}) = F_{f}^{*}(Q^{L},Q^{R}) \tag{8-42}$$

式中　$*$ ——数值通量；

L ——单元表面的左边；

R ——单元表面的右边；

$\widetilde{A}_{F}$ —— *Roe* 平均通量雅可比行列式。

线性化后的数值通量为

$$F_{cm,f}^{*n+1} = F_{cm,f}^{*n} + \left.\frac{\partial F^{*}}{\partial Q^{L}}\right|_{f}^{n}\Delta Q^{L} + \left.\frac{\partial F^{*}}{\partial Q^{R}}\right|_{f}^{n}\Delta Q^{R} \tag{8-43}$$

上式右边的第二、三项替换了离散的控制方程中 $\left.\frac{\partial F^{*}}{\partial Q}\right|_{f}^{n}\Delta Q$ 。

分别对应结构和非结构网格，*Roe* 平均变量可写为

$$\widetilde{\rho} = \sqrt{\rho_{i}\rho_{i+1}} \text{ 或 } \widetilde{\rho} = \sqrt{\rho_{\text{cell}}\rho_{\text{neighbor}}} \tag{8-44}$$

令

$$R = \sqrt{\frac{\rho_{i}}{\rho_{i+1}}} \text{ 或 } R = \sqrt{\frac{\rho_{\text{neighbor}}}{\rho_{\text{cell}}}} \tag{8-45}$$

其他变量 u，v，w，H 就可以进行相应的 *Roe* 平均，如

$$\widetilde{u} = \frac{Ru_{i+1} + u_{i}}{R + 1} \tag{8-46}$$

8.3.3 重叠网格算法

重叠网格技术是另一种常用的技术，是目前解决受气动力影响较大的多体运动问题比较有效的方法。主要采用主网格和子网格的重叠嵌套来进行计算，主网格和子网格之间通过插值来进行数据传递。此方法优点在于不用重构网格就可进行流体计算域刚体运动的耦合，可以比较快速地以小步长进行计算；缺点在于，网格之间的数据传递通过“挖洞”方式插值得到，计算精度受到插值精度的影响。

目前两种方法均有使用，各有优缺点。结构网格的优点是技术成熟，网格拓扑结构简单，流场计算精度高，边界处理能力强；其缺点是几何形状复杂的计算区与网格划分不够灵活。非结构网格最大的优点是划分简单，网格划分周期短。但无论是结构网格的重叠还是非结构网格的，主网格和子网格之间的信息传递都是通过“挖洞”插值实现的，而且计算量非常大。一些学者还对“挖洞”插值方式以及重叠网格的计算性能进行了研究，用于改善 CFD 计算的精度和效率。

美国的 Habchi 小组主要采用结构重叠网格对弹射救生进行研究，此方法为 CFD - FASTRAN 沿用，CFD - FASTRAN 是可以很好解决头罩分离问题的软件。CFD - FASTRAN 采用的 Chemera 挖洞插值方式，主网格与子网格间的通信采用双线性插值，其具体形式为

$$V(x,y)=\frac{1}{4}[(1-\alpha)(1-\beta)V_1+(1+\alpha)(1-\beta)V_2+(1+\alpha)(1+\beta)V_3+(1-\alpha)(1+\beta)V_4] \tag{8-47}$$

式中 V ——待求点的函数值；

V_1，V_2，V_3，V_4——邻近插值点的函数值；

α，β ——由插值点与被插值点的相对位置确定。

8.3.4 CFD 数值计算与运动方程的耦合

CFD 数值计算与六自由度运动方程的耦合计算过程如下：

1）假定在初始条件 t 时刻，刚体的速度、角速度和动量矩矢量分别记为 v_t、ω_t 和 h_t；

2）用 CFD 求解器计算运动物体在 $t+\Delta t$ 时刻的流场特性，综合气动力、重力、推力以及其他外力因素计算 $t+\Delta t$ 时刻的运动物体的外力 $\boldsymbol{F}$ 和外力矩 $\boldsymbol{M}$；

3）通过线性迭代求出 $t+\Delta t$ 时刻的速度和位移，以沿惯性坐标系 x 轴方向为例

$$\begin{cases} v_x^{t+\Delta t} = v_x^t + \Delta t\,(F_x^{t+\Delta t}/m) \\ \delta x^{t+\Delta t} = (v_x^{t+\Delta t} + v_x^t)\,\Delta t/2 \end{cases} \tag{8-48}$$

式中，上标 t 表示时刻，下标 x 则表示沿 x 轴方向分量。

4）线性迭代求出 $t+\Delta t$ 时刻的动量矩、角速度和角度等变量，迭代过程用张量形式表示

$$\begin{cases} \boldsymbol{h}^{t+\Delta t} = \boldsymbol{h}^t + \Delta t\,(\boldsymbol{M}^{t+\Delta t} - \boldsymbol{\omega}^t \times \boldsymbol{h}^t) \\ \boldsymbol{\omega}^{t+\Delta t} = \widetilde{I}\boldsymbol{h}^{t+\Delta t} \\ \delta\boldsymbol{\theta}^{t+\Delta t} = (\boldsymbol{\omega}^{t+\Delta t} + \boldsymbol{\omega}^t)\,\Delta t/2 \end{cases} \tag{8-49}$$

5）利用上述步骤求得的位移量 $(\delta x, \delta y, \delta z)$ 和转动量 $(\delta\theta_x, \delta\theta_y, \delta\theta_z)$，将运动物体的网格节点移动到新的位置。

参考文献

［1］ 王希季．航天器进入与返回技术［M］．北京：宇航出版社，1991.

［2］ 高树义，王海涛，程文科，等．月球取样返回器舱-盖分离安全性分析［J］．宇航学报，2014，35（5）：499－505.

［3］ 李颐黎．航天器返回与进入的轨道设计［M］．西安：西北工业大学出版社，2015.

第 9 章　降落伞拉直过程动力学

降落伞的拉直过程是指从触发开伞到伞系统全长拉直的整个过程，是降落伞工作过程的第一个动作程序。降落伞的拉直过程是其主要的工作阶段之一，在极短的时间内要按序完成一系列预先设定好的动作，其过程非常复杂。拉直过程是否顺利直接关系到降落伞系统工作的可靠性，严重时将影响航天器回收着陆的成败，因此，了解和掌握降落伞拉直过程的动力学特性是回收着陆系统设计的一个关键环节，也是其设计的基础。

首先，由于开伞时相关的初始条件或状态，以及开伞时环境因素的影响，特别是对于大型降落伞或者低密度、超声速降落伞，在降落伞的拉直过程中，较容易出现绳帆和抽打等现象。绳帆和抽打现象可能导致伞衣破损、开伞冲击过大、充气时间延长以及非对称充气等不良后果，严重影响降落伞系统的开伞可靠性，甚至可能导致整个回收任务的失败。比如 2004 年美国“新一代火星探测器”降落伞系统进行的 4 次高空空投试验中，前两次均出现了抽打现象并导致伞衣破损及试验失败，如图 9 - 1 所示。国内在某型号大型降落伞早期的空投试验中，也观察到少量架次出现了绳帆和抽打现象，虽没导致系统试验失败，但其后也采取了改进措施以提高开伞的可靠性。

其次，对于采用牵引开伞方式的降落伞来说，不管是弹伞舱盖拉伞包还是采用引导伞拉伞包，由于拉伞包过程是在非常短的时间内完成的，只有毫秒量级，加上降落伞产品均是由柔性织物材料组成的，拉伞包过程中的受力、运动特点较复杂，很难通过测试得到拉伞包过程较准确的受力和运动的变化规律。因此，准确地建立拉伞包过程的动力学模型，研究拉伞包过程中的受力和运动特点的变

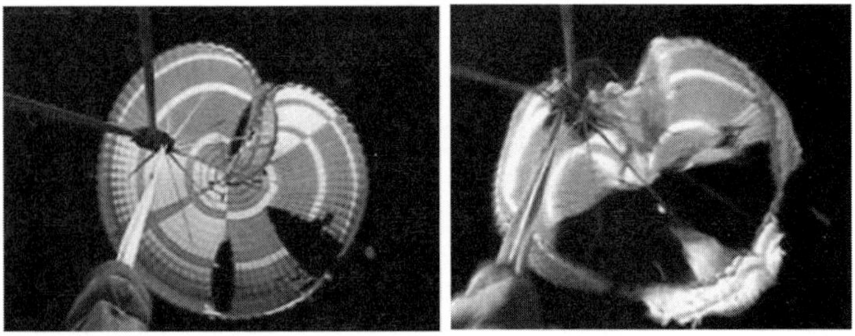

(a) 第一次空投试验的伞衣破损现象　(b) 第二次空投试验的伞衣破损现象

图 9 - 1　美国“新一代火星探测器”降落伞系统试验情况[1]

化规律，这对于相关连接带、伞包及其拖带、封包绳等结构产品的强度设计，确保拉伞包工作可靠性也是非常必要的。

可见，针对降落伞拉直过程进行动力学分析是回收着陆系统设计和评定的一项关键工作。本章主要介绍降落伞的直线拉直模型、弹盖拉伞包动力学模型和大型降落伞拉直过程的多体动力学建模等内容。

9.1　降落伞开伞方式及其拉直特点

航天器回收着陆系统降落伞的开伞一般采用弹伞筒弹射开伞、弹伞器弹射开伞、弹伞舱盖牵引开伞、引导伞牵引开伞等，不同的开伞方式，其降落伞的拉直特点略有不同。

9.1.1　弹伞筒弹射开伞

当采用弹伞筒开伞时，包好的降落伞伞包一般位于伞筒内，且伞包固定在活塞上。弹伞时，利用火药燃烧产生的高温高压燃气将活塞和整个伞包以一定的初速度弹射出舱。若有伞舱盖时，伞舱盖一般被活塞和伞包推出并自动与伞包分离。降落伞的拉直则完全依靠其活塞和伞包自身的惯性依次拉出连接带－伞绳－伞衣。所以，弹伞筒弹射开伞时，弹射启动时的被弹质量一般包括伞舱盖、伞包和活塞的质量；在伞舱盖分离后，降落伞拉直的过程中，则主要是伞包和活塞作变质量运动。

9.1.2　弹伞器弹射开伞

当采用弹伞器弹射开伞时，弹伞器通常为单个弹射器，伞包和伞舱盖则一般通过压板连接在一起，利用火药产生的高压燃气将弹伞器中的活塞杆、伞包、压板和伞舱盖一起弹射出舱，然后依靠活塞杆、伞包、压板和伞舱盖自身的惯性依次拉出连接带—伞绳—伞衣。所以采用弹伞器弹射开伞时，在整个降落伞拉直过程中，一般活塞杆、伞包（包含降落伞）、压板和伞舱盖一起运动，直到降落伞全长拉直以后，活塞杆、伞包（无降落伞）、压板和伞舱盖才与降落伞分离。

9.1.3　弹伞舱盖牵引开伞

当采用弹伞舱盖牵引开伞时，一般是利用多个弹射器同时将伞舱盖弹射出去，打开降落伞的出伞通道，同时利用弹射器赋予伞舱盖的动能通过连接带从伞舱中拉出伞包，随着伞舱盖和进入器之间距离的逐渐增大，伞包与进入器之间的连接带绷紧，然后降落伞从伞包中逐渐拉出，直到完全拉直。所以，弹伞舱盖拉伞开伞时，弹射启动时的被弹质量一般只有伞舱盖的质量；在伞舱盖分离开一定距离后，再将伞包拉起，然后分离距离逐渐加大，伞舱盖拉着伞包一起作变质量运动。

9.1.4　引导伞牵引开伞

引导伞牵引开伞方式是一种常用的开伞方式。它主要是由引导伞所产生的气动力通过伞包连接带将下级伞伞包拉出，随着引导伞与进入器之间的相对运动，将下级伞的连接带、伞绳和伞衣等逐渐从伞包中拉出。

9.2 降落伞直线拉出模型

在理想的降落伞拉直过程中，假设伞绳及伞衣按序从伞包内拉出，并且认为在拉直过程中进入器和引导伞在每一瞬时遵循同一弹道倾角。Wolf 较早地建立了在理想情况下拉直过程的动力学模型[2]，仿真结果与试验基本一致。Wolf 在模型中对拉直过程作如下假设：

1）当拉直过程开始时，上一级降落伞（起引导伞的作用）已经完全张满；

2）在拉直过程中，拉出的伞绳及伞衣保持直线状态；

3）降落伞从伞包内连续地拉出，即伞包质量连续地减小；

4）拉出的伞绳或伞衣呈绷紧状态，始终承受拉力，且忽略气动力；

5）不考虑进入器尾流区的影响。

在降落伞的拉直过程中，由于伞绳及伞衣从伞包内逐渐拉出，因而对于伞包或已拉出的伞绳及伞衣来说，拉出过程是一个变质量的过程。如图 9-2 所示，将伞包（包括伞绳和伞衣）的质量记为 m_b，进入器的质量记为 m_f，已拉出伞绳的原长记为 l_0，伞绳的线密度记为 ρ_1，周围的大气密度记为 ρ_0，进入器的阻力面积及其阻力系数分别记为 S_f、C_f，引导伞及伞包的阻力面积和阻力系数分别记为 S_b、C_b。将拉直过程中的物—伞系统分为两大部分，前一部分是进入器及拉出的伞绳或伞衣，后一部分是引导伞及伞包，将前者的质量记为 M_f，后者的质量记为 M_b。Wolf 将前者和后者分别假设为变质量质点，在拉直过程中两者的质量及其变化率分别为

$$M_b = m_b - \rho_1 l_0 \tag{9-1}$$

$$\dot{M}_b = -\rho \dot{l}_0 \tag{9-2}$$

$$M_f = m_f + \rho_1 l_0 \tag{9-3}$$

$$\dot{M}_f = \rho_1 \dot{l}_0 \tag{9-4}$$

根据变质量质点动力学，有

$$F_f = M_f \ddot{x}_f \tag{9-5}$$

$$F_b = m_b \ddot{x}_b + \rho_1 \dot{l}_0 (\dot{x}_f - \dot{x}_b) \tag{9-6}$$

其中，F_f，F_b 分别表示作用在进入器和伞包上的外力大小。

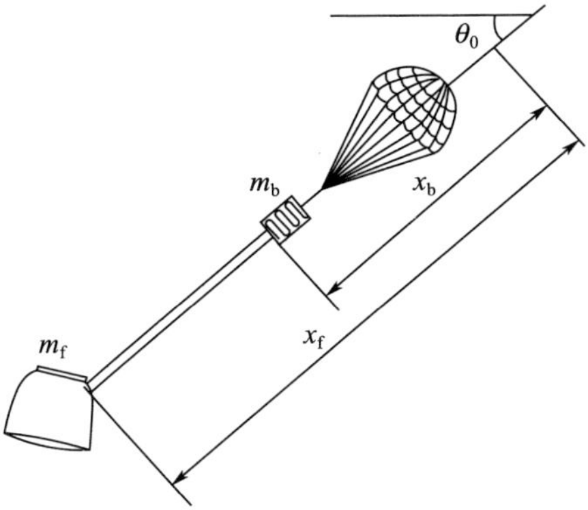

图 9-2　拉直过程示意图

将重力、气动阻力及伞绳张力代入式（9-5）、式（9-6），可以得到如下关系

$$(m_f + \rho_1 l_0)\ddot{x}_f = (m_f + \rho_1 l_0) g\sin\theta_0 - \frac{\rho C_f S_f (\dot{x}_f)^2}{2} \tag{9-7}$$

$$(m_b - \rho_1 l_0)\ddot{x}_b = (m_b - \rho_1 l_0) g\sin\theta_0 - \frac{\rho C_b S_b (\dot{x}_b)^2}{2} + T - \rho_1 \dot{l}_0 (\dot{x}_b - \dot{x}_f) \tag{9-8}$$

在上式中伞绳张力 T 是伞绳应变 ε 的函数，即

$$T = f(\varepsilon) \tag{9-9}$$

伞绳中的应变为

$$\varepsilon = \frac{x_f - x_b}{l_0} \tag{9-10}$$

根据冲量定理，伞绳脱离伞包的速度为

$$\dot{l}_0 = \frac{T - F_r}{\rho_1 (\dot{x}_f - \dot{x}_b)} \tag{9-11}$$

式中 F_r 为伞绳的拉出阻力（包括摩擦力和拉断伞绳捆绑带时的平均力）。

在拉直过程的数值计算中，首先要确定进入器的弹道倾角 θ_0，并输入以下初始条件：

1）伞绳和伞衣的载荷-应变曲线；

2）降落伞拉出部分的线质量分布情况；

3）引导伞的质量和气动阻力；

4）进入器的质量和气动阻力。

分析表明该模型仿真计算的精度与伞绳伞衣的密度分布、伞绳伞衣的动态载荷-应变关系的准确性等因素有关。

9.3 伞绳和伞衣的质量阻尼弹簧模型

由于质量阻尼弹簧模型适合对具有柔性大变形性质的绳索类物体进行动力学模拟，因此，在降落伞拉直过程的动力学建模中，可以针对伞绳和伞衣利用有限元建模思想将其离散化，然后采用质量阻尼弹簧模型对有限绳段进行模拟[3-4]。

9.3.1 坐标系定义

建立惯性坐标系 $O_EX_EY_EZ_E$ 以及各个绳段的体坐标系 $O_nX_nY_nZ_n(n=1,\cdots,N)$，如图 9-3 所示。惯性系 $O_EX_EY_EZ_E$ 中 O_EX_E 轴位于水平面内并指向右方，O_EY_E 轴沿垂直向上方向，O_EZ_E 轴指向由右手法则确定。绳段 n 的体坐标系 $O_nX_nY_nZ_n$ 的坐标原点为节点 $n-1$，三轴指向分别为绳段 n 的切线方向、主法线方向和副法线方向。

设 r_x^i，r_y^i，r_z^i 分别是节点 i 的位置矢量在惯性系下的分量，l_i 是绳段 i 的长度，则两者具有如下关系

$$l_i=\sqrt{(r_x^i-r_x^{i-1})^2+(r_y^i-r_y^{i-1})^2+(r_z^i-r_z^{i-1})^2} \quad (9-12)$$

根据姿态转换关系，两者之间还具有以下约束关系

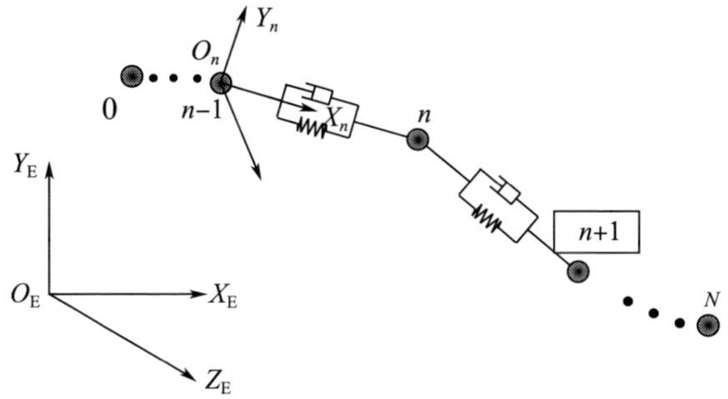

图 9-3　绳段的质量阻尼弹簧模型及坐标定义

$$\begin{bmatrix} l_i \\ 0 \\ 0 \end{bmatrix} = \boldsymbol{B}_{\mathrm{E}}^{i} \begin{bmatrix} r_x^i - r_x^{i-1} \\ r_y^i - r_y^{i-1} \\ r_z^i - r_z^{i-1} \end{bmatrix} \tag{9-13}$$

其中，$\boldsymbol{B}_{\mathrm{E}}^{i}$ 是惯性系和绳段 i 体坐标系的欧拉转换矩阵，由惯性坐标系到绳段 i 体坐标系的转换关系通过三个欧拉角来确定：偏航角 ψ_i ，俯仰角 θ_i ，滚转角 ζ_i 。转动次序按照“3—2—1”顺序进行，第 i 个绳段连体坐标系到惯性坐标系的转换矩阵 $\boldsymbol{B}_{\mathrm{E}}^{i}$ 为

$$\boldsymbol{B}_{\mathrm{E}}^{i} = \begin{bmatrix} \cos\theta_i\cos\psi_i & \sin\zeta_i\sin\theta_i\cos\psi_i - \cos\zeta_i\sin\psi_i & \cos\zeta_i\sin\theta_i\cos\psi_i + \sin\zeta_i\sin\psi_i \\ \cos\theta_i\sin\psi_i & \sin\zeta_i\sin\theta_i\sin\psi_i + \cos\zeta_i\cos\psi_i & \cos\zeta_i\sin\theta_i\sin\psi_i - \sin\zeta_i\cos\psi_i \\ -\sin\theta_i & \sin\zeta_i\cos\theta_i & \cos\zeta_i\cos\theta_i \end{bmatrix} \tag{9-14}$$

9.3.2　质量阻尼弹簧模型的动力学方程

在图 9-3 所示模拟伞绳和伞衣的质量阻尼弹簧模型中，质量节点 i 受到重力 $\boldsymbol{F}_{\mathrm{g}i}$ 、张力 $\boldsymbol{F}_{\mathrm{t}i}$ 和气动力 $\boldsymbol{F}_{\mathrm{a}i}$ 的作用，其动力学方程的矢量形式可表示为

$$m_i \ddot{\boldsymbol{r}}_i = \boldsymbol{F}_{\mathrm{g}i} + \boldsymbol{F}_{\mathrm{t}i} + \boldsymbol{F}_{\mathrm{a}i} + \boldsymbol{F}_{\mathrm{c}i} \tag{9-15}$$

式中，$\boldsymbol{F}_{\mathrm{c}i}$ 为质量节点 i 所受到的约束力，需要根据约束条件确定。将每个质量节点的动力学方程进行联立，即可建立整个质量阻尼弹

簧模型的动力学方程组。各个质量节点的重力、张力和气动力计算模型如下。

(1) 质量节点的重力计算模型

质量阻尼弹簧模型中质量节点 $i(i=1, 2, \cdots, N-1)$ 的质量用其相邻接的两个绳段质量各取一半的和表示，即

$$m_i=(\rho_i l_{i0}+\rho_{i+1} l_{(i+1)0})/2 \tag{9-16}$$

其中，ρ_i 、l_{i0} 和 ρ_{i+1} 、$l_{(i+1)0}$ 分别表示第 i 和 $i+1$ 个绳段的线密度和原长，第 0 个和第 N 个质量节点的质量为

$$\begin{cases} m_0=\rho_1 l_{10}/2 \\ m_N=\rho_N l_{N0}/2 \end{cases} \tag{9-17}$$

则质量节点 $i(i=0, 1, 2, \cdots, N)$ 的重力计算如下式

$$\boldsymbol{F}_{gi}=m_i \boldsymbol{g} \tag{9-18}$$

(2) 质量节点的张力计算模型

由于伞绳和伞衣被视为柔性绳索建模，而绳索具有可拉不可压的力学性质。因此，建模中绳段被视为可拉不可压的阻尼弹簧，第 $i(i=1, 2, \cdots, N)$ 个绳段所受张力用以下公式计算

$$T_i=\begin{cases} 0 & \varepsilon_i \leqslant 0 \\ K_i\varepsilon_i+C_i\dot{\varepsilon}_i & \varepsilon_i>0 \end{cases} \tag{9-19}$$

式中 ε_i ，$\dot{\varepsilon}_i$ ——绳段 i 的平均应变及应变速率；

K_i ——绳段 i 的材料弹性模量；

C_i ——绳段 i 的阻尼系数。

绳段的平均应变和应变速率为

$$\begin{cases} \varepsilon_i=\dfrac{l_i-l_{i0}}{l_{i0}}=\dfrac{\|\boldsymbol{r}_i-\boldsymbol{r}_{i-1}\|_2-l_{i0}}{l_{i0}} \\ \dot{\varepsilon}_i=\dfrac{\dot{l}_i}{l_{i0}}=\dfrac{(\boldsymbol{v}_i-\boldsymbol{v}_{i-1})\cdot(\boldsymbol{r}_i-\boldsymbol{r}_{i-1})}{l_i l_{i0}} \end{cases} \tag{9-20}$$

式中 l_{i0} ——绳段 i 的原长；

$\boldsymbol{r}_{i-1}$ ，$\boldsymbol{v}_{i-1}$ ，$\boldsymbol{r}_i$ ，$\boldsymbol{v}_i$ ——分别为质量节点 $i-1$ 和 i 所对应的位置矢量和速度矢量。

在伞绳和伞衣的质量阻尼弹簧模型中，质量节点 $i\,(i=1,\ 2,\ \cdots,\ N-1)$ 所受的张力可表示为

$$\boldsymbol{F}_{ti}=T_{i+1}\frac{(\boldsymbol{r}_{i+1}-\boldsymbol{r}_i)}{l_{i+1}}+T_i\frac{(\boldsymbol{r}_{i-1}-\boldsymbol{r}_i)}{l_i} \tag{9-21}$$

第 0 个和第 N 个质量节点所受的张力为

$$\begin{cases}\boldsymbol{F}_{t0}=T_1\dfrac{(\boldsymbol{r}_1-\boldsymbol{r}_0)}{l_1}\\ \boldsymbol{F}_{tN}=T_N\dfrac{(\boldsymbol{r}_{N-1}-\boldsymbol{r}_N)}{l_N}\end{cases} \tag{9-22}$$

（3）质量节点的气动力计算模型

在求解各绳段的气动力时，将各绳段视为圆柱体，则绳段 $i\,(i=1,\ 2,\ \cdots,\ N)$ 的气动力可表示为

$$\boldsymbol{f}_{ai}=-C_{n,i}\frac{\rho d_i l_i}{2}\parallel\boldsymbol{V}_n^i\parallel_2\boldsymbol{V}_n^i-C_{t,i}\frac{\rho d_i l_i}{2}\parallel\boldsymbol{V}_t^i\parallel_2\boldsymbol{V}_t^i \tag{9-23}$$

式中，d_i 为绳段 i 横截面的直径；$\boldsymbol{V}_n^i$，$\boldsymbol{V}_t^i$ 分别为绳段 i 中点相对于气流的法向速度和切向速度；ρ 为大气密度。$C_{n,i}$ 和 $C_{t,i}$ 分别为绳段 i 的法向力系数和切向力系数，采用以下计算方法[5,6]

$$C_{n,i}=\begin{cases}0.0 & Re_{n,i}\leqslant 0.01\\ 0.45+5.93/(Re_{n,i})^{0.33} & 0.01\leqslant Re_{n,i}<400\\ 1.27 & 400\leqslant Re_{n,i}<10^5\\ 0.3 & Re_{n,i}\geqslant 10^5\end{cases} \tag{9-24}$$

$$C_{t,i}=\begin{cases}1.88/(Re_{t,i})^{0.74} & 0.1<Re_{t,i}\leqslant 100.55\\ 0.062 & Re_{t,i}>100.55\end{cases} \tag{9-25}$$

式中，雷诺数 $Re_{n,i}$、$Re_{t,i}$ 可通过下式计算

$$\begin{cases}Re_{n,i}=\dfrac{d_i\parallel\boldsymbol{V}_n^i\parallel_2}{\nu}\\ Re_{t,i}=\dfrac{d_i\parallel\boldsymbol{V}_t^i\parallel_2}{\nu}\end{cases} \tag{9-26}$$

式中，ν 为流体的运动粘性系数。

绳段 i 的空速可通过下式计算

$$\boldsymbol{V}^{i}=(\boldsymbol{v}_{i-1}+\boldsymbol{v}_{i})/2-\boldsymbol{V}_{\text{wind}} \tag{9-27}$$

式中，$\boldsymbol{V}_{\text{wind}}$ 为气流速度。

假设绳段所受的气动力平均作用于与它连接的两个质量节点上，则质量节点 $i\,(i=1,\ 2,\ \cdots,\ N-1)$ 所受的气动力可表示为

$$\boldsymbol{F}_{ai}=(\boldsymbol{f}_{a,i-1}+\boldsymbol{f}_{ai})/2 \tag{9-28}$$

第 0 个和第 N 个质量节点所受的气动力为

$$\begin{cases}\boldsymbol{F}_{a0}=\boldsymbol{f}_{a1}/2\\ \boldsymbol{F}_{aN}=\boldsymbol{f}_{aN}/2\end{cases} \tag{9-29}$$

按照上述模型计算各质量节点的重力、张力和气动力并将其代入方程（9－15），联立各质量节点的动力学方程即可得到整个质量阻尼弹簧模型的动力学方程组。

9.4 弹伞舱盖拉伞包过程动力学

由于弹伞舱盖牵引开伞不是将伞舱盖和伞包连接在一起直接弹出，而是伞舱盖弹射分离后先拉直舱盖连接绳和降落伞伞包拖带，再从伞舱中拉起降落伞伞包，然后拉直降落伞。所以，从弹射伞舱盖开始至降落伞完全拉直为止，伞舱盖与伞包的运动大致可以分为三个阶段。

1）分离初始阶段。伞舱盖弹射分离初期，由于与进入器之间距离较小，伞舱盖与伞包之间的连接绳处于松弛状态，此时，伞舱盖可视为自由运动刚体，运动过程主要受重力及气动力影响，伞包则在伞舱中跟随进入器一起运动，如图 9－4（a）所示。

2）拉伞包阶段。随着伞舱盖与进入器之间距离的增大，伞包连接带逐渐绷直并产生拉力，在拉力的作用下，伞舱盖分离速度逐渐减小，伞包则沿拉力方向逐渐加速并脱离进入器，同时连接带伸长，当伞包与伞舱盖的速度相同时，连接带长度达到峰值，此时连接带所受的拉力最大，之后在连接带弹性变形逐渐恢复的作用下，伞包

的速度将继续增大，并将伞包与进入器之间的吊带拉直，同时伞包与伞舱盖之间的距离逐渐减小，直到小于连接带原长时，连接绳再度松弛，拉伞包过程结束，如图 9－4（b）所示。

3）伞绳和伞衣拉出阶段。伞包脱离进入器后，当伞包与进入器之间的吊带拉直受力时，伞包解除封包，随着伞包与进入器之间的相对运动逐渐将伞包中的降落伞拉出，直到降落伞完全拉直，伞舱盖带着伞包与降落伞分离，如图 9－4（c）所示。

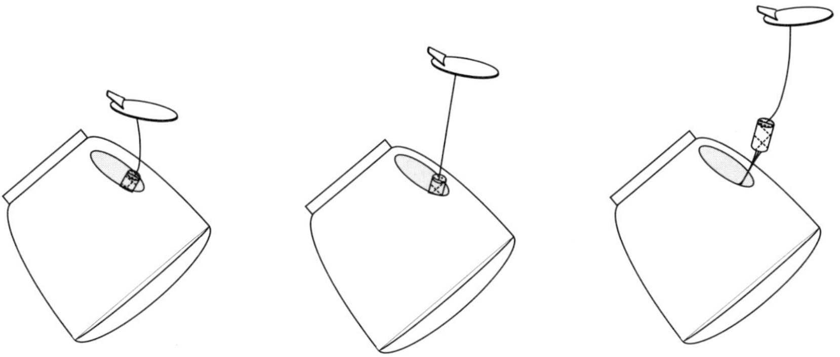

(a) 分离初始阶段　(b) 拉伞包阶段　(c) 伞绳和伞衣拉出阶段

图 9－4　伞舱盖拉伞包过程示意图

三个阶段中，第一阶段可以视为伞舱盖与进入器二者之间的分离问题，采用计算流体力学方法通常可以得到较好的仿真结果；第二阶段，受伞包连接带中产生的拉力作用，伞舱盖及伞包运动状态均发生变化，且伞包连接带和伞包受力是整个弹盖拉伞过程中最严重的一个环节，是伞包和连接带强度设计的主要依据；第三阶段，伞包与进入器距离逐渐增大，并通过相对运动逐渐将伞包内降落伞拉出，而且采用弹伞舱盖牵引开伞时，所拉出的降落伞一般是较小的引导伞或减速伞，其拉直过程相对简单，采用简单的直线拉出模型模拟降落伞拉直过程即可。因此，本节主要针对第二阶段进行动力学建模分析。

9.4.1　坐标系定义

当伞舱盖从进入器中弹射分离时，进入器已处于稳定飞行状态，运动速度与姿态均不会出现剧烈变化，考虑到拉伞包过程持续时间很短，为方便问题描述，模型建立时做出以下假设：

1）忽略进入器速度及姿态的变化；

2）忽略伞包的姿态变化；

3）考虑进入器尾流对伞舱盖运动的影响。

伞舱盖与伞包之间采用伞包连接带相连，伞包连接带与伞舱盖之间常用的连接方式如图 9－5 所示。

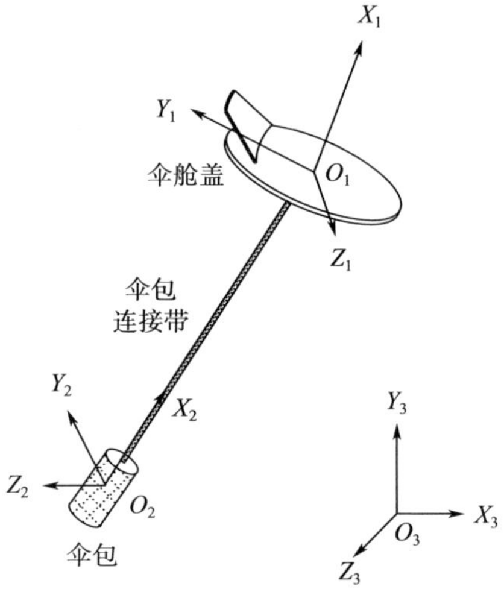

图 9－5　伞舱盖及伞包坐标系

建立伞舱盖体坐标系 $O_1X_1Y_1Z_1$，其中，原点 O_1 位于伞舱盖质心位置，O_1X_1 轴垂直于伞舱盖底部所在平面并指向外表面方向，O_1Y_1 轴位于伞舱盖纵向对称平面内，O_1Z_1 轴方向则由右手法则确定。

沿伞包连接绳两端建立坐标系 $O_2X_2Y_2Z_2$，其中原点 O_2 位于伞包质心，O_2X_2 轴方向沿伞包连接绳指向伞舱盖上的连接点，O_2Y_2 轴位于伞舱盖质心和连接点之间连线与伞包连接绳组成的平面内，O_2Z_2 轴方向由右手法则确定。

建立惯性坐标系 $O_3X_3Y_3Z_3$，规定 O_3Y_3 轴方向沿铅垂线方向指向上方，O_3X_3 轴及 O_3Z_3 轴位于大地平面，分别指向当地北方向与东方向，与 O_3Y_3 轴共同组成右手坐标系。

9.4.2　伞舱盖动力学模型

将伞舱盖视为在流场中运动的六自由度刚体，根据克希霍夫方程，可以将伞舱盖在其体坐标系 $O_1X_1Y_1Z_1$ 中的动力学方程表示为如下的旋量形式

$$\hat{\boldsymbol{F}}_{\mathrm{C1}}=\boldsymbol{\Phi}_1\dot{\hat{\boldsymbol{V}}}_{\mathrm{C1}}+\dot{\boldsymbol{\Phi}}_1\hat{\boldsymbol{V}}_{\mathrm{C1}}+\tilde{\hat{\boldsymbol{V}}}_{\mathrm{C1}}\dot{\boldsymbol{\Phi}}_1\hat{\boldsymbol{V}}_{\mathrm{C1}} \tag{9-30}$$

式中，下标“1”表示物理量为伞舱盖体坐标系 $O_1X_1Y_1Z_1$ 中的矢量，$\hat{\boldsymbol{F}}_{\mathrm{C1}}$ 为广义力矩阵，可以表示为伞舱盖所受外力矢量 $\boldsymbol{F}_{\mathrm{C1}}$ 及力矩矢量 $\boldsymbol{M}_{\mathrm{C1}}$ 的组合，即 $\hat{\boldsymbol{F}}_{\mathrm{C1}}=[\boldsymbol{F}_{\mathrm{C1}}\quad \boldsymbol{M}_{\mathrm{C1}}]^{\mathrm{T}}$，$\hat{\boldsymbol{V}}_{\mathrm{C1}}$ 为广义速度矩阵，由伞舱盖速度矢量 $\boldsymbol{V}_{\mathrm{C1}}$ 及角速度矢量 $\boldsymbol{\omega}_{\mathrm{C1}}$ 组成 $\hat{\boldsymbol{V}}_{\mathrm{C1}}=[\boldsymbol{V}_{\mathrm{C1}}\quad \boldsymbol{\omega}_{\mathrm{C1}}]^{\mathrm{T}}$，$\boldsymbol{\Phi}_1$ 为伞舱盖广义惯量矩阵，为伞舱盖质量矩阵 $\boldsymbol{\Phi}_{\mathrm{C1}}$ 与附加质量矩阵 $\boldsymbol{\Phi}_{\mathrm{F1}}$ 之和，由于伞舱盖在流体中运动产生的附加质量相对较小，可以近似认为 $\boldsymbol{\Phi}_{\mathrm{F1}}=0$，故而有

$$\boldsymbol{\Phi}_1=\boldsymbol{\Phi}_{\mathrm{C1}}=\begin{bmatrix} m_{\mathrm{C}}\boldsymbol{E} & m_{\mathrm{C}}\boldsymbol{S}^{\mathrm{T}}(\boldsymbol{p}_{\mathrm{C}}) \\ m_{\mathrm{C}}\boldsymbol{S}(\boldsymbol{p}_{\mathrm{C}}) & \boldsymbol{J}_{\mathrm{C1}} \end{bmatrix} \tag{9-31}$$

式中　$\boldsymbol{E}$ ——3×3 单位矩阵；

$\boldsymbol{p}_{\mathrm{C}}$ ——伞舱盖质心在其体坐标系中的位置矢量；

$\boldsymbol{S}(\cdot)$ ——反对称矩阵；

$\boldsymbol{J}_{\mathrm{C1}}$ ——体坐标系中表示的伞舱盖惯量矩阵。

由于体坐标原点位于伞舱盖质心位置，故可知 $\boldsymbol{p}_{\mathrm{C}}$ 为零，由此可以写出伞舱盖广义惯量矩阵 $\boldsymbol{\Phi}_1$ 的表达式如下

$$\boldsymbol{\Phi}_1 = \begin{bmatrix} m_C & & & & & \\ & m_C & & & & \\ & & m_C & & & \\ & & & J_{CX_1X_1} & J_{CX_1Y_1} & J_{CX_1Z_1} \\ & & & J_{CY_1X_1} & J_{CY_1Y_1} & J_{CY_1Z_1} \\ & & & J_{CZ_1X_1} & J_{CZ_1Y_1} & J_{CZ_1Z_1} \end{bmatrix} \tag{9-32}$$

在拉伞包过程中，伞舱盖所受作用力主要包括自身重力 $\boldsymbol{G}_{C1}$ 、气动力 $\boldsymbol{F}_{AC1}$ 和伞包连接绳的拉力 $\boldsymbol{F}_{LC1}$ ，则 $\boldsymbol{F}_{C1}$ 为

$$\boldsymbol{F}_{C1} = \boldsymbol{G}_{C1} + \boldsymbol{F}_{AC1} + \boldsymbol{F}_{LC1} \tag{9-33}$$

式中，伞舱盖所受气动力 $\boldsymbol{F}_{AC1}$ 又包括气动阻力 F_{AC_D} 、气动升力 F_{AC_L} 及气动侧力 F_{AC_C} ，各项气动力的大小可以通过以下公式进行计算

$$\begin{cases} F_{AC\_D} = \dfrac{1}{2} C_{DC} \rho V^2 S \\ F_{AC\_L} = \dfrac{1}{2} C_{LC} \rho V^2 S \\ F_{AC\_C} = \dfrac{1}{2} C_{CC} \rho V^2 S \end{cases} \tag{9-34}$$

式中，C_{DC} 、C_{LC} 及 C_{CC} 分别为伞舱盖的阻力系数、升力系数及侧力系数。由于各个气动力系数均与伞舱盖的运动速度、攻角及侧滑角密切相关，在计算时可以采用计算流体力学方法计算各个气动力系数，也可采用风洞试验的结果插值得到。

伞舱盖体坐标原点位于伞舱盖质心，故而相对于体坐标系原点重力力矩为 0，合力矩 $\boldsymbol{M}_{C1}$ 主要包括气动力矩 $\boldsymbol{M}_{AC1}$ 和拉力力矩 $\boldsymbol{M}_{LC1}$ ，则

$$\boldsymbol{M}_{C1} = \boldsymbol{M}_{AC1} + \boldsymbol{M}_{LC1} = \boldsymbol{p}_{AC1} \times \boldsymbol{F}_{AC1} + \boldsymbol{p}_{LC1} \times \boldsymbol{F}_{LC1} \tag{9-35}$$

式中　$\boldsymbol{p}_{AC1}$ ——压心在伞舱盖体坐标系中的位矢；

$\boldsymbol{p}_{LC1}$ ——连接点在伞舱盖体坐标中的位矢。

需要注意的是，采用式（9－30）计算得到的 $\boldsymbol{V}_{C1}$ 为伞舱盖速度

在其体坐标系 $O_1X_1Y_1Z_1$ 中矢量形式，在惯性系中的速度矢量 $\boldsymbol{V}_{C3}$ 可以通过体坐标系与惯性坐标系之间的转换关系求出

$$\boldsymbol{V}_{C3}=\boldsymbol{B}_{31}\boldsymbol{V}_{C1} \tag{9-36}$$

式中，$\boldsymbol{B}_{31}$ 为伞舱盖体坐标系至惯性系的旋转矩阵，可以通过伞舱盖的姿态角求出。

9.4.3　伞包动力学模型

在拉伞包过程中，伞包连接绳处于绷直状态，而伞包可以视为轴线方向始终与伞包连接绳方向保持一致的圆柱体，建模过程中仅需考虑伞包空间坐标位置的变化，根据模型基本假设，可以写出伞包动力学方程如下

$$m_B\dot{\boldsymbol{V}}_{B3}=\boldsymbol{F}_{B3} \tag{9-37}$$

式中，$\boldsymbol{V}_{B3}$ 为伞包在惯性系中的速度矢量，$\boldsymbol{F}_{B3}$ 为拉伞包过程中合外力矢量，主要包括伞包重力 $\boldsymbol{G}_{B3}$、伞包连接绳中拉力 $\boldsymbol{F}_{LB3}$、伞包气动力 $\boldsymbol{F}_{AB3}$

$$\boldsymbol{F}_{B3}=\boldsymbol{G}_{B3}+\boldsymbol{F}_{AB3}+\boldsymbol{F}_{LB3} \tag{9-38}$$

其中，伞包气动力分为法向力与轴向力，对应的计算公式分别为

$$Q_{BN}=-\frac{1}{2}\rho_a C_{BN} d_B L_B |V_{BN}| V_{BN} \tag{9-39}$$

$$Q_{BT}=-\frac{1}{2}\rho_a C_{BT} d_B L_B |V_{BT}| V_{BT} \tag{9-40}$$

式中　Q_{BN}，Q_{BT}——分别代表伞包所受的法向气动力及轴向气动力；

C_{BN}，C_{BT}——分别为法向气动力系数及轴向气动力系数；

ρ_a——大气密度；

d_B，L_B——分别为圆柱形伞包的直径及高度；

V_{BN}，V_{BT}——分别为伞包相对于来流的法向速度及轴向速度。

式（9-39）及式（9-40）中的法向力系数及轴向力系数难以

精确求得，计算时通常采用工程估算方法，常用的计算公式如式（9-24）、式（9-25）所示。

9.4.4 伞包连接带动力学模型

伞包连接带的建模思路是将其离散为质量节点，然后利用质量阻尼弹簧模型进行动力学建模和求解，具体建模过程如 9.3 节所示。

9.4.5 约束模型

伞舱盖弹射分离拉伞包的过程中，伞舱盖和伞包之间，伞包和进入器之间均存在柔性约束作用，需要建立相关约束模型。伞包连接绳直接固定于伞舱盖上某一连接点，设伞舱盖连接点在坐标系 $O_1X_1Y_1Z_1$ 中的坐标为 $(X_{tc1}, Y_{tc1}, Z_{tc1})^{\mathrm{T}}$，则任意时刻连接点在惯性空间中的坐标 $(X_{tc3}, Y_{tc3}, Z_{tc3})^{\mathrm{T}}$ 可以通过以下公式求出

$$\begin{bmatrix} X_{tc3} \\ Y_{tc3} \\ Z_{tc3} \end{bmatrix} = \begin{bmatrix} X_{c3} \\ Y_{c3} \\ Z_{c3} \end{bmatrix} + \boldsymbol{B}_{31} \begin{bmatrix} X_{tc1} \\ Y_{tc1} \\ Z_{tc1} \end{bmatrix} \tag{9-41}$$

式中　$(X_{c3}, Y_{c3}, Z_{c3})^{\mathrm{T}}$——伞舱盖质心在惯性系中的坐标；

$\boldsymbol{B}_{31}$——伞舱盖体坐标系至惯性系之间的坐标转换矩阵。

采用同样方法可以得到伞包连接绳在伞包一端的空间坐标

$$\begin{bmatrix} X_{tb3} \\ Y_{tb3} \\ Z_{tb3} \end{bmatrix} = \begin{bmatrix} X_{b3} \\ Y_{b3} \\ Z_{b3} \end{bmatrix} + \boldsymbol{B}_{32} \begin{bmatrix} X_{tb2} \\ Y_{tb2} \\ Z_{tb2} \end{bmatrix} \tag{9-42}$$

式中，$(X_{tb2}, Y_{tb2}, Z_{tb2})^{\mathrm{T}}$、$(X_{tb3}, Y_{tb3}, Z_{tb3})^{\mathrm{T}}$ 分别为连接绳与伞包的连接点在伞包体坐标系及惯性系中的坐标，$(X_{b3}, Y_{b3}, Z_{b3})^{\mathrm{T}}$ 为伞包质心在惯性系中的坐标，$\boldsymbol{B}_{32}$ 为伞包坐标系至惯性系之间的坐标转换矩阵。

两连接点之间的距离即为伞包连接绳长度，可以表示为

$$l_t = \sqrt{(X_{tc3} - X_{tb3})^2 + (Y_{tc3} - Y_{tb3})^2 + (Z_{tc3} - Z_{tb3})^2} \tag{9-43}$$

记伞包连接绳原长为 l_0，则当 $l_t < l_0$ 时，伞包连接绳出现松弛。

拉伞包过程中，伞包与进入器之间的相对运动将导致伞绳与伞衣逐渐从伞包中拉出，采用直线拉出模型可以将这一过程中伞包质量的变化率表示为

$$\dot{X}_b = -\rho_p \dot{l}_p \tag{9-44}$$

式中，ρ_p 为拉出部分降落伞的线密度，$\dot{l}_p$ 为拉出速度，其计算公式为

$$\dot{l}_p = \frac{(\boldsymbol{V}_{\mathrm{b3}} - \boldsymbol{V}_{\mathrm{f3}})(\boldsymbol{r}_{\mathrm{b3}} - \boldsymbol{r}_{\mathrm{f3}})}{\| \boldsymbol{r}_{\mathrm{b3}} - \boldsymbol{r}_{\mathrm{f3}} \|} \tag{9-45}$$

式中，$\boldsymbol{r}_{\mathrm{b3}}$ 、$\boldsymbol{r}_{\mathrm{f3}}$ 分别为伞包质心及进入器质心在惯性坐标系中的位矢，$\boldsymbol{V}_{\mathrm{b3}}$ 、$\boldsymbol{V}_{\mathrm{f3}}$ 分别为伞包及进入器在惯性系中的速度矢量，其中涉及到的进入器的相关参数如 $\boldsymbol{V}_{\mathrm{f3}}$ 、$\boldsymbol{r}_{\mathrm{f3}}$ 的计算可参考 7.2 节。

9.5　大型降落伞拉直过程系统动力学模型

由于大型降落伞在拉直过程中较易出现绳帆、抽打等现象，并将影响降落伞工作的可靠性。因此，必须对大型降落伞拉直过程的动力学特性进行研究，并采取相应的针对性控制措施，确保大型降落伞拉直的可靠性。

然而大型降落伞的拉直过程比较复杂，拉直过程中各阶段构成系统的基元（或者单元）在不断变化，同时进入器、伞包、伞绳、伞衣、牵引伞在各阶段的受力、速度、姿态等状态也各不相同且变化较大。因此，为了能够较好地仿真模拟大型降落伞的拉直过程，需要根据其拉直过程不同阶段的特点，分阶段建立其动力学模型。

同时，考虑到伞绳和伞衣均是具有柔性大变形的特征，可以利用绳索动力学中有限段的建模思想，将伞绳和伞衣离散化为一定数目的绳段，采用质量阻尼弹簧模型来建立大型降落伞的拉直过程动力学模型。

神舟号飞船主伞的开伞程序基本上是目前最复杂的，因此，本

节将以神舟号飞船主伞的开伞程序为研究对象，建立其拉直过程的动力学模型。

9.5.1 大型降落伞拉直过程阶段划分

神舟号飞船主伞的拉直过程可将其分为 8 个阶段，如图 9－6 所示。各阶段的系统结构如图 9－7 所示[3]。

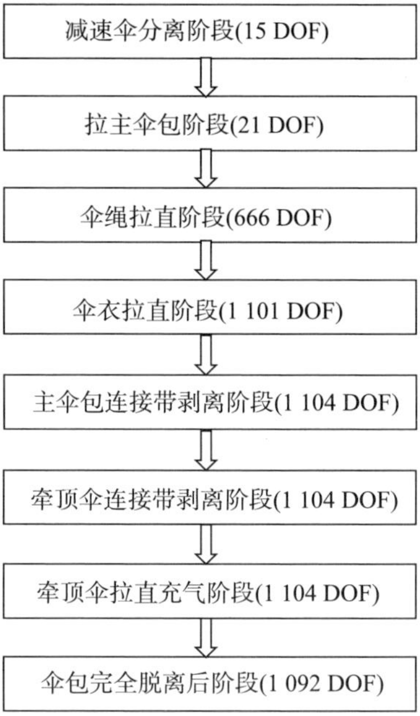

图 9－6 飞船主伞拉直过程的阶段划分

神舟号飞船主伞的拉直过程中，8 个阶段在时间上首尾相连，构成了主伞的整个拉直和初始充气过程。仿真分析时，每一阶段的初始条件是由上一阶段的末端仿真结果确定的，仅需提供第一阶段的初始计算条件，仿真程序依次调用各个阶段的仿真模型直至仿真结束，从而完成全过程的仿真计算。

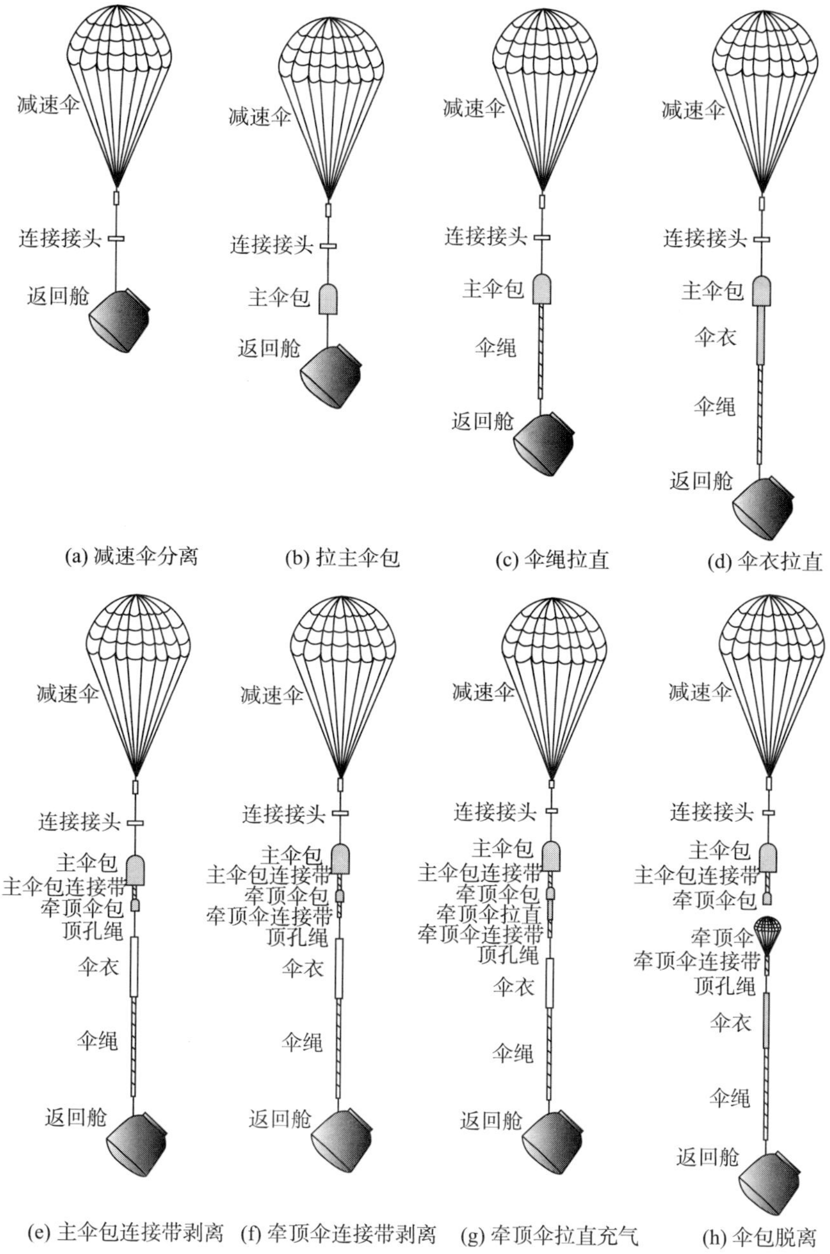

图 9－7　各阶段的结构示意图

9.5.2 主伞拉直过程各阶段的动力学模型

由于各阶段的系统结构和动力学特点各不相同，因此，必须分别建立各个阶段的动力学模型。建模采用的主要假设如下：

1）减速伞伞衣在拉直过程中是轴对称的，且保持固定形状；

2）对于减速伞，仅考虑伞衣所产生的气动力，且认为气动压心与伞衣质心重合；

3）忽略返回舱尾流对拉直过程的影响；

4）忽略主伞包出舱过程中与返回舱之间的摩擦力；

5）平面大地。

根据以上假设，建立以下大型降落伞拉直过程的阶段动力学模型。

9.5.2.1 减速伞分离阶段模型

此阶段为：减速伞解锁指令发出后，减速伞解锁装置解锁，减速伞带着连接接头脱离返回舱，直到主伞包被拉动为止。

在减速伞分离阶段，主伞包和返回舱之间无相对运动，被视为一个六自由度（DOF）刚体，减速伞被视为六自由度刚体，连接接头被视为三自由度质点，减速伞和连接接头之间通过吊带约束连接，此阶段系统模型共有 15 个自由度。

返回舱的动力学模型参见 7.2.2 节，减速伞的动力学模型与降落伞动力学方程类似，采用如下形式

$$\begin{cases}F_x = (m+\alpha_{11})\dot{V}_x-(m+\alpha_{33})(V_y\omega_z-V_z\omega_y)-mX_g(\omega_y^2+\omega_z^2)\\F_y = (m+\alpha_{33})(\dot{V}_y-V_z\omega_x)+(m+\alpha_{11})V_x\omega_z+mX_g(\omega_x\omega_y+\omega_z^2)\\F_z = (m+\alpha_{33})(\dot{V}_z-V_y\omega_x)-(m+\alpha_{11})V_x\omega_y-mX_g(\omega_y^2-\omega_x\omega_y)\\M_x = I_{xx}\dot{\omega}_x\\M_y = (I_{yy}+\alpha_{66})\dot{\omega}_y+(I_{xx}-I_{yy}-\alpha_{66})\omega_z\omega_x-mX_g(\dot{V}_z-V_x\omega_y+V_y\omega_x)\\M_z = (I_{yy}+\alpha_{66})\dot{\omega}_z-(I_{xx}-I_{yy}-\alpha_{66})\omega_y\omega_x+mX_g(\dot{V}_y+V_x\omega_z-V_z\omega_x)\end{cases} \tag{9-46}$$

式中　F_x，F_y，F_z，M_x，M_y，M_z ——分别是减速伞所受的外力和外力矩在其体坐标系中的分量；

m ——减速伞的质量；

I_{xx}，I_{yy} ——减速伞的转动惯量；

X_g ——降落伞质心与坐标原点的距离；

α_{11}，α_{33}，α_{66} ——分别为减速伞的三个附加质量分量；

V_x，V_y，V_z，ω_x，ω_y，ω_z ——分别为减速伞的速度和角速度在其体坐标系中的分量。

连接接头被视为一个质点，采用三自由度质点动力学模型。连接接头的动力学模型为

$$m_{\mathrm{j}}\ddot{\boldsymbol{r}}_{\mathrm{j}}=\boldsymbol{F}_{\mathrm{g}}+\boldsymbol{F}_{\mathrm{a}}+\boldsymbol{F}_{\mathrm{c}} \tag{9-47}$$

式中　m_{j} ——连接接头质量；

$\boldsymbol{r}_{\mathrm{j}}$ ——连接接头位置矢量；

$\boldsymbol{F}_{\mathrm{g}}$ ——连接接头重力；

$\boldsymbol{F}_{\mathrm{a}}$ ——连接接头气动力矢量；

$\boldsymbol{F}_{\mathrm{c}}$ ——伞绳或吊带的约束力。

减速伞和连接接头通过减速伞吊带连接，吊带张力采用式（9－19）计算，吊带的应变 ε 和应变速率 $\dot{\varepsilon}$ 采用下式计算

$$\begin{cases}\varepsilon=\dfrac{\|\boldsymbol{r}\|_2}{l_0}-1\\[2ex]\dot{\varepsilon}=\dfrac{\boldsymbol{r}\cdot\boldsymbol{v}}{\|\boldsymbol{r}\|_2 l_0}\end{cases} \tag{9-48}$$

式中，$\boldsymbol{r}$ 和 $\boldsymbol{v}$ 分别表示伞绳汇交点到连接接头的相对位置和速度矢量，l_0 表示吊带的原长。

9.5.2.2　拉主伞包阶段模型

此阶段为：随着减速伞与返回舱的相对运动，减速伞通过连接在连接接头上的主伞包拖带将主伞包拉出伞舱，直到主伞包解除外封包为止。

这一阶段与上一阶段的不同点在于，主伞伞包不能与返回舱看作一体，而必须单独建模。在本阶段，返回舱采用六自由度模型，“减速伞-连接接头-伞包”作为一个运动体系共有 15DOF（减速伞 6DOF、连接接头 3DOF、伞包 6DOF），整个系统共有 21DOF。减速伞、返回舱、连接接头的动力学模型以及其间的吊带约束模型都与上一节类似。

主伞包采用六自由度刚体模型，其动力学方程如下

$$\begin{cases} F_{Xb} = m_b(\dot{V}_{xb} + \omega_{yb}V_{zb} - \omega_{zb}V_{yb}) \\ F_{Yb} = m_b(\dot{V}_{yb} + \omega_{zb}V_{xb} - \omega_{xb}V_{zb}) \\ F_{Zb} = m_b(\dot{V}_{zb} + \omega_{xb}V_{yb} - \omega_{yb}V_{xb}) \\ M_{Xb} = I_{XXb}\dot{\omega}_{xb} - (I_{YYb} - I_{ZZb})\omega_{yb}\omega_{zb} \\ M_{Yb} = I_{YYb}\dot{\omega}_{yb} - (I_{ZZb} - I_{XXb})\omega_{zb}\omega_{xb} \\ M_{Zb} = I_{ZZb}\dot{\omega}_{zb} - (I_{XXb} - I_{YYb})\omega_{xb}\omega_{yb} \end{cases} \tag{9-49}$$

式中 F_{Xb}，F_{Yb}，F_{Zb} ——伞包所受的外力分量；

M_{Xb}，M_{Yb}，M_{Zb} ——伞包所受的外力矩分量；

m_b ——伞包质量；

V_{xb}，V_{yb}，V_{zb} ——伞包的速度分量；

ω_{xb}，ω_{yb}，ω_{zb} ——伞包角速度分量；

I_{XXb}，I_{YYb}，I_{ZZb} ——伞包的转动惯量。

主伞包在运动中所受到气动力采用圆柱体的气动力经验公式（9-23）计算，其所受到的气动力矩按照下式计算

$$\begin{cases} M_{\rm b} = q_{\rm b}\pi R^2 h C_{\rm bm}\sin\alpha\cos\alpha \\ C_{\rm bm} = 0.2h/R \end{cases} \tag{9-50}$$

式中，$q_{\rm b}$，R，h，α 和 $C_{\rm bm}$ 分别表示主伞包的动压、半径、高度、攻角和气动力矩系数。

主伞包的拖带张力可采用下式计算

$$T = \begin{cases} 0 & \varepsilon \leqslant 0 \\ K\varepsilon + C\dot{\varepsilon} & \varepsilon > 0 \end{cases} \tag{9-51}$$

式中　ε ——拖带的应变；

$\dot{\varepsilon}$ ——拖带应变率，计算公式如（9－48）所示；

K ——拖带的弹性模量；

C ——阻尼系数。

9.5.2.3　伞绳拉直阶段模型

此阶段为：当主伞包相对于返回舱运动到一定距离时，解除主伞包的外封包，连接带和伞绳被依次拉出，伞绳由捆绑带固定在伞包上，在拉直过程中需要将捆绑带拉断。当伞绳被全部拉出，开始解除主伞包的内封包时，此阶段结束。

本阶段与上一阶段的不同之处在于伞包和返回舱之间由伞绳相连，伞包和返回舱都受到伞绳张力的作用。系统的结构形式如下："减速伞（6DOF）-连接接头（3DOF）-伞包（6DOF）-已拉出的伞绳（$3n$ DOF）-返回舱（6DOF）"，模型共有 $21+3n$ 个自由度（n 为已拉出伞绳节点的数目）。随着伞绳拉出长度的增加，模型中包含的伞绳节点数目也逐渐增加。

本阶段模型中，减速伞、连接接头和返回舱的动力学方程与前几节类似，不再赘述。本节重点介绍伞包及伞绳建模中所需要分析的几个问题。

（1）伞包动力学模型

在伞绳拉直阶段，伞包是变质量体，即随着伞绳的拉出，伞包的质量和转动惯量也随之发生变化。为简化建模分析，假设包装好的伞包形状为圆柱体。伞包的质量和转动惯量可分为三部分计算：空伞包、伞衣部分和伞绳部分。其中空伞包和伞衣部分的质量和转动惯量在伞绳拉直阶段不变，而伞绳部分的质量和转动惯量则随着拉出伞绳长度的增加而变化。

空伞包可看作一个薄壁空心圆柱体，记其质量为 m_{b1} ，则它相对于伞包体坐标系的转动惯量为

$$\begin{cases} I_{xx1}=m_{b1}R^2 \\ I_{yy1}=I_{zz1}=m_{b1}(R^2/2+h^2/3) \end{cases} \tag{9-52}$$

未拉出的伞绳被简化为圆柱体，其转动惯量计算公式如下

$$\begin{cases} I_{xx2} = m_s R^2/2 \\ I_{yy2} = I_{zz2} = m_s(3R^2 + h_s^2)/12 \end{cases} \tag{9-53}$$

式中，m_s 和 h_s 分别为未拉出伞绳的质量和在伞包中的高度。随着伞绳被拉出伞包，m_s 和 h_s 也逐渐减小，二者与已拉出伞绳长度的关系如下

$$\begin{cases} h_s = (1 - l_t/l_s)\, h_{s0} \\ m_s = (1 - l_t/l_s)\, m_{s0} \end{cases} \tag{9-54}$$

式中　l_t ——当前时刻已拉出伞绳的长度；

l_s ——伞绳的原长；

h_{s0} ——解除封包之前伞绳在伞包中的高度；

m_{s0} ——伞绳的质量。

伞衣的转动惯量计算公式与式（9－53）类似

$$\begin{cases} I_{xx3} = m_c R^2/2 \\ I_{yy3} = I_{zz3} = m_c(3R^2 + h_c^2)/12 \end{cases} \tag{9-55}$$

式中，m_c 和 h_c 分别为未拉出伞衣的质量和在伞包中的高度，计算公式与式（9－54）类似。

根据质心平移定理，将以上三部分惯量张量合成，即可得到伞包的惯量张量

$$\begin{cases} I_{xx} = I_{xx1} + I_{xx2} + I_{xx3} \\ I_{yy} = I_{zz} = I_{yy1} + I_{yy2} + I_{yy3} \end{cases} \tag{9-56}$$

结合 9.5.2.2 节分析，可建立伞绳拉直阶段伞包的动力学模型。

(2) 伞绳的动力学模型

①伞绳节点的划分

在拉直之前，伞绳和伞衣被交错叠放在伞包内。内封包盖片将伞绳和伞衣部分隔开，伞绳、连接带和部分吊带分为多层叠放在伞包下部，各层之间为交错叠放，并一般利用捆绑带将伞绳和连接带与伞包固定。

伞绳节点的划分需要考虑到伞绳和连接带材料上的差异以及在

伞包中的叠放，因此各伞绳单元的长度、材料特性并不完全一致，可以根据捆绑情况划分。

②伞绳节点的拉出过程

随着拉直过程的进行，伞绳节点不断由伞包拉出并随系统运动。对于这一过程的建模若采用一般连续拉出模型，即假设伞绳和伞衣节点是由伞包底面中心按序连续拉出，没有两段和多段同时拉出的情况，如图 9－8（a）所示，那么这一模型就不能反映伞绳在伞包中的叠放位置对拉直过程的影响，也无法模拟实际中可能出现的部分伞绳和伞衣非连续拉出的情况，即在伞衣拉直过程中可能出现的多个伞衣节点同时“抖出”伞包的情况。为了真实地模拟伞绳和伞衣节点的拉出过程，需要采用如图 9－8（b）所示的拉出模型。

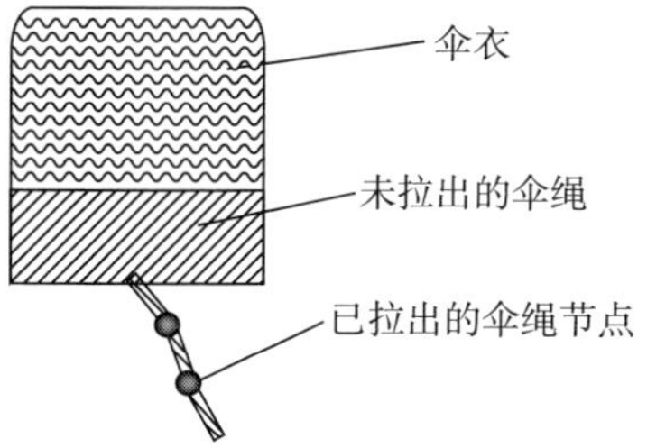

(a) 连续拉出模型示意图

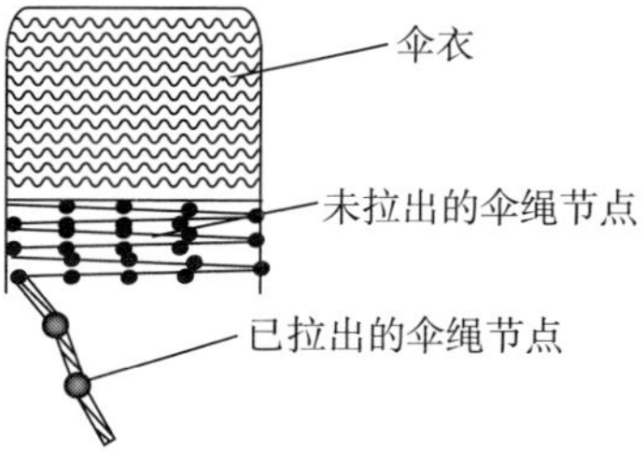

(b) 新的拉出模型示意图

图 9－8　伞绳的两种拉出模型示意图

建模中，伞绳节点的初始位置根据伞绳在伞包中的实际叠放位置确定，并且伞绳节点拉出前的位置相对伞包固定。当已拉出伞包的最后一个节点与伞包中相邻的下一个节点之间的距离大于绳段长度时，认为新的伞绳节点被拉动，其动力学方程为

$$m_i \ddot{\boldsymbol{r}}_i = \boldsymbol{F}_{ai} + \boldsymbol{F}_{r} + \boldsymbol{F}_{gi} + \boldsymbol{F}_{ti} + \boldsymbol{F}_{tie} \tag{9-57}$$

式中，$\boldsymbol{F}_{ai}$，$\boldsymbol{F}_{r}$，$\boldsymbol{F}_{gi}$，$\boldsymbol{F}_{ti}$ 和 $\boldsymbol{F}_{tie}$ 分别为伞绳节点 i 所受的气动力、与伞包的摩擦力、重力、伞绳张力以及捆绑带约束力。只有部分伞绳节点受到捆绑带的约束，如果当前节点没有受到捆绑带约束，则忽略 $\boldsymbol{F}_{tie}$。建模中采用线弹性模型模拟捆绑带的约束力，计算公式为

$$F_{\text{tie}}=\begin{cases}k\varepsilon & 0<\varepsilon<\varepsilon_{\max}\\0 & \varepsilon\leqslant 0\ \text{或}\ \varepsilon>\varepsilon_{\max}\end{cases} \tag{9-58}$$

式中，ε 为捆绑带的平均应变，$\varepsilon_{\max}$ 为捆绑带的最大许可应变，当 $\varepsilon>\varepsilon_{\max}$ 时，捆绑带断裂，捆绑带的约束力为 0。

③伞绳气动力

9.3.2 节中推导了单根绳段的气动力计算模型，但考虑到伞绳是由几十根伞绳组成的一束伞绳，且在拉直过程中伞绳之间存在相互的缠绕和遮挡。因此，采用 Purvis 提出的伞绳气动力近似计算方法，利用缠绕因子 K_{T} 和遮挡因子 K_{LG} 来表示伞绳的扭转和相互遮挡对伞绳气动力的影响，其计算公式如下[7]

$$\begin{cases}K_{\text{T}}=\dfrac{2}{M}\displaystyle\sum_{i=1}^{M/2}\cos\left(\dfrac{\pi i}{M}\right)\\K_{\text{LG}}=\dfrac{M+1}{2M}\end{cases} \tag{9-59}$$

式中，M 为伞绳的根数，则伞绳节点 i 的气动力 $\boldsymbol{F}_{ai}^{M}$ 为

$$\boldsymbol{F}_{ai}^{M}=K_{\text{T}}K_{\text{LG}}M\boldsymbol{F}_{ai} \tag{9-60}$$

式中，$\boldsymbol{F}_{ai}$ 的计算模型参见 9.3.2 节。

9.5.2.4　伞衣拉直阶段模型

此阶段为：从内封包打开到主伞伞衣和顶孔绳全部拉直为止。当内封包打开后开始拉直伞衣时，虽然主伞伞衣顶部存在部分捆绑绳约束，但大部分的伞衣仍处于无约束状态折叠于主伞包中。没有捆绑绳约束的部分伞衣会作为一个整体沿伞包的轴线向伞包口滑动，从而可能出现这样一种情形：部分伞衣尽管已经脱离了伞包但却没有被拉直，即可能仍有一部分伞衣是呈盘曲状的。随着伞包和返回舱相对距离的增大，伞衣会在顶部约束伞衣的作用下呈现两头拉的状态。当伞衣被拉直绷紧时，伞衣顶部约束逐渐被解除，顶孔绳被逐渐拉紧。随着顶孔绳上的张力逐渐增大，主伞包连接带开始剥离，本阶段结束。

在伞衣全部离开伞包之前，未拉出的伞衣相对伞包运动，顶部

伞衣由于部分存在捆绑绳约束，故随着伞衣向下滑动，顶部受约束伞衣会拉直部分伞衣，这样伞衣就出现“两头拉，中间滑”的运动情况，如图 9－9（a）所示。主伞包和相对滑动伞衣二者构成了一个两体系统，不能再简化成一个六自由度刚体模型。在全部伞衣被拉出伞包之后，空伞包可采用六自由度刚体模型。因此，在全部伞衣节点离开伞包之前，系统的结构形式为“减速伞（6DOF）－连接接头（3DOF）－伞包及未拉出的伞衣（7DOF）－已拉出的伞衣与伞绳（$3n$ DOF）－返回舱（6DOF）”，系统的总自由度数目为 $22+3n$（n 为已拉出伞绳节点和伞衣节点的数目之和）。全部伞衣节点离开伞包之后，系统的结构形式为“减速伞（6DOF）－连接接头（3DOF）－伞包（6DOF）－伞衣与伞绳（1080DOF）－返回舱（6DOF）”。与全部伞衣节点离开伞包之前模型的最大差别在于伞包采用了 6DOF 刚体模型，且伞衣节点与伞包之间的约束不同。

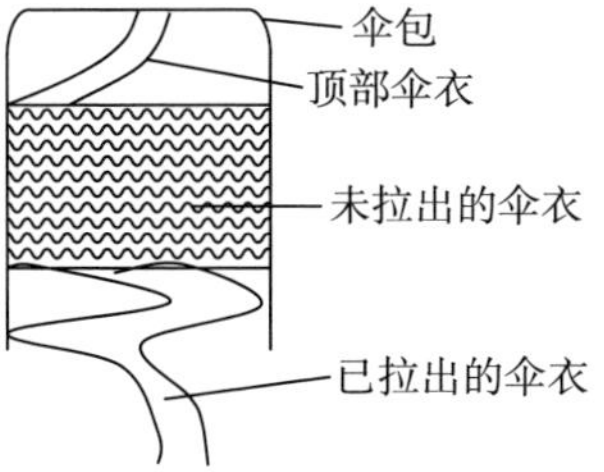

(a) 伞衣拉直阶段示意图

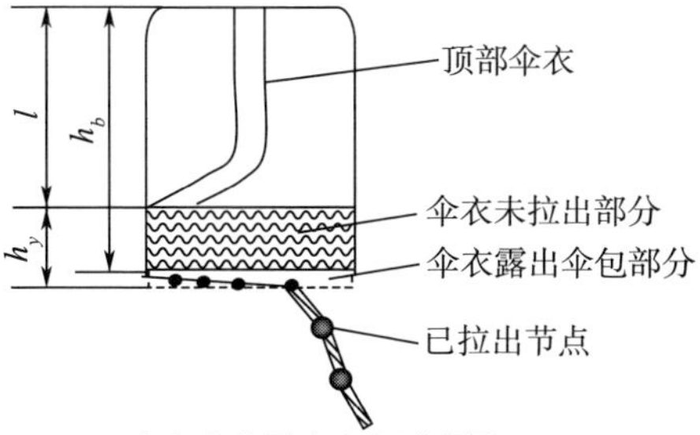

(b) 伞衣节点露出伞包示意图

图 9－9　伞衣的拉出模型示意图

（1）伞衣节点划分

伞衣节点的划分需要考虑伞衣在伞包中叠放次序，同时还必须考虑伞衣不同部分结构上的变化，即伞衣的环缝和环帆结构。由于环帆伞结构上的特点，使得伞衣各个部分在质量特性、单元的材料特性等方面存在突变，与周围部分差异较大。在建模中主要通过增加伞衣节点的数目来解决这个问题，从而保证了在单元长度尽量均匀的前提下，伞衣各个部分的性质都在节点划分中有所反映。

(2) 未拉出伞衣和伞包的相对滑动模型

建模中将未拉出的伞衣和空伞包分别视为六自由度刚体，在拉出伞衣的同时，未拉出伞衣沿伞包轴线运动，故系统共有 7 个自由度。利用凯恩方法建立该多体系统的动力学模型，形式如下

$$\begin{bmatrix} \dot{v}_{xb} \\ \dot{v}_{yb} \\ \dot{v}_{zb} \\ \dot{\omega}_{xb} \\ \dot{\omega}_{yb} \\ \dot{\omega}_{zb} \\ \ddot{l} \end{bmatrix} = \begin{bmatrix} (B_0 - B_6)/m_1 \\ (B_1 I_{zz} - B_5 t_1)/t_3 \\ (B_2 I_{yy} + B_4 t_1)/t_2 \\ B_3/I_{xxb} \\ (B_2 t_1 + B_4 m)/t_2 \\ -(B_1 t_1 - B_5 m)/t_3 \\ (B_6 m + B_1 m_2)/m_1 m_2 \end{bmatrix} \tag{9-61}$$

式中，v_{xb}，v_{yb}，v_{zb} 分别为伞包质心速度在其体坐标系的分量，ω_{xb}，ω_{yb}，ω_{zb} 分别为伞包角速度在其体坐标系上的分量，l 为未拉出伞衣相对伞包移动的距离，m_1，m_2 分别为空伞包和未拉出伞衣的质量，在拉直过程中 m_2 在不断变化，$m = m_1 + m_2$。其他参数形式如下

$$\begin{bmatrix} B_0 \\ B_1 \\ B_2 \\ B_3 \\ B_4 \\ B_5 \\ B_6 \end{bmatrix} = \begin{bmatrix} F_{1x} + F_{2x} - (m_2 a_{2x} + m_1 a_{1x}) \\ F_{1y} + F_{2y} - (m_2 a_{2y} + m_1 a_{1y}) \\ F_{1z} + F_{2z} - (m_2 a_{2z} + m_1 a_{1z}) \\ M_{1x} + M_{2x} \\ M_{1y} + M_{2y} - F_{2z} l + m_2 l a_{2z} \\ M_{1z} + M_{2z} + F_{2y} l - m_2 l a_{2y} \\ F_{2x} - m_2 a_{2x} \end{bmatrix} \tag{9-62}$$

$$\begin{bmatrix} t_1 \\ t_2 \\ t_3 \end{bmatrix} = \begin{bmatrix} m_2 l \\ m I_{yyb} - m_2^2 l^2 \\ m I_{zzb} - m_2^2 l^2 \end{bmatrix} \tag{9-63}$$

$$\begin{bmatrix} a_{1x} \\ a_{1y} \\ a_{1z} \end{bmatrix} = \begin{bmatrix} \omega_{yb} v_{zb} - \omega_{zb} v_{yb} \\ \omega_{zb} v_{xb} - \omega_{xb} v_{zb} \\ \omega_{xb} v_{yb} - \omega_{yb} v_{xb} \end{bmatrix} \tag{9-64}$$

$$\begin{bmatrix} a_{2x} \\ a_{2y} \\ a_{2z} \end{bmatrix} = \begin{bmatrix} a_{1x} \\ a_{1y} \\ a_{1z} \end{bmatrix} + \begin{bmatrix} -l(\omega_{yb}^2 + \omega_{zb}^2) \\ 2\dot{l}\omega_{zb} + l\omega_{xb}\omega_{yb} \\ -2\dot{l}\omega_{yb} + l\omega_{xb}\omega_{zb} \end{bmatrix} \tag{9-65}$$

$$\begin{bmatrix} I_{xxb} \\ I_{yyb} \\ I_{zzb} \end{bmatrix} = \begin{bmatrix} I_{xx1} \\ I_{yy1} \\ I_{zz1} \end{bmatrix} + \begin{bmatrix} I_{xx2} \\ I_{yy2} \\ I_{zz2} \end{bmatrix} \tag{9-66}$$

式中，F_{1x}，F_{1y}，F_{1z}，M_{1x}，M_{1y}，M_{1z} 和 F_{2x}，F_{2y}，F_{2z}，M_{2x}，M_{2y}，M_{2z} 分别为空伞包和伞衣所受的外力和外力矩在其体坐标系上的分量，I_{xx1}，I_{yy1}，I_{zz1} 和 I_{xx2}，I_{yy2}，I_{zz2} 分别为空伞包和未拉出伞衣绕体系三轴的转动惯量。

（3）伞衣的气动力计算

伞衣段的气动力计算如公式（9－23）所示，式中伞衣段的横截面的直径 d_i 是影响伞衣段气动力的主要因素。由于各环伞衣的大小不同，d_i 近似采用如下公式计算

$$d_i = k_d \frac{S_d}{L_d} \tag{9-67}$$

式中　S_d——伞衣段所在的环帆单幅伞衣的面积；

L_d——该伞衣段所在环帆的长度；

k_d——经验系数。

（4）伞衣拉出阻力的计算模型

伞衣在拉出过程中存在拉出阻力的作用。拉出阻力一部分是由未拉出伞衣整体与伞包之间的摩擦阻力引起，另一部分是由于伞衣的快速拉出会造成伞包内部压力减小，从而引起未拉出伞衣整体受到内外压差引起的压差阻力，可采用以下计算模型

$$\begin{cases} F_r = F_m + (p_\infty - p_n) A_b \\ F_m = k_m v \\ p_n = p_\infty / (1 + k_n v) \end{cases} \tag{9-68}$$

式中　F_r——伞衣的拉出阻力；

F_m——摩擦阻力；

v ——伞衣的拉出速度；

p_{∞}，p_{n} ——分别为外部大气压力和伞包内部的压力；

A_{b} ——伞包的横截面积；

k_{m}，k_{n} ——常系数。

（5）伞衣的拉出过程模型

内封包解开后，伞衣一边由顶部和底部两边拉直，一边沿伞包轴线运动。在全部伞衣被拉出之前，伞衣的未拉出处于折叠状态部分将向伞包口运动，从而可能会有部分伞衣节点呈盘曲状离开伞包，如 9－9（b）所示，下面将针对这种情况建立相关的动力学模型。

伞包高度为 h_b，未拉出伞衣的高度为 h_y，伞衣相对于伞包的运动的距离为 l，拉直开始伞衣的高度为 h_0，伞衣的折叠全长为 l_y，则露出伞包部分伞衣的长度可表示为

$$\mathrm{d}l = \frac{h_y + l - h_b}{h_0} l_y \tag{9-69}$$

记已拉出的伞衣长度为 l_l，故露出伞包的伞衣为 l_l 到 $l_l + \mathrm{d}l$ 之间的部分。由此可确定处于 $\mathrm{d}l$ 部分的伞衣节点的数目以及各自的位置、质量特性、绳段的材料特性等参数，将节点加入已拉出伞衣部分的运动方程组即可。

9.5.2.5 主伞包连接带剥离阶段模型

此阶段为：主伞顶孔绳牵引牵顶伞包向主伞包外运动，并将主伞包连接带的剥离结构剥离，使牵顶伞包拉到主伞包外。系统的结构形式为“减速伞（6DOF）-连接接头（3DOF）-伞包（6DOF）-主伞包连接带-牵顶伞包-伞衣与伞绳（1080DOF）-返回舱（6DOF）”。

为了防止牵顶伞拉直过程中与主伞包之间发生摩擦或缠绕，牵顶伞伞包与主伞包之间通过一根主伞包连接带连接。主伞包连接带采用剥离带结构形式，避免牵顶伞伞包拉出主伞包的过程中产生过大的冲击载荷。当两个运动实体之间存在剥离约束时，剥离带能够对实体产生连续的拉力，一般为常值，即

$$F = F_{\mathrm{P}} \quad l_0 < l_{\mathrm{P}} < l_1 \tag{9-70}$$

式中　F_P——剥离力；

l_0——开始剥离时的吊带长度；

l_1——剥离结束时的吊带长度；

l_P——剥离长度。

9.5.2.6　牵顶伞连接带剥离阶段模型

此阶段为：在减速伞和主伞的共同牵引下，牵顶伞包上的剥离结构剥离。系统的结构形式为“减速伞（6DOF）-连接接头（3DOF）-伞包（6DOF）-主伞包连接带-牵顶伞包-牵顶伞包连接带-伞衣与伞绳（1080DOF）-返回舱（6DOF）”。

由于牵顶伞连接带的剥离结构不连续，中间存在自由部分，因此在建模中可以简单认为如果连接带处于剥离阶段，则 $F=F_p$，其中 F_p 为剥离带所产生的力；如果连接带处于自由阶段，则 $F=0$。

9.5.2.7　牵顶伞拉直充气阶段模型

此阶段为：牵顶伞连接带剥离完毕后，将牵顶伞从牵顶伞内包中按照先伞绳后伞衣的顺序拉出，然后牵顶伞迅速充气。系统的结构形式为“减速伞（6DOF）-连接接头（3DOF）-伞包（6DOF）-主伞包连接带-牵顶伞包-牵顶伞-牵顶伞包连接带-伞衣与伞绳（1080DOF）-返回舱（6DOF）”。

由于牵顶伞伞包很小且牵顶伞拉直充气时间很短，故建模中将牵顶伞伞包视为质点，牵顶伞拉直采用直线拉出模型，其动力学方程如式（7-39）所示。牵顶伞充气时间很短，其充气过程中的阻力面积可近似为线性变化，即

$$S=S_0\cdot\left(\frac{t}{t_0}\right) \tag{9-71}$$

式中　S——充气面积；

S_0——牵顶伞全充满时的阻力面积；

t——充气时间；

t_0——牵顶伞全充满所用时间。

9.5.2.8　伞包脱离后阶段模型

此阶段为：牵顶伞拉直和迅速充气后，减速伞系统（包括主伞包和牵顶伞伞包）与返回舱系统（包括拖带、伞绳、伞衣和牵顶伞）迅速分离。在此阶段，由于气流由主伞伞衣底部进入伞衣，下部充气部分的伞衣长度逐渐增大，未充气部分伞衣的长度逐渐减小。已经充气的伞衣与未充气的伞衣在质量特性、受力等方面都差异很大，且初始充气涉及复杂的流固耦合力学现象，故建模中没有考虑初始充气的影响，以主伞初始充气的完成作为本阶段的结束时刻。

建模中认为当主伞伞衣初始充气完成时，伞衣顶部不会再发生甩动，整个仿真结束，伞衣初始充气所需要的时间 t_f 用下式计算[8]

$$t_f = -\frac{L}{U}\ln\frac{(Z_0-1)\mathrm{e}^{l/L}+\sqrt{(Z_0-1)^2\mathrm{e}^{2l/L}+4Z_0}}{2Z_0} \tag{9-72}$$

式中　L ——主伞伞衣长度；

l ——伞衣底边到伞衣顶端的距离；

e——自然常数；

ln(·) ——自然对数，相关参数 U 和 Z_0 的取值范围为 $0.25 < Z_0 < 0.66$，$0.21u_\infty < U < 0.62u_\infty$，$u_\infty$ 为进气口气流速度。

至此，大型降落伞拉直过程的各阶段建模全部完成。仿真中只需给出返回舱和减速伞的初始状态参数，即可开始第一阶段的仿真计算，以后各阶段的初始条件由前一阶段的仿真终端计算结果确定，各个阶段依次计算直至拉直结束。

参 考 文 献

[1] Mitcheltree R, Bruno R. High Altitude Test Program for a Mars Subsonic Parachute [C]. AIAA-2005-1659.

[2] Mcvey D F, Wolf D F. Analysis of Deployment and Inflation of Large Ribbon Parachutes [J]. Journal of Aircraft, 1973, 11 (2): 96-103.

[3] 宋旭民. 大型降落伞系统动力学建模及抽打现象研究 [D]. 长沙: 国防科技大学, 2006.

[4] 王海涛. 大型降落伞抽打现象及运动稳定性研究 [D]. 长沙: 国防科技大学, 2011.

[5] Hwang Y L. Nonlineat analysis of moorming lines [C]. OMAE, 1986.

[6] 纪宝淳. 水下缆索之振动分析 [D]. 中山大学, 2001.

[7] Purvis J W. Predition of parachute line sail during lines-first deployment [J]. J. Aircraft, 1983, 20 (11): 940-945.

[8] Potvin J. Simple Description of Airflow Characteristics Inside an Unfolding Parachute [J]. J. Aircraft, 1999, 36 (5).

第 10 章　可控翼伞系统动力学

由于传统降落伞减速系统具有“随风飘”的特性，落点散布较大，无法实现定点着陆。为此，人们对具有一定滑翔性能和可操控的滑翔伞进行了大量的研究，以实现人员、物资或载荷的定点着陆。

早在 1930 年，德国人霍夫曼就发明了具有滑翔性能的“霍夫曼三角形伞”。到了 20 世纪 50 年代，随着航空跳伞运动的发展，要求降落伞具有更好的滑翔性能，于是经过研究，人们在普通圆形降落伞上开了各种不对称的排气孔和环缝，使降落伞的滑翔能力得到一定程度的提高，但这些伞型最大升阻比只不过达到 0.8 左右。1964 年法国的勒穆瓦涅发明了一种“勒穆瓦涅伞”，他将圆形伞衣的伞顶用中心绳拉下一定高度，使充气后的伞衣更为扁平，并在伞衣前后开了一系列帆状缝口，从而产生一定的升力。这种伞的升阻比达到 1.2。

20 世纪 60 年代，美国在研制双子星座号飞船的过程中，曾提出采用滑翔伞作为着陆手段，推出了龙骨式翼伞方案，并开展了大量研制工作，后来由于可靠性等原因而未被采用。通过该型号的研制，后来又衍生出单、双龙骨翼伞和帆式翼伞等。

与龙骨式翼伞研究差不多的时候，法国人 D · C · 贾必特在 1954 年发明了一种命名为“parafoil”的冲压式翼伞。冲压式翼伞由于具有良好的滑翔性能和可操纵性，因此很快在体育界获得了应用，而后被空降部队用作伞兵伞和投物伞。

滑翔伞通常按照升阻比的大小分为三大类[1]：

1）低性能滑翔伞，其升阻比不大于 1.0，一般是在传统的降落伞上开一些不对称的缝口而构成。

2）中等性能滑翔伞，其升阻比一般为 1.0～2.0，主要代表为在

“勒穆瓦涅伞”基础上发展起来的帆伞。

3）高性能滑翔伞，其升阻比大于 2.0，此类滑翔伞主要有龙骨式翼伞（parawing）和与之相近的帆翼（sailwing），冲压式翼伞和与之结构相近的半冲压式翼伞（volpane）。

目前实际应用的绝大多数滑翔伞都是冲压式翼伞，通常简称其为翼伞。由于翼伞具有可操纵性，因此也称之为可操纵翼伞（Steerable Parafoil/Parachute）、可机动翼伞（Maneuverable Parafoil）、可制导翼伞（Guided Parafoil）或可控翼伞（Controllable Parafoil）等。如无特别说明，本书统一用“翼伞”指代“冲压式翼伞”。

翼伞由于其系统的复杂性、可靠性以及重量和体积等问题，到目前为止，翼伞在航天器回收着陆方面的实际应用还很少，然而由于翼伞能像普通降落伞一样折叠包装，而且具有良好的滑翔性能、操纵性和稳定性，并能实现鸟儿般的“雀降”，因此，翼伞系统在体积和重量要求不是太苛刻的飞行器精确定点回收、军民用物资精确空投、人员装备空降和民用产业等方面还是具有较广阔的应用前景。同时，考虑到翼伞的结构和性能均与普通降落伞存在很大的差异，故本章单独对翼伞的结构及其系统动力学进行论述。

10.1　翼伞概述

10.1.1　典型结构

冲压式翼伞主要由伞衣、伞绳、操纵绳、稳定幅、吊带、收口装置等组成。图 10－1 为典型的冲压式翼伞结构示意图。

伞衣（如图 10－2 所示）是一种双层结构的柔性矩形翼，上、下翼面是由不透气的涂层织物制成的，中间连以具有翼型的肋片并分隔成若干气室，伞衣前缘开有切口，便于空气进入形成“冲压空气”，维持气室的内压以保持翼型。肋片上开有通气孔，便于各气室间空气流通，保证伞衣迅速充气和各气室压力均匀。肋片分两种：一种下面连有伞绳，称为承载肋片。它的作用除了保证伞衣充气后具有翼型外，

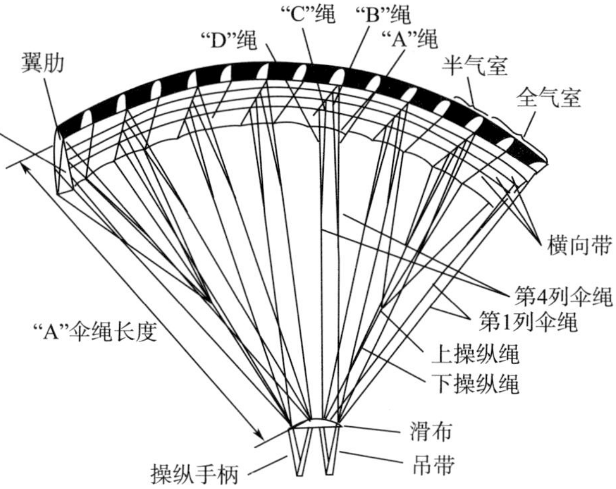

图 10-1　典型冲压式翼伞结构示意图

还将作用在上、下翼面上的气动力通过伞绳传递到吊带上。另一种仅连接上、下翼面使伞衣充气后保持翼型，称为非承载肋片或成形肋片。习惯上将两承载肋片间的气室看作一个气室，故通常一个气室含有两个“半气室”。通常也用气室数量来命名冲压式翼伞。

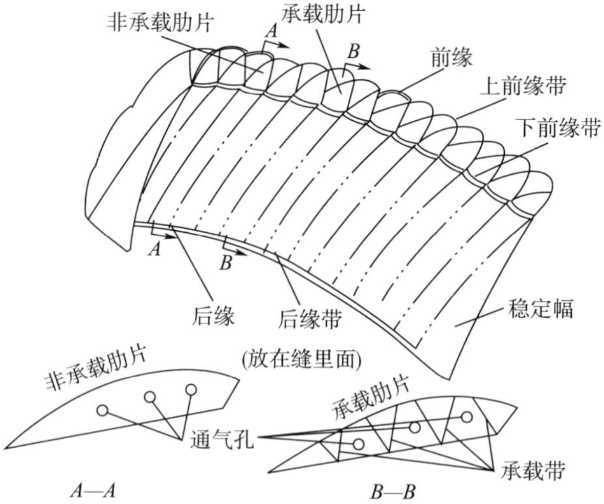

图 10-2　冲压式翼伞伞衣结构图

翼伞的伞绳沿展向和弦向装于下翼面各点，各排伞绳长度不等，以构成安装角，使翼伞在稳定滑翔迎角状态下飞行。翼伞后缘连有操纵绳，通过操纵使后缘下偏形成襟翼偏角，从而改变气动力和力矩，实现翼伞在空中的机动飞行和雀降着陆。

10.1.2　翼伞的主要术语及其定义

翼伞与普通降落伞的工作原理和结构形式大不相同，其主要的名词术语及其定义如下。

1）翼型截面积：给定的翼肋部件的截面积，如图 10－3 所示。

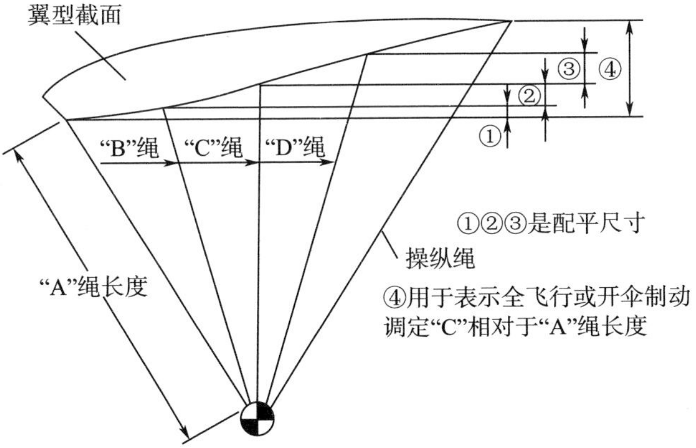

图 10－3 冲压式翼伞侧剖面

2）展长 b ：在翼伞上表面距前缘 150 mm 处，沿翼展方向测量，测量时施加 25 N 张力所测得的长度。

3）弦长 c ：翼型截面上最前面一点到最后一点的直线长度，如图 10－4 所示。

4）平面面积：冲压式翼伞翼弦尺寸乘以翼展尺寸的积。

5）展弦比 λ ：$\lambda=\dfrac{b}{c}=\dfrac{b^2}{A_s}$ ，式中 A_s 为翼伞伞衣面积，对矩形翼伞 $A_s=bc$ 。

6）伞绳特征长度 L_{sh} ：是指伞绳汇交点（或各伞绳延长线的交

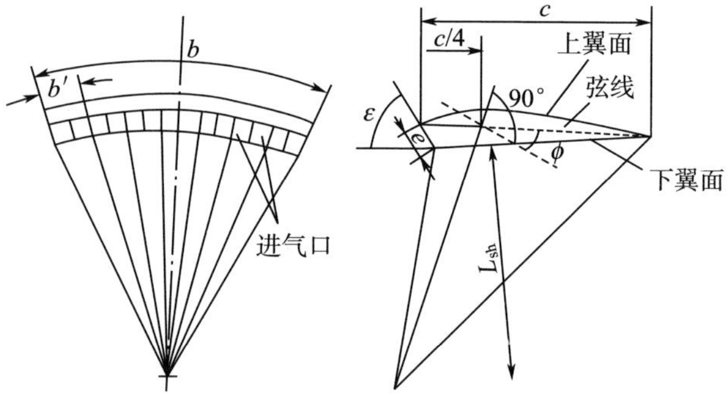

图 10－4　翼伞基本结构参数

点）与下翼面的垂直距离。

7）切口角度 ε：前缘的切割线与下翼面上前后缘连线的夹角。

8）切口长度 e：前缘的切割线与上、下翼面交点间线段的长度。

9）气室：由上下翼面和两相邻翼肋所形成的隔室。每个气室通常由非承力翼肋划分成两个半气室。全气室从左到右排顺序号。使用左和右表示相应的半气室。

10）翼肋：为纵向垂直面的织物构件，安装在伞衣上、下翼面之间，使伞衣形成翼型。翼肋有承力与非承力之分。伞绳连接到承力翼肋上。

11）侧向孔：在肋幅上开的小孔，使各气室保持气压平衡。

12）稳定幅：安装在伞衣下翼面两侧，起到如同机翼上的端板作用。它一般始于伞衣前缘附近至伞衣后缘为止。

13）伞绳连接挂肋：将伞绳载荷沿受力翼肋分散传递的垂直织物构件，如图 10－5 所示。挂肋的下缘在伞绳连接位置之间通常呈现悬链线的形状，该挂肋有时也称为“三角旗”。

14）操纵绳（亦称控制绳或制动绳）：用于操纵和调节降落伞的前进速度。操纵绳通常与伞衣后缘连接，分左右两组，每组由上操纵绳和下操纵绳两部分组成。每一边上操纵绳通常由 3～6 根绳组

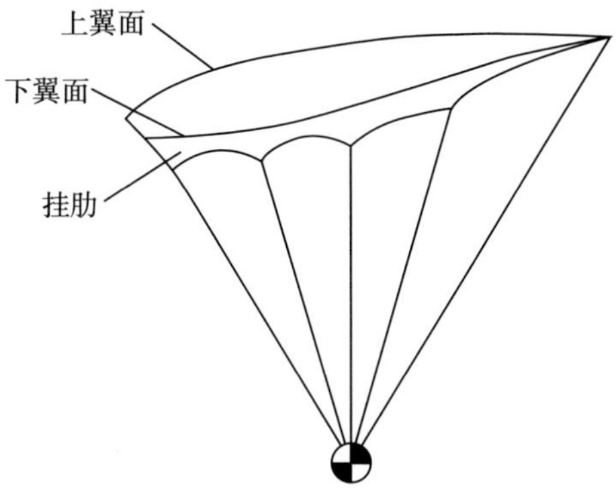

图 10-5　承力翼肋通过挂肋与伞绳连接

成，集中连接到同一边的一根下操纵绳上。

15）1/4 弦点：位于从前缘到后缘沿着弦线距离的 25%处，如图 10-6 所示。

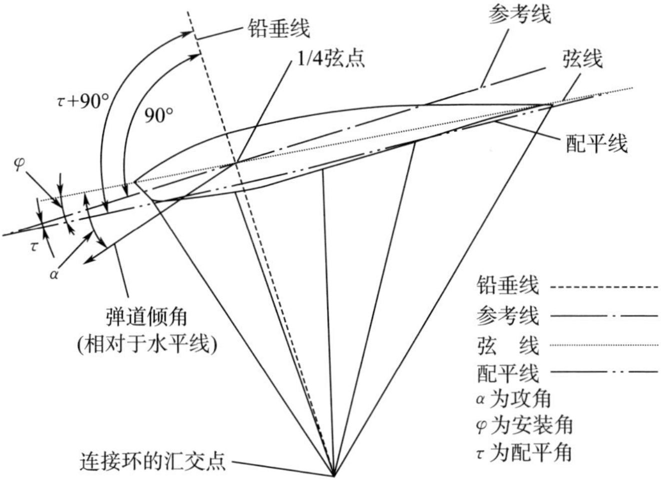

图 10-6　冲压式翼伞参考系

16）铅垂线：由 1/4 弦点和作为终点的连接环汇交点所形成的直线，如图 10-6 所示。

17）参考线：通过 1/4 弦点，与铅垂线成直角的线条。

18）配平线：以最前面的伞绳和最后面的伞绳连接点（非操纵绳连接点）作为端点所形成的直线。

19）安装角：在参考线和弦线之间的夹角称为安装角。垂线和弦线之间的夹角减去 90°也可以得到安装角。安装角用字母 φ 表示。当弦线相对于参考线朝上时，φ 为正。

20）迎角（攻角）：在自由流速度矢量和弦线之间的夹角称为迎角，用 α 表示。当弦线相对于下滑轨迹朝上时为正。

21）弹道倾角：一般在有风情况下，系指降落伞有效载荷的飞行弹道与水平线之间的夹角。弹道倾角和滑翔角在无风情况下是相等的，用 θ 表示。

22）滑翔角：在静止空气中有效载荷的下滑轨迹和水平线之间的夹角，用 γ 表示。按惯例，滑翔速度矢量在水平线之下，γ 为负值。

23）配平角：参考线与配平线之间的夹角称为配平角，用 τ 表示。垂线和配平线之间的夹角减去 90°也可以求得这一角度。相对于参考线，配平线朝上，τ 为正。

24）滑翔比：在静止空气中移动的水平距离与移动的垂直距离之比。它与升阻比（L/D）可互换使用。

25）雀降：指着陆前通过迅速拉下操纵绳，使伞衣迎角在短时间内增大，达到失速状态，从而冲压式翼伞以接近于零的水平速度和垂直速度着陆的方式。

10.1.3 翼伞的气动力特性

翼伞的升阻力曲线如图 10－7 所示。翼伞剖面的升力曲线具有以下特点[2]：

1）在一定迎角范围内升力与迎角基本呈线性关系。

2）剖面失速较早，大约 8.4°，以后升力开始下降。

3）失速后分离现象非常复杂，随迎角的增加，升力是先下降后再一次增加，形成另一个峰值。

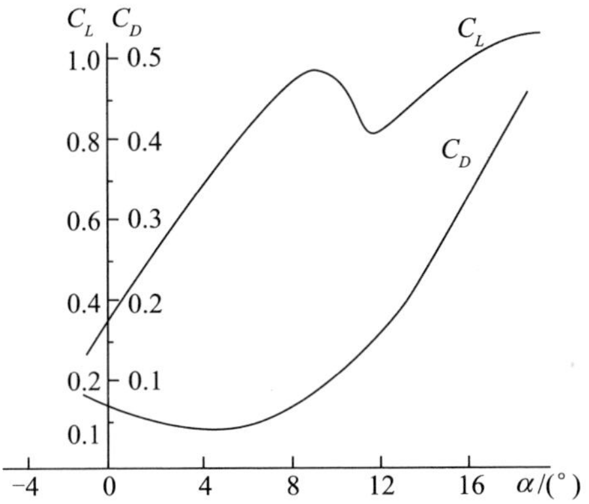

图 10-7　开有切口的翼剖面升、阻特性曲线

冲压式翼伞的翼剖面阻力曲线和普通机翼剖面不一样。由于在负迎角和小的正迎角时下表面是分离的，尾流较宽，阻力系数较大。但在此范围内随迎角的增加，上表面流动附体，下表面流动分离减弱，尾流变窄，阻力系数反而下降，并在上表面升力下降前的某个迎角下达到最小值。只有当正迎角较大，上表面后缘发生分离，并随着迎角的增加而加剧时，阻力系数才急剧增加。所以翼伞剖面阻力特性如下：

1）负迎角和小的正迎角时阻力系数比较高。

2）阻力系数最小值发生在整个剖面失速前的那个小正迎角，此时升力系数并不小。

冲压式翼伞剖面升阻比曲线的特性是：在剖面失速前，升阻比随迎角增大而增大，在失速前附近达到最大值，后又重新下降。

10.1.4　翼伞的减速和雀降性能

10.1.4.1　减速性能

冲压式翼伞可以通过同时拉下两根操纵绳来实现减速，减速的大小和操纵行程有关。如果以达到失速前（但未失速）的行程作为全行程，通常对人用翼伞，当拉下 25%的全行程时，翼伞可获得最小的垂直下降速度而前进速度并不减小，此时可得到最大的滑翔距离。当拉下50％的全行程时，前进速度将是全滑翔的1/2，而下降速度也比全滑翔时稍小。当拉下全行程时（未失速），下降速度和前进速度均将减到最小值，如果不拉操纵绳，而是拉下前吊带，则由于翼伞迎角减小，伞衣会以比全滑翔时更大的前进速度和下降速度滑翔[3]。

10.1.4.2 雀降性能

（1）失速和动力失速

当拉下翼伞的操纵绳达到全行程后再继续拉下一些，此时翼伞的前进速度突然消失而垂直下降，速度将会从最小值而迅速增大到某一极值，伞衣产生摆动，这一状态称为失速。这是因为翼伞后缘弯曲到一定程度后，上翼面的气流完全分离，升力突然消失和阻力迅速增加到某值所致，退出失速状态的方法是将操纵绳缓缓放回。

如果突然拉下操纵绳，在伞衣上引起一个突加的阻力使伞衣迅速减速，而此时伞衣下面的物体由于惯性仍向前运动，结果使翼伞的迎角增大。此新的迎角先在很短的时间内产生很大的升力，接着升力突然消失或伞衣由于失去前进速度而失速，这种状态称为动力失速。

（2）雀降

雀降是翼伞的一种重要性能。当翼伞以滑翔状态接近地面时，如果以较快的速度将两操纵绳同时拉下，在很短的时间内翼伞的前进速度和垂直着陆速度将会先迅速减小到极小值（接近零）。如果开始操纵的高度选择适当，使落地时的速度正好达到极小值，此种操纵着陆称为雀降着陆。

雀降在本质上是一种小心操纵的动力失速。当较快拉下操纵绳时伞衣的气动外形发生变化，升力系数和阻力系数迅速增大（在失速前），但由于惯性，物伞系统的速度仍然很大，很大的速度和很大的升、阻力系数会在伞衣上产生很大的升力和阻力，结果使伞衣迅速减速直到新的稳定平衡状态为止。

10.1.5 翼伞开伞控制方法

为了获得较高的滑翔比，一般翼伞伞衣（气动力发生面）都采用不透气或超低透气量的涂层或轧光织物制造。同时为了获得理想的气动外形，伞绳的配置也与传统降落伞不同，除了伞衣周边有伞绳外，在伞衣中间也有数排伞绳，且各伞绳长度也不全相同，这些就导致翼伞的充气时间较传统降落伞快得多，开伞冲击载荷也随之增大。

为了减小开伞动载，通常采用控制展开伞衣阻力面积的方法来实现。由于冲压式翼伞的伞衣形状不与中轴线相对称，所以不能简单地移植普通降落伞的常规收口方法。目前比较常用的有如下三种方法。

10.1.5.1 引导伞控制的收口方法（PCR）

引导伞控制的收口方法最早用于运动伞。它是在翼伞下翼面周边和靠近中心位置安装许多收口环，排成矩形圈，收口绳穿过这些收口环，然后与引导伞连接绳相连。开伞时，由于引导伞的阻力作用在收口绳上，将伞衣收拢，形成小圈，阻滞了伞衣展开。随着伞衣的展开，其扩张力大于引导伞的阻力，使收口绳圈不断扩展，翼伞随之张开。最终引导伞在伞衣的遮蔽下失效，落在上翼面。实践表明，这种方法除非包伞过程特别仔细，不然很容易出现收口绳缠绕和卡死现象。此外，由于翼伞开伞较慢，若用于大展弦比的翼伞或翼型相对厚度较小的翼伞，开伞过程就更迟缓。如今这种方法在运动翼伞上几乎被淘汰，而较多使用滑布收口方法。

10.1.5.2 滑布收口方法

滑布是用一块矩形织物制成，必须具有大透气量，其周边用薄型织带加强，四个角各有一定直径的金属圆环或布圈。滑布尺寸一般是展向为翼展的 0.1 倍，弦向为弦长的 0.2 倍。滑布的尺寸也可以由伞绳构型来确定。翼伞的四组伞绳穿过滑布的相应环圈，使滑布沿着伞绳可以自由滑动。包伞时，将滑布拉至紧靠伞衣下翼面处。翼伞充气时，由于受到滑布阻滞，减缓了伞衣展开速度。伞衣横向扩张时，由伞绳产生的轴向分力，将滑布往下推移；而滑布的气动阻力是将滑布往上推动，双向力相互作用的结果，减缓了滑布下滑的速度，使伞衣缓慢展开，从而达到降低开伞动载的目的。

滑布收口相当于是一种无级收口的方法，不过，它的下滑过程是随机的，有时可能会停止在伞绳的某一位置，这样将影响工作可靠性。解决办法是在滑布上设一根操纵绳，一旦出现非正常现象，可将滑布拉到正常位置。

由滑布收口衍生出一种十字带收口，它是将矩形的滑布演变成十字带形式。此外，还有将引导伞与滑布或十字带相连接，如同PCR方法，借助引导伞的阻力控制滑布或十字带的下滑速度来限制开伞动载。

10.1.5.3 中幅收缩方法

中幅收缩方法的工作原理是利用冲压式翼伞的特殊构型，把它收缩成手风琴状，用延期切割器切断收缩绳索后，伞衣依靠气动力沿展向扩展成形。如同普通降落伞一样，可采用一次或多次收缩，逐级开伞，主要取决于对开伞动载的限制程度。这种方法对伞衣面积有确定的收缩比率，因此开伞动载能够得到有效的控制。而且，由于伞绳没有滑布之类的附加物，所以不影响翼伞的机动操作。这种方法的关键技术在于如何实现气室有序的扩展，且不产生剧烈的动荡。

10.1.6 翼伞的折叠包装

翼伞的伞包的结构设计与普通降落伞的隔腔式伞包相似。伞包内部，伞衣与伞绳由内封包盖片分隔开来。在伞包储藏伞绳的部位，其内侧根据伞绳的长度，设数排扣襻带，用作连接伞绳捆绑带。内封包通常靠集束伞绳回折后，穿过内封包盖片的扣襻来实现。外封包靠封包绳锁紧。

翼伞伞衣为非轴对称结构，其伞衣折叠包装与普通降落伞大不相同。它是先从一侧端部的肋幅开始，将肋幅展平，然后沿翼展方向，以手风琴方式逐幅折叠整齐。折叠完毕，再从弦向方向折叠。伞绳和吊带的包装捆绑方式可参考普通降落伞的包装。

10.1.7　翼伞的工作过程

翼伞的工作过程一般可分为两个阶段：一是开伞阶段，二是归航控制阶段。以 X－38 所用大型翼伞回收系统的工作过程为例说明如下，图 10－8 是开伞阶段，图 10－9 是归航控制阶段。当 X－38 飞行器处于 7 km（距海平面）左右高度，速度约 145 m/s 时，弹伞筒将直径 2.74 m 的引导伞弹出，开伞程序启动。引导伞开伞后立即

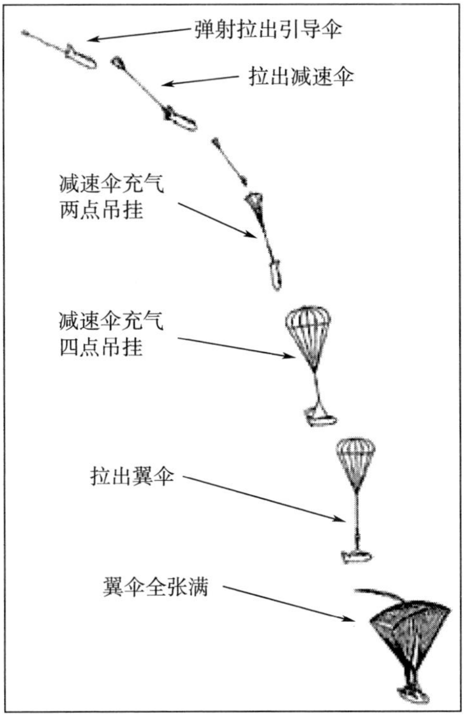

图 10－8　大型翼伞系统的开伞过程

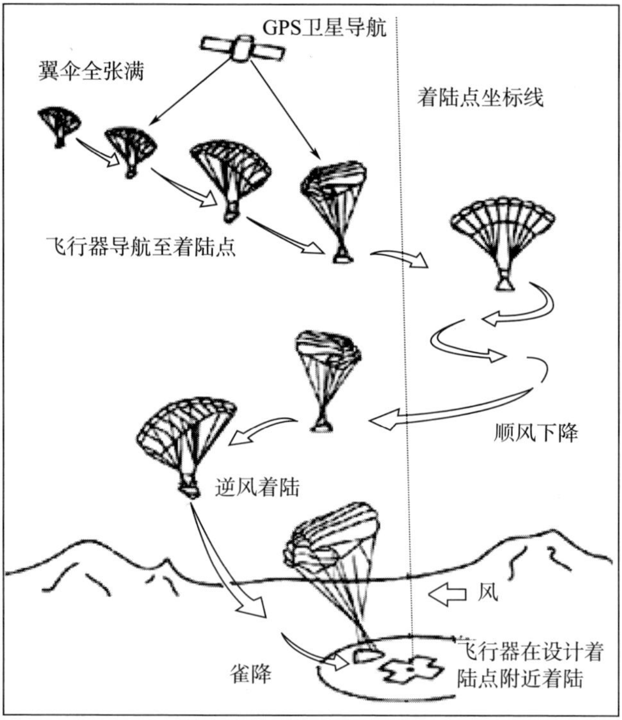

图 10-9　大型翼伞系统的自主归航过程

从伞舱尾部将直径 18.29 m 的减速伞拉出。为减小开伞动载，减速伞采用两级收口技术，即减速伞的充气过程分两次完成。减速伞在初始收口充气状态，通过凯夫拉材料的吊带两点连接于飞行器的尾部。在保持收口充满的状态时，切割器切开两点连接的吊带，系统转换为四点连接。然后，减速伞解除收口并再次充气，系统达到全张满的稳定状态。开伞程序启动后大约 55 s，减速伞与飞行器分离并同时拉出翼伞。翼伞采用中幅收口技术来降低开伞动载，初始充气张满的第一级有 11 个气室。翼伞完成从弹道飞行到滑翔飞行的转换后逐级沿展向打开 4 个收口级，解除收口的时间分别为伞绳拉直后的 8 s、12 s、16 s 和 20 s。当翼伞完全张满后，X-38 飞行器以大约 5.64 m/s 的垂直速度和 18.29 m/s 的水平速度下降，系统进入归航控制阶段。在归航控制中翼伞系统可通过地面指挥系统给机载制导控制系统发出指令，也可利用 GNC 系统来实施自主归航控制。自主归航控制通常可以分为三段：向心飞行段——飞向着陆区；能量控制段——以某种方式保持在着陆区附近盘旋；逆风着陆段——当着陆条件满足时，首先实施逆风控制使系统逆风飞行，在达到雀降高度时实施雀降着陆控制。X－38 翼伞回收系统从 7 925 m 高度开始投放，总的飞行时间大约 10 min。

10.2　翼伞系统的动力学模型

10.2.1　翼伞的几何参数

不同型号的翼伞结构各异，其描述参数也有不同，为了便于对翼伞附加质量及运动特性进行研究，在此给出了统一的翼伞几何描述参数。图 10－10～图 10－12 给出了翼伞几何外形的示意图。

1）展长投影 b ：伞衣充满后的水平投影沿翼展方向的长度。

2）弦长 c ：伞衣充满后的水平投影沿弦向的长度。

3）投影展弦比 AR：$AR=b/c$。

4）厚度 e ：翼剖面的上弦线和下弦线间最远距离。

5）名义拱高 h ：伞衣展向圆弧的顶点到两端点连线的距离。

6）汇交点 C ：伞绳的虚拟交汇点，亦圆弧形伞衣对应的圆心。

7）名义绳长 r ：汇交点到伞衣的距离。

8）展向弯曲弧度 Θ ：圆弧形伞衣所对应的圆心角的 1/2。

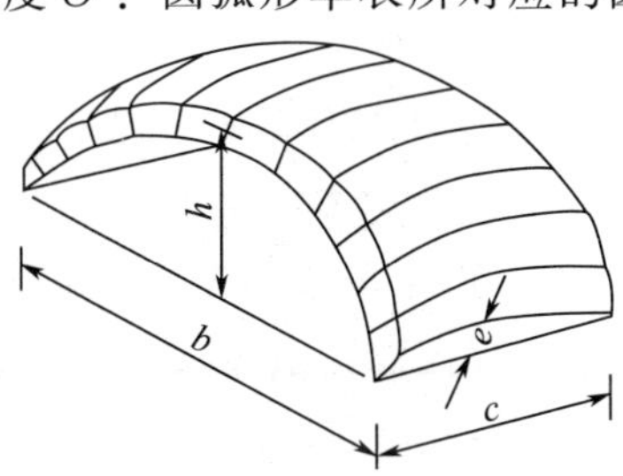

图 10－10　翼伞伞衣尺寸示意图

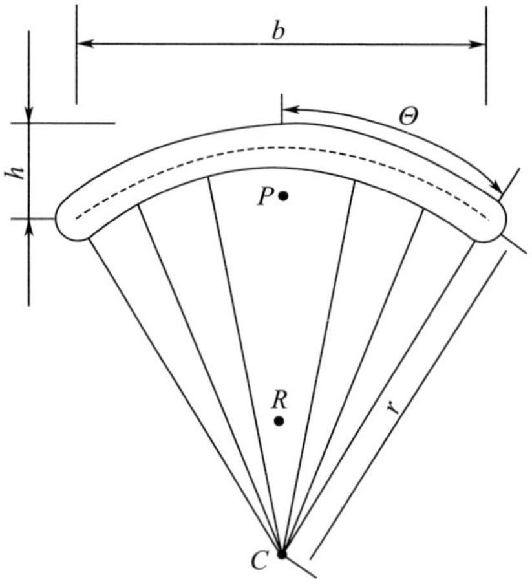

图 10－11　翼伞的正视图

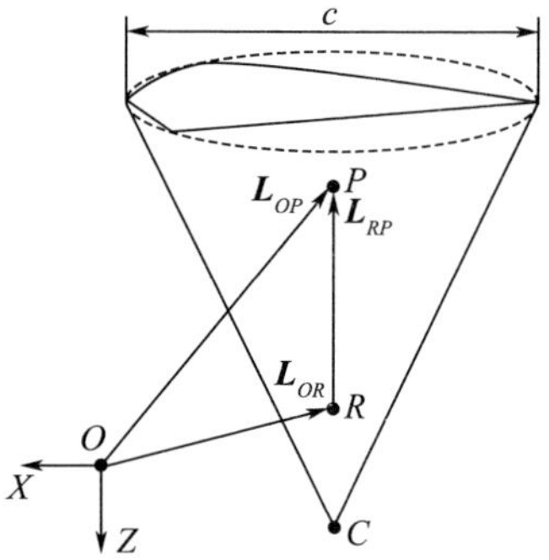

图 10－12　翼伞的侧视图

建模中采用以下基本约定和假设：

1）用 $\boldsymbol{L}_{A_1-A_2}$ 表示点 A_1 到点 A_2 的矢径，$[x_{A_1-A_2}, y_{A_1-A_2}, z_{A_1-A_2}]$ 为其在 3 个坐标轴的分量。如图 10－12 中 $\boldsymbol{L}_{RP}$ 为点 R 到点 P 的距离矢量。

2）伞体系的坐标平面 OXZ 与翼伞的纵向对称面重合。

3）假设翼伞伞衣的侧剖面为前后对称的椭圆形（如图 10－12 的虚线所示），则翼伞具有两个对称面，一个是沿弦向的纵向对称面，另一个是沿展向的前后对称面[4]。

10.2.2　翼伞的附加质量

对翼伞附加质量的处理目前有三种方法：一是标量法，将附加质量看作一个只计质量不计重量的质量块（因为空气的重力和浮力相平衡），附加质量的质心位于伞衣的形心，其大小有的取为伞衣的内含质量加上伞衣所排开气体质量的 1/2，有的仅取为伞衣的内含质量。二是采用 Lissaman[5] 所给出的附加质量矩阵形式。三是采用 Barrows[6] 所提供的附加质量矩阵形式。由附加质量的基本概念可知，方法一的处理过于简单；方法三是在方法二的基础上改进而得到的，并且与CFD的计算结果进行了对比，误差小于2%。对翼伞而言，它具有一定流线型的结构外形，而且由于伞衣的柔性使得翼面气流的分离比较平稳，分离后还可能再附，所以采用势流理论计算翼伞的附加质量具有一定的可信度。因此，本节中翼伞的附加质量采用Barrows提供的附加质量矩阵形式来表示。

Barrows给出了伞体系的坐标原点 O 位于纵向对称面内任意位置时对该点的附加质量的计算方法。他是在平直翼附加质量计算式的基础上，考虑翼伞展向圆弧型弯曲的影响，得到翼伞的平动附加质量分量与绕各主惯轴的转动附加质量分量；然后通过坐标的平移和转换得到相对于 O 点的附加质量。其结果与CFD的计算结果十分接近，而且已用于PGAS（Precision Guidance Airdrop System）系统的仿真。

平直翼附加质量的计算公式如下

$$\begin{cases} a_{f,11}=\rho k_A \pi (e^2 b/4) \\ a_{f,22}=\rho k_B \pi (e^2 c/4) \\ a_{f,33}=\rho\,[AR/(1+AR)]\,\pi (c^2 b/4) \\ a_{f,44}=0.055\rho\,[AR/(1+AR)]\,b^3 c^2 \\ a_{f,55}=0.0308\rho\,[AR/(1+AR)]\,c^4 b \\ a_{f,66}=0.055\rho b^3 e^2 \end{cases} \tag{10-1}$$

式中，下标f代表平直翼（Flap Wing），ρ 为当地的大气密度，k_A，k_B 为三维效应的修正因子，通常取 $k_A=0.85$，$k_B=1.0$。

考虑翼面的展向为圆弧形，则翼伞至少存在两个中心，一个是滚转中心 R，另一个是俯仰中心 P。它们都位于翼伞伞衣的两个对称面的交线上，与汇交点 C 共线（如图10-11所示），到 C 点的距离分别为

$$x_{P-C}=y_{P-C}=0,\ z_{P-C}=\frac{\int_{-\Theta}^{\Theta} r^2\cos\theta\,d\theta}{\int_{-\Theta}^{\Theta} r\,d\theta}=\frac{r\sin\Theta}{\Theta} \tag{10-2}$$

$$x_{R-C} = y_{R-C} = 0, z_{R-C} = \frac{z_{P-C} a_{f,22}}{a_{f,22} + a_{f,44}/r^2} \tag{10-3}$$

对式（10－1）进行修正，得到展向为圆弧形的翼伞的平动附加质量分量与绕各主惯轴的转动附加质量分量

$$\begin{cases} m_{a,11} = [1 + (8/3)(h^*)^2] a_{f,11} \\ m_{a,22} = (r^2 a_{f,22} + a_{f,44}) / z_{P-C}^2 \\ m_{a,33} = a_{f,33} \\ I_{a,11} = (z_{P-R}^2 / z_{P-C}^2) r^2 a_{f,22} + (z_{R-C}^2 / z_{P-C}^2) a_{f,44} \\ I_{a,22} = a_{f,55} \\ I_{a,33} = [1 + 8 (h^*)^2] a_{f,66} \end{cases} \tag{10-4}$$

下标 a 表示与附加质量相关，式中

$$h^* = \frac{r(1-\cos\Theta)}{2r\sin\Theta} \approx \frac{\Theta}{4} \tag{10-5}$$

定义

$$\boldsymbol{M}_a \equiv \begin{bmatrix} m_{a,11} & 0 & 0 \\ 0 & m_{a,22} & 0 \\ 0 & 0 & m_{a,33} \end{bmatrix} \tag{10-6}$$

$$\boldsymbol{J}_a \equiv \begin{bmatrix} I_{a,11} & 0 & 0 \\ 0 & I_{a,22} & 0 \\ 0 & 0 & I_{a,33} \end{bmatrix} \tag{10-7}$$

经过坐标变换和基于对称性假设的简化，相对于坐标原点 O 的附加质量 $\boldsymbol{A}_{a,O}$ 的计算式为

$$\boldsymbol{A}_{a,O} = \begin{bmatrix} \boldsymbol{M}_a & -\boldsymbol{M}_a(\boldsymbol{L}_{O-R}^{\times} + \boldsymbol{L}_{R-P}^{\times}\boldsymbol{B}_2) \\ (\boldsymbol{B}_2\boldsymbol{L}_{R-P}^{\times} + \boldsymbol{L}_{O-R}^{\times})\boldsymbol{M}_a & \boldsymbol{J}_{a,O} \end{bmatrix} \tag{10-8}$$

式中，$\boldsymbol{B}_2$ 为选择矩阵，下标 2 表示矢量与其相乘的结果是只保留第二项而其余项为零；矩阵 $\boldsymbol{L}_{A_1-A_2}^{\times}$ 是一个反对称阵，反映的是与右侧矢量的叉乘操作。具体各项的表达式为

$$\boldsymbol{B}_2 = \begin{bmatrix} 0 & 0 & 0 \\ 0 & 1 & 0 \\ 0 & 0 & 0 \end{bmatrix} \tag{10-9}$$

$$\boldsymbol{L}_{A_1-A_2}^{\times} = \begin{bmatrix} 0 & -z_{A_1-A_2} & y_{A_1-A_2} \\ z_{A_1-A_2} & 0 & -x_{A1-A2} \\ -y_{A_1-A_2} & x_{A_1-A_2} & 0 \end{bmatrix} \tag{10-10}$$

$$\boldsymbol{J}_{a,O} \equiv \boldsymbol{J}_a - \boldsymbol{L}_{O-R}^{\times}\boldsymbol{M}_a\boldsymbol{L}_{O-R}^{\times} - \boldsymbol{L}_{R-P}^{\times}\boldsymbol{M}_a\boldsymbol{L}_{R-P}^{\times}\boldsymbol{B}_2 - \boldsymbol{Q} - \boldsymbol{Q}^{\mathrm{T}} \tag{10-11}$$

$$\boldsymbol{Q} \equiv \boldsymbol{B}_2\boldsymbol{L}_{R-P}^{\times}\boldsymbol{M}_a\boldsymbol{L}_{O-R}^{\times} \tag{10-12}$$

10.2.3　翼伞系统六自由度运动方程

（1）基本假设

1）翼伞是展向对称的，伞衣完全张满后具有固定的形状（后缘的下偏操纵除外）；

2）回收物为旋成体，其所受的阻力远大于升力，对其升力忽略不计；

3）回收物与翼伞刚性连接成为一个整体；

4）伞衣的压心和质心重合，位于弦向距前缘 1/4 处；

5）平面大地。

（2）全张满翼伞系统的几何参数及质量特性

翼伞完全展开后展向呈圆弧形，如图 10－13 所示，设伞衣的质量为 m_s；伞绳的长度为 L_l，总质量为 m_l；吊带的长度为 L_{ris}，总质量为 m_{ris}；吊带与翼伞对称面的夹角为 ν；连接带与吊带相连的两个吊点间的距离为 D；两吊点间距离的中点距回收物质心的距离为 h_f；连接带的总质量为 m_{str}；回收物的质量为 m_w。则翼伞系统的质心（包括伞衣、伞绳、吊带、连接带和回收物）到回收物质心的距离 h_{O_t-w} 为

$$h_{O_t-w}=\frac{1}{m_s+m_l+m_{\mathrm{ris}}+m_{\mathrm{str}}+m_w}\times$$
$$\{m_{\mathrm{ris}}(0.5L_{\mathrm{ris}}\cos\nu+h_f)+m_l[(L_{\mathrm{ris}}+0.5L_l)\cos\nu+h_f]+$$
$$m_s[(L_{\mathrm{ris}}+L_l)\cos\nu+h_f]+0.5m_{\mathrm{str}}h_f\} \tag{10-13}$$

同样的方法可以得出系统质心到其他各部分质心的距离，如到伞衣质心的距离 h_{O_t-s} 、到伞绳质心的距离 h_{O_t-l} 、到吊带质心的距离 $h_{O_t-\mathrm{ris}}$ 。

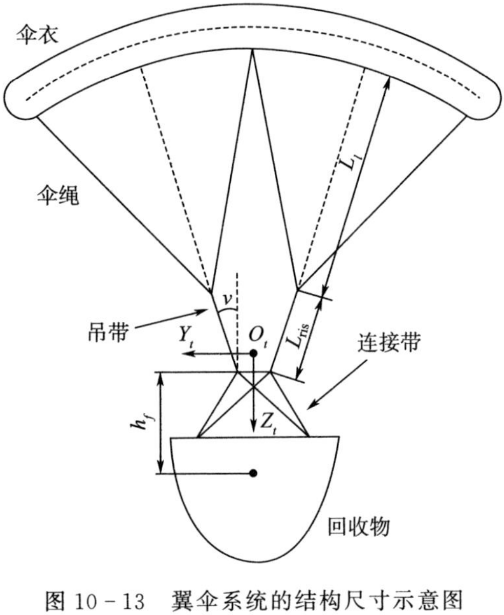

图 10－13　翼伞系统的结构尺寸示意图

由于伞衣内所含流体产生的转动惯量已经包括在附加质量中，因此在计算伞衣的转动惯量时，可以忽略厚度和圆弧形弯曲，将整个伞衣简化为矩形的薄板，则伞衣对系统质心的惯量张量为

$$\boldsymbol{J}_s = m_s \begin{bmatrix} \frac{1}{12}b^2 + h_{O_t-s}^2 & 0 & \frac{1}{4}ch_{O_t-s} \\ 0 & \frac{7}{48}c^2 + h_{O_t-s}^2 & 0 \\ \frac{1}{4}ch_{O_t-s} & 0 & \frac{1}{12}b^2 + \frac{7}{48}c^2 \end{bmatrix} \tag{10-14}$$

伞绳和吊带都看作均质刚性杆，它们对系统质心的转动惯量分别为

$$\begin{cases} I_{l,x} = m_l\left\{\frac{1}{12}L_l^2 + h_{O_t-l}^2 + \left[\frac{D}{2} + \left(L_{\text{ris}} + \frac{1}{2}L_l\right)\sin\nu\right]^2\right\} \\ I_{l,y} = m_l\left[h_{O_t-l}^2 + \frac{1}{12}\left(L_l\cos\nu\right)^2\right] \\ I_{l,z} = \frac{m_l}{4}\left[L_l\sin\nu + 2\left(\frac{D}{2} + L_{\text{ris}}\sin\nu\right)\right]^2 \end{cases} \tag{10-15}$$

$$\begin{cases} I_{\text{ris},x} = m_{\text{ris}}\left[\frac{1}{12}L_{\text{ris}}^2 + h_{O_t-\text{ris}}^2 + \left(\frac{D}{2} + \frac{1}{2}L_{\text{ris}}\sin\nu\right)^2\right] \\ I_{\text{ris},y} = m_{\text{ris}}\left(h_{O_t-\text{ris}}^2 + \frac{1}{12}\left(L_{\text{ris}}\cos\nu\right)^2\right) \\ I_{\text{ris},z} = \frac{m_{\text{ris}}}{4}\left(D + L_{\text{ris}}\sin\nu\right)^2 \end{cases} \tag{10-16}$$

连接带和回收物整个看作一个质点，由于回收物的质量远远大于连接带的质量，可以认为该质点的位置就在回收物的质心处，则其对系统质心的转动惯量为

$$I_{w,x} = I_{w,y} = (m_w + m_{\text{str}})L_{O_t-w}^2$$

$$I_{w,z} = 0$$

翼伞系统真实质量的惯量张量为

$$\boldsymbol{J}_{r,MC}=\boldsymbol{J}_s+\begin{bmatrix} I_{l,x}+I_{\mathrm{ris},x}+I_{w,x} & 0 & 0 \\ 0 & I_{l,y}+I_{\mathrm{ris},y}+I_{w,y} & 0 \\ 0 & 0 & I_{l,z}+I_{\mathrm{ris},z}+I_{w,z} \end{bmatrix} \tag{10-17}$$

(3) 坐标系定义

主要使用的坐标系有四个，它们都是右手系，如图 10-14 所示。

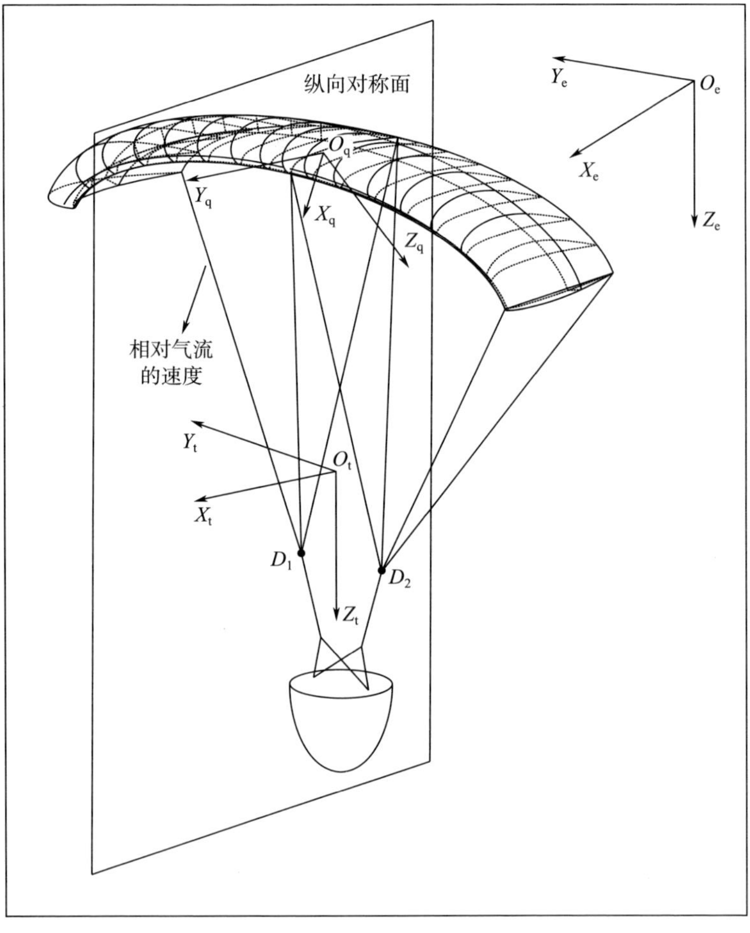

图 10-14　基本坐标系的示意图

体坐标系 $O_tX_tY_tZ_t$，原点 O_t 位于翼伞系统的质心，O_tZ_t 轴过回收物的质心，指向回收物一方，$O_tX_tZ_t$ 为翼伞的几何对称面，O_tX_t 指向伞衣前缘，O_tY_t 轴与其他两坐标轴构成右手系。

大地坐标系 $O_eX_eY_eZ_e$，原点 O_e 取空间某一固定点（通常取伞衣完全展开后，系统质心所在位置），O_eZ_e 轴铅垂向下；$O_eX_eY_e$ 与水平面平行，水平轴的方向根据初始条件来选取。

牵连大地系 $O_dX_dY_dZ_d$，原点 O_d 固连于翼伞系统的质心位置，其他各轴与大地系的相应轴平行。

气流坐标系 $O_qX_qY_qZ_q$，原点 O_q 位于翼伞的压心，O_qX_q 为相对气流的方向，O_qZ_q 在翼伞的几何对称面内，指向伞衣的下翼面，O_qY_q 轴与其他两轴构成右手系。

牵连大地系到体坐标系的转化关系通过三个欧拉角来确定：偏航角 ψ，俯仰角 θ，滚转角 ζ，转动次序为先绕 Z 轴旋转，再绕 Y 轴，最后绕 X 轴，即“3—2—1”。ψ 是牵连大地系 X_d 轴与体坐标系 X_t 轴在水平面的投影 X' 之间的夹角；θ 是 X' 与体坐标系 X_t 轴的夹角；ζ 是俯仰后的 Z' 轴与体坐标系 Z_t 轴的夹角。牵连大地系到体坐标系的坐标转换矩阵 $\boldsymbol{B}_{d-t}$ 为

$$\boldsymbol{B}_{d-t}=\begin{bmatrix}\cos\theta\cos\psi & \cos\theta\sin\psi & -\sin\theta\\ \sin\zeta\sin\theta\cos\psi-\cos\zeta\sin\psi & \sin\zeta\sin\theta\sin\psi+\cos\zeta\cos\psi & \sin\zeta\cos\theta\\ \cos\zeta\sin\theta\cos\psi+\sin\zeta\sin\psi & \cos\zeta\sin\theta\sin\psi-\sin\zeta\cos\psi & \cos\zeta\cos\theta\end{bmatrix}$$

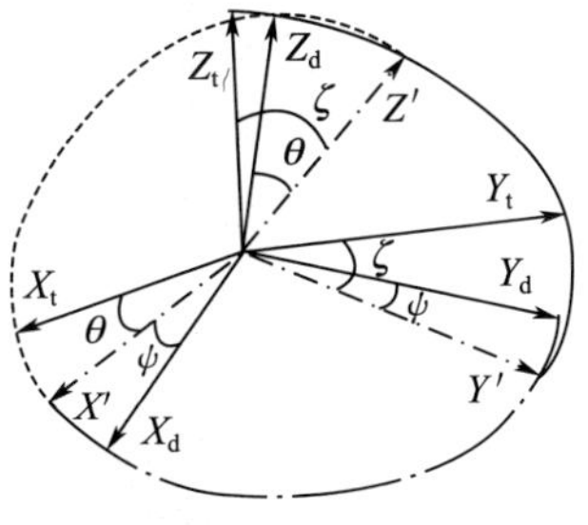

图 10－15　牵连大地系与体系的关系图

气流坐标系到体坐标系的转化关系由攻角 ε 和侧滑角 β 来确定，如图 10-16 所示。β 是气流系 X_q 轴与其在纵向对称面的投影 X'' 之间的夹角；ε 是 X'' 与体坐标系 X_t 轴的夹角。气流坐标系到体坐标系的坐标转换矩阵 $\boldsymbol{B}_{q-t}$ 为

$$\boldsymbol{B}_{q-t}=\begin{bmatrix}\cos\varepsilon\cos\beta & \cos\varepsilon\sin\beta & -\sin\varepsilon\\ -\sin\beta & \cos\beta & 0\\ \sin\varepsilon\cos\beta & \sin\varepsilon\sin\beta & \cos\varepsilon\end{bmatrix} \tag{10-18}$$

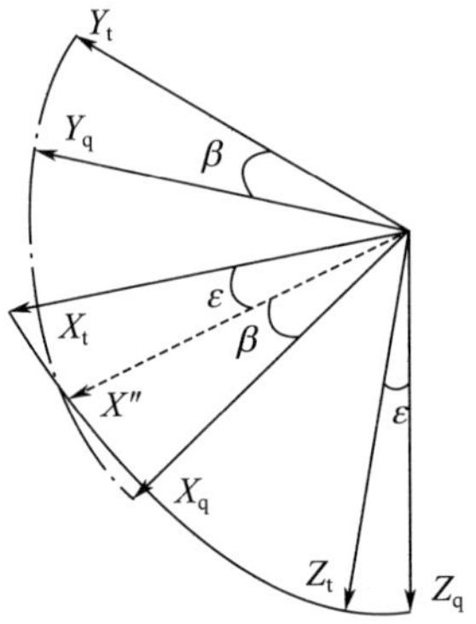

图 10-16　气流系与体系的关系图

(4) 翼伞气动力和力矩计算

翼伞气动力的计算是目前的一个难点。获得翼伞气动特性的方法可以分为飞行试验、风洞试验和数值计算三种。飞行试验固然十分重要，但其投资较大，能够测量的量又十分有限，一般只用于试验验证。目前做飞行试验最多的是 X-38 计划中最后着陆段所采用的大型翼伞系统。风洞试验也因翼伞为柔性体，且具有滑翔和操纵性的缘故而比较难实现。对于数值计算，近几年发展十分迅速。但是，目前的数值计算方法仍处于研究和发展的阶段，数值计算的结果是基于多种假设条件而得到的，还不能够完全满足实际翼伞系统设计和分析的要求。无论是试验还是数值计算，目前都只能获取翼伞纵向的气动特性参数，为了分析单侧下偏的转弯运动，广泛采用的还是分片处理的工程方法。所以，计算翼伞的气动力和力矩将采

用试验数据和工程分段处理相结合的方法。

本章以 Nicolaides[7] 提供的风洞试验数据为基础，并假设这些试验数据不仅适用于稳态流中的整个翼面，而且适用于动态情况下沿翼展方向的每一段翼面。由于转弯时气流速度及攻角沿展向的变化较大，而且升力实际上是沿展向呈椭圆分布的，我们采用 Goodrick[8] 的处理方法将翼伞沿展向分为相等的 8 片，如图 10 - 17 所示，各片上的升力系数从外到里依次乘以因子 0.6、1.0、1.16、1.24，每片依据当地的速度和攻角来计算相应的气动力和力矩，最后合成整个翼伞所受的气动力和气动力矩。

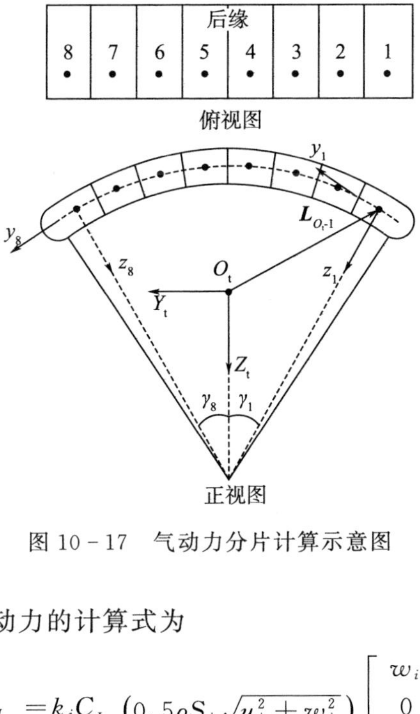

图 10 - 17　气动力分片计算示意图

各分片上气动力的计算式为

$$\begin{cases} F_{L_i} = k_i C_{L_i} \left(0.5\rho S_i \sqrt{u_i^2 + w_i^2}\right) \begin{bmatrix} w_i \\ 0 \\ -u_i \end{bmatrix} \\ F_{D_i} = -C_{D_i} (0.5\rho S_i V_i) \begin{bmatrix} u_i \\ v_i \\ w_i \end{bmatrix} \end{cases} \tag{10-19}$$

式中，下标 $i\,(i=1,\ 2,\ \cdots,\ 8)$ 表示对应第 i 片的量；k_i 为乘积因子；S 为面积；ρ 为当地的大气密度；u，v，w 是分片的压心处的速度矢量在自身的体坐标系下的分量；合速度 $V=\sqrt{u^2+v^2+w^2}$ ；C_L 、C_D 为升力和阻力系数。需要指出的是，C_L 和 C_D 是通过试验测量数据的插值得到的，而试验所测量的攻角 α 是纵向对称面内来流的反方向与翼伞下翼面的夹角，它不同于气流系与体系间相互转换所定义的攻角 ε ，如图 10－18 所示，它们之间的关系为

$$\varepsilon=\alpha+\phi \tag{10-20}$$

其中 ϕ 定义为翼伞伞衣的下翼面与体坐标系 X_t 轴的夹角，通常称为安装角（Rigging Angle）。

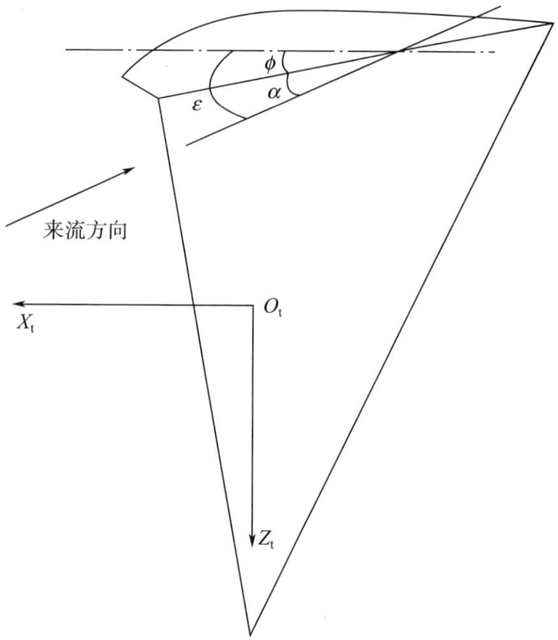

图 10－18　安装角示意图

总的翼伞伞衣所受气动力和对体坐标系原点 O_t 的气动力矩为

$$\boldsymbol{F}_{\text{aero}} = \sum_{i=1}^{8} \boldsymbol{B}_{i-O_t}(\boldsymbol{F}_{D_i} + \boldsymbol{F}_{L_i}) \tag{10-21}$$

$$\boldsymbol{M}_{\text{aero}} = \sum_{i=1}^{8} \boldsymbol{L}_{O_t-i}^{\times}\boldsymbol{B}_{i-O_t}(\boldsymbol{F}_{L_i} + \boldsymbol{F}_{D_i}) \tag{10-22}$$

其中，$\boldsymbol{B}_{i-O_t}$ 是第 i 段分片自身的体坐标系与整个翼伞系统的体坐标系之间的变换矩阵，它们之间的转换角 γ_i 的含义如图 10－17 所示，则

$$\boldsymbol{B}_{i-O_t} = \begin{bmatrix} 1 & 0 & 0 \\ 0 & \cos\gamma_i & \sin\gamma_i \\ 0 & -\sin\gamma_i & \cos\gamma_i \end{bmatrix} \tag{10-23}$$

（5）翼伞系统动力学方程

系统的动力学方程可以根据动量和动量矩定理来得到。翼伞系统总的动量和动量矩由两部分组成，一部分是由真实质量产生，另一部分是由附加质量引起。

若真实质量的质心点 MC 与所选择的坐标系原点 O 不重合，令 L_{O-MC} 为点 O 到点 MC 的矢径，$J_{r,MC}$ 为真实质量相对点 MC 的转动惯量，则真实质量相对于坐标原点 O 的动量 $P_{r,O}$ 和动量矩 $H_{r,O}$ 可以表示为

$$P_{r,O} = m_r V_{MC} = m_r(V_O - L_{O-MC}^{\times} W) \tag{10-24}$$

$$\begin{aligned} H_{r,O} &= J_{r,MC} W + L_{O-MC}^{\times} P_{r,O} \\ &= m_r L_{O-MC}^{\times} V_O + (J_{r,MC} - m_r L_{O-MC}^{\times} L_{O-MC}^{\times}) W \\ &= m_r L_{O-MC}^{\times} V_O + J_{r,O} W \end{aligned} \tag{10-25}$$

用矩阵形式表示为

$$\hat{\boldsymbol{P}}_{r,O} = \begin{bmatrix} P_{r,O} \\ H_{r,O} \end{bmatrix} = \begin{bmatrix} m_r\boldsymbol{E} & -m_r L_{O-MC}^{\times} \\ m_r L_{O-MC}^{\times} & J_{r,O} \end{bmatrix} \begin{bmatrix} V_O \\ \boldsymbol{W} \end{bmatrix} = \boldsymbol{A}_{r,O} \begin{bmatrix} V_O \\ \boldsymbol{W} \end{bmatrix} \tag{10-26}$$

式中，下标 r 表示与真实质量（real mass）相关，V_O，W 分别表示 O 点速度和角速度，$\boldsymbol{E}$ 为 3×3 的单位矩阵。

根据翼伞附加质量的表示式（10－8），附加质量对应的动量 $P_{a,O}$ 和动量矩 $H_{a,O}$ 为

$$\hat{\boldsymbol{P}}_{a,O}=\begin{bmatrix}P_{a,O}\\H_{a,O}\end{bmatrix}=\boldsymbol{A}_{a,O}\begin{bmatrix}V_O\\W\end{bmatrix}$$
$$=\begin{bmatrix}M_a & -M_a(L_{O-R}^{\times}+L_{R-P}^{\times}B_2)\\(B_2L_{R-P}^{\times}+L_{O-R}^{\times})M_a & J_{a,O}\end{bmatrix}\begin{bmatrix}V_O\\W\end{bmatrix}\tag{10-27}$$

系统的动量 P_T 和动量矩 H_T 为式（10－26）和式（10－27）之和。根据动量和动量矩定理，可得

$$\begin{aligned}&\frac{\partial P_T}{\partial t}+W^{\times}P_T\\&=\dot{P}_{a,O}+\dot{P}_{r,O}+W^{\times}P_{r,O}+W^{\times}P_{a,O}\\&=F_{\text{aero}}+F_{\text{ex}}\end{aligned}\tag{10-28}$$

$$\begin{aligned}&\frac{\partial H_T}{\partial t}+V_O^{\times}P_T+W^{\times}H_T\\&=\dot{H}_{a,O}+\dot{H}_{r,O}+V_O^{\times}P_{r,O}+W^{\times}H_{r,O}+V_O^{\times}P_{a,O}+W^{\times}H_{a,O}\\&=M_{\text{aero}}+M_{\text{ex}}\end{aligned}\tag{10-29}$$

其中，下标 aero 代表与传统气动力系数、静导数有关的气动力的作用；下标 ex 代表气动力以外的外力的作用，对翼伞系统而言只有重力。

将式（10－28）和式（10－29）左侧的非导数项移到右侧后展开，令

$$F_{r,nl}=-W^{\times}P_{r,O}=-W^{\times}m_r(V_O-L_{O-MC}^{\times}W)\tag{10-30}$$

$$F_{a,nl}=-W^{\times}P_{a,O}=-W^{\times}M_a(V_O-DW)\tag{10-31}$$

其中，$D=L_{O-R}^{\times}+L_{R-P}^{\times}B_2$。

$$\begin{aligned}M_{r,nl}&=-V_O^{\times}P_{r,O}-W^{\times}H_{r,O}\\&=-V_O^{\times}m_r(V_O-L_{O-MC}^{\times}W)-W^{\times}m_rL_{O-MC}^{\times}V_O-W^{\times}J_{r,O}W\end{aligned}\tag{10-32}$$

$$
\begin{aligned}
M_{a,nl} &= -V_O^{\times} P_{a,O} - W^{\times} H_{a,O} \\
&= -V_O^{\times} M_a (V_O - DW) + W^{\times} D^T M_a V_O - W^{\times} J_{a,O} W
\end{aligned}
\tag{10-33}
$$

式（10-32）的第一项 $V_O^{\times} m_r V_O$ 等于零，因为是两个平行矢量的叉乘。而式（10-33）的第一项也等于零，因为 $V_O^{\times} M_a V_O$ 是稳态量，通常已经包含在气动力矩 M_{aero} 中。所以上式可以简化为

$$
M_{r,nl} = m_r L_{O-MC}^{\times} V_O^{\times} W - W^{\times} J_{r,O} W \tag{10-34}
$$

$$
M_{a,nl} = V_O^{\times} M_a D W + W^{\times} D^T M_a V_O - W^{\times} J_{a,O} W \tag{10-35}
$$

因此，翼伞系统的动力学方程可以表示为

$$
\begin{bmatrix} \dot{V}_O \\ \dot{W} \end{bmatrix} = [\boldsymbol{A}_{r,O} + \boldsymbol{A}_{a,O}]^{-1} \begin{bmatrix} F_{\text{aero}} + F_{\text{ex}} + F_{r,nl} + F_{a,nl} \\ M_{\text{aero}} + M_{\text{ex}} + M_{r,nl} + M_{a,nl} \end{bmatrix} \tag{10-36}
$$

其中，$\boldsymbol{A}_{r,O}$ 如式（10-26）所示，$\boldsymbol{A}_{a,O}$ 为式（10-8）表示的翼伞附加质量矩阵，F_{aero} 和 M_{aero} 为气动力及力矩，F_{ex}、M_{ex} 为重力及力矩，而 $F_{r,nl}$、$F_{a,nl}$、$M_{r,nl}$、$M_{a,nl}$ 分别对应式（10-30）、式（10-31）、式（10-34）和式（10-35）。

10.3　翼伞的归航轨迹设计

归航轨迹的设计与优化对实现翼伞系统的自主归航至关重要，规划的航迹不合理就无法实现精确归航。

10.3.1　轨迹设计中的质点模型

在飞行器的轨迹优化中通常都采用简单模型，主要是由于复杂模型方程个数多，极大地增加了优化计算的复杂性，而使得求解困难。下面将在对翼伞系统六自由度仿真计算的结果和稳定运动的特性进行深入分析和总结的基础上，提炼出翼伞系统质点模型的运动方程。

（1）基本假设

1）在稳定下降段，翼伞系统看作一个质点，在重力和气动力的作用下达到平衡，系统垂直下落速度 v_z 和水平飞行速度 v_s 保持不变；

2）翼伞对控制输入的响应无延迟；

3）水平风场已知。

（2）质点模型

系统确定后雀降操纵实施的高度是确定的，此动力学非平衡过程作为已知过程，可不包括在飞行轨迹的设计过程中。因此，整个翼伞系统归航轨迹以翼伞完全展开后系统的初步稳定点为起点，雀降操纵的实施点为终点。

坐标系取平面大地系，坐标原点为目标点，翼伞系统运动方程可以简化为

$$\begin{cases}\dot{x}=v_s\cos\psi+v_{\text{wind},x}\\ \dot{y}=v_s\sin\psi+v_{\text{wind},y}\\ \dot{\psi}=u\\ \dot{z}=v_z\end{cases}\tag{10-37}$$

式中　x，y ——翼伞系统水平位移；

v_s ——系统水平飞行速度；

v_z ——系统垂直下落速度；

ψ ——转弯的角度；

$\dot{\psi}$ ——转弯角速度；

$v_{\text{wind},x}$，$v_{\text{wind},y}$ ——水平风速在各坐标轴的投影。

如图 10－19 所示，根据受力平衡及几何运动关系可得反映转弯角速度与系统滚转角间关系的式（10－38），而滚转角 ζ 与单边下偏量 δ_e 之间存在一一对应关系，所以转弯角速度 u 与单边下偏量 δ_e 之间存在对应关系

$$\left.\begin{aligned} \mathrm{tg}\zeta &= \frac{v_s^2}{gR_a} \\ R_a &= v_s/\dot{\psi} \end{aligned}\right\} \Rightarrow \dot{\psi} = \frac{g}{v_s}\mathrm{tg}\zeta \tag{10-38}$$

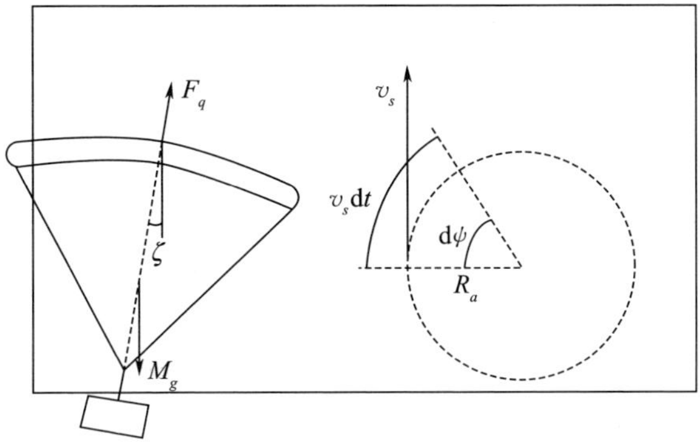

图 10－19　翼伞系统转弯运动示意图

(3) 风坐标系

首先建立地面坐标系 $O_eX_eY_eZ_e$ 和风坐标系 $O_fX_fY_fZ_f$ 。由于实施雀降操纵的空间位置是已知的，将此点定为大地坐标系的原点，X 轴的方向与地面的水平风 v_{wind} 的风向一致，Z 轴垂直地平面向上，Y 轴依照右手系来确定。风坐标系中各坐标轴的方向与地面坐标系一致，其坐标原点是随着气流而运动的，在翼伞系统实施雀降的时刻 t_f ，风坐标系与地面坐标系相重合，而在任意时刻 $t_0 \leqslant t \leqslant t_f$ ，两坐标系原点间的距离为

$$\overrightarrow{O_dO_f(t)} = \int_t^{t_f} \overrightarrow{v_{\mathrm{wind}}(t)}\mathrm{d}t \tag{10-39}$$

亦可化为

$$\overrightarrow{O_dO_f(z)} = \int_z^0 \overrightarrow{v_{\mathrm{wind}}(z)}\frac{\mathrm{d}z}{v_z} \tag{10-40}$$

为研究问题的方便，在风坐标系中进行轨迹的设计，这样可以将风的大小、方向及随高度的变化等影响都转化到初始点位置的偏移中，只需关注着陆点的地面风向以确定逆风着陆方向。后面的建

模计算将基于风坐标系进行，相应的系统运动方程可转化为

$$\begin{cases}\dot{x}=v_s\cos\psi\\ \dot{y}=v_s\sin\psi\\ \dot{\psi}=u\\ \dot{z}=v_z\end{cases}\tag{10-41}$$

10.3.2 翼伞系统的分段归航设计

（1）轨迹规划的原则

翼伞系统在控制过程中的基本运动形式有四种：滑翔、转弯、减速和雀降。雀降只在最后的着陆阶段实施，此过程不包括在轨迹规划的范围内。而双侧下偏的减速运动与滑翔运动相比对飞行轨迹的影响不大，因此在航迹规划的实施中主要采用滑翔和转弯两项操纵。

对翼伞系统运动特性的分析可知：在不考虑风的情况下，稳定的滑翔运动属于纵向平面的运动，它在水平面的投影是一条线段；转弯运动为螺旋下降过程，稳定的转弯运动在水平面的投影为一个圆（或圆弧）。因此，在初始下降高度确定的情况下，水平面上轨迹的规划就是选择合适的圆弧和线段的组合方式。

为避免过急的转弯控制造成的失稳，应控制翼伞后缘下偏量的大小及下拉的速率。在轨迹规划中，直线与直线或直线与大圆弧相交时采用最小转弯圆弧进行过渡连接，此圆弧的半径是给定的最大稳定单边下拉量所对应的半径，过渡圆弧对应的圆心角要小于180°，以减小控制的能量。

（2）分段归航方案的选择

分段归航的轨迹可大致分为三段：向心段（Homing）——飞向着陆区；能量控制段（Energy Controlling）——在着陆区附近以某种方式飞行来“消耗高度”，直至某些条件满足后转向最后的着陆；着陆段（Landing）——通常包括逆风、滑翔和雀降。各种分段策略有所不同的主要是在能量控制段，大体上有三种进行能量控制的方案，如图10－20所示。

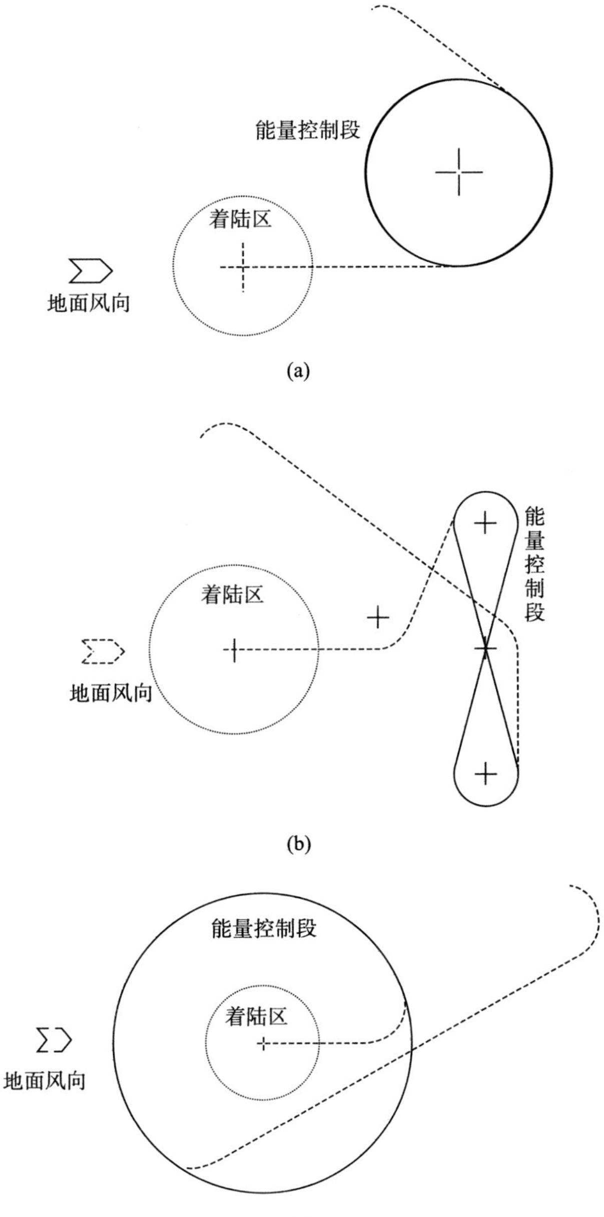

图 10 - 20　能量控制段的方案示意图

方案（a）所反映的是在目标区较近的下风区内做转弯运动来“消耗高度”。方案（b）所反映的是在距离目标区较近的下风区内，根据设定的T字形的路径点（图中的“+”标记点）做S形的运动。方案（c）是围绕目标点做转弯运动。

相比之下方案（c）是一种常用的选择，主要优点如下：

1）与方案（a）相比，绕着陆点做转弯运动的转弯半径可以较大，相应的控制下偏量就较小，可以极大地节约控制能量；而且一旦有紧急情况发生，其着陆的精度也有一定保障。

2）方案（b）的设计虽然以滑翔为主以节约控制能量，但其操纵变换较多，实施起来比较复杂；且从轨迹跟踪控制的角度来看，翼伞系统是不利于对直线进行跟踪的，因为一般需要左右反复交替操纵。

3）方案（c）在X－38的飞行试验中得到了成功的验证。

（3）经典分段归航轨迹的设计和优化

根据方案（c）分段归航策略设计归航轨迹如图10－21所示。轨迹分为三段：目标接近段、能量控制段和着陆段，分别对应于图中的1、2、3。目标接近段是从B点到C点，做滑翔运动；能量控制段是从D点到E点，对应于图中的大圆弧，此段实施的是转弯控制；着陆段从F点到实施雀降的坐标原点G，也是做滑翔运动。各段之间通过最小转弯圆弧进行过渡连接。整个轨迹采用单侧转弯控制不仅可以减少左右交替操纵对电机能量的损耗，还可以降低左右转弯变换对翼伞系统飞行稳定性的不利影响。

（4）轨迹的计算

所有计算都是在风坐标系下进行。由于垂直速度和滑翔比认为是定值，所以计算的关键是确定各点在大地坐标系下的X轴和Y轴坐标，以及各段的水平距离。

初始已知条件：A点位置坐标$[x_0, y_0, z_0]$，初始飞行方向角α_0（水平速度与X轴正向的夹角，上方为正），最小转弯半径R_{min}。

约束条件：过渡圆弧的圆心角小于180°，即：$0 \leqslant \beta_1, \beta_2, \beta_4 \leqslant \pi$。

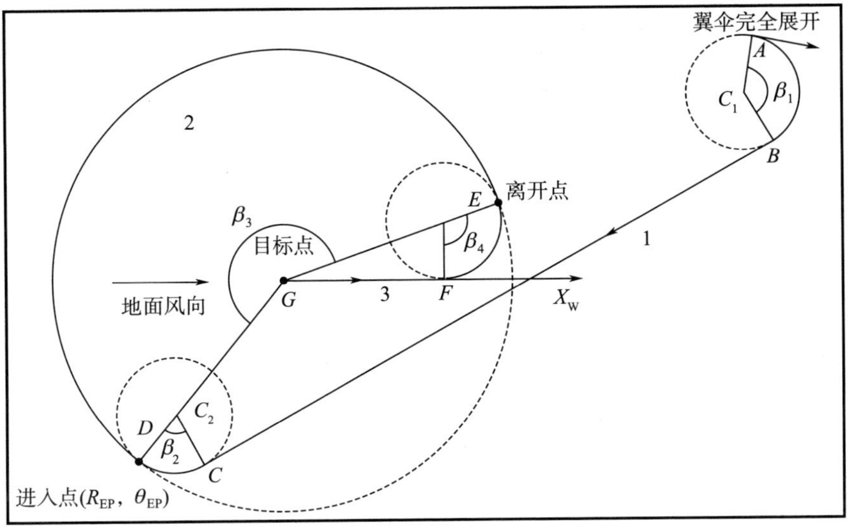

图 10-21　经典分段归航轨迹图

设定：顺时针转弯时 $s=-1$，逆时针转弯时 $s=1$；能量控制段的进入点对应的转弯半径为 R_{EP}，对应的方位角为 θ_{EP}（坐标原点到进入点的连线与 X 轴正向的夹角）。

①各段的计算

C_1 点坐标

$$\begin{bmatrix} x_{C_1} \\ y_{C_1} \end{bmatrix}=\begin{bmatrix} x_0 \\ y_0 \end{bmatrix}+R_{\min}\begin{bmatrix} \cos\alpha_1 \\ \sin\alpha_1 \end{bmatrix},\quad \alpha_1=\alpha_0+s\cdot\frac{\pi}{2} \tag{10-42}$$

C_2 点坐标

$$\begin{bmatrix} x_{C_2} \\ y_{C_2} \end{bmatrix}=(R_{EP}-R_{\min})\begin{bmatrix} \cos\theta_{EP} \\ \sin\theta_{EP} \end{bmatrix} \tag{10-43}$$

$\overrightarrow{BC}$ 矢量及其与 X 轴正向的夹角 α 可采用下式计算

$$\overrightarrow{BC}=\begin{bmatrix} x_{\overrightarrow{BC}} \\ y_{\overrightarrow{BC}} \end{bmatrix}=\overrightarrow{C_1C_2}=(R_{EP}-R_{\min})\begin{bmatrix} \cos\theta_{EP} \\ \sin\theta_{EP} \end{bmatrix}-\begin{bmatrix} x_0 \\ y_0 \end{bmatrix}-R_{\min}\begin{bmatrix} \cos\alpha_1 \\ \sin\alpha_1 \end{bmatrix} \tag{10-44}$$

$$
\alpha = \begin{cases} \mathrm{sign}(y_{\overrightarrow{BC}}) \cdot \dfrac{\pi}{2} & x_{\overrightarrow{BC}} = 0 \\ \dfrac{1 - \mathrm{sign}(x_{\overrightarrow{BC}})}{2} \cdot \mathrm{sign}(y_{\overrightarrow{BC}}) \cdot \pi + \mathrm{arctg}\,\dfrac{y_{\overrightarrow{BC}}}{x_{\overrightarrow{BC}}} & x_{\overrightarrow{BC}} \neq 0 \end{cases} \tag{10-45}
$$

第一个过渡圆弧的夹角 β_1

$$
\beta_1 = s \cdot (\alpha - \alpha_0)\text{，若 } \beta_1 < 0\text{，则 } \beta_1 = 2\pi + \beta_1 \tag{10-46}
$$

第二个过渡圆弧的夹角 β_2

$$
\beta_2 = s \cdot (\alpha_2 - \alpha)\text{，若 } \beta_2 < 0\text{，则 } \beta_2 = 2\pi + \beta_2 \tag{10-47}
$$

$$
\alpha_2 = \theta_{EP} + s \cdot \frac{\pi}{2} \Rightarrow \begin{cases} \alpha_2 > \pi & \alpha_2 = \alpha_2 - 2\pi \\ \alpha_2 \leqslant -\pi & \alpha_2 = \alpha_2 + 2\pi \\ -\pi < \alpha_2 < \pi & \alpha_2 = \alpha_2 \end{cases} \tag{10-48}
$$

能量控制段转弯圆弧的中心角 β_3

$$
\beta_3 = s \cdot (-s \cdot \alpha_3 - \theta_{EP}) = -\alpha_3 - s \cdot \theta_{EP}\text{，若 } \beta_3 < 0\text{，则}
$$

$$
\beta_3 = 2\pi + \beta_3 \tag{10-49}
$$

$$
\alpha_3 = \arcsin \frac{R_{\min}}{R_{EP} - R_{\min}} \tag{10-50}
$$

最后的过渡圆弧的夹角 β_4

$$
\beta_4 = \alpha_3 + \frac{\pi}{2} \tag{10-51}
$$

②目标函数的建立

为使设计的归航轨迹的着陆点与目标点间距离最近，取设计轨迹的水平飞行距离与定滑翔比条件下初始高度对应的水平飞行距离（$f \cdot z_0$）的差值的绝对值为目标函数，即

$$
J = \min\left\{ \left| R_{\min}(\beta_1 + \beta_2 + \beta_4) + R_{EP} \cdot \beta_3 + \| \overrightarrow{BC} \| + \sqrt{(R_{EP} - 2R_{\min}) R_{EP}} - f \cdot z_0 \right| \right\} \tag{10-52}
$$

③约束条件

整个轨迹确定的关键是进入点参数（R_{EP}，θ_{EP}）的确定，确定的依据为满足目标函数 J 。R_{EP} 的取值需从两个方面考虑：一是能量控制段转弯半径要比较大，这样系统倾斜角就在较小的范围，可以提高系统的稳定性、节约能量，便于控制系统进行偏差修正，同时也给着陆段提供了足够的调整距离；二是能量控制段的转弯半径又不能过大，以便控制着陆精度。因此，取 $R_{EP}\in[R_1, R_2]$，R_1，R_2 为给定进入点位置所选转弯半径的上、下限。θ_{EP} 的取值范围为 $[-\pi, \pi]$。

针对以上轨迹计算模型、目标函数和约束条件，即可将翼伞系统分段轨迹设计问题转化为一个带约束的非线性优化问题，采用序列二次规划等经典优化算法或遗传算法等智能优化算法进行设计求解。

(5) 其他特殊情况的归航轨迹

经典分段归航所对应的是初始高度适中的情况，对于欠高度和高度冗余的情况，分段归航轨迹可按以下方法设计。

①目标点不可达的分段归航

由于翼伞系统本身的滑翔比基本固定，而且操纵方式简单，因而并不是任何初始位置和状态都能够控制实现准确、安全着陆。一般地，滑翔运动主要用于修正距离偏差，而转弯运动主要用于改变航向和消耗冗余高度。在风坐标系中，当初始的水平距离偏差与高度之比大于滑翔比时，系统是不可能到达目标点的，此范围称为不可行域。如图 10－22 所示，坐标原点为圆锥的顶点，母线的斜率等于滑翔比，此圆锥所围成的区域之外就是不可行域。而在圆锥形区域内，也不是任何位置都能够实现逆风准确着陆，因为方向的改变需要消耗高度，同一初始位置不同初始方向选择的归航轨迹很可能是不同的。

对于不可行域内的翼伞系统，为满足基本着陆要求，参照翼伞系统最优控制归航中“终点不能到达目标点”时的控制特点，按照

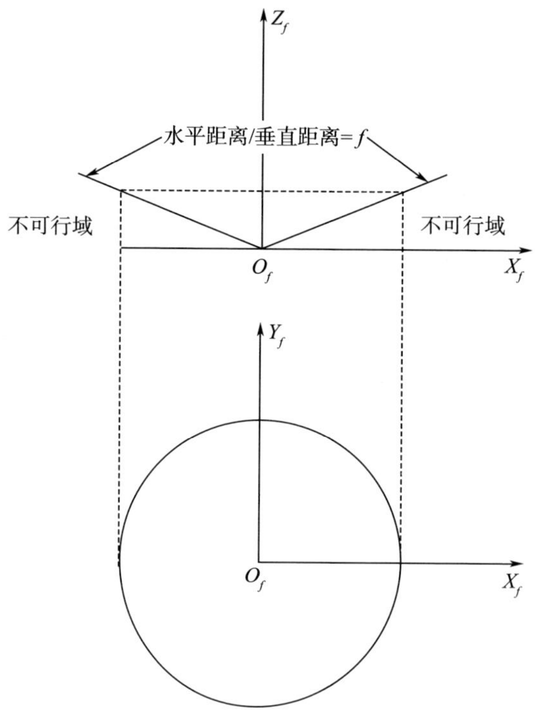

图 10－22　不可行域的定义

图 10－23 所示方式进行归航。首先是转向坐标原点，然后是向心飞行，最后是逆风转弯和雀降前的滑翔。它们分别对应于图中的 1、2、3 三部分，转弯半径采用最小稳定转弯半径以实现快速转弯。采用此种归航方式既满足了逆风和雀降的着陆要求，又尽量减小了距离上的偏差。

②高高度的分段归航

此种情况下有大量高度冗余，需要通过转弯盘旋来消耗。可以采用两种办法处理，一是直接运用经典分段归航轨迹的设计方法，通过增加能量控制段的转圈次数来消耗势能；另一种方法如图 10－24 所示，整个外部的大圆及以外的区域（包括向心归航段和下落圆弧）称为下落段，进行的是开环控制，不考虑各种扰动和偏差，目

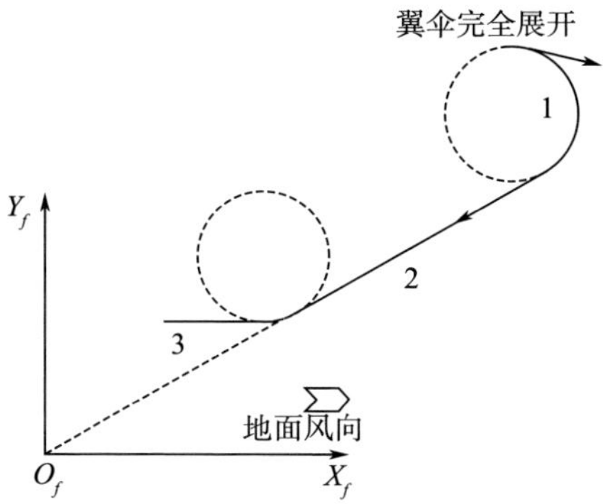

图 10－23　目标点不可达时翼伞系统分段归航方案

的就是消耗掉过多的高度。在降到一定的高度值或满足一定条件后，转向经典分段归航轨迹的操作，进行闭环的归航控制。两种方法对比，后者可以明显简化控制过程和节约操纵的能量。

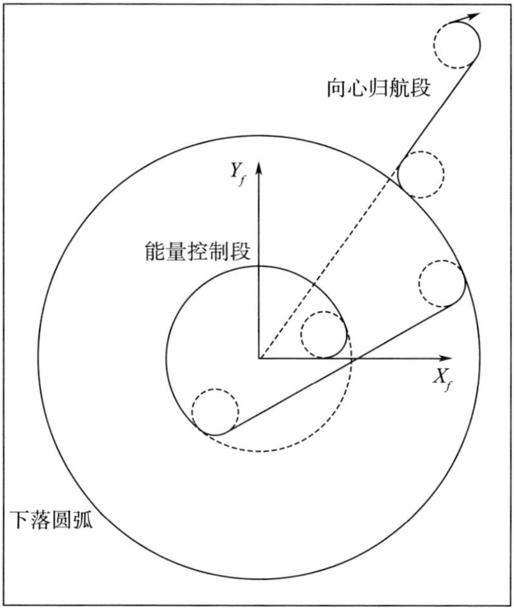

图 10－24　高度冗余时翼伞系统的分段归航方案

③全系统分段归航方案和判据

全系统分段归航方案由上述三种方案组合而成。方案的选择需要根据归航的初始条件、环境，以及翼伞系统的性能和要求等方面来综合考虑。在此给出一个粗略的选择判据。

在风坐标系下，设翼伞系统完全展开时所处的位置距离目标点的水平距离为 S ，垂直距离为 H ，能量控制段转弯半径的选择范围为 $[R_1, R_2]$，系统的滑翔比为 f 。

1）当 $f \cdot H > 2\pi R_2 + R_2 + |S - R_2|$ 时，采用高高度归航方案。在开环运动（向心飞行段和下落圆弧段）的过程中，不断地判断 t 时刻风坐标系下距目标点的水平距离 S_t 和垂直距离 H_t 是否满足 $f \cdot H_t < 2\pi R_2 + R_2 + |S_t - R_2|$ ，满足则计算经典分段归航轨迹的各项参数，并实施闭环的轨迹跟踪控制。

2）当 $f \cdot H < |S - R_1| + R_1$ 时，采用目标点不可达的分段归航方案。

3）介于两者之间，即 $|S - R_1| + R_1 < f \cdot H < 2\pi R_2 + R_2 + |S - R_2|$ ，则采用经典分段归航方案。

参考文献

［1］ Ewing E G，Bixby H W，Knacke T W. 回收系统设计指南［M］. 北京：航空工业出版社，1988.

［2］ 余莉. 飞行器救生及个体防护技术［M］. 北京：国防工业出版社，2015.

［3］ 王利荣. 降落伞理论与应用［M］. 北京：宇航出版社，1997.

［4］ 熊菁. 翼伞系统动力学与归航方案研究［D］. 长沙：国防科技大学，2005.

［5］ Lissaman P B，Brown G J. Apparent Mass Effects on Parafoil Dynamics［R］. AIAA-93-1236，1993.

［6］ Barrows T M. Apparent Mass of Parafoils with Spanwise Camber［J］. Journal of Aircraft，2002，39（3）：445-451.

［7］ Nicolaides J D. Parafoil wind tunnel tests［R］. AFFDL-TR-70-146，1970.

［8］ Goodrick T F. Simulation studies of the flight dynamics of gliding parachute system［R］. AIAA-79-0417，1979.

第 11 章　航天器回收着陆系统可靠性评估方法

航天器回收着陆系统的工作直接关系到整个飞行任务的成败，特别是对于载人航天活动来说，回收着陆系统的工作成败更是直接关系到航天员的生命安全，因此可靠性、安全性的设计、分析和评估自始至终是回收着陆系统的一项重要的工作。

回收着陆系统除了在正常返回状态下要满足其要求外，还要在各种应急救生状态下保证航天员以安全速度返回着陆，因此它应具有适合于在多种状态下的工作程序。此外，由于飞船返回舱在返回的过程中处于高速运动状态，而且回收着陆系统工作时高度较低，这就使得回收着陆系统在工作过程中出现故障征兆的实时性差，外界无法采取营救措施，因此，为了提高回收着陆系统工作的可靠性和安全性，对于回收着陆系统本身所有可以预见的故障均要有相应的补救措施。特别是神舟飞船所采用的冷备份降落伞减速系统的设计方案，更使得回收着陆系统的工作程序和组成关系非常复杂，其关系不再是典型的串、并联或冷贮备关系。同时，回收着陆系统产品的种类较多，包括机械产品、电子产品、机-电结构产品以及火工装置、降落伞等，各产品的工作特点也不尽相同，单机产品和系统的可靠性评估也有自身的特点。

本章主要针对回收着陆系统的特点，详细介绍了回收着陆系统的可靠性建模、系统可靠性评估方法、降落伞和火工装置等单机产品的可靠性评估方法等。

11.1　基础知识

本部分主要介绍与回收着陆系统可靠性评估相关的基础知识，

包括系统可靠性模型、不同概率分布下单元产品的可靠性评估方法，以及应用于可靠性信息融合的折合方法。

11.1.1　系统可靠性模型

（1）串联系统模型

由若干单元组成的系统，只要有一个单元发生故障，该系统就发生故障，这样的系统就是可靠性串联系统。

串联系统的可靠性框图如图 11－1 所示。

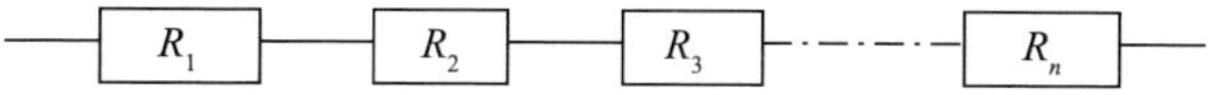

图 11－1　串联系统可靠性框图

串联系统的可靠性模型为

$$R_s=\prod_{i=1}^{n}R_i \tag{11-1}$$

式中，R_s 为系统可靠度，R_i 为第 i 个单元的可靠度，$i=1, 2, \cdots, n$。

（2）并联模型

组成系统的所有单元只有全部发生故障，整个系统才发生故障，这样的系统就是并联系统。

并联系统的可靠性框图如图 11－2 所示。

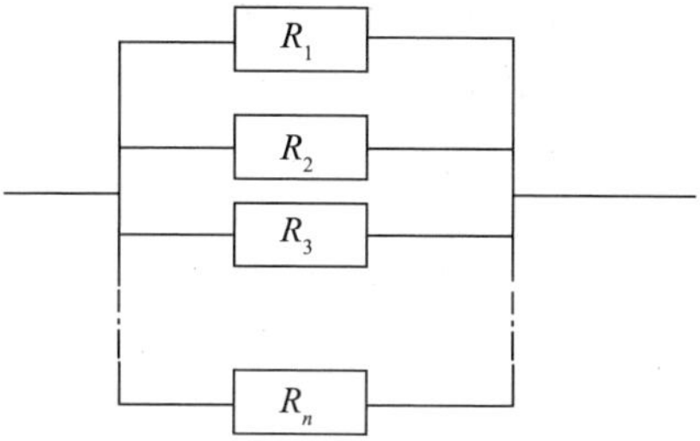

图 11－2　并联系统可靠性框图

并联系统的可靠性模型为

$$R_s=1-\prod_{i=1}^{n}(1-R_i) \tag{11-2}$$

式中，R_s 为系统可靠度，R_i 为第 i 个单元的可靠度，$i=1, 2, \cdots, n$。

（3）表决模型

由 n 个单元组成的系统，若其中有 k 个或 k 个以上单元正常时，则系统正常，这样的系统称为表决系统，记作 $k/n(G)$。

$k/n(G)$ 系统可靠性框图如图 11－3 所示。

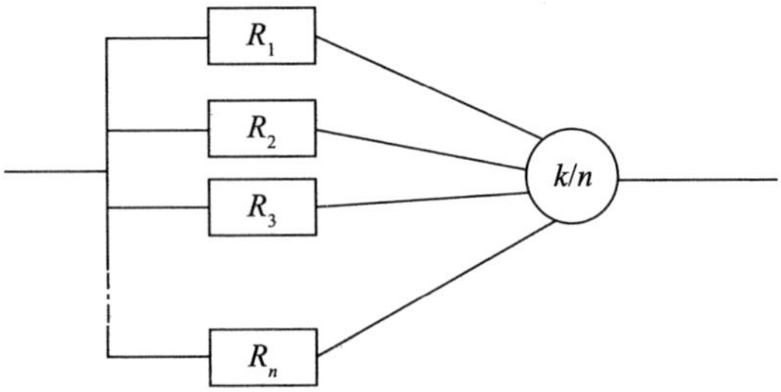

图 11－3　$k/n(G)$ 系统可靠性框图

当各单元可靠度均为 R，表决器完全可靠时，$k/n(G)$ 系统的可靠性模型为

$$R_s=\sum_{i=k}^{n}C_n^iR^i(1-R)^{n-i} \tag{11-3}$$

式中，R_s 为系统可靠度。

（4）冷贮备模型

由工作单元与贮备单元组成的系统，当工作单元失效时，通过转换开关立即由贮备单元接替工作，这种系统称为冷贮备系统。

冷贮备系统的可靠性框图如图 11－4 所示。

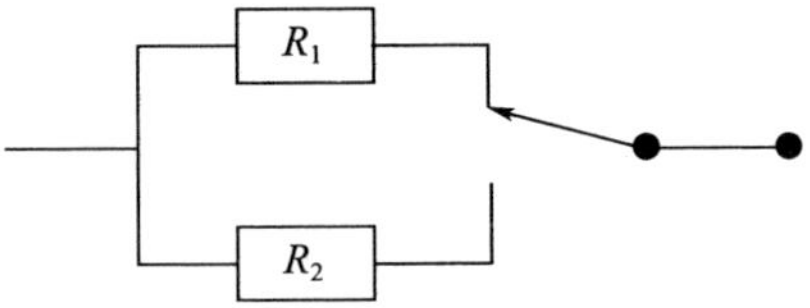

图 11－4　冷贮备系统可靠性框图

当冷贮备系统中各单元可靠度不随任务时间变化，且转换开关不完全可靠时，冷贮备系统的可靠性模型为

$$R_s = R_1 + (1 - R_1) R_k R_2 \tag{11-4}$$

式中　R_s——系统可靠度；

R_1——主工作单元的可靠度；

R_2——贮备单元的可靠度；

R_k——转换开关的可靠度。

若转换开关完全可靠，即 $R_k = 1$，则冷贮备系统的可靠性模型为

$$R_s = R_1 + (1 - R_1) R_2 \tag{11-5}$$

（5）全概率模型

全概率模型是选出系统中的某个单元，以该单元正常与失效两种状态为条件，借助于全概率公式把复杂网络系统分解，直到简化为一般的串并联系统。

众所周知，全概率方程式为

$$P(A) = \sum_{i=1}^{n} P(A \mid B_i) \cdot P(B_i) \tag{11-6}$$

于是对于一个系统的可靠性可以这样理解：设 S 为系统正常事件，被选单元为 X，其可靠度为 $R(X)$，不可靠度为 $F(X)$，则由全概率方程式知

$$R(S) = R(S \mid X) R(X) + R(S \mid \overline{X}) F(X) \tag{11-7}$$

式中　$R(S \mid X)$ 为——单元 X 正常条件下系统正常工作的概率；

$R(S \mid \overline{X})$ 为——单元 X 失效条件下系统正常工作的概率。

例如，对于图 11－5 所示的桥式网络系统可以先将其简化为 2 个串-并关系的子系统，然后应用全概率法再综合这 2 个子系统。如图 11－6 所示，其中一个子系统是把 E 作为好的，即它不能失效，在此种情况下，A 与 B 并联，C 与 D 并联，这二个并联分支再串联。另一个子系统是把 E 作为坏的，即它总是失效的，在此种情况下，A 与 C 串联，B 与 D 串联，这二个串联分支再并联。由于这两个子系统均不能同时存在因而是互斥的，因此可以用全概率法予以再综合。

于是根据全概率方程式，图 11－5 桥式网络系统的可靠度可方便地表示为

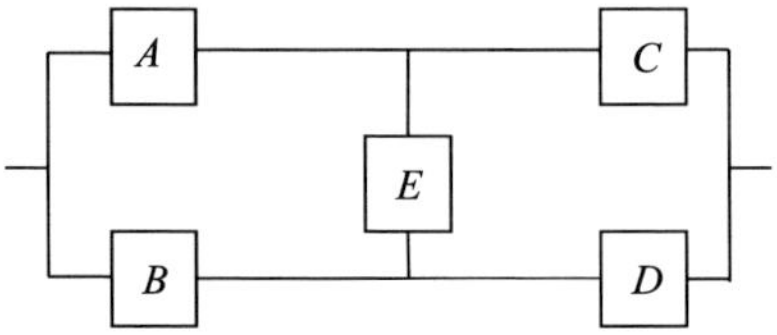

图 11－5　桥式网络系统

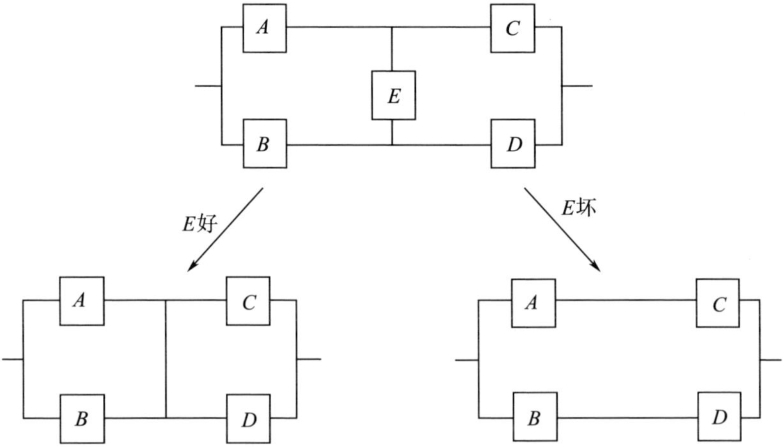

图 11－6　桥式网络系统的划分

$$R_{系}=R_{系}(E\text{ 好时})\cdot R_E+R_{系}(E\text{ 坏时})\cdot(1-R_E)\quad(11-8)$$

（6）和联模型

和联模型是在进行载人飞船回收着陆系统可靠性模型研究时，针对类似回收着陆系统顺序运行的逻辑特征所提出的一种可靠性模型[1]。

假设系统由单元 A_1，A_2，…，A_i，…，A_n 组成，若系统存在如下特征，则该系统的可靠性模型为和联模型：

1）各单元之间正常工作事件互不相容，即其中一个单元工作时，其余单元均处于非工作状态；

2）工作单元失效时，其他单元可接替其继续工作；

3）只要尚有单元处于正常状态，系统便正常工作，当且仅当所有单元均失效时，系统失效。

和联模型的示意图如图 11－7 所示。和联模型与并联模型较为相似，不同的是和联模型中各单元的正常工作事件为互不相容事件，而并联模型中各单元可同时处于正常工作状态。另外，并联模型中通常假设系统中各单元相互独立，而和联系统中各单元的正常工作事件的互不相容性意味着系统中各单元之间不相互独立。

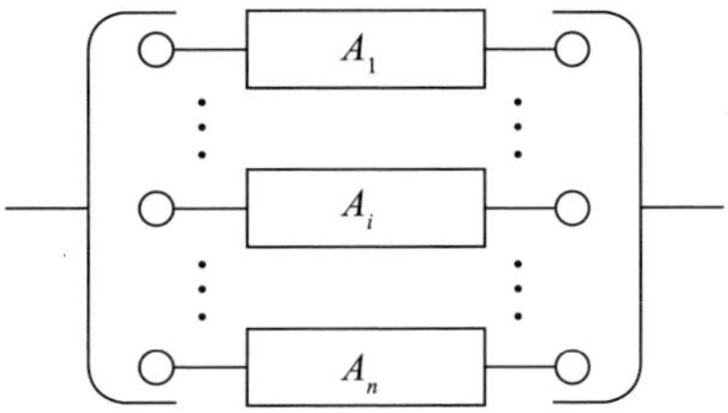

图 11－7　和联模型示意图

根据互不相容事件的概率加法公式，和联系统的可靠性数学模型为

$$R_s = P(\bigcup_{i=1}^{n} A_i) = \sum_{i=1}^{n}(A_i) = \sum_{i=1}^{n}(B_i) \qquad (11-9)$$

式中，R_s 为和联模型的系统可靠度，$R_i = P(A_i)$ 为单元 A_i 正常工作的概率，即单元 A_i 的可靠度。并事件 $\bigcup_{i=1}^{n} A_i$ 包含于必然事件，从而和联模型的系统可靠度满足概率定义

$$0 \leqslant R_s = P(\bigcup_{i=1}^{n} A_i) \leqslant 1$$

从上述分析可知，在使用和联模型时应保证各单元（或模块）事件之间互不相容。

（7）事件树分析方法

事件树是指系统中可能发生的事件序列的图像表述。它被定义为树，因为在事件数不断增加时图像表述像树枝那样逐渐呈扇形展开。此方法可用于所有单机部件在连续运转中的系统，或某些或全部单机部件处于涉及序列运行的运行系统，针对这些系统的事件树能够全面清晰地说明顺序运行系统各单机部件的可靠性逻辑关系。

因此，事件树分析方法是顺序运行系统可靠性建模的有力工具。

对于连续运行的系统，所有单元都处于连续运行状态，单元事件之间无顺序逻辑关系，其顺序逻辑可任意假设，在同一层级可靠性模型中，单元的位置可任意排列。因此，在建立系统事件树时，连续运行系统中各单元事件节点在事件树中可任意排列。与连续运行系统不同，顺序运行系统中各单元存在顺序逻辑关系，单元是否启动运行与之前单元的运行状态有关，单元事件节点在事件树中的位置是根据单元间的顺序逻辑关系确定的，不能改变。

建立事件树时可以是完全事件树，也可以是简化的事件树。完全事件树是根据系统中各个单元部件的成功与失效来确立整个系统中所有成功的和失效的事件序列，而简化的事件树则是只考虑整个系统中成功的事件序列或只考虑整个系统中失效的事件序列。

对于图 11－5 所示的系统，由于它是一个连续运行的系统，建立事件树时只考虑各单元部件的成功与失效即可，不必考虑各单元的次序。以 A、B、C、D、E 次序考虑，其完全事件树如图 11－8 所示，共有 32 个序列，其中成功和失效的序列各有 16 个。

若依次考虑每一个单元时，不是在推出每一个序列的结局之前构成完全的树，而是在考虑每一个新单元之前，进行结局的推演而判断之。在每次推演时，不论随后的单元成功与否，如已知由一序列达成一特定结局时，都不必考虑进一步开展此事件的序列。例如在此例中，在考虑单元 A、B、C 为成功的之后，则此系统必定是成功的，不论 D 与 E 成功与否。因此，由 $R(A)$、$R(B)$ 与 $R(C)$ 表示的序列在考虑单元 C 之后就无须进一步开展。同样，在考虑 A 与 B 为不成功的之后，不论单元 C、D、E 成功与否，此系统必定总是失效的，也就不需要进一步开展此序列。这样就可构成一个简化的事件树。图 11－8 所示的完全事件树可简化为如图 11－9 所示的系统简化的事件树。一般在系统可靠性分析时往往只考虑成功的序列或失效的序列，于是系统的事件树又可进一步简化为只考虑整个系统中成功的事件序列或只考虑整个系统中失效的事件序列[2]。

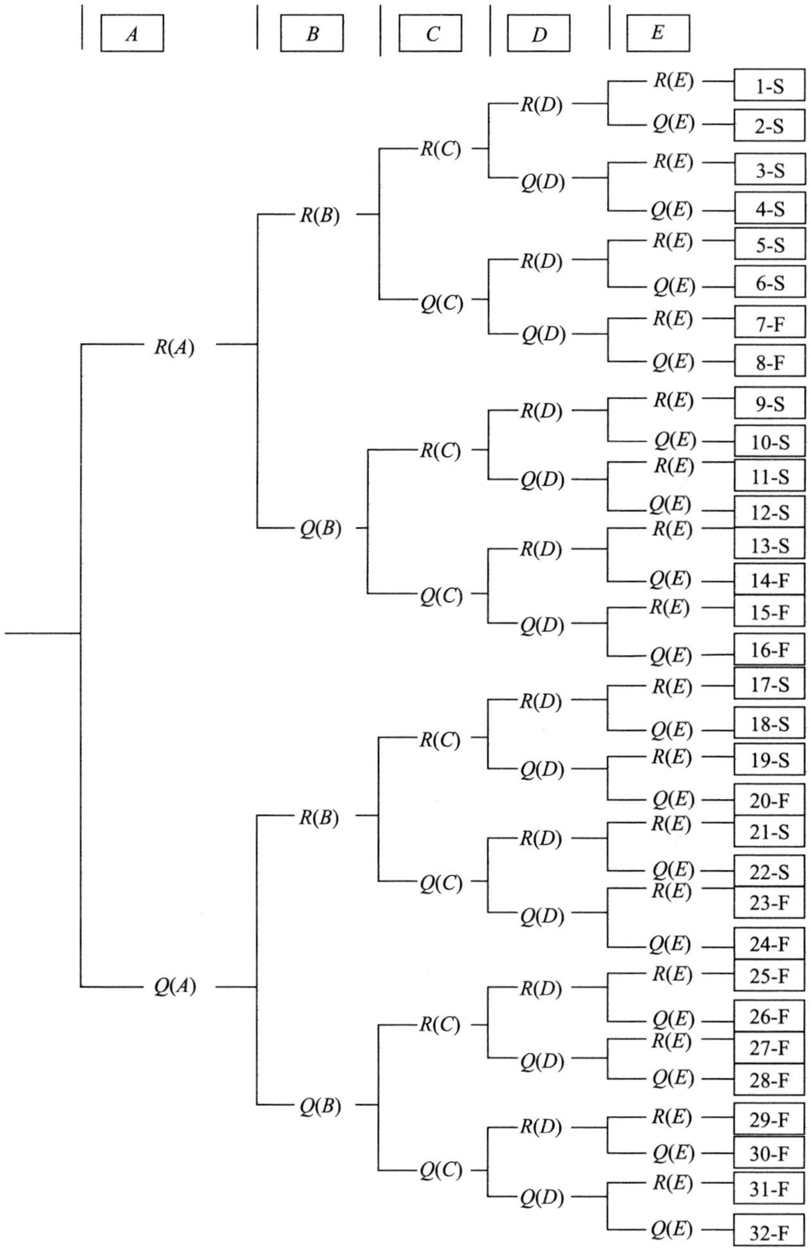

图 11－8　系统的完全事件树

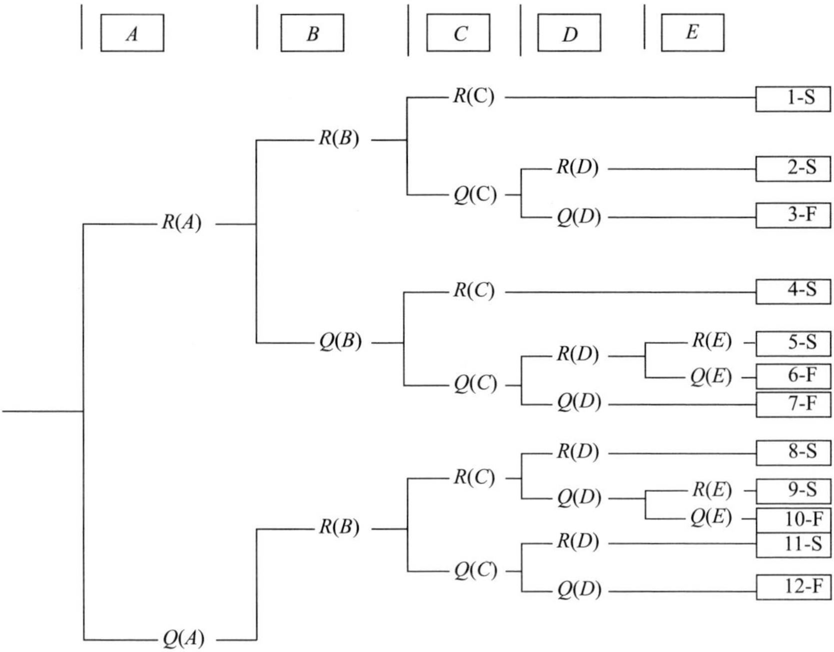

图 11-9　系统简化的事件树

11.1.2　几种单元产品可靠性评估方法

（1）伯努利分布下的单元产品可靠性评估方法

设单元产品投试 n 件，出现 f 件失效，成功 s 件，其中 $s+f=n$ 。当给定置信度为 γ 时，则产品的可靠度下限 R_L 可由下式求得

$$\sum_{x=0}^{f}\binom{n}{x}R_L^{n-x}\ (1-R_L)^{x}=1-\gamma \qquad (11-10)$$

其中

$$\binom{n}{x}=\frac{n!}{x!\ (n-x)!}$$

可靠度置信下限计算公式是

$$R_L = \begin{cases} \left\{1 + \dfrac{n-s+1}{s} F_\gamma [2(n-s+1), 2s]\right\}^{-1}, & s > 0 \\ 0, & s = 0 \end{cases} \tag{11-11}$$

式中，$F_\gamma[2(n-s+1),\ 2s]$ 表示参数为 $[2(n-s+1),\ 2s]$ 的 F 分布分位数。

（2）指数分布下单元产品可靠性评估方法

设单元产品的寿命 T 服从指数分布，其失效率为 λ ，平均寿命为 MTBF $= 1/\lambda$ 。通常情况下，寿命试验数据信息有两种形式：

①完全寿命试验数据

测得 n 个产品的寿命数据 t_1，t_2，…，t_n ，故障数为 n ，试验总时间 $T = \sum_{i=1}^{n} t_i$ 。

②截尾寿命试验数据

产品失效 r 个时停止试验，或在预定的时间 τ 时刻停止试验，试验总时间分别如下：

1）无替换定数截尾试验（n，r ，无替换）：试验总时间 $T = \sum_{i=1}^{r} t_i + (n-r)t_r$ ；

2）有替换定数截尾试验（n，r ，有替换）：试验总时间 $T = nt_r$ ；

3）无替换定时截尾试验（n，τ ，无替换）：试验总时间 $T = \sum_{i=1}^{r} t_i + (n-r)\tau$ ；

4）有替换定时截尾试验（n，τ ，有替换）：试验总时间 $T = n\tau$ 。

利用上面的信息，失效率及平均寿命的点估计和置信下限估计计算如下

$$
\begin{aligned}
\hat{\lambda} &= \frac{z}{T} \\
\mathrm{M\hat{T}BF} &= \frac{T}{z} \\
\mathrm{MTBF_L} &= \frac{2T}{\chi^2_{1-\alpha}(2z)} \\
\lambda_{\mathrm{U}} &= \frac{\chi^2_{1-\alpha}(2z)}{2T}
\end{aligned}
\tag{11-12}
$$

式中 $z=\begin{cases} r, & \text{定数截尾} \\ r+1, & \text{定时截尾} \end{cases}$；

$\chi^2_\gamma(2z)$ ——自由度为 $2z$ 和下侧概率为 $\gamma(\gamma=1-\alpha)$ 的 χ^2 分布分位数。

利用上面得到的失效率点估计 $\hat{\lambda}$ 和失效率置信上限 λ_{U}，给定规定的工作时间 t 时产品可靠度点估计 $\hat{R}$ 和置信度为 $(1-\alpha)$ 时的置信下限 R_{L}

$$
\hat{R}=\exp(-\hat{\lambda}t),\ R_{\mathrm{L}}=\exp(-\lambda_{\mathrm{U}}t) \tag{11-13}
$$

(3) 正态分布下基于应力强度模型的可靠性评估方法

①应力-强度模型

假设应力 X 和强度 Y 分别服从概率密度函数 $f_X(x)$ 和 $f_Y(y)$，则可靠度 R 定义为强度大于应力的概率，即

$$
R=P(Y>X)=\int_{-\infty}^{+\infty} f_X(x)\left[\int_x^{\infty} f_Y(y)\mathrm{d}y\right]\mathrm{d}x \tag{11-14}
$$

如果应力 X 和强度 Y 均服从正态分布，且 m_1，σ_1^2 分别为应力所服从的正态分布的均值和方差，m_2，σ_2^2 分别为强度所服从的正态分布的均值和方差，则

$$
R=\Phi\left(\frac{m_2-m_1}{\sqrt{\sigma_2^2+\sigma_1^2}}\right) \tag{11-15}
$$

其中，$\Phi(x)$ 为标准正态分布函数。

②强度试验数据下可靠性评估方法

设 m_1，σ_1^2 为产品的应力均值和方差。Y_1，Y_2，…，Y_n 为强度试验数据，记 $\bar{Y}$，S^2 为强度分布参数的极大似然估计。

采用渐进正态法给出的可靠度置信下限算法如下

$$\hat{R}_L = \hat{R} - K_{1-\gamma} V^{1/2} \tag{11-16}$$

其中，$\hat{R} = \Phi\left(\dfrac{\bar{Y} - m_1}{\sqrt{S^2 + \sigma_1^2}}\right)$，$K_{1-\gamma}$ 为正态分布单侧分位数，n 为样本量，V 的表达式如下

$$V = \frac{\phi^2}{n}\left\{\frac{1}{1 + \left(\dfrac{S}{\sigma_1}\right)^2} + \frac{\left(\dfrac{\bar{Y} - m_1}{\sigma_1}\right)^2}{2\left[1 + \left(\dfrac{S}{\sigma_1}\right)^2\right]^3}\right\} \tag{11-17}$$

$$\phi = \frac{1}{\sqrt{2\pi}}\exp\left[-\frac{1}{2}\left(\frac{\bar{Y} - m_1}{\sqrt{S^2 + \sigma_1^2}}\right)^2\right] \tag{11-18}$$

$$\bar{Y} = \frac{1}{n}\sum_{i=1}^{n} Y_i\ ,\ S^2 = \frac{1}{n-1}\left[\sum_{i=1}^{n} Y_i^2 - n\bar{Y}^2\right]$$

采用分位数修正法给出的可靠度置信下限算法如下

$$\hat{R}_L = \Phi\left[W - K_{1-\gamma}\hat{\delta} - \frac{3}{8} \times \frac{\bar{Y} - m_1}{(S^2 + \sigma_1^2)^{5/2}} \times \frac{2S^4}{(n-1)}\right] \tag{11-19}$$

其中

$$W = \frac{\bar{Y} - m_1}{\sqrt{S^2 + \sigma_1^2}}$$

$$\hat{\delta}^2 = \frac{S^2/n}{S^2 + \sigma_1^2} + \frac{(\bar{Y} - m_1)^2}{4\,(S^2 + \sigma_1^2)^3}\left(\frac{2S^4}{n-1}\right) + \left(\frac{3}{8}\right)^2 \frac{(\bar{Y} - m_1)^2}{(S^2 + \sigma_1^2)^5}\,\frac{8S^3(n+5)}{(n-1)^3} \tag{11-20}$$

工程上如出现应力只有一个最严重情况数值记为 L，通过强度试验得到 n 个强度试验数据信息，记为 Y_1，Y_2，…，Y_n。给定置信

度 γ ，产品的可靠度置信下限可按下述步骤求得：

步骤 1 计算强度样本均值 $\bar{Y}$ 及强度样本标准差 S 。

$$\bar{Y}=\frac{1}{n}\sum_{i=1}^{n}Y_i\ ,\ S=\sqrt{\frac{1}{n-1}\sum_{i=1}^{n}(Y_i-\bar{Y})^2} \tag{11-21}$$

步骤 2 计算 K 值。

$$K=\frac{\bar{Y}-L}{S} \tag{11-22}$$

步骤 3 给定 γ，n，K ，依据 GB4885—85《正态分布完全样本可靠度单侧置信下限》给出的方法，求得 R_L。

③基于应力多次测试数据与强度试验数据下可靠性评估方法

当应力和强度均服从正态分布时，在应力和强度独立的条件下产品的可靠度 R 为

$$R=\Phi(\beta)=\Phi(\frac{m_2-m_1}{\sqrt{\sigma_2^2+\sigma_1^2}}) \tag{11-23}$$

其中

$$\beta=\frac{m_2-m_1}{\sqrt{\sigma_2^2+\sigma_1^2}}$$

式中 m_2——强度均值；

m_1——应力均值；

σ_2^2——强度方差；

σ_1^2——应力方差。

工程中，在应力和强度的分布参数均是未知的情况下，可根据试验结果得到 β 的点估计值 $\hat{\beta}$ ，进一步可得到产品的可靠度点估计 $\hat{R}=\Phi(\hat{\beta})$ 。其中

$$\hat{\beta}=\frac{\hat{m}_2-\hat{m}_1}{\sqrt{\hat{\sigma}_2^2+\hat{\sigma}_1^2}}=f(\hat{m}_2,\hat{m}_1,\hat{\sigma}_2,\hat{\sigma}_1) \tag{11-24}$$

将式（11－24）在它们的真值 m_2、m_1、σ_2^2、σ_1^2 处展开成泰勒级数

$$\hat{\beta} \approx f(m_2, m_1, \sigma_2, \sigma_1) + \frac{\partial f}{\partial \hat{m}_2}(\hat{m}_2 - m_2) + \frac{\partial f}{\partial \hat{m}_1}(\hat{m}_1 - m_1) + \frac{\partial f}{\partial \hat{\sigma}_2}(\hat{\sigma}_2 - \sigma_2) - \frac{\partial f}{\partial \hat{\sigma}_1}(\hat{\sigma}_1 - \sigma_1) \tag{11-25}$$

对于给定的置信度 γ，β 点估计值 $\hat{\beta}$ 的置信下限为

$$\hat{\beta}_{\mathrm{L}} = \mu_{\hat{\beta}} - \chi_{\gamma}\sigma_{\hat{\beta}} \tag{11-26}$$

其中，$\mu_{\hat{\beta}}$ 为 $\hat{\beta}$ 的均值，$\sigma_{\hat{\beta}}$ 为 $\hat{\beta}$ 的标准差，$\chi_{\gamma} = \Phi^{-1}\left(\frac{1+\gamma}{2}\right)$。

于是得到产品的可靠度下限为

$$R_{\mathrm{L}} = \Phi(\hat{\beta}_{\mathrm{L}}) \tag{11-27}$$

对于 $\mu_{\hat{\beta}}$ 和 $\sigma_{\hat{\beta}}$，可根据式（11－25）来确定

$$\mu_{\hat{\beta}} = f(\hat{m}_2, \hat{m}_1, \hat{\sigma}_2, \hat{\sigma}_1) = \frac{\hat{m}_2 - \hat{m}_1}{\sqrt{\hat{\sigma}_2^2 + \hat{\sigma}_1^2}} \tag{11-28}$$

$$\sigma_{\hat{\beta}}^2 = \left(\frac{\partial f}{\partial \hat{m}_2}\right)^2 \sigma_{\hat{m}_2}^2 + \left(\frac{\partial f}{\partial \hat{m}_1}\right)^2 \sigma_{\hat{m}_1}^2 + \left(\frac{\partial f}{\partial \hat{\sigma}_2}\right)^2 \sigma_{\hat{\sigma}_2}^2 + \left(\frac{\partial f}{\partial \hat{\sigma}_1}\right)^2 \sigma_{\hat{\sigma}_1}^2 \tag{11-29}$$

$$\sigma_{\hat{\beta}} = \sqrt{\sigma_{\hat{\beta}}^2} \tag{11-30}$$

其中

$$\frac{\partial f}{\partial \hat{m}_2} \approx \frac{1}{\sqrt{\hat{\sigma}_2^2 + \hat{\sigma}_1^2}}, \quad \frac{\partial f}{\partial \hat{m}_1} \approx -\frac{1}{\sqrt{\hat{\sigma}_2^2 + \hat{\sigma}_1^2}}$$
$$\frac{\partial f}{\partial \hat{\sigma}_2} \approx -\frac{(\hat{m}_2 - \hat{m}_1^2)\hat{\sigma}_2}{(\hat{\sigma}_2^2 + \hat{\sigma}_1^2)^{3/2}}, \quad \frac{\partial f}{\partial \hat{\sigma}_1} \approx -\frac{(\hat{m}_2 - \hat{m}_1^2)\hat{\sigma}_1}{(\hat{\sigma}_2^2 + \hat{\sigma}_1^2)^{3/2}} \tag{11-31}$$

方差 $\sigma_{\hat{m}_2}^2$ 和 $\sigma_{\hat{m}_1}^2$ 可由下式确定

$$\sigma_{\hat{m}_2}^2 \approx \frac{\hat{\sigma}_2^2}{n}, \quad \sigma_{\hat{m}_1}^2 \approx \frac{\hat{\sigma}_1^2}{m} \tag{11-32}$$

方差 $\sigma_{\hat{\sigma}_2}^2$ 和 $\sigma_{\hat{\sigma}_1}^2$ 则可由下式确定

$$\sigma_{\hat{\sigma}_2}^2=\frac{\hat{\sigma}_2^2}{2n}\text{，}\sigma_{\hat{\sigma}_1}^2=\frac{\hat{\sigma}_1^2}{2m} \tag{11-33}$$

式中，n 和 m 分别为强度和应力的样本容量。

11.1.3　可靠性信息折合方法

（1）信息折合数学模型

在进行产品可靠性评估过程中，常把非成败信息折合成成败型信息来处理。假定针对产品的试验数据或者相关的工程信息，得到了产品的可靠度评估结果，对于任意给定的置信度 $0<\gamma<1$，有 $P\{R\geqslant R_{\mathrm{L}}(\gamma)\}=\gamma$。通过 γ 在（0－1）区间上取值，可得给定任务时间下的可靠度置信分布 $F(r)$ 的数值解，满足关系 $F^{-1}(s)=R_{\mathrm{L}}(1-s)$。通过分析可知 $F(r)$ 具有随机分布函数的性质。

记 $I_r(p,q)=\dfrac{1}{\mathrm{B}(p,q)}\int_0^r x^{p-1}(1-x)^{q-1}\mathrm{d}x$，即 $I_r(p,q)$ 是参数为 p 和 q 的贝塔分布函数，其中贝塔函数 $\mathrm{B}(p,q)=\int_0^1 x^{p-1}(1-x)^{q-1}\mathrm{d}x$。将非成败型试验数据信息折合成等效的成败型数据信息的本质是选择一组参数 p，q，使得 $F(r)$ 和 $I_r(p,q)$ 在某种距离下最接近。如果满足

$$\min_{p,q}\max_{r}\mid F(r)-I_r(p,q)\mid\text{，或者}\min_{p,q}\int_0^1[F(r)-I_r(p,q)]^2\mathrm{d}r \tag{11-34}$$

则认为 $I_r(p,q)$ 就是 $F(r)$ 的一个近似。这时可得到虚拟的成败型试验数据（n，s），其中 $n=p+q-1$，$s=p$。

基于上面模型求解 p，q 需要通过最优化的方法，计算量较大。而从工程上讲，只要折合的误差满足工程要求，可以采用一些较为简单的折合方法，例如二阶矩法、点估计下限折合法和两点折合法，但后面两种方法给出的折合的精度要比第一种方法高[3]。

（2）二阶矩折合法

记 μ_1，μ_2 分别为 $F(r)$ 的前两阶原点矩，分别令其与

$I_r(p,q)$ 贝塔分布的前二阶矩相等，可得

$$p=\frac{\mu_1^2-\mu_2\times\mu_1}{\mu_2-\mu_1^2},q=\frac{\mu_1-\mu_2}{\mu_2-\mu_1^2}\times(1-\mu_1) \qquad (11-35)$$

进一步可得

$$n=\frac{\mu_1-\mu_2}{\mu_2-\mu_1^2}-1,s=(n+1)\mu_1 \qquad (11-36)$$

这样就把产品的试验数据信息折合成成败型数据信息（n，s），其中 n 为试验次数，s 为成功次数。工程上通常计算可靠度点估计 $\hat{R}$ 和方差估计 S^2，令 $\mu_1=\hat{R}$，$\mu_2=S^2+\hat{R}^2$，通过上面的折合公式计算成败型数据信息（n，s）。

（3）点估计下限折合法

通过产品的试验数据得到可靠度点估计 $\hat{R}$ 和置信度为 $1-\alpha$ 的置信下限 R_L，假设该产品做了 n 次成败型试验，成功了 s 次，则

$$\begin{cases}\hat{R}=\dfrac{s}{n}\\ I_{R_L}(s,n-s+1)=\alpha\end{cases} \qquad (11-37)$$

解上面的方程组可得（n，s），具体算法参见参考文献［3］。计算过程中也可以应用置信度为 0.5 的置信下限作为可靠度点估计。

（4）两点折合法

利用产品的试验数据信息得到该部件置信度分别为 0.1 和 0.9 的置信下限 $R_{0.1}$，$R_{0.9}$。假设该产品做了 n 次成败型试验，成功了 s 次，则

$$\begin{cases}I_{R0.1}(s,n-s+1)=0.1\\ I_{R0.9}(s,n-s+1)=0.9\end{cases} \qquad (11-38)$$

解方程组可得（n，s）。该算法也可取置信度分别为 0.2 和 0.8 的置信下限 $R_{0.2}$，$R_{0.8}$ 进行计算，只是算法精度较低。具体算法参见参考文献［4］。

11.2 回收着陆系统可靠性建模

对于一般的航天器回收着陆系统，基本可以采用简单的串、并联模型来建立其可靠性模型，但对于类似于神舟号飞船的回收着陆系统，传统的可靠性模型很难准确地描述其可靠性关系。因此，本节主要以神舟号飞船回收着陆系统为例，采用事件树分析方法及和联模型阐述这种复杂系统的可靠性建模。

11.2.1 特点分析

由于回收着陆系统的工作受高度和时间的限制，其工作过程是由一系列不可逆的按时序执行的动作所组成，每一个动作的执行都是在前一个动作完成以后才进行的。如果在中途出现故障，回收着陆系统的工作不可能暂停或恢复到原位重新开始，外界也无法采取营救措施，因此为了提高回收着陆系统工作的可靠性，确保航天员的安全，采取了一系列冗余或备份措施。同时由于神舟号飞船采取冷备份降落伞减速系统等，导致了回收着陆系统的工作特点和各组成部件之间的逻辑关系较为复杂，神舟号飞船回收着陆系统正常返回简化的工作流程如图 11-10 所示。图中采用了“主伞系前”“速度判别”“主伞系统”、“备份伞系统”“主伞着陆系统”“备份伞着陆系统”等模块。其实主伞系前模块包括伞舱盖分离装置、减速伞（含引导伞）、连接分离机构、减速伞脱伞器、主伞舱等；速度判别模块包括高度控制开关静Ⅱ和静Ⅲ；主伞系统模块除包括主伞系前模块的所有单机部件外，还包括主伞；备份伞系统模块包括备伞舱盖分离装置、备减速伞（含引导伞）、备连接分离机构、备减速伞脱伞器、备伞舱、备主伞等；主伞着陆系统模块包括垂挂释放器、垂挂吊索、短垂挂吊带、长垂挂吊带、γ 高度控制器、反推发动机 1～4、座椅缓冲装置等；备份着陆系统模块包括备垂挂释放器、备垂挂吊索、备短垂挂吊带、备长垂挂吊带、γ 高度控制器、反推发动机 1～4、座椅缓冲装置等。由于这些模块中的各单元间的关系是简单的串并联关系，因此，为了简化流程图，没有进一步展开描述。同时，上述模块并不是相互独立的，同一个单机部件可能属于不同的模块。

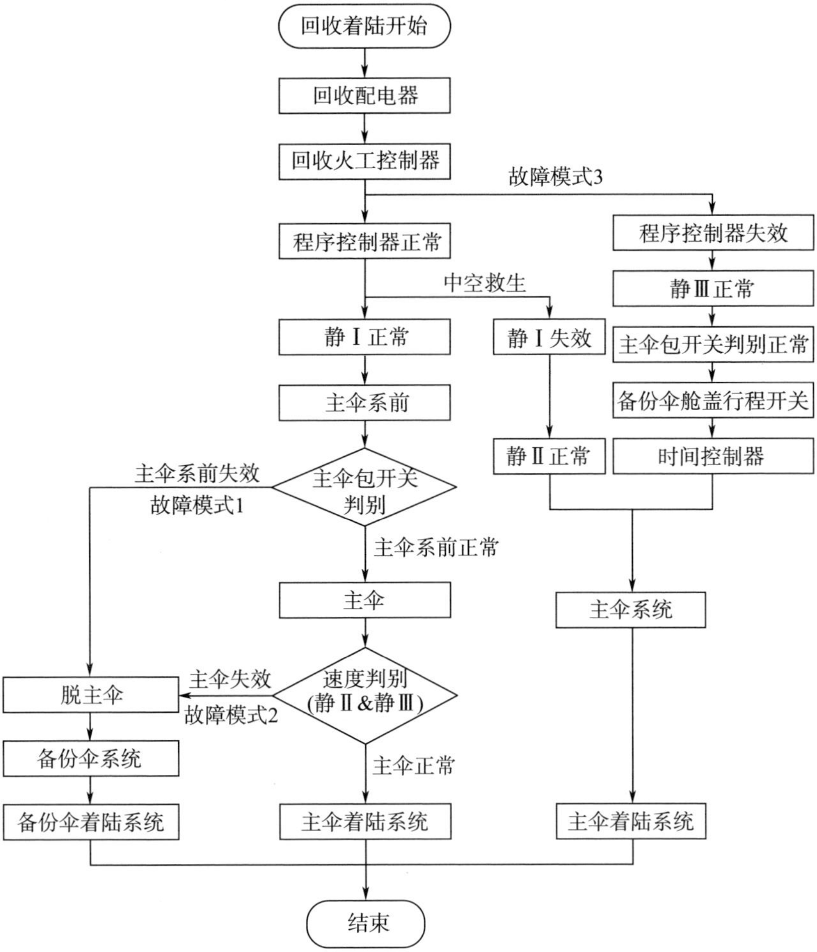

图 11－10　神舟号飞船回收着陆系统正常返回工作流程

通过对工作流程图的分析，其可靠性建模存在如下难点[5]。

(1) 用于主降落伞减速系统工作状态监测的两种措施不同于并联关系

神舟号飞船采用了主、备两套降落伞减速系统来提高回收着陆系统的工作可靠性，其中备份降落伞减速系统（简称备份伞系）作为主份降落伞减速系统（简称主伞系）的冷备份。为此，设置了主伞包开关判别和速度判别两种措施来监测主伞系工作的状态。由于主伞包开关判别只能监测主伞开伞之前主伞系的工作状态，而不能监测主伞的工作状态，速度判别措施则可根据下降速度判别整个主伞系的工作状态。因此，两种监测手段的功能并不等效，不能作为并联关系来对待。

(2) 主备降落伞减速系统间的关系有别于传统的冷贮备关系

两种状态监测装置是一类多任务单元，对于不同的前端条件(输入)，具有不同的判别任务：a 类任务，当主伞系处于正常状态时，主伞系状态监测装置的任务便是正确判断出“主伞系正常”；b 类任务，当主伞系处于失效状态时，主伞系状态监测装置的任务是正确判断出“主伞系失效”。同时也对应着两种不同的失效模式：$\bar{a}$ 类误判，误发“主伞系失效”判断——主伞系处于正常状态而给出“主伞系失效”判断，即“误报主单元失效”；$\bar{b}$ 类误判，误发“主伞系正常”判断——主伞系处于失效状态而给出“主伞系正常”判断，即“漏报主单元失效”。以上主伞系状态监测装置的两类失效模式将导致回收着陆系统走上不同的工作流程。发生 $\bar{a}$ 类失效时，将在主伞系处于正常状态的情况下由于误判而启动转换程序转换到备份伞系；发生 $\bar{b}$ 类失效时，将在主伞系失效状态未被正确判别的情况下不能及时转入备份伞系。通过对传统冷贮备系统可靠性模型的分析可知，传统冷贮备系统是在假设 a 类任务完全可靠的基础上，再考虑状态监测装置的 b 类任务可靠性和 $\bar{b}$ 类失效，忽略了 $\bar{a}$ 类失效，即忽略了“误报主伞系失效”这种失效模式。因此，不宜简单地将主伞系统和备份伞系统作为并联或传统的冷贮备模型来对待。

(3) 程序控制器与时间控制器间的关系既有别于并联关系又有别于冷贮备关系

神舟号飞船回收着陆系统采用了时间控制器作为程序控制器的备份，在程序控制器失效的情况下启动。然而由于时间控制器启动控制的回收着陆过程仅能使用主伞系进行减速着陆，而由程序控制器启动控制的回收着陆过程可使用主伞系或备份伞系进行减速着陆，因此，二者不能作为简单的贮备或并联关系进行处理。

(4) 高度控制开关间的关系特殊

神舟号飞船为了提高回收着陆系统的可靠性，采用高度控制开关静Ⅱ作为高度控制开关静Ⅰ的开伞控制的备份，也就是说当高度控制开关静Ⅰ失效不能开伞时将通过高度控制开关静Ⅱ来控制开伞。然而，由于回收着陆系统的工作受高度的约束，不同高度控制开关启动开伞后，回收着陆系统的工作能力是不同的。高度控制开关静Ⅰ启动开伞后，系统还具有足够的高度，使用主伞系或备份伞系进行减速着陆，而高度控制开关静Ⅱ启动开伞后，系统只能使用主伞系进行减速着陆。因此，二者也不能作为简单的贮备或并联关系进行处理。

(5) 两种着陆缓冲装置间的关系也不同于并联关系

神舟号飞船同时采用了主动式和被动式两种着陆缓冲方法，以热备份方式配置了着陆反推装置和座椅缓冲装置。然而二者所起的缓冲能力并不相同，且返回舱乘主伞和备份伞的下降速度不一样，使得着陆缓冲装置的初始条件和效果也不一样。当返回舱乘备份伞下降时着陆反推装置必须工作才能保证航天员的安全着陆；而当返回舱乘主伞下降时，只需着陆反推装置和座椅缓冲装置其中之一工作便能保证航天员的安全着陆，此时二者为并联关系。因此，两种着陆缓冲装置间的关系也不是简单的并联关系。

11.2.2　系统可靠性建模

通过上述回收着陆系统一些主要组成部件间关系特点的分析可

知，神舟号飞船回收着陆系统的可靠性模型难以使用传统的串并联模型或冷贮备模型来描述。考虑到回收着陆系统是一个具有严格逻辑顺序运行的系统，而事件树方法是一种逻辑演绎法，它是在给定的一个初因事件的前提下，分析该初因事件可能导致的各种事件序列的结果。因此，可以利用事件树方法进行飞船回收着陆系统的可靠性建模。

首先根据事件树的分析方法以及回收着陆系统各组成单元之间的逻辑关系，建立回收着陆系统的可靠性事件树，获取每一条令系统成功的路径。然后在此基础上，考虑到回收着陆系统各工作路径具有互不相容的特性，且每条路径上的事件序列均为串联模型，因此，可采用和联模型方便地建立回收着陆系统的可靠性模型。

由图 11－10 可知，程序控制器正常与否决定了载人飞船回收着陆系统的不同流程。若程序控制器失效，回收着陆流程进入故障模式 3，即启动时间控制器，在这种情况下仅能使用主伞系统，而不能转换至使用备份伞系统。若程序控制器正常而高度控制开关静Ⅰ失效，回收着陆系统无法在 10 km 预定高度弹伞舱盖，直至高度控制开关静Ⅱ接通，此时回收着陆程序将转入中空救生模式，在这种情况下也只能使用主伞系统，而不能转换至使用备份伞系统。若程序控制器正常且高度控制开关静Ⅰ亦正常工作时，回收着陆系统首先按主伞系统进行回收，若监测装置（主伞包开关判别和速度判别）发现主伞系统出现故障，则可转换到备份伞系统进行回收。从流程图中可以发现，不同的回收途径——主伞系统回收或备份伞系统回收，对应着不同的着陆途径——主伞着陆系统或备份伞着陆系统。而且，各单元的工作具有特定的顺序逻辑关系，是典型的顺序运行系统，适合采用事件树分析方法来描述系统的可靠性关系。

同时，由上述对工作流程的分析可知，程序控制器正常与失效为互不相容事件；高度控制器开关静Ⅰ正常与失效也为互不相容事件；在程序控制器和高度控制器开关静Ⅰ均正常工作的情况下，返回舱可能乘主伞也可能乘备份伞进行回收着陆，而乘主伞回收着陆和乘备份伞回收着陆也是互不相容事件。因此，可以采用和联模型描述相应工作路径的可靠性关系，从而建立系统的可靠性模型。

根据上述分析，可建立回收着陆系统的可靠性模型如图 11 - 11 所示。其中，“乘主伞回收着陆”“乘备份伞回收着陆”“主伞系回收着陆”模块的可靠模型可采用串联模型描述，如图 11 - 12～图 11 - 14 所示。而“乘主伞回收”和“乘备份伞回收”分别表示如下事件：在程序控制器和高度控制开关静Ⅰ正常工作的条件下，返回舱最终乘主伞或乘备份伞成功回收；“主伞着陆系统”和“备份伞着陆系统”分别表示如下事件：与主伞或备份伞相对应的着陆系统正常工作；“主伞系统”则表示主伞系统正常工作事件。由于“主伞着陆系统”“备份伞着陆系统”和“主伞系统”所涉及的相关单元的可靠性关系只是简单的串并联关系，在此不作进一步的展开，在进行可靠性数学建模时采用相应的串并联模型处理即可。对于“乘主伞回收”和“乘备份伞回收”的建模，由于程序控制器正常时，主伞状态监测装置（主伞包开关判别和速度判别）的判别结果将决定是否从主伞系统转换至备份伞系统进行回收，从而也决定了所采用的着陆系统，而主伞状态监测装置自身也存在误判和不工作等失效模式，使得其可靠性逻辑关系比较复杂。通过对主伞状态判别装置的工作特点分析，可建立“乘主伞回收”和“乘备份伞回收”的可靠性模型，如图 11 - 15 和图 11 - 16 所示。其中“主伞系前正常”“主伞系前失效”和“备份伞系统”模块所涉及的相关单元的可靠性关系也只是简单的串并联关系，在此也不作进一步的展开，在进行可靠性数学建模时采用相应的串并联模型处理即可。

根据上述所建立的可靠性模型，回收着陆系统的可靠性数学模型为

$$
\begin{aligned}
R_{\mathrm{sys}} = {} & R_{\mathrm{hspdq}}R_{\mathrm{hshgkzq}}\{R_{\mathrm{cxkzq}}[R_{j\mathrm{I}}(R_{\mathrm{czshszl}}+R_{\mathrm{cbfshszl}})+(1-R_{j\mathrm{I}})R_{j\mathrm{II}}R_{\mathrm{zsxhszl}}]+ \\
& (1-R_{\mathrm{cxkzq}})R_{j\mathrm{III}}R_{\mathrm{I}\,Mb}R_{\mathrm{bscgxckg}}R_{\mathrm{sjkzq}}R_{\mathrm{zsxhszl}}\}
\end{aligned} \tag{11-39}
$$

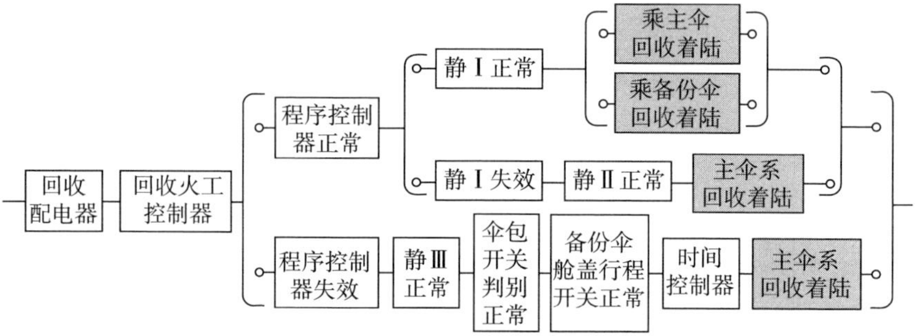

图 11-11　回收着陆系统可靠性模型

图 11-12　“乘主伞回收着陆”的可靠性模型

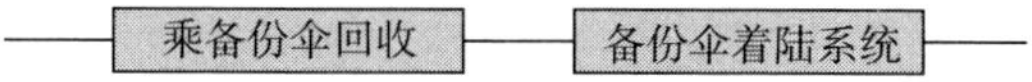

图 11-13　“乘备份伞回收着陆”的可靠性模型

图 11-14　“主伞系回收着陆”的可靠性模型

图 11-15　“乘主伞回收”的可靠性模型

式中，R_{sys} 为回收着陆系统全系统（正常返回）的可靠度，$R_{czshszl}$、$R_{cbfshszl}$ 和 $R_{zsxhszl}$ 分别为乘主伞回收着陆模块、乘备份伞回收着陆模块和主伞系回收着陆模块的可靠度，R_{hspdq}、$R_{hshgkzq}$、R_{cxkzq}、R_{sjkzq}、$R_{j\mathrm{I}}$、$R_{j\mathrm{II}}$、$R_{j\mathrm{III}}$、$R_{\mathrm{I}Mb}$ 和 $R_{bscgxckg}$ 分别为底层单元回收配电器、火工控制器、程序控制器、时间控制器、高度控制开关静Ⅰ、高度控制开关静Ⅱ、高度控制开关静Ⅲ、主伞包开关判别的 b 类任务和备伞舱盖行程开关的可靠度。

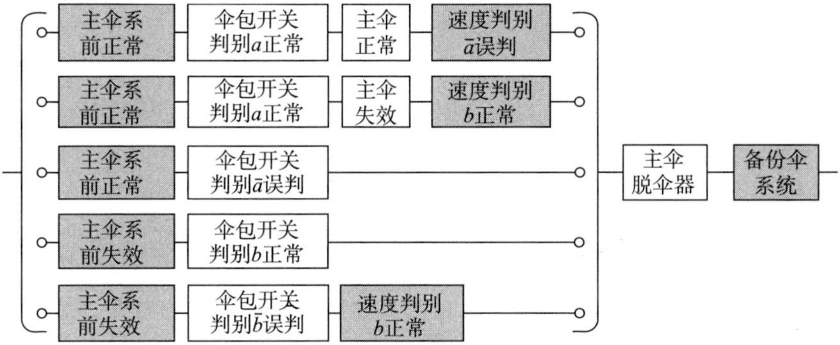

图 11－16　“乘备份伞回收”的可靠性模型

乘主伞回收着陆模块、乘备份伞回收着陆模块、主伞系回收着陆模块的可靠性数学模型分别为

$$R_{czshszl} = R_{czshs} R_{zszl} \tag{11-40}$$

$$R_{cbfshszl} = R_{cbfshs} R_{bfszl} \tag{11-41}$$

$$R_{zshszl} = R_{zsxt} R_{zszl} \tag{11-42}$$

式中，R_{czshs} 为“乘主伞回收”的可靠度；R_{cbfshs} 为“乘备份伞回收”的可靠度；R_{zsxt} 为“主伞系统”的可靠度；R_{zszl} 为“主伞着陆系统”的可靠度；R_{bfszl} 为“备份伞着陆系统”的可靠度。

乘主伞回收模块和乘备份伞回收模块的可靠性数学模型为

$$R_{czshs} = R_{zsxq0} R_{\mathrm{I}\,Ma} R_{zs} R_{\mathrm{II}\,Ma} \tag{11-43}$$

$$R_{cbfshs} = (R_{zsxq0}(R_{\mathrm{I}\,Ma}(R_{zs} P_{\mathrm{II}\,Maw} + (1 - R_{zs}) R_{\mathrm{II}\,Mb}) + 1 - R_{\mathrm{I}\,Ma}) + P_{zsxqy}(R_{\mathrm{I}\,Mb} + (1 - R_{\mathrm{I}\,Mb}) R_{\mathrm{II}\,Mb})) R_{zstsq} R_{bfsxt} \tag{11-44}$$

式中，R_{zsxq0} 为“主伞系前正常”的可靠度；$R_{\mathrm{I}\,Ma}$ 为主伞包开关判别的 a 类任务可靠度；R_{zs} 为主伞可靠度；$R_{\mathrm{II}\,Mb}$ 为“速度判别 b 正常”可靠度；$R_{\mathrm{I}\,Mb}$ 为主伞包开关判别的 b 类任务可靠度。$R_{\mathrm{II}\,Ma}$ 为“速度判别 a 正常”可靠度；R_{zstsq} 为主伞脱伞器可靠度；R_{bfsxt} 为“备份伞系统”可靠度。而 P_{zsxqy} 和 $P_{\mathrm{II}\,Maw}$ 分别为“主伞系前失效”和“速度判别 $\bar{a}$ 误判”发生的概率。

11.3 回收着陆系统组成单元可靠性评估

回收着陆系统组成单元的种类较多，大致可以分为降落伞装置、机械产品、电子产品、机电结构产品，以及火工装置等几种。根据这些产品在试验中所观测的可靠性特征量和工作特点，产品的可靠性一般可按应力-强度型、指数寿命型和成败型等评估方法进行。

11.3.1 降落伞产品的可靠性评估

降落伞作为一种常用的、主要的气动减速装置，是航天器回收着陆系统的核心部分，其工作的成败直接关系到回收着陆系统工作的可靠性，对于载人飞船来说，则直接关系到航天员的生命安全，因而要求具有很高的可靠性。由于从降落伞离开伞舱开始，经伞绳、伞衣全部拉直至伞衣开始充气，最终达到物伞系统稳定下降为止的一系列动作或阶段是一个非常复杂的工作过程，在整个降落伞工作过程中，影响降落伞可靠性和安全性的因素很多而且复杂，并且也很难用特征量来描述降落伞的可靠性，导致可靠性建模非常困难。因此，降落伞的可靠性评估一直是设计工作者迫切希望解决的问题。

最早考虑降落伞可靠性分析的是 1960 年美国喷气式飞机公司提出的降落伞系统可靠性评估方法[6]，该方法通过引入操作可靠性因子，构建了包含组件可靠性项和系统操作可靠性项的可靠性模型，并给出了系统可靠性评估方法。不过对于该方法，一方面由于人为因素对降落伞系统可靠性影响的数据信息相当复杂，收集这方面的数据信息也相当困难，另一方面按照该方法计算得到的可靠性评估结果添加了非客观的因素。

国内，林华宝在返回式卫星的研制过程中考虑了降落伞可靠性评估问题[7]。基于所获取的降落伞强度数据信息，以及系统级空投试验的成败型数据信息，进行了降落伞可靠性评估，不过给出的基于强度试验数据信息和空投试验数据信息的融合方法，其理论背景不是很明确。参考文献［8］基于降落伞组件应力-强度模型，利用强度试验数据信息，针对现有的评估方法（渐进正态逼近法，分位数逼近法）进行了对比分析，并提出了基于信仰统计推断方法的降落伞组件可靠性评估方法。在强度试验数据信息和成败型数据信息的融合上采用了基于贝叶斯思想的数据融合方法。该方法虽然在强度试验数据信息的处理方面，就精确度而言有了较大的改进，但在强度试验数据信息与成败型数据信息的融合上还值得进一步改进。在神舟号飞船研制过程中，参考文献［9］针对强度试验数据信息和成败型数据信息融合方法上作了进一步的改进，通过将强度试验数据信息折合成等效成败型数据信息的融合方法对降落伞的可靠性进行了评估。经过比较分析，该评估方法理论背景较清楚，而且能较好地反映出工程实际情况。

目前在我国航天器回收着陆系统中所采用的降落伞可靠性评估方法主要有两种。一种是林华宝所采用的用于返回式卫星降落伞可靠性评估的方法，以下暂称为可靠度置信限累积融合评估方法；另一种是在神舟号飞船研制过程中提出并采用的评估方法，以下称之为等效成败型融合评估方法。

11.3.1.1　降落伞特点分析及解决思路

降落伞在其工作前，一般呈包装状态存放于航天器内，在航天器减速下降过程中，当达到预定的开伞条件时，降落伞从航天器内弹出或拉出并充气展开，从而实现对航天器的进一步减速。降落伞工作过程一般要经历伞包拉出伞舱、伞绳拉直、伞衣拉直、伞衣充气、稳定下降等几个阶段，并具有以下几个特点[5]。

（1）受人为因素影响较多

由于降落伞是用柔性的纺织材料制成的，在制作过程中它不像一般金属和非金属材料那样规范、固定，它的变形量比较大，生产中不太好控制。即使是同一个人用同一套图样在同批次加工中，生产出来的产品也有不同之处。另外，降落伞开伞程序比较复杂，环节比较多，在包装过程中要将连接带、附件、降落伞伞绳和伞衣，按先出伞包的在后、后出伞包的在先的顺序一一包入有限的伞包内，确保开伞程序按规定的设计要求进行。由于这些都是纯人工操作，对于同一个型号的包伞即使同一个人，每次包装都可能不一样，对于不同的人来说更不可能相同。因此，降落伞本身的可靠性也受加工、包伞和装配等多种不可定量的人为因素的影响，要单独获取相关的数据信息非常困难。

（2）受外界因素影响大

由于降落伞系统的工作一般是飞行试验的最后一个环节，所以前面工作系统的好坏、误差的积累大小都会直接影响到它能否正常工作。有时往往会出现由于别的系统问题，到降落伞系统工作时才能表现出来。例如降落伞没有打开从表面看是回收着陆系统的问题，但是如果弹道太低了，降落伞系统还没有进入工作程序航天器就可能着陆了，这种情况降落伞系统是无法工作的。如果弹道太高了，降落伞开伞后则可能由于速压过大而被冲破。同样如果航天器姿态不正常，造成了开伞通道不畅，也影响降落伞工作的可靠性。所以实际飞行弹道的偏差、开伞和脱伞指令的发出和传输、弹伞和脱伞火工装置的工作、伞系和伞舱连接的结构强度、出伞通道的通畅、开伞时航天器的姿态等因素，都会影响降落伞系统工作的成败。

（3）可靠性特征量描述困难

对于降落伞工作可靠性来说，除了降落伞系统本身要具有足够的结构强度水平外，降落伞开伞程序的控制是另一个非常重要的关键环节。如伞包出舱、伞绳和伞衣的拉直程序、伞衣充气过程等，往往直接关系到其工作的成败。这些环节如同前述的人为因素一样，同样是难以用特征量来描述其工作可靠性，相关数据信息的获取也是非常困难的。

针对降落伞的上述特点，在实际工程研制过程中，一般会通过一定数量的降落伞强度试验和系统级空投试验来验证降落伞工作的可靠性。

首先，通过降落伞的强度试验分析降落伞的结构强度水平，这是确保降落伞可靠工作的一个基础。不过，为了创造强度试验的条件，试验须设置专门的工况，一些相关的接口关系和实际飞行状态中的初始条件（如：实际返回弹道、开伞和脱伞指令的发出和传输、弹伞和脱伞火工装置的工作、伞系和伞舱连接的结构强度、出伞通道的通畅、开伞时返回舱的姿态等）在强度试验中就无法模拟和考核了。因此，在降落伞的研制过程中，除了其强度试验外，还需进行一定数量的系统级空投试验，以验证相关的接口关系和实际飞行状态中的初始条件及其偏差等对降落伞工作的影响。

系统级空投试验主要是严格按照设计、生产、包装和装配的要求，模拟开伞条件或实际飞行工作程序进行的空投试验或飞行试验，根据试验的成败情况来验证降落伞工作的可靠性。在系统级空投试验中主要是对伞包出舱、伞绳和伞衣的拉直程序、伞衣充气过程等降落伞工作的关键环节、工作程序以及与其他系统间的匹配性进行验证。因此，必须通过一定量的、模拟实际飞行状态（包括一些偏差工况）的系统级空投试验才能验证降落伞开伞及其后各工作环节的可靠性。

综上所述，降落伞的强度试验和空投试验是降落伞研制过程中最基本的两类验证试验，二者相辅相成，缺一不可。同样，对于降落伞的可靠性评估也只有充分利用了两类试验的相关数据信息才能合理地解决。因此，为了能够比较全面地反映出降落伞的可靠性，需要将强度试验信息和系统级空投试验信息融合起来评估降落伞的可靠性。

11.3.1.2　降落伞可靠性评估方法

(1) 融合评估方法简述

降落伞作为一种气动减速的结构装置，在工作中虽然主要承受气动力载荷，但降落伞系统本身工作的可靠性还受材料的质量、加工和包伞工艺等众多因素的影响，而且降落伞的加工、包伞和装配过程中还包括了许多不可量化的人为因素，因此，为了能够比较全面地反映出降落伞的可靠性，在降落伞的可靠性评估中，首先假设所有原材料都按照设计要求进行严格的检查，加工、包伞和装配都严格按照规定的工艺进行，只从降落伞的结构强度的角度来分析降落伞的结构强度可靠性，收集降落伞结构强度数据信息；然后再严格按照设计、生产、包装和装配的要求并模拟开伞条件进行一定的系统空投试验或飞行试验，根据试验的成败情况来分析降落伞系统工作的可靠性，收集空投试验的成败型数据信息；最后融合降落伞结构强度数据信息和空投试验信息来计算降落伞的可靠性。

（2）可靠度置信限累积融合评估方法

可靠度置信限累积融合评估方法是一种简单的工程方法，最早由林华宝提出。该方法计算简单，但融合信息过程缺乏理论支持。其计算步骤如下。

1）确定强度可靠度下限。由于降落伞的结构强度主要表现在其承载能力上，降落伞所受的最大载荷出现在其拉直开伞时的瞬间，其开伞载荷主要取决于开伞时气流的动压力大小，因此可以用开伞时的气动压力来表征降落伞工作时的应力均值及其标准差。于是降落伞的可靠度可以采用应力-强度模型来计算。

基于降落伞强度试验数据信息，利用式（11－16）即可得到置信度为 γ 时产品强度可靠度置信下限 $\hat{R}_L$ 。

2）确定空投试验后可靠度下限。由于降落伞具有瞬时使用的特点，而且是一次使用，使用前保持新伞状态，具有试验独立性的特点。同时认为每次试验出现的成功或失败的概率是相同的，因此通过空投试验数据可以直接使用二项分布法得到降落伞空投试验后可靠度下限 R'_L。即：假设降落伞空投试验 N 次，成功 S 次，利用式（11－10）可计算出置信度为 γ 时的产品空投试验后可靠度置信下限 R'_L 。

3）确定降落伞可靠度下限。通过融合降落伞强度可靠度下限和空投试验所得可靠度下限得到整个降落伞的可靠度下限。根据下式计算置信度为 γ 的降落伞综合可靠度置信下限

$$R_L = \hat{R}_L + (1 - \hat{R}_L) R'_L \tag{11-45}$$

(3) 等效成败型融合评估方法

由于降落伞强度试验信息是服从正态分布的，而降落伞参加系统级空投试验的数据信息一般取为成败型，为了将降落伞的强度试验信息和系统级空投试验信息有效地融合起来，因此须将强度试验数据信息折合成等效成败型数据信息，折合后数据信息与空投试验的成败型数据信息类型一致，于是可与系统级空投试验结果进行融合，然后根据成败型数据的可靠性评估方法确定降落伞的可靠度。

可见，等效成败型融合评估方法是基于信息折合的一种融合评估方法，即通过成败型数据信息的累积，进而评估降落伞的可靠性。其计算步骤如下。

步骤 1　利用降落伞强度试验数据信息，基于应力强度模型计算产品的可靠度估计特征量。可靠度估计特征量是可靠度点估计和方差估计，或者可靠度点估计和某置信度下的可靠度置信下限估计，或者两种置信度下的可靠度置信下限估计。

步骤 2　利用可靠度估计特征量，进行可靠度信息折合，折合成成败型数据信息（n，s）。如果可靠度估计特征量是可靠度点估计和方差估计，采用二阶矩折合法；如果可靠度估计特征量是可靠度点估计和某置信度下的可靠度置信下限估计，采用点估计下限折合法；如果可靠度估计特征量是两种置信度下的可靠度置信下限估计，采用两点折合法。为了确保折合信息的精确性，折合后的信息不进行取整数运算，即进行数据信息融合时的（n，s）可为非整数。

步骤 3　收集该降落伞空投试验信息，假设降落伞空投试验 N 次，成功 S 次，则数据信息记为（N，S）。

步骤 4　融合两种数据信息，评估降落伞的可靠性。融合后的可靠性数据信息为（$N+n$，$S+s$），依据伯努利分布下可靠度置信下限计算公式，计算置信度为 γ 的降落伞综合可靠度置信下限。

下面以目前在神舟号飞船、探月工程三期和火星探测用降落伞所采用的降落伞可靠性评估方法说明其具体过程。

①强度试验可靠度点估计和方差确定

根据降落伞应力-强度信息的分析，假设应力 Y 和强度 X 分别服从概率密度函数 $f_Y(y)$ 和 $f_X(x)$，则降落伞结构强度可靠度 R 定义为强度大于应力的概率，即

$$R = P(X > Y) = \int_{-\infty}^{+\infty} f_Y(y)\left[\int_x^{\infty} f_X(x)\mathrm{d}x\right]\mathrm{d}y \tag{11-46}$$

如果应力 Y 和强度 X 均服从正态分布，且 μ_y，σ_y^2 分别为应力所服从的正态分布的均值和方差，μ_x，σ_x^2 分别为强度所服从的正态分布的均值和方差，则

$$R = \Phi\left(\frac{\mu_x - \mu_y}{\sqrt{\sigma_y^2 + \sigma_x^2}}\right) \tag{11-47}$$

其中，$\Phi(\cdot)$ 为标准正态分布函数。

假定 X_1，X_2，…，X_n 为强度试验数据，记

$$\hat{\mu}_x = \frac{1}{n}\sum_{i=1}^{n} X_i\text{；}\quad \hat{\sigma}_x^2 = \frac{1}{n-1}\sum_{i=1}^{n}(X_i - \hat{\mu}_x)^2 \tag{11-48}$$

所以，可靠度 R 的点估计为

$$\hat{R} = \Phi\left(\frac{\hat{\mu}_x - \mu_y}{\sqrt{\hat{\sigma}_x^2 + \sigma_y^2}}\right) \tag{11-49}$$

强度试验数据 X_i 的对数似然函数为

$$L(\mu_x, \sigma_x) = \sum_{i=1}^{n}\left[-\frac{\ln 2\pi}{2} - \ln\sigma_x - \frac{(X_i - \mu_x)^2}{2\sigma_x^2}\right] \tag{11-50}$$

Fisher 信息矩阵的点估计为

$$\boldsymbol{I} = \begin{bmatrix} E\left(-\dfrac{\partial^2 L}{\partial \mu_x^2}\right) & E\left(-\dfrac{\partial^2 L}{\partial \mu_x \partial \sigma_x}\right) \\ E\left(-\dfrac{\partial^2 L}{\partial \mu_x \partial \sigma_x}\right) & E\left(-\dfrac{\partial^2 L}{\partial \sigma_x^2}\right) \end{bmatrix} = \begin{bmatrix} \dfrac{n}{\sigma_x^2} & 0 \\ 0 & \dfrac{2n}{\sigma_x^2} \end{bmatrix} \tag{11-51}$$

式中，E 表示取数学期望。

方差、协方差估计由下式确定

$$\begin{bmatrix} \hat{\mathrm{V}}\mathrm{ar}(\hat{\mu}_x) & \hat{\mathrm{C}}\mathrm{ov}(\hat{\mu}_x,\hat{\sigma}_x) \\ \hat{\mathrm{C}}\mathrm{ov}(\hat{\mu}_x,\hat{\sigma}_x) & \hat{\mathrm{V}}\mathrm{ar}(\hat{\sigma}_x) \end{bmatrix} = \hat{\boldsymbol{I}}^{-1} = \begin{bmatrix} \hat{\sigma}_x^2/n & 0 \\ 0 & \hat{\sigma}_x^2/2n \end{bmatrix} \tag{11-52}$$

其中

$$\hat{\mathrm{V}}\mathrm{ar}(\hat{\mu}_x) = \hat{\sigma}_x^2/n\ ,\ \hat{\mathrm{V}}\mathrm{ar}(\hat{\sigma}_x) = \hat{\sigma}_x^2/2n\ ,\ \hat{\mathrm{C}}\mathrm{ov}(\hat{\mu}_x,\hat{\sigma}_x) = 0$$

可靠度 $\hat{R}$ 的方差估计为

$$\begin{aligned} \hat{\mathrm{V}}\mathrm{ar}(\hat{R}) &= \left(\frac{\partial R}{\partial \mu_x}\right)^2 \hat{\mathrm{V}}\mathrm{ar}(\hat{\mu}_x) + \left(\frac{\partial R}{\partial \sigma_x}\right)^2 \hat{\mathrm{V}}\mathrm{ar}(\hat{\sigma}_x) + \left(\frac{\partial R}{\partial \mu_x}\right)\left(\frac{\partial R}{\partial \sigma_x}\right)\hat{\mathrm{C}}\mathrm{ov}(\hat{\mu}_x,\hat{\sigma}_x) \\ &= \left(\phi\left(\frac{\hat{\mu}_x - \mu_y}{\sqrt{\hat{\sigma}_x^2 + \sigma_y^2}}\right)\cdot\frac{1}{\sqrt{\hat{\sigma}_x^2 + \hat{\sigma}_y^2}}\right)^2 \cdot \frac{\hat{\sigma}_x^2}{n} + \left(\phi\left(\frac{\hat{\mu}_x - \mu_y}{\sqrt{\hat{\sigma}_x^2 + \sigma_y^2}}\right)\cdot\frac{\sigma_x(\hat{\mu}_x - \mu_y)}{\sqrt{(\hat{\sigma}_x^2 + \hat{\sigma}_y^2)^3}}\right)^2 \cdot \frac{\hat{\sigma}_x^2}{2n} \\ &= \phi^2\left(\frac{\hat{\mu}_x - \mu_y}{\sqrt{\hat{\sigma}_x^2 + \sigma_y^2}}\right)\cdot\left(\frac{\hat{\sigma}_x^2}{n(\hat{\sigma}_x^2 + \hat{\sigma}_y^2)} + \frac{\hat{\sigma}_x^4\ (\hat{\mu}_x - \mu_y)^2}{2n\ (\hat{\sigma}_x^2 + \hat{\sigma}_y^2)^3}\right) \end{aligned} \tag{11-53}$$

其中

$$\phi\left(\frac{\hat{\mu}_x - \mu_y}{\sqrt{\hat{\sigma}_x^2 + \sigma_y^2}}\right) = \frac{1}{\sqrt{2\pi}}\exp\left[-\frac{1}{2}\left(\frac{\hat{\mu}_x - \mu_y}{\sqrt{\hat{\sigma}_x^2 + \sigma_y^2}}\right)^2\right]$$

②强度试验信息的折合

由于降落伞参加系统级空投试验数据信息为成败型信息，为了便于强度试验信息的折合，故假设降落伞结构强度可靠度的密度分布为贝塔分布。于是根据 $\hat{R}$ 和 $\mathrm{Var}(\hat{R})$ 由二阶矩折合方法可得等效成败型数据信息（n，s），其中 n 为试验次数，s 为成功次数。即

$$n = \frac{\hat{R}(1-\hat{R})}{\mathrm{Var}(\hat{R})} - 1 \tag{11-54}$$

$$s = \left[\frac{\hat{R}(1-\hat{R})}{\mathrm{Var}(\hat{R})} - 1\right]\cdot\hat{R} \tag{11-55}$$

式中，$\hat{R}$ 和 $\mathrm{Var}(\hat{R})$ 由式（11－49）和式（11－53）计算获得。

③强度试验信息与系统级空投试验信息的融合

假定降落伞参加系统级空投试验数据信息为（N，S），其中 N 为试验次数，S 为试验成功次数，则将强度试验数据信息与系统级空投试验数据信息融合后的信息为 $(N+n, S+s)$，其中 $(N+n)$ 为信息融合后的等效试验总数，$(S+s)$ 为信息融合后的等效试验成功数。

④降落伞可靠性评定

将降落伞强度试验信息和系统级空投试验信息进行信息融合后，根据式（11－11），在给定置信度 γ 条件下降落伞的可靠度置信下限 R_{L} 为

$$R_{\mathrm{L}}=\frac{1}{1+\dfrac{N+n-S-s+1}{S+s}F_{\gamma}\left[2(N+n-S-s+1),2(S+s)\right]} \tag{11-56}$$

式中，$F_{\gamma}[2(N+n-S-s+1),2(S+s)]$ 表示参数为 $[2(N+n-S-s+1),2(S+s)]$ 的 F 分布分位数。

11.3.2 火工装置的可靠性评估

回收着陆系统的火工装置主要包括：伞舱盖弹射分离装置、减速伞脱伞器、垂挂释放器、主伞脱伞器、延时器、延时脱伞器药盒和着陆反推发动机。根据 GJB376—87《火工品可靠性评估方法》，火工装置的可靠性评估可以采用计数（成败型方法）和计量（应力-强度模型）两种方法进行。采用计量法进行可靠性评估时，首先直接测量火工装置的某种性能参数，然后根据样本的观测值按 GB4882—85《数据统计处理和解释、正态性检验》作正态性检验。当测量数据服从正态分布后，可按正态统计容许限计算产品的可靠度。具体计算方法参见正态分布下的可靠度评估方法。

根据回收着陆系统各火工装置的工作特点，通常情况下对伞舱盖弹射分离装置、减速伞脱伞器、垂挂释放器、主伞脱伞器、延时

脱伞器药盒采用计量法进行可靠性评估。

针对伞舱盖弹射分离装置进行可靠性评估，由于其主要功能是给伞舱盖提供一定的分离速度，因此进行可靠性评估时选择伞舱盖的分离速度作为特征量。通过分析与试验，回收系统给伞舱盖弹射分离装置提出了一个最小分离速度的要求，即给定的容许下限 L_L 。然后通过试验获取伞舱盖的分离速度，并将其作为样本观测值，由式（11－21）计算均值 $\hat{\mu}$ 、标准差 $\hat{\sigma}$ 。再由给定的容许下限 L_L ，按照式（11－22）计算单边容许系数 K_L 。最后，根据样本数 n 、单边容许系数 K_L 、置信度 γ 查 GB4885—85《正态分布完全样本可靠度单侧置信下限》求出置信度 γ 下的伞舱盖分离装置可靠度置信下限。

针对减速伞脱伞器、垂挂释放器以及主伞脱伞器进行可靠性评估，由于其主要工作特点是通过药盒所产生的高压燃气来推动销子或切刀，从而实现脱伞或垂挂转换的功能，因此在进行可靠性评估时，可以将其工作的燃气压力作为关键参数来考虑。由于对于这些火工装置的压力容许下限事先是没有确定的，只能通过按完成规定功能的最小装药量的试验来测量，即将按完成规定功能的最小装药量情况下所测得的工作压力作为应力，测得的结果一般服从正态分布，可计算应力的均值和均方差估计为 $\hat{m}_1, \hat{\sigma}_1$，样本量为 m ；把按实际工作状态的装药量情况下所测得的工作压力作为强度，测得结果数据一般也服从正态分布，可计算强度的均值和均方差估计为 $\hat{m}_2, \hat{\sigma}_2$，样本量为 n ；然后根据 11.1.2 节中基于应力多次测试数据与强度试验数据下可靠性评估方法，评估该产品的可靠度，计算可靠度置信下限。

此外，对于回收着陆分系统的延时器和着陆反推发动机不仅有应力与强度试验信息，还有整机试验信息（试验多少次，成功多少次），则采用前面降落伞可靠性融合评估方法进行可靠性评估。

11.3.3　其他产品的可靠性评估

回收着陆系统机械类的产品主要包括：主、备伞舱，降落伞连接分离机构，返回舱垂挂吊索、长短垂挂吊带等。这类产品的可靠性基本采用正态分布下的应力-强度模型来进行评估，计算可靠度置信下限。

回收着陆系统的电子产品主要包括：回收配电器、程序控制器、脉宽电路盒、状态指示器、回收火工控制器和电源转接盒。这类产品的可靠度评估采用指数分布下产品的可靠性评估方法进行评估，计算可靠度置信下限。

回收着陆系统的机-电产品主要包括：高度信号盒、伞舱盖行程开关、主伞包行程开关、时间控制器。由于特征量选取的特殊性，例如开关次数，符合成败型数据特征，所以其可靠性评估方法按成败型数据信息来处理，利用伯努利分布下的单元产品可靠性评估方法进行可靠性评估，计算可靠度置信下限。

11.4 回收着陆系统可靠性综合评估

回收着陆系统是一个复杂昂贵的高可靠产品，因而全系统级试验信息较少，导致难以利用系统级试验信息评估回收着陆系统的可靠性，需要基于“金字塔”原则，依据组成单元的试验数据来评估系统的可靠性。评估步骤如下：首先建立回收着陆系统的可靠性模型，可靠性模型或者为和联模型，或者为普通的串并联可靠性模型；然后收集各单元的可靠性数据信息，利用单元的可靠性数据信息给出单元的可靠性评估结果，计算可靠性评估特征量，并对可靠性信息进行折合，折合成成败型信息；最后利用可靠性综合评估方法进行可靠性评估。下面给出三种工程上常用的系统可靠性综合评估方法，其中 L－M 法和 CMSR 法只适用于串联系统模型，而 MML 法适用于所有的单调系统模型。

11.4.1 系统可靠性综合 L－M 法

设系统由 m 个独立的单元串联组成，第 i 个单元试验 n 次，其

中失败 F_i 次（$i=1$，2…，m），根据以上数据，估计系统可靠性的 L-M 方法如下：

在所有单元试验中，取最小的试验数为系统等效试验数

$$\hat{n}=\min(n_1,n_2,\cdots,n_m) \tag{11-57}$$

计算系统可靠度的点估计值

$$\hat{R}_s=\prod_{i=1}^{m}\frac{n_i-F_i}{n_i} \tag{11-58}$$

计算系统等效试验的成功数和失败数为

$$\begin{cases}\hat{s}=\hat{n}\hat{R}_s\\ \hat{f}=\hat{n}(1-\hat{R}_s)\end{cases} \tag{11-59}$$

根据式（11-57）和式（11-59）给出的成败型数据进行可靠性评估，计算系统可靠度置信下限。

11.4.2　系统可靠性综合 MML 法

设系统由 n 个独立的单元组成，第 i 个独立单元进行了 n_i 次试验，其中成功 s_i 次（$i=1$，2，…，n），如果系统的可靠度函数为

$$R=\varphi(R_1,\cdots,R_n) \tag{11-60}$$

第 i 个独立单元的可靠度点估计为

$$\hat{R}_i=\frac{s_i}{n_i} \tag{11-61}$$

而系统可靠度的点估计为

$$\hat{R}=\varphi(\hat{R}_1,\hat{R}_2,\cdots,\hat{R}_n) \tag{11-62}$$

根据 $\hat{R}$ 的渐进方差为

$$\sigma_{\hat{R}}^2=\sum_{i=1}^{n}\left(\frac{\partial\hat{R}}{\partial\hat{R}_i}\right)^2_{(\hat{R}_1,\hat{R}_2,\cdots,\hat{R}_n)}(\hat{R}_i-R_i)^2=\sum_{i=1}^{n}\left(\frac{\partial\hat{R}}{\partial\hat{R}_i}\right)^2\sigma_{\hat{R}_i}^2 \tag{11-63}$$

对于成败型单元

$$\sigma_{R_i}^2 = \frac{R_i(1-R_i)}{n_i} \tag{11-64}$$

用 $\hat{R}_i$ 替代 R_i 得

$$\hat{\sigma}_{\hat{R}}^2 = \sum_{i=1}^{n} \left(\frac{\partial \hat{R}}{\partial \hat{R}_i}\right)^2 \frac{\hat{R}_i(1-\hat{R}_i)}{n_i} \tag{11-65}$$

则系统等效试验数和等效试验成功数为

$$\begin{cases} \hat{n} = \dfrac{\hat{R}(1-\hat{R})}{\hat{\sigma}_R^2} = \dfrac{\prod\limits_{i=1}^{m} \dfrac{n_i}{s_i} - 1}{\sum\limits_{i=1}^{m} \dfrac{1}{s_i} - \sum\limits_{i=1}^{m} \dfrac{1}{n_i}} \\ \hat{s} = \hat{R}\hat{n} = \hat{n} \prod\limits_{i=1}^{m} \dfrac{s_i}{n_i} \end{cases} \tag{11-66}$$

根据成败型数据的可靠性评估方法可计算系统可靠度置信下限。

11.4.3 系统可靠性综合 CMSR 法

设系统为 m 个成败型单元的串联系统，第 i 个单元试验 n_i 次，成功 s_i 次，$i=1 \sim m$，在这些单元中有无失败单元（即该单元的试验次数等于成功次数）。应用 CMSR 法求系统的可靠性置信下限的基本步骤如下：

1）将 m 个单元的试验信息按 $n_i(i=1 \sim m)$ 的数值从大到小排序。

2）舍去中间无失败单元（试验次数非最小的无失败单元），即认为这些单元对系统综合影响的结果可以忽略，选出试验次数最小的无失败单元为（n_l，s_l），再选出试验次数最小有失败单元为（n_i，s_i），即 $n_i \geqslant n_l$，$n_i > s_i$，$n_l = s_l$，对这两单元的试验信息按以下各式进行压缩综合。

当 $s_i > n_l$ 时

$$(n_i, s_i), (n_l, s_l) \rightarrow \left(n_i \frac{n_l}{s_i}, s_l\right) \tag{11-67}$$

当 $s_i = n_l$ 时

$$(n_i, s_i), (n_l, s_l) \rightarrow (n_i, s_l) \tag{11-68}$$

当 $s_i < n_l$ 时

$$(n_i, s_i), (n_l, s_l) \rightarrow \left(n_i, s_l \frac{s_i}{n_l}\right) \tag{11-69}$$

3）对压缩综合结果，可应用 MML 方法计算该等效系统的等效试验次数 $\hat{n}$ 和等效成功个数 $\hat{s}$，进而计算系统的可靠度置信下限。

参考文献

[1] 王学．载人飞船回收着陆系统可靠性研究［D］．国防科学技术大学，2010.

[2] 万涤生．可靠性评定与分析及其在机械工业中的应用［M］．北京：中国标准出版社，1995.

[3] 郭奎，于丹．可靠性综合评估 MML 法的推广［J］．宇航学报，2005，26（1）.

[4] 陈家鼎．生存分析与可靠性引论［M］．北京：北京大学出版社，2006.

[5] 荣伟，王学，贾贺，郭奎．神舟号飞船回收着陆系统可靠性分析中的几个问题［J］．航天返回与遥感，2011（6）.

[6] Robert W Jailer. Analysis of heavy duty parachute reliability［R］. AD246490，1960.

[7] 林华宝，张贡年．降落伞可靠性分析的初步探索［J］．运载火箭与返回技术，1986（3）.

[8] 郭奎，荣伟，谢准．降落伞系统可靠性评估［J］．航天返回与遥感，2008，29（4）.

[9] 王学，冯志刚，高普云，荣伟，郭奎．降落伞可靠性评定及其试验量决策［J］．宇航学报，2010，31（6）：1685－1689.